普通高等教育“十三五”规划教材

材料物理数理基础

王疆瑛　张景基　编

華東理工大學出版社
EAST CHINA UNIVERSITY OF SCIENCE AND TECHNOLOGY PRESS
·上海·

图书在版编目(CIP)数据

材料物理数理基础 / 王疆瑛，张景基编. —上海：华东理工大学出版社，2016.12

ISBN 978-7-5628-4893-6

Ⅰ.①材… Ⅱ.①王… ②张… Ⅲ.①材料科学-物理学 Ⅳ.①TB303

中国版本图书馆 CIP 数据核字(2016)第 003915 号

内容简介

本书是作者根据多年授课讲义编写而成。全书共 11 章，第 1 章至第 4 章主要包括数学物理方程的定解问题、行波法与积分变换法、分离变量法和特殊函数等数学物理方程；第 5 章至第 9 章主要包括量子力学基本观念、薛定谔方程和波函数、量子力学中的数学表示、量子力学的近似方法、自旋与全同粒子等量子力学的基本原理；第 10 章与第 11 章主要介绍经典统计力学基础、量子统计力学基础等统计力学的基本原理。

本书可作为高等院校工科类材料专业及相关专业本科教材，也可作为教师参考用书。

策划编辑 / 周　颖

责任编辑 / 崔婧婧

出版发行 / 华东理工大学出版社有限公司

地址：上海市梅陇路 130 号，200237

电话：021-64250306

网址：www.ecustpress.cn

邮箱：zongbianban@ecustpress.cn

印　　刷 / 江苏凤凰数码印务有限公司

开　　本 / 787mm×1092mm　1/16

印　　张 / 19.25

字　　数 / 479 千字

版　　次 / 2016 年 12 月第 1 版

印　　次 / 2016 年 12 月第 1 次

定　　价 / 58.00 元

前言 PREFACE

当前一般材料专业的物理知识体系的课程是由数学物理方法、量子力学基础、统计物理学基础、固体物理、材料物理性能等课程组成的，以上课程均单独开设，知识涵盖面广且信息量大，涉及的理论知识比较抽象，学时较多，知识点分散，学生学起来会感觉难度较大。编者根据工科材料类专业中对物理知识体系的需求，针对工科大学生的特点，参阅了大量的教材，以“数学物理方法、量子力学、统计物理学”等内容为基础进行编写，希望通过对本书的学习能为后续专业课程如固体物理基础、磁性材料、固体发光基础等的学习奠定基础。教材内容涉及数学物理方程的建模、数学物理方程的解题方法、量子力学基本理论的建立、量子力学基本理论的应用以及统计物理基础等知识，基本上涵盖了材料类专业所需物理体系基本理论数理基础的核心内容。本教材的特点是突出物理基本原理和数学方法，启迪学生科学思维，提高学生运用数学方法和基本原理解答习题的能力，提高解决实际问题的能力。

全书共 11 章，第 1 章到第 4 章主要内容为数学物理方程。主要包括三类典型数学物理方程、定解条件和定解问题等的建立，使读者了解从材料物理、力学以及工程技术问题中抽象出数学问题，建立数学物理方程的基本方法。还介绍了两种求解无界区域内定解问题的方法：行波法与积分变换法。以及直角坐标系、极坐标系、球坐标系和柱坐标系等典型数学物理方程有界区域的分离变量法。使读者了解复杂的偏微分方程如何简化为多个单变量的常微分方程，锻炼读者分析、运算以及解决问题的能力。第 5 章至第 9 章主要包括量子力学基本概念、薛定谔方程和波函数、量子力学中的数学表示、量子力学的近似方法、自旋与全同粒子等量子力学的基本原理，使读者了解量子力学的基本原理及其应用，体会创新思想在科学研究中的重要性和数学物理方程如何应用于解决量子力学问题。第 10 章与第 11 章主要介绍了经典统计力学基础、量子统计力学基础等统计力学的基本原理，使读者了解如何运用统计方法由体系的微观状态推引出体系的宏观性质及规律性。本书的附录提供了有关常微分方程和高等数学的常用数学公式，便于读者学习。

本教材每章后都留有一定量的习题，这些习题是为了巩固每章知识点和检验知识掌握程度而设置的。为了便于教师的讲授和学生自我检查，本教材给出了习题的最终答案。

受学时的限制，书中带有 * 号的内容建议选修，对于本教材未涉及的内容，有兴趣的读者可查阅相关的参考书。

限于作者的知识水平，不当之处在所难免，敬请广大读者不吝指正。

编者

第1章　数学物理方程的定解问题

所谓数学物理方程(简称数理方程)是指从物理学和工程科学与技术中导出的反映客观物理量在各个地点、各个时刻相互之间制约关系的一些偏微分方程(有时也包括常微分方程和积分方程)。这些偏微分方程是人类在对很多物理现象进行研究,总结出相应的物理规律,并将物理规律转化为数学形式而得到的。例如,在材料物理、材料力学中有一类所谓的振动或波的现象,如弹性体的振动、光波、电磁波等,它们虽各自有其特殊的物理现象,但都有一个共性——波动,因此在数学上均能用波动方程来描述它们的运动规律。物理规律反映了同一类物理现象的共同规律,物理规律用偏微分方程表达出来,叫作数学物理方程,简称数理方程。就物理现象而言,各个具体问题的特殊性在于研究对象所处的特定条件,即初始条件和边界条件。在数学上,初始条件和边界条件合称为定解条件。在给定的定解条件,求解数学物理方程,叫作数学物理定解问题,简称定解问题。对于数学物理方程,需要讨论各种典型问题的解,通过和实验或观测结果比较,来检验相关的物理理论,从而加深人们对有关自然规律的认识,甚至预言新的现象。

本章主要讨论偏微分方程的基本概念,通过物理学的一些定律,从一些材料物理现象归结出三类典型数学物理方程、定解条件和定解问题等,使读者了解从材料物理、力学以及工程技术问题中抽象出数学问题,建立数学物理方程的基本方法。

1.1　基本概念

1.1.1　偏微分方程的相关概念

含有自变量、未知函数及其导数的方程称为微分方程。自然科学和工程技术中许多规律都可以用微分方程来描述。当方程中的未知函数含有两个以上自变量时,称此方程为偏微分方程,如:

$$F\left(x_1,x_2,\cdots,x_n,u,\frac{\partial u}{\partial x_1},\frac{\partial u}{\partial x_2},\cdots,\frac{\partial u}{\partial x_n},\cdots,\frac{\partial^m u}{\partial x_1^{m_1}\partial x_2^{m_2}\cdots\partial x_n^{m_n}}\right)=0 \tag{1-1}$$

式中,$x_1,x_2,\cdots,x_n$ 为自变量;u 为未知函数;$m=m_1+m_2+\cdots+m_n$。

1. *方程的阶*

出现在方程中未知函数的最高阶偏导数的阶数称为方程的阶数。如式(1-1)就是一个 m 阶偏微分方程。

2. 线性和非线性微分方程

如果一个偏微分方程对于未知函数及它的所有偏导数来说都是线性的，且方程中的系数都仅依赖于自变量，那么这样的偏微分方程就称为线性偏微分方程，否则称为非线性偏微分方程。例如，一个含有变量 x,y 的未知函数，满足的方程为

$$A(x,y)\frac{\partial^2 u}{\partial x^2}+B(x,y)\frac{\partial^2 u}{\partial y^2}+C(x,y)=f(x,y) \tag{1-2}$$

式(1-2)就是一个二阶线性偏微分方程。

3. 齐次和非齐次方程

方程中不含未知函数及其导数的项称为自由项，当自由项为零时，称方程为齐次方程，否则称为非齐次方程。式(1-2)中 $f(x,y)$ 就是自由项，当 $f(x,y)=0$ 时，方程为二阶线性齐次方程，否则为非齐次方程。

1.1.2 数学物理方程的一般性问题

用数理方程研究物理问题的步骤是以材料科学、物理学与工程技术中的具体问题作为研究对象，简单地说，是把对物理问题的研究“翻译”为对数学问题的研究。为了使这个“翻译”及其研究工作做得既完整又准确，一般需要三个步骤：首先求出该问题所服从的数理方程，其次要正确写出该问题的定解条件，最后求出数理方程满足定解条件的解。所谓定解条件，即系统所处的环境，以及研究对象的特定历史，又分别称为边界条件和初始条件。定解问题的适定性包括：①有解；②唯一；③稳定。

1. 确定定解问题

在材料科学或物理学中，经常需要研究某个物理量(如位移、温度、浓度以及电势分布等)在空间某个区域的分布和随时间变化的规律。数学物理方程是从物理问题中导出反映客观物理量在各个地点、各个时刻相互之间制约关系的数学方程。换言之，是物理过程的数学表达，如牛顿定律、胡克定律、热传导定律、浓度扩散定律、热量守恒定律、电荷守恒定律、高斯定律、电磁感应定律等。

从物理规律角度来分析，需考虑研究区域物理问题，才能确定反映物理规律的数学物理方程。数学物理方程描述的是同一类物理现象的共同规律，反映了物理量变化的最本质关系。要解决具体的物理问题必须考虑研究区域所处的物理状态，即确立具体问题在研究区域所满足的约束边界条件和时间初值条件，也就是所谓的“定解条件”。简而言之，定解问题的确定就是将研究的物理问题利用数学语言对应翻译为数学问题，同时利用物理规律，确定能够恰当反映物理规律的数学方程(泛定方程)和定解条件的过程。

2. 求解定解问题

提出了定解问题，实际上就完成了将物理问题“翻译”成数学语言的解释工作，下面紧接着面临的，就是对所提出的定解问题进行求解，数理方程的求解方法大致可归纳为以下几种：

(1) 行波法(或达朗贝尔解法)；

(2) 分离变量法；

(3) 积分变换法；

(4) 格林函数(或积分公式)法；

(5) 保角变换法；

(6) 变分法。

此外，对于有些具体问题，当无法得到其解析解(或不需要得到其解析解)时，还可采用近似方法求解。

3. 解的适定性

用数理方程研究物理问题，仅仅求出解答当然是不够的，还必须分析解的物理含义并论证解在数学上的存在性、唯一性和稳定性。至于物理含义，显然，不同的问题有不同的物理意义。而存在性是指验证所求得的解是否满足方程。唯一性是指讨论在什么样的定解条件下，对于哪一类方程的解是唯一的。通过对唯一性问题的研究，可以明确，对于一定的方程，需要多少以及哪些定解条件才能唯一地确定一个解。稳定性是指讨论当定解条件有微小改变时，解是否也只有微小的变化。若是，则解是稳定的。对于这个问题的讨论尤为重要，因为在把一个物理问题表示成数学问题时，一般都作了一些简化或者理想化的假定，与真实情况有一定出入。稳定性问题的研究，可以对解的近似程度作出估计。

一个定解问题，若其解是存在、唯一而且是稳定的，就称该定解问题是适定的(即在物理上是适当而确定的)。

1.2　数学物理方程的导出

所谓的"导出"，就是用数学语言把物理规律表达出来。数学物理方程的导出步骤大致可以归为：

① 变量选择——确定所要研究的物理量(关于时间和空间的未知函数)；

② 微元分析——选取某个微元作为代表，利用微元之间相互作用所遵循的物理规律，写出微元所满足的方程；

③ 近似处理，写出方程——进行必要的近似和简化处理，整理得到物理量所满足的泛定方程。

根据典型物理过程，本节主要讨论三类常见的数学物理方程：波动方程、输运方程和稳定场方程。

(1) 波动方程主要描述波动过程(机械波和电磁波)。

$$u_{tt}=a^2\Delta u+f$$

式中，$u=u(x,y,z;t)$代表坐标为(x,y,z)的点在t时刻的位移(未知函数)；a是波的传播速度；$f=f(x,y,z;t)$是与振源有关的函数；$\Delta=\nabla^2=\frac{\partial^2}{\partial x^2}+\frac{\partial^2}{\partial y^2}+\frac{\partial^2}{\partial z^2}$；$u_{tt}=\frac{\partial^2 u}{\partial t^2}$。

(2) 输运方程主要描述输运过程(热传导过程和扩散过程)。

$$u_t=D\Delta u+f$$

式中，$u=u(x,y,z;t)$表示扩散物质的浓度(或物体的温度)；D是扩散(或热传导)系数；$f=f(x,y,z;t)$是与扩散源有关的函数；$u_t=\frac{\partial u}{\partial t}$。

(3) 稳定场方程主要描述平衡状态的稳定场分布(势场分布，平衡温度场分布)。

$$\Delta u=-h$$

式中，$u=u(x,y,z)$表示稳定现象的物理量，如静电场中的电势等；$h=h(x,y,z)$表示与源有关的已知函数。

从三类方程来看，其特点主要是：关于未知函数的偏导数最高阶是二阶的，都是二阶线性偏微分方程。这三类方程都是关于空间的二阶偏导数，而时间分别是二阶、一阶偏导数或与时间无关。这三类方程在数学上是三类不同的方程。

以下具体讨论三类典型数学物理方程的建立。从这些例子可以学习如何把物理问题转化为数学问题，换言之，如何进行数学建模。

1.2.1 波动方程的导出

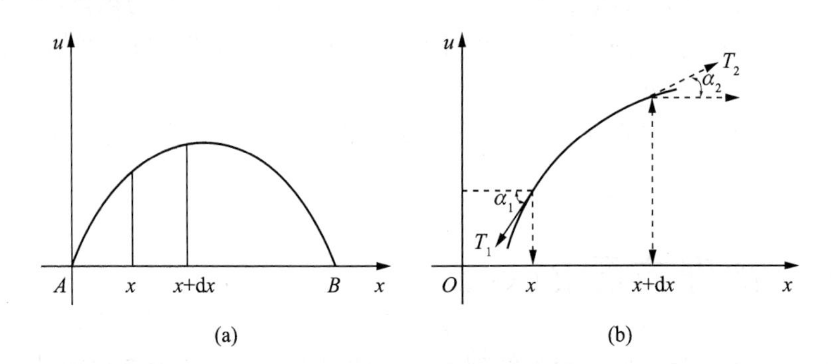

图 1-1 弦的横振动示意图

1. 均匀弦的横向振动方程

如图 1-1 所示，设有一根细长而柔软的弦线，紧绷于 A、B 两点之间，在平衡位置 AB 附近产生振幅极为微小的横向振动，求这根弦上各点的运动规律。

(1) 变量选择

以弦的平衡位置为 x 轴，研究弦上任意一点 x 在任意时刻 t 的沿垂直于 x 方向的位移，用 $u(x,t)$来表示。

(2) 微元分析

把弦分为许多小段，以区间上的小段 $\mathrm{d}x$ 为代表加以研究，分析受力。

假设弦线没有重量且柔软，即 $\rho(x,t)=\rho(t)$，且只受到邻段的拉力 T_1 和邻段的拉力 T_2。

根据牛顿第二定律 $F=ma$(其中 F 为外力；m 为质量；$a=u_{tt}$，为加速度)，小段 $\mathrm{d}x$ 的纵向和横向运动方程分别为：

$$\begin{cases}T_2\cos\alpha_2-T_1\cos\alpha_1=0,\\ T_2\sin\alpha_2-T_1\sin\alpha_1=(\rho\mathrm{d}s)u_{tt}\end{cases}\tag{1-3}$$

(3) 近似处理，写出方程

因为是微小振动，$|u_x|=\left|\frac{\partial u}{\partial x}\right|\ll1$，$(u_x^2\approx0)$，所以 α_1，α_2 为微小量，于是有 $\cos\alpha_1\approx1$，$\cos\alpha_2\approx1$，$\sin\alpha_1\approx\alpha_1\approx\tan\alpha_1=u_x|_x$，$\sin\alpha_2\approx\alpha_2\approx\tan\alpha_2=u_x|_{x+\mathrm{d}x}$

弦的伸长可以略去 $\mathrm{d}s=\sqrt{(\mathrm{d}x)^2+(\mathrm{d}u)^2}=\sqrt{1+(u_x)^2}\,\mathrm{d}x\approx\mathrm{d}x$

于是，小段 dx 的运动方程(1-3)简化为：

$$\begin{cases} T_2-T_1=0, \\ T_2 u_x|_{x+dx}-T_1 u_x|_x=\rho u_{tt}dx \end{cases} \tag{1-4}$$

$T_1=T_2$，所以张力与位置无关；根据胡克定律，弦上的张力正比于弦的拉伸长度，而由于弦的长度 $ds\approx dx$，不随时间而变，所以张力与时间无关。因此张力为常数，记为 T，从而有：

$$T(u_x|_{x+dx}-u_x|_x)=\rho u_{tt}dx$$

利用偏导数定义，有 $u_x|_{x+dx}-u_x|_x=\dfrac{\partial u_x}{\partial x}dx=u_{xx}dx$

于是，弦作微小横向振动的运动方程为：

$$\rho u_{tt}-Tu_{xx}=0$$

通常记 $a^2=\dfrac{T}{\rho}$，上述方程改写为：

$$u_{tt}-a^2u_{xx}=0 \tag{1-5}$$

式(1-5)称为弦的自由振动方程。

如果弦在振动过程中还受到外加横向力的作用，设每单位长度弦所受横向力为 $F(x,t)$，则

$$T_2\sin\alpha_2-T_1\sin\alpha_1+F(x,t)=(\rho dx)u_{tt}$$

弦作微小横向振动的运动方程可改写为：

$$u_{tt}-a^2u_{xx}=f(x,t) \tag{1-6}$$

式(1-6)称为弦的受迫振动方程。其中，$f(x,t)=F(x,t)/\rho$，称为力密度，为作用于单位质量上的横向外力。可以看到，弦的微小横向振动方程是一维的波动方程。

2. 均匀薄膜的微小横振动方程

把柔软的均匀薄膜张紧，静止薄膜所在的平面记为 xy 平面，如图 1-2 所示，求薄膜在垂直于 xy 平面方向上做微小横振动时所满足的运动规律。

首先对薄膜的运动做数学抽象：

(1) 研究的物理量为横位移 $u(x,y;t)$；

(2) 薄膜是“柔软”的，即在膜的横截面内不存在切应力；

(3) 膜是均匀的，$\rho(x,y;t)=\rho(t)$；

(4) 振动是微小的，张力的仰角 $\alpha=0$；

(5) 张力 T 与空间坐标无关，为常量。

将薄膜分为小方块，考虑 $x:x+dx$ 和 $y:y+dy$ 区域。

① 考虑 x 方向的情况，$x:x+dx$ 之间所受的横向作用力满足：

$$\left(T\frac{\partial u}{\partial x}\bigg|_{x+dx}-T\frac{\partial u}{\partial x}\bigg|_x\right)dy=T\frac{\partial^2 u}{\partial x^2}dxdy \tag{1-7}$$

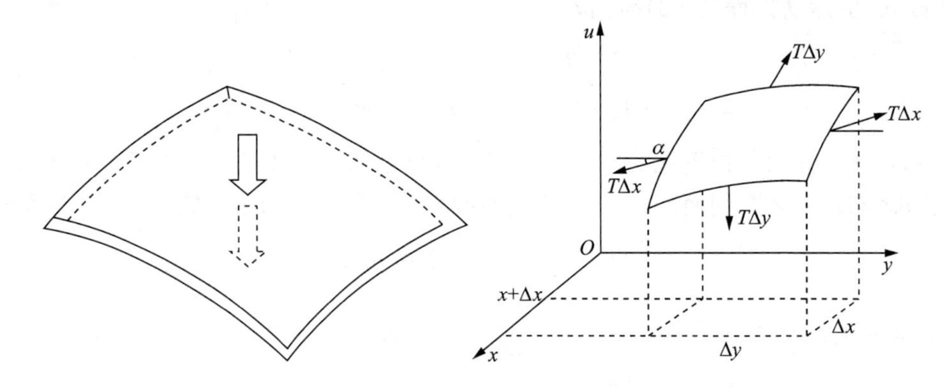

图 1-2 薄膜微小横振动示意图

② 考虑 y 方向的情况，$y:y+\mathrm{d}y$ 之间所受的横向作用力满足：

$$\left(T\frac{\partial u}{\partial y}\bigg|_{y+\mathrm{d}y}-T\frac{\partial u}{\partial y}\bigg|_{y}\right)\mathrm{d}x=T\frac{\partial^2 u}{\partial y^2}\mathrm{d}x\mathrm{d}y \tag{1-8}$$

根据牛顿第二定律，小块膜的横向运动方程为：

$$(\rho\mathrm{d}x\mathrm{d}y)u_{tt}=Tu_{xx}\mathrm{d}x\mathrm{d}y+Tu_{yy}\mathrm{d}x\mathrm{d}y\Rightarrow u_{tt}=a^2(u_{xx}+u_{yy})=a^2\Delta u \tag{1-9}$$

式中，$a^2=T/\rho$，为膜上振动的传播速度；$\Delta=\frac{\partial^2}{\partial x^2}+\frac{\partial^2}{\partial y^2}$。

如果膜上有横向外力作用 $f(x,y;t)$，其运动规律满足：

$$\frac{\partial^2 u}{\partial t^2}=a^2\left(\frac{\partial^2 u}{\partial x^2}+\frac{\partial^2 u}{\partial y^2}\right)+f(x,y;t) \tag{1-10}$$

式中，$u(x,y;t)$表示在 t 时刻，膜在(x,y)点处的位移；$f(x,y;t)$为作用于单位质量上的横向外力。

3. 传输线方程(电报方程)*

无线通信的微波信号在金属导体传输线中传输的物理现象分析。在一般的电路分析中，所涉及的网络都是集总参数的，即所谓的集总参数系统。电路的所有参数，如阻抗(R)、容抗(C)、感抗(L)都集中于空间的各个点上，即各个元件上。各点之间的信号是瞬间传递的。集总参数系统是一种理想化的模型。它的基本特征可归纳为：

(1) 电参数都集中在电路元件上；

(2) 元件之间连线的长短对信号本身的特性没有影响，即信号在传输过程中无畸变，信号传输不需要时间；

(3) 系统中各点的电压或电流均是时间且只是时间的函数。

集总参数系统是对实际情况的一种理想化近似。

微波信号在金属导体传输线中传输的实际情况是各种参数分布于电路所在空间的各处，当这种分散性造成的信号延迟时间与信号本身的变化时间相比已不能忽略的时候，就不能再用理想化的模型来描述网络。这时，微波信号是以电磁波的速度在信号通道上传输的，信号通道(或者说是信号的连线)是带有电阻、电容、电感的复杂网络，是一个典型的分布参数系统。作为一个分布参数系统，传输线的基本特征可以归纳为：

(1) 电参数分布在其占据的所有空间位置上；

(2) 信号传输需要时间，传输线的长度直接影响着信号的特性，或者说可能使信号在传输过程中产生畸变；

(3) 信号不仅仅是时间(t)的函数，同时也与信号所处位置(x)有关，即信号同时是时间(t)和位置(x)的函数。

为了研究信号在传输线上随时间、位置变化的情形，即电压 $u(x,t)$ 和电流 $i(x,t)$ 的变化规律，以平行双线为例引入分布参数的概念，求解导线上的电压 $u(x,t)$ 和电流 $i(x,t)$ 变化规律所满足的方程——电报方程。此处假设传输线是均匀的，即构成传输线的两导体的距离，其截面形状以及介质的电特性和磁特性沿着整个长线保持不变。选取这样的平行双线的一小段进行研究，小段长度为 Δx，如图 1-3(a)所示。虽然传输线是一个分布系数系统，但仍可先用一个集中参数的模型来描述，如图 1-3(b)所示。显然，Δx 越小，就越接近传输线的实际情况。当 $\Delta x \to 0$ 时，该模型就逼近真实的分布参数系统。

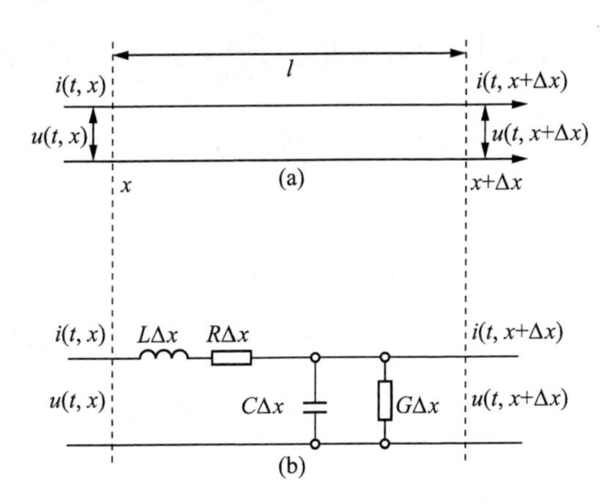

图 1-3　高频传输线的等效电路示意图

选取传输线起点为坐标原点，再分析距原点为 x 到 $x+\Delta x$ 处的情况，设 L 为单位长度上的分布电感，R 为单位长度上的分布电阻，C 为单位长度上的分布电容，G 为单位长度上的分布电导(介质漏电引起)。在 x 处的电压为 $u(x,t)$，电流为 $i(x,t)$，而在 $x+\Delta x$ 处的电压则为 $u(x+\Delta x,t)$，电流则为 $i(x+\Delta x,t)$[注意：此处电压 u 及电流 i 是时间(t)和位置(x)的二元函数]。

传输线上电压和电流分布满足的基本原理是基尔霍夫(Kirchhoff)电流电压定律。

第一定律：汇合在节点的电流的代数和为零(规定流入节点的为正，流出节点的为负)，即 $\sum\limits_{k=1}^{n} i_k = 0$。

第二定律：沿任一回路的电势增量的代数和为零(规定沿回路顺时针方向的电动势和电流都为正，反之为负)，即 $\sum\limits_{k=1}^{n} (\Delta u_k + \varepsilon_k) = 0$($\varepsilon_k$ 为电动势)。

从传输线的 x 到 $x+\Delta x$ 段，应有：

$$u(x,t)=u(x+\Delta x,t)+L\frac{\partial i(x,t)}{\partial t}+R\Delta x i(x,t)$$

$$i(x,t)=i(x+\Delta x,t)+C\Delta x\frac{\partial u(x+\Delta x,t)}{\partial t}+G\Delta x u(x+\Delta x,t)$$

对上述两式分别取 $\Delta x\to 0$ 的极限，则有：

$$-\frac{\partial u(x,t)}{\partial x}=i(x,t)G+C\frac{\partial i(x,t)}{\partial t} \tag{1-11a}$$

$$-\frac{\partial i(x,t)}{\partial x}=u(x,t)G+C\frac{\partial u(x,t)}{\partial t} \tag{1-11b}$$

式(1-11a)和式(1-11b)称为电报方程，为简单起见，在下面的分析中，将用变量 u 和 t 分别代替 $u(x,t)$ 和 $i(x,t)$。

由于式(1-11a)和式(1-11b)中都含有两个因变量 u 和 i，因此可用消元法来获得两个分别只含 u 和 i 的偏微方程。对式(1-11a)两边进行$\frac{\partial}{\partial x}$，对式(1-11b)两边进行$\frac{\partial}{\partial t}$，则得到：

$$-\frac{\partial^2 u}{\partial x^2}=L\frac{\partial i}{\partial x\partial t}+R\frac{\partial i}{\partial x} \tag{1-12}$$

$$-\frac{\partial i}{\partial x\partial t}=C\frac{\partial^2 u}{\partial t^2}+G\frac{\partial u}{\partial t} \tag{1-13}$$

把式(1-11b)和式(1-13)代入式(1-12)后可以消去含有 i 的项，经整理得：

$$\frac{\partial^2 u}{\partial x^2}=LC\frac{\partial^2 u}{\partial t^2}+(RC+LG)\frac{\partial u}{\partial t}+RGu \tag{1-14}$$

同样对式(1-11a)两边进行$\frac{\partial}{\partial x}$，对式(1-11b)两边进行$\frac{\partial}{\partial t}$，并按代入消元原理可得到：

$$\frac{\partial^2 i}{\partial x^2}=LC\frac{\partial^2 i}{\partial t^2}+(RC+LG)\frac{\partial i}{\partial t}+RGi \tag{1-15}$$

下面以理想导线来进一步简化上述方程，即假定这条导线是无损耗线，因而有 $R=0, G=0$。式(1-14)和式(1-15)则可被简化为：

$$\begin{cases}\dfrac{\partial^2 u}{\partial x^2}=LC\dfrac{\partial^2 u}{\partial t^2}\\[2ex]\dfrac{\partial^2 i}{\partial x^2}=LC\dfrac{\partial^2 i}{\partial t^2}\end{cases} \tag{1-16}$$

从数学上讲，这是波动方程。要解这组方程，必须给出具体的初始条件和边界条件，这由具体情况来定。

4. 电磁场方程

变化的电场和变化的磁场之间存在着耦合，这种耦合以波动的形式存在于空间中。这种变化的电磁场以波动的形式存在，通常称为电磁波。电磁波的存在，意味着在空间中有电磁场的变化和电磁能量的传播。光波、无线电波等都是电磁波，它们在空间上不需借助任何媒质就能传播。

一般情况下，电磁场的基本方程是麦克斯韦方程组，即

$$\begin{cases}\nabla\cdot\boldsymbol{D}=\rho\\ \nabla\times\boldsymbol{E}=-\dfrac{\partial\boldsymbol{B}}{\partial t}\\ \nabla\cdot\boldsymbol{B}=0\\ \nabla\times\boldsymbol{H}=\boldsymbol{J}+\dfrac{\partial\boldsymbol{D}}{\partial t}\end{cases}\tag{1-17}$$

$$\boldsymbol{D}=\varepsilon\boldsymbol{E},\boldsymbol{J}=\sigma\boldsymbol{E},\boldsymbol{B}=\mu\boldsymbol{H}$$

式中，$\boldsymbol{D}$ 为电位移；$\boldsymbol{E}$ 为电场强度；$\boldsymbol{J}$ 为电流密度；ρ 为电荷密度；$\boldsymbol{H}$ 为磁场强度；$\boldsymbol{B}$ 为磁感应强度。设空间满足各向同性、线性、均匀媒质，考虑 $\rho=0,\boldsymbol{J}=0$，则电磁场基本方程组可写为

$$\nabla\times\boldsymbol{H}=\sigma\boldsymbol{E}+\varepsilon\frac{\partial\boldsymbol{E}}{\partial t}\tag{1-18}$$

$$\nabla\times\boldsymbol{E}=-\mu\frac{\partial\boldsymbol{H}}{\partial t}\tag{1-19}$$

$$\nabla\cdot\boldsymbol{H}=0\tag{1-20}$$

$$\nabla\cdot\boldsymbol{E}=0\tag{1-21}$$

对式(1-18)两边分别求旋度

$$左边=\nabla\times\nabla\times\boldsymbol{H}=\nabla(\nabla\cdot\boldsymbol{H})-\nabla^2\boldsymbol{H}$$

$$右边=\nabla\times\left(\sigma\boldsymbol{E}+\varepsilon\frac{\partial\boldsymbol{E}}{\partial t}\right)=\sigma\nabla\times\boldsymbol{E}+\varepsilon\frac{\partial}{\partial t}(\nabla\times\boldsymbol{E})=-\sigma\mu\frac{\partial\boldsymbol{H}}{\partial t}-\mu\varepsilon\frac{\partial^2\boldsymbol{H}}{\partial t^2}$$

利用式(1-20)有

$$\nabla^2\boldsymbol{H}-\sigma\mu\frac{\partial\boldsymbol{H}}{\partial t}-\mu\varepsilon\frac{\partial^2\boldsymbol{H}}{\partial t^2}=0\tag{1-22}$$

同理对式(1-19)两边取旋度，再利用式(1-18)，可推出

$$\nabla^2\boldsymbol{E}-\sigma\mu\frac{\partial\boldsymbol{E}}{\partial t}-\mu\varepsilon\frac{\partial^2\boldsymbol{E}}{\partial t^2}=0\tag{1-23}$$

称式(1-22)和式(1-23)为电磁波动方程(它们是一般性的波动方程)。

1.2.2　输运方程的导出

1. 热传导方程

根据热学规律，由于温度不均匀导致热量从温度高的地方向温度低的地方转移，这种现象叫热传导。材料的热传导性能在大功率电子器件、LED 器件及计算机 CPU 等散热方面起到重要作用。

热传导的起源是温度的不均匀。令 $u(\boldsymbol{r},t)$ 表示温度，Q 表示热量。温度不均匀的程度可用温度梯度 $\nabla u(\boldsymbol{r},t)$ 表示。热传导的强弱可用热流强度 $\boldsymbol{q}(\boldsymbol{r},t)$ 来表示，即单位时间通过单位横截面积的热量。由实验可知，热流强度 $\boldsymbol{q}(\boldsymbol{r},t)$ 与温度梯度 $\nabla u(\boldsymbol{r},t)$ 成正比，即

$$\boldsymbol{q}(\boldsymbol{r},t)=-k\nabla u(\boldsymbol{r},t) \tag{1-24}$$

其中比例系数 k 称为热传导系数，负号代表热流是从温度高处流向温度低处，这是热传导现象的基本定律，称为热传导定律。

以能量守恒定律和热传导定律为基础，导出温度 $u(\boldsymbol{r},t)$ 所满足的方程。

1）一维热传导方程——无热源情况

为简单起见，假设讨论一根均匀细杆的热传导。设细杆内无热源，细杆的横截面积为常数 S，它的侧面绝热。由于杆很细，任何时刻同一横截面上各点的温度都可看成是相同的。假设杆左端的温度高，右端的温度低，x 轴与杆轴重合，则热量只能沿 x 轴正向传导，这是一维的热传导问题。

在 Δt 时间内净流到小段$(x,x+\mathrm{d}x)$中的热量 ΔQ 等于在 Δt 时间内小段$(x,x+\mathrm{d}x)$由于温度升高所吸收的热量 $\Delta Q'$。

Δx、Δt 内得到的热量

$$\begin{aligned}\Delta Q&=q(x,t)S\Delta t-q(x+\mathrm{d}x,t)S\Delta t\\&=\left[-k\frac{\partial u(x,t)}{\partial x}+k\frac{\partial u(x+\mathrm{d}x,t)}{\partial x}\right]\cdot S\Delta t\\&=k\frac{\partial^2 u}{\partial x^2}\mathrm{d}x\cdot S\Delta t\end{aligned} \tag{1-25}$$

一般来说，小段$(x,x+\mathrm{d}x)$中不同点的温度升高是不同的，但是由于 $\mathrm{d}x$ 很小，小段中各点的温度升高可近似地用小段质心处的温度升高来代替。设在 t 到 $t+\Delta t$ 时间内，小段温度上升了 Δu，有

$$\Delta u=u_t\cdot\Delta t \tag{1-26}$$

设细杆的比热容为 c，质量密度为 ρ，由热学定律得在 Δt 时间内温度升高所需的热量为

$$\Delta Q'=c\cdot(\rho S\mathrm{d}x)\cdot\Delta u=c\rho S(u_t\Delta t)\cdot\mathrm{d}x \tag{1-27}$$

由能量守恒定律，Δx 在 Δt 内得到的热量等于在 Δt 时间内温度升高所需的热量，有 $\Delta Q=\Delta Q'$，即 $k\frac{\partial^2 u}{\partial x^2}\mathrm{d}x\cdot S\Delta t=c\rho Su_t\Delta t\cdot\mathrm{d}x$

得

$$\frac{\partial u}{\partial t}-\frac{k}{c\rho}\frac{\partial^2 u}{\partial x^2}=0 \tag{1-28}$$

令 $\frac{k}{c\rho}=a^2$，则

$$\frac{\partial u(x,t)}{\partial t}-a^2\frac{\partial^2 u(x,t)}{\partial x^2}=0 \tag{1-29}$$

或

$$u_t-a^2u_{xx}=0$$

这就是一维无源热传导中温度所满足的方程，它是二阶齐次偏微分方程，称为一维无源热传导方程。

2）一维热传导方程——有热源的情况

若细杆内存在热源，如细杆中通以电流或杆中有放射性物质，设 t 时刻 x 处热源在单位时间单位体积中产生的热量为 $F(x,t)$，$F(x,t)$ 称为热源强度。可以证明，

$$\Delta Q = q(x,t)S\Delta t - q(x+\mathrm{d}x,t)S\Delta t + F(x,t)S\mathrm{d}x \cdot \Delta t$$
$$= k\frac{\partial^2 u}{\partial x^2}\mathrm{d}x \cdot S\Delta t + F(x,t)S\mathrm{d}x\Delta t \tag{1-30}$$

$$\Delta Q' = c\rho S u_t \cdot \mathrm{d}x \cdot \Delta t \tag{1-31}$$

根据能量守恒定律　$\Delta Q = \Delta Q'$

有热源的一维热传导方程为

$$u_t - a^2 u_{xx} = \frac{1}{c\rho}F(x,t) = f(x,t) \tag{1-32}$$

式(1-32)是二阶非齐次偏微分方程。非齐次项$\frac{1}{c\rho}F(x,t)$是热源在方程中的反映。

2. *扩散方程*

由于浓度(单位体积中的分子数或质量)的不均匀,物质从浓度大的地方向浓度小的地方转移,这种现象称为扩散。比如材料物理中半导体扩散工艺中硅片杂质浓度扩散的物理现象。

扩散运动的起源是浓度的不均匀。令 $u(\boldsymbol{r},t)$表示浓度,浓度不均匀的程度可用浓度梯度$\nabla u(\boldsymbol{r},t)$来表示。扩散运动的强弱可用扩散流强度 $\boldsymbol{q}(\boldsymbol{r},t)$来表示,即单位时间里通过单位横截面积的原子数或分子数或质量。

由实验知,扩散流强度 $\boldsymbol{q}(\boldsymbol{r},t)$与浓度梯度$\nabla u(\boldsymbol{r},t)$成正比,即

$$\boldsymbol{q}(\boldsymbol{r},t) = -D\nabla u(\boldsymbol{r},t)$$

式中,比例系数 D 称为扩散系数,"−"表示扩散是向浓度低处进行,这是扩散现象的基本定律,称为扩散定律。

以质量守恒定律和扩散定律为基础,可导出浓度 u 所满足的方程,推导方法与推导热传导方程类似。

$$\frac{\partial u(x,t)}{\partial t} - a^2\frac{\partial^2 u(x,t)}{\partial x^2} = 0$$

或
$$u_t - a^2 u_{xx} = 0$$

其中,$D=a^2$。上式为二阶齐次偏微分方程,称为一维无源扩散方程。

与热传导情况类似,有源的一维浓度扩散方程为

$$Du_{xx}\mathrm{d}x \cdot S\Delta t + F(x,t)S\mathrm{d}x\Delta t = u_t\Delta t \cdot S \cdot \mathrm{d}x \tag{1-33}$$

$$u_t - a^2 u_{xx} = F(x,t) \tag{1-34}$$

式中,$F(x,t)$为扩散源的强度,即单位时间内单位体积中产生的粒子数。

热传导方程和扩散方程形式完全相同,这不是偶然的,因为这两种方程所描述的现象同属于物理上的输运现象。

将一维空间的输运方程推广到二维、三维空间,可得,

二维空间:$u_t - a^2(u_{xx}+u_{yy}) = 0$ 或 $u_t - a^2\Delta_2 u = 0$

三维空间:$u_t - a^2(u_{xx}+u_{yy}+u_{zz}) = 0$ 或 $u_t - a^2\Delta_3 u = 0$

上述方程描写无源的波动过程,若是有源的,则方程中多了一项非齐次项。

1.2.3 稳定场方程:拉普拉斯方程与泊松方程

1. 稳定的温度(浓度)分布

若温度(或浓度)分布不均匀,就会产生热传导(或扩散)现象。假如源是不随时间变化的,在一定条件下,热传导(或扩散)最终将导致系统的温度(或浓度)分布达到不随时间变化的状态,称为稳定分布状态。所以若在与时间无关的热源 $F(x,y,z)$ 的作用下,温度的分布为稳定分布,即$\frac{\partial u}{\partial t}=0$,则稳定的温度分布 $u(x,y,z)$ 满足方程

$$\Delta u(x,y,z)=-\frac{F(x,y,z)}{a^2\rho c}=-\frac{F(x,y,z)}{k} \tag{1-35}$$

同理,若在与时间无关的扩散源强度 $F(x,y,z)$ 的作用下,浓度的分布为稳定分布,则稳定的浓度分布 $u(x,y,z)$ 满足方程

$$\Delta u(x,y,z)=-\frac{1}{D}F(x,y,z)$$

显然,上述两个方程形式一样,可统一地表述为

$$\Delta u(x,y,z)=-\alpha g(x,y,z) \tag{1-36}$$

式中,α 是系数;$g(x,y,z)$ 是不随时间变化的源在方程中的反映。式(1-36)就是含源系统处于稳定温度(或浓度)分布状态时温度(或浓度)所满足的方程式,它是不含时间的二阶非齐次偏微分方程,称为泊松方程。

若无源,$g(x,y,z)=0$,稳定分布的 u 满足方程

$$\Delta u(x,y,z)=0 \tag{1-37}$$

此方程称为拉普拉斯方程。

2. 稳定的电场分布

稳定的电场就是静电场。静电场是有源无旋场,$\nabla\times\boldsymbol{E}=0$,对无旋场可引入势函数(电势)$V(x,y,z)$,有

$$\boldsymbol{E}=-\nabla V \tag{1-38}$$

静电场中

$$\nabla\cdot\boldsymbol{E}=\frac{\rho}{\varepsilon_0} \tag{1-39}$$

$$\nabla\cdot\boldsymbol{E}=\nabla\cdot(-\nabla V)=\frac{\rho}{\varepsilon_0}$$

$$(\nabla\cdot\nabla)V=\Delta V=-\frac{\rho}{\varepsilon_0}$$

即

$$\Delta V=-\frac{\rho}{\varepsilon_0} \tag{1-40}$$

式(1-40)就是静电场的电势函数 V 应当满足的静电场方程,它是泊松方程。$\boldsymbol{E}$ 是矢量,

而 V 是标量，求解方程(1-40)比较方便。

如果在静电场的某一区域里没有电荷，即 $\rho=0$，则电势函数 V 的静电场方程在该区域上简化为拉普拉斯方程，$\Delta V=0$。

从以上讨论可知：描写稳定状态(或稳定分布)的物理量，有源时，满足泊松方程；无源时，满足拉普拉斯方程。

1.3　定解条件

任何一个具体的物理现象都是处在特定条件之下的。各个具体问题所处的特定条件，即研究对象所处的特定“环境”和“历史”，定义为数学物理问题的初始条件和边界条件。

1.3.1　初始条件

初始条件：给出某一初始时刻整个系统的已知状态。由于运动状态是用一些物理量来描写的，所以初始条件是给出在初始时刻，系统每一点的物理量的值。

如描写机械运动状态的物理量是位移和速度，所以对于机械运动，初始条件就是给出在初始时刻系统在每一点的位移 u 和速度 $\frac{\partial u}{\partial t}$ 的值，如

$$\begin{cases} u(x,y,z,t)\big|_{t=0}=\varphi(x,y,z) \\ u_t(x,y,z,t)\big|_{t=0}=\Psi(x,y,z) \end{cases}$$

式中，$\varphi(x,y,z)$ 和 $\Psi(x,y,z)$ 是已知函数。

［**例 1.1**］　一根长为 l 且两端固定的弦，用手把它的中点朝横向拨开距离 h，然后放手任其振动。写出弦横振动的初始条件。

解：

$$\text{初始条件为：}\begin{cases} u(x,t)\big|_{t=0}=\begin{cases} \dfrac{2h}{l}x & 0\leqslant x\leqslant \dfrac{l}{2} \\ \dfrac{2h}{l}(l-x) & \dfrac{l}{2}\leqslant x\leqslant l \end{cases} \\ u_t(x,t)\big|_{t=0}=0 \qquad\qquad\quad 0\leqslant x\leqslant l \end{cases}$$

在热传导现象中，初始时的运动状态是指初始温度在空间中的分布情况，故其初始条件就是给出初始时刻系统中每点的温度 u 的值，如

$$u(x,y,z,t)\big|_{t=0}=T(x,y,z)$$

其中 $T(x,y,z)$ 是已知函数。

对于扩散现象，初始状态是指初始时刻浓度在空间中的分布情况，故初始条件就是给出初始时刻系统中每一点的浓度的值，如

$$u(x,y,z,t)\big|_{t=0}=\rho(x,y,z)$$

式中，$\rho(x,y,z)$ 是已知函数。

1.3.2 边界条件

边界条件：给出系统的边界在各个时刻的已知状态。

描写系统边界状况的表示式称为边界条件，边界条件通常可用 u（所研究的物理量）或$\frac{\partial u}{\partial n}$（其在边界外法线方向上的方向导数）在边界上的值来表示。根据边界条件的形式，一般可分为三类：

第一类边界条件，直接规定了所研究物理量的未知函数 u 在边界上的值，即

$$u|_{边}=f(M,t)$$

式中，M 代表边界上已知的点；$f(M,t)$ 为已知函数（下同）。

第二类边界条件，规定了所研究物理量的未知函数 u 在边界上法线方向导数的值，即

$$\left.\frac{\partial u}{\partial n}\right|_{边}=f(M,t)$$

第三类边界条件，规定了所研究物理量的未知函数 u 及其法向导数的线性组合在边界上的值，即

$$\left.\left(u+H\frac{\partial u}{\partial n}\right)\right|_{边}=f(M,t)$$

以上三类边界条件中，若 $f(t)=0$，则这种边界条件是齐次的；若 $f(t)$ 是某个不为零的常数或函数，则称这种边界条件是非齐次的。上述三种边界条件是最常见的。

1. 弦的横振动

(1) 两端固定：　$u(x,t)|_{x=0}=0$，　$u(x,t)|_{x=l}=0$　　$(t\geqslant 0)$

(2) $x=0$ 端位移状态已知：　$u(x,t)|_{x=0}=f(t)$　　$(t\geqslant 0)$

2. 杆的纵振动

(1) 两端自由

$$u_x|_{x=0}=0,\quad u_x|_{x=l}=0\qquad (t\geqslant 0)$$

(2) 作纵振动的杆，$x=0$ 端固定，$x=l$ 端受到沿端点外法线方向的外力 $f(t)$，

$$u(x,t)|_{x=0}=0,\quad u_x|_{x=l}=\frac{f(t)}{YS}\qquad (t\geqslant 0)$$

式中 Y 为杨氏模量，S 为杆的横截面积。

3. 杆的热传导

(1) 两端保持零摄氏度

$$u(x,t)|_{x=0}=0,\quad u(x,t)|_{x=l}=0\qquad (t\geqslant 0)$$

(2) 两端的温度变化已知

$$u(x,t)|_{x=0}=f_1(t),\quad u(x,t)|_{x=l}=f_2(t)\qquad (t\geqslant 0)$$

(3) 两端绝热

$$u_x|_{x=0}=0,\quad u_x|_{x=l}=0\quad (t\geqslant 0)\quad 合并写成\quad u_x|_{x=0,l}=0\qquad (t\geqslant 0)$$

(4) 两端有热流强度为 $f(t)$ 的热流流出

在 $x=0$ 端：
$$u_x|_{x=0}=\frac{f(t)}{k}\qquad (t\geqslant 0)$$

在 $x=l$ 端：
$$u_x|_{x=l}=-\frac{f(t)}{k}\qquad (t\geqslant 0)$$

合并写成
$$u_n|_{x=0,l}=\pm\frac{f(t)}{k}\qquad (t\geqslant 0)$$

同理得，两端有热流强度为 $f(t)$ 的热流流入

$$u_n|_{x=0,l}=\pm\frac{f(t)}{k}\qquad (t\geqslant 0)$$

(5) 两端按牛顿冷却定律与外界进行热交换(自由冷却)

牛顿冷却定律：单位时间内通过单位横截面积与外界热交换流出的热量为 $h(u-\theta)$，其中 h 为牛顿冷却系数；u 为系统边界的温度；θ 为外界的温度。

只要把 $f(t)$ 换成 $h(u-\theta)$ 即可。

在 $x=0$ 端：

$$\left.\left(\frac{k}{h}\frac{\partial u}{\partial x}-u\right)\right|_{x=0}=-\theta$$

令 $H=\dfrac{k}{h}$，则
$$(Hu_x-u)|_{x=0}=-\theta\qquad (t\geqslant 0)$$

在 $x=l$ 端：
$$(Hu_x+u)|_{x=l}=\theta\qquad (t\geqslant 0)$$

合并写成
$$(Hu_n+u)|_{x=0,l}=\mp\theta\qquad (t\geqslant 0)$$

1.3.3　衔接条件

考虑的系统不是均匀介质或是其他一些情况时，如在所研究的区域里出现跃变点(泛定方程在跃变点失去意义)，需把系统分成两个或两个以上部分处理，此时的边界条件往往不能单独写出，边界上的情况与相邻两个部分的状态有关，它们的关系称为衔接条件。

[例 1.2]　静电场电介质界面上的衔接条件

解：电介质界面上电势连续：$u^{\mathrm{I}}|_{\Sigma}=u^{\mathrm{II}}|_{\Sigma}$。

界面上电位移矢量的法向分量连续：

$$D_{1n}-D_{2n}=-\sigma_f,\quad \sigma_f=0,\quad D_{1n}|_{\Sigma}=D_{2n}|_{\Sigma}。$$

因为 $D=\varepsilon E=-\varepsilon\dfrac{\partial u}{\partial n}$，则有 $\varepsilon^{\mathrm{I}}\left.\dfrac{\partial u^{\mathrm{I}}}{\partial n}\right|_{\Sigma}=\varepsilon^{\mathrm{II}}\left.\dfrac{\partial u^{\mathrm{II}}}{\partial n}\right|_{\Sigma}$

综上，衔接条件为
$$\begin{cases}u^{\mathrm{I}}|_{\Sigma}=u^{\mathrm{II}}|_{\Sigma}\\ \varepsilon^{\mathrm{I}}\left.\dfrac{\partial u^{\mathrm{I}}}{\partial n}\right|_{\Sigma}=\varepsilon^{\mathrm{II}}\left.\dfrac{\partial u^{\mathrm{II}}}{\partial n}\right|_{\Sigma}\end{cases}$$

[例 1.3]　长为 l 的弦在 $x=0$ 端固定，另一端 $x=l$ 自由，且在初始时刻 $t=0$ 时处于水平

状态，初始速度为 $x(l-x)$，已知弦作微小横振动，试写出此定解问题。

解：(1) 确定泛定方程：取弦的水平位置为 x 轴，$x=0$ 为原点，因为弦作自由（无外力）横振动，所以泛定方程为齐次波动方程，即

$$u_{tt}-a^2u_{xx}=0$$

(2) 确定边界条件：对于弦的固定端，显然有 $u(0,t)=0$，而另一端自由，意味着其张力为零，则 $\left.\frac{\partial u}{\partial t}\right|_{x=l}=0$。

(3) 确定初始条件：根据题意，当 $t=0$ 时，弦处于水平状态，即初始位移为零，亦即 $u(x,0)=0$，初始速度 $\left.\frac{\partial u}{\partial t}\right|_{t=0}=x(l-x)$。

综上讨论，定解问题为

$$\begin{cases} u_{tt}-a^2u_{xx}=0 & (0<x<l,t>0) \\ u(0,t)=0,u_x|_{x=l}=0 & (t\geqslant 0) \\ u(x,0)=0,u_t(x,0)=x(l-x) & (0\leqslant x\leqslant l) \end{cases}$$

解题说明：若题目只要求写出定解问题，可根据已经学习的数学物理模型直接写出定解问题。但若题目要求推导某定解问题，则必须详细写出泛定方程和定解条件的推导过程。

[例 1.4] 设有一根长为 l 的理想传输线，远端开路。先把传输线充电到电位为 V_0，然后把近端短路，试写出其定解问题。

解：(1) 泛定方程：理想传输线满足波动方程（数学物理方程）类型：

$$V_{tt}-a^2V_{xx}=0$$

(2) 边界条件：至于边界条件，远端开路，即意味着 $x=l$ 端电流为零，即 $i|_{x=l}=0$，得到 $\frac{\partial V}{\partial x}+L\frac{\partial i}{\partial t}+Ri=0$。

且注意到理想传输线 $G\approx R\approx 0$，故 $\frac{\partial V}{\partial x}=-L\frac{\partial i}{\partial t}$，代入条件 $i|_{x=l}=0$ 有

$$V|_{x=l}=-L\left.\frac{\partial i}{\partial t}\right|_{x=l}=-L\frac{\partial i(l,t)}{\partial t}=0$$

而近端短路，即意味着 $x=0$ 端电压为零，即 $V|_{x=0}=V(0,t)=0$。

(3) 初始条件：开始时传输线被充电到电位为 V_0，故有初始条件 $V(x,0)=V_0$，且此时的电流 $i|_{t=0}=0$，有，

$$\frac{\partial i}{\partial x}+C\frac{\partial V}{\partial t}+GV=0$$

且注意到理想传输线 $G\approx R\approx 0$，故 $\frac{\partial V}{\partial t}=-\frac{1}{C}\cdot\frac{\partial i}{\partial x}$，因而有

$$\left.\frac{\partial V}{\partial t}\right|_{t=0}=-\frac{1}{C}\cdot\left.\frac{\partial i}{\partial x}\right|_{t=0}=-\frac{1}{C}\cdot\frac{\partial i(x,0)}{\partial x}=0$$

综上所述，其定解问题为

$$\begin{cases} V_{tt}-a^2V_{xx}=0 & (0<x<l,t>0) \\ V|_{x=0}=0,V_x|_{x=l}=0 & (t\geqslant 0) \\ V|_{t=0}=V_0,V_t|_{t=0}=0 & (0\leqslant x\leqslant l) \end{cases}$$

[例 1.5] 设均匀细弦的线密度为 ρ，长为 l 且两端固定，初始位移为 0，开始时，在 $x=c$ 处受到冲量 k 的作用，试写出相应的定解问题。

解：泛定方程为波动方程

$$\frac{\partial^2 u}{\partial t^2}=a^2\frac{\partial^2 u}{\partial x^2} \qquad x\in(0,l),t>0$$

由边界两端固定，知 $u(0,t)=u(l,t)=0$

由初始位移为零，知 $u(x,0)=0$

由开始时在 $x=c$ 处受到冲量 k，知对足够小的 $\varepsilon,\varepsilon>0$，弦段 $[c-\varepsilon,c+\varepsilon]$ 上的动量改变量，即冲量 k，有 $2\varepsilon\rho\dfrac{\partial u(x,0)}{\partial t}=k,x\in[c-\varepsilon,c+\varepsilon]$。

由题目知 ρ 为弦的线密度，而均匀弦的 ρ 为常数，由此得

$$u_t(x,0)=\begin{cases} \dfrac{k}{2\varepsilon\rho}, & x\in[c-\varepsilon,c+\varepsilon] \\ 0, & x\in[0,c-\varepsilon]\cup[c+\varepsilon,l] \end{cases} \quad (\varepsilon\to 0)$$

于是，对应的定解问题为：

$$\begin{cases} \dfrac{\partial^2 u}{\partial t^2}=a^2\dfrac{\partial^2 u}{\partial x^2}, & x\in(0,l),t>0 \\ u(0,t)=u(l,t)=0, & t\geqslant 0 \\ u(x,0)=0, & x\geqslant 0 \\ u_t(x,0)=\begin{cases} \dfrac{k}{2\varepsilon\rho}, & x\in[c-\varepsilon,c+\varepsilon] \\ 0, & x\in[0,c-\varepsilon]\cup[c+\varepsilon,l] \end{cases} & \varepsilon\to 0 \end{cases}$$

注意：对给定的数学物理问题要先确定其共性规律，由此确定泛定方程的类型，然后分析物理问题的个性(特殊性)，即边界约束条件以及初始条件。

求解某个物理问题可归结为求出相应的数理方程的确定解，所谓确定解要求既满足方程又满足定解条件。数理方程和它的定解条件构成数理方程的定解问题。

定解问题
- 数理方程
- 定解条件
  - 初始条件
  - 边界条件
  - 衔接条件

若要求写出定解问题，解答一定要全面。

既然数理方程的一个确定解代表系统的一个具体运动状态，从物理上来说，要求定解问题满足：① 有解；② 其解是唯一的；③ 解是稳定的。

若某定解问题满足上述三个条件，则说明这个定解问题提得正确，或说这个定解问题是适定的；否则是不正确的，必须修改问题的提法。

习　题

1.1 有一均匀杆,只要杆中任意一段有纵向位移或速度,必导致相邻段的压缩或伸长,这种伸缩继续,就会有纵波沿着杆传播。试推导杆的纵振动方程。

1.2 试导出均匀细杆的热传导方程。设杆上 x 点 t 时刻的温度为 $u(x,t)$,杆的比热容、密度和热源强度各为 c、ρ 和 F(均为常量),并设杆的侧面是绝热的。

1.3 设扩散物质的源强度为 $F(x,y,z;t)$(定义为单位体积内,在单位时间所产生的扩散物质),试根据能斯特(Nernet)定律[通过界面 $\mathrm{d}\sigma$ 流出的扩散物质为$(-D\nabla u\cdot\mathrm{d}\sigma)$]和能量守恒定律导出扩散方程 $u_t=D\Delta u+F$。其中,D 为扩散系数。

1.4 真空中电磁场的麦克斯韦(Maxwell)方程组的微分形式为:

$$\begin{cases}\nabla\cdot\boldsymbol{E}=0\\ \nabla\times\boldsymbol{E}=-\dfrac{1}{c}\boldsymbol{H}_t\\ \nabla\cdot\boldsymbol{H}=0\\ \nabla\times\boldsymbol{H}=\dfrac{1}{c}\boldsymbol{E}_t\end{cases}$$

试由这组方程导出电磁波方程:

$$\begin{cases}\boldsymbol{E}_{tt}=c^2\Delta\boldsymbol{E}\\ \boldsymbol{H}_{tt}=c^2\Delta\boldsymbol{H}\end{cases}$$

1.5 长为 l 两端固定的弦作振幅极其微小的横振动,试写出其定解条件。

1.6 长为 l 的均匀杆,侧面绝缘且一端温度为零,另一端有恒定热流 q 进入(即单位时间内通过单位截面积流入的热量为 q,杆的初始温度分布为$\dfrac{x(l-x)}{2}$,试写出相应的定解问题。

1.7 用手将长为 l 两端固定的弦的中点向上拨开距离 h,然后松手任其振动,写出弦横振动的初值条件。

1.8 在杆纵向振动时,假设①端点固定;②端点自由;③端点固定在弹性支承上。试分别导出这三种情况下所对应的边界条件。

第2章　行波法与积分变换法

第 1 章学习了建立数学物理方程和定解条件的基本方法，即确定定解问题，从本章起，到第 4 章将重点学习各种求解数学物理方程的方法，主要包括行波法与积分变换法、分离变量法等。

本章介绍两种求解无界区域内定解问题的方法：行波法与积分变换法。行波法只能用于求解无界区域内波动方程的定解问题，而积分变换法没有方程类型的应用限制，主要用于无界区域，也可用于有界区域。本章将讨论行波法与积分变换法的求解思路、求解方法和应用。

2.1　达朗贝尔法（行波法）

考虑无界弦的自由振动问题，有定解问题如下：

$$\begin{cases}\dfrac{\partial^2 u}{\partial t^2}=a^2\dfrac{\partial^2 u}{\partial x^2} & -\infty<x<+\infty, t>0 \\ u(x,0)=\varphi(x) & -\infty<x<+\infty \\ u_t(x,0)=\Psi(x) & -\infty<x+\infty\end{cases} \tag{2-1}$$

上面的标准型方程有两组特征曲线：

$$x+at=c_1,\quad x-at=c_2$$

作变换

$$\xi=x+at,\quad \eta=x-at$$

由上面的方程变为：

$$\frac{\partial^2 u}{\partial\xi\partial\eta}=0 \tag{2-2}$$

求式(2-2)偏微分方程的解。

先对 η 积分一次得：

$$\frac{\partial u}{\partial\xi}=f_1(\xi) \tag{2-3}$$

再对 ξ 积分一次得：

$$u = \int f_1(\xi)\mathrm{d}\xi + f_2(\eta) = F(\xi) + G(\eta) \tag{2-4}$$

式中，F,G 是具有任意连续可微的函数，将原自变量代回，得原方程的通解为

$$u(x,t)=F(x+at)+G(x-at) \tag{2-5}$$

下面通过初始条件确定任意函数 F,G 的形式：

因为 $$u|_{t=0}=\varphi(x),\quad u_t|_{t=0}=\Psi(x)$$

有 $$F(x)+G(x)=\varphi(x) \tag{2-6}$$

$$aF'(x)-aG'(x)=\Psi(x) \tag{2-7}$$

对式(2－7)从 x_0 到 x 积分得：

$$F(x)-G(x) = \frac{1}{a}\int_{x_0}^{x}\Psi(\alpha)\mathrm{d}\alpha + F(x_0) - G(x_0) \tag{2-8}$$

式(2－6)±式(2－8)得：

$$F(x) = \frac{1}{2}\varphi(x) + \frac{1}{2a}\int_{x_0}^{x}\Psi(\alpha)\mathrm{d}\alpha + \frac{1}{2}[F(x_0) - G(x_0)] \tag{2-9}$$

$$G(x) = \frac{1}{2}\varphi(x) - \frac{1}{2a}\int_{x_0}^{x}\Psi(\alpha)\mathrm{d}\alpha - \frac{1}{2}[F(x_0) - G(x_0)] \tag{2-10}$$

$$u(x,t) = \frac{1}{2}[\varphi(x-at) + \varphi(x+at)] + \frac{1}{2a}\int_{x-at}^{x+at}\Psi(\alpha)\mathrm{d}\alpha \tag{2-11}$$

式(2－9)为达朗贝尔公式。

［**例 2.1**］ 确定初值问题：

$$\begin{cases} \dfrac{\partial u^2}{\partial t^2}=a^2\dfrac{\partial^2 u}{\partial x^2} & -\infty<x+\infty, t>0 \\ u(x,0)=\cos x & u_t(x,0)=\mathrm{e}^{-1} \end{cases}$$

解：根据达朗贝尔公式 $u(x,t) = \frac{1}{2}[\varphi(x-at) + \varphi(x+at)] + \frac{1}{2a}\int_{x-at}^{x+at}\Psi(\alpha)\mathrm{d}\alpha$

代入初始条件：$u(x,0)=\cos x=\varphi(x), u_t(x,0)=\Psi(x)=\mathrm{e}^{-1}$

得 $$\begin{aligned} u(x,t) &= \frac{1}{2}[\cos(x-at) + \cos(x+at)] + \frac{1}{2a}\int_{x-at}^{x+at}\mathrm{e}^{-1}\mathrm{d}\alpha \\ &= \cos x\cos at + t/\mathrm{e} \end{aligned}$$

达朗贝尔方程的物理定义：

先讨论 $\Psi(x)=0$(即振动只有初始位移)的情况，即

$$u(x,t)=\frac{1}{2}[\varphi(x-at)+\varphi(x+at)] \tag{2-12}$$

先看 $\varphi(x-at)$项：

当 $t=0$ 时若观察者位于 $x=c$ 处，此时 $\varphi(x-at)=\varphi(c)$；

在 x 轴上，若观察者以速度 a 沿 x 轴正方向运动，则在 t 时刻观察者位于 $x=c+at$ 处，此

时 $\varphi(x-at)=\varphi(c+at-at)=\varphi(c)$。

由于 t 是任意的，这说明观察者在运动过程中随时可以看到相同的波形，可见，波形和观察者一样，以速度 a 沿 x 轴正方向传播。所以 $\varphi(x-at)$ 表示以速度 a 正向传播的波，叫正行波。同理，$\varphi(x+at)$ 表示以速度 a 负向传播的波，叫逆行波(反行波)。

若 $\varphi(x)=0$，即振动没有初始位移，这时

$$u(x,t)=\frac{1}{2a}\int_{x-at}^{x+at}\Psi(\alpha)\mathrm{d}\alpha \tag{2-13}$$

令

$$\int\Psi(\alpha)\mathrm{d}\alpha=\Phi(\alpha)+c$$

则

$$u(x,t)=\Phi(x+at)-\Phi(x-at)$$

由此可见，第一项也是逆行波(反行波)，第二项也是正行波。正、逆行波的叠加(相减)给出弦的位移。

综上所述：达朗贝尔解表示正行波和逆行波的叠加，如图 2-1 所示为波振动的示意图。

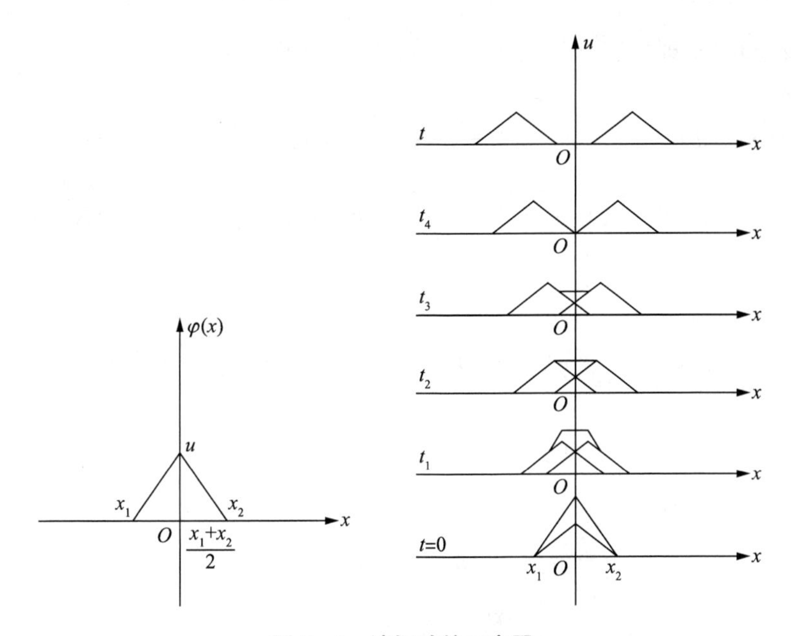

图 2-1 波振动的示意图

2.2 反射波

讨论半元界弦的自由振动，且在无外力作用的情况下，其定解问题为：

$$\begin{cases}\dfrac{\partial^2 u}{\partial t^2}=a^2\dfrac{\partial^2 u}{\partial x^2} & 0\leqslant x<+\infty,t\geqslant 0 & (2-14)\\ u(x,0)=\varphi(x) & 0\leqslant x<+\infty & (2-15)\\ u_t(x,0)=\Psi(x) & 0\leqslant x<+\infty & (2-16)\\ u(0,t)=0 & t>0 & (2-17)\end{cases}$$

式(2-12)的通解为：

$$u(x,t)=F(x+at)+G(x-at)$$

将初始条件式(2-13)、式(2-14)代入得：

$$F(x)+G(x)=\varphi(x)$$
$$aF'(x)-aG'(x)=\Psi(x)$$

对 x 积分得 $$F(x)=\frac{1}{2}\varphi(x)+\frac{1}{2a}\int_{x_0}^{x}\Psi(\alpha)\mathrm{d}\alpha+\frac{1}{2}[F(x_0)-G(x_0)]$$

$$G(x)=\frac{1}{2}\varphi(x)-\frac{1}{2a}\int_{x_0}^{x}\Psi(\alpha)\mathrm{d}\alpha-\frac{1}{2}[F(x_0)-G(x_0)]$$

再将式(2-17)代入得：

$$F(at)+G(-at)=0\quad at>0 \tag{2-18}$$

讨论：(1) 当 $x-at\geqslant 0$ 即 $t\leqslant\frac{x}{a}$ 时，则式(2-9)、式(2-10)变为

$$F(x+at)=\frac{1}{2}\varphi(x+at)+\frac{1}{2a}\int_{x_0}^{x+at}\Psi(\alpha)\mathrm{d}\alpha+\frac{1}{2}[F(x_0)-G(x_0)]$$
$$G(x-at)=\frac{1}{2}\varphi(x-at)-\frac{1}{2a}\int_{x_0}^{x-at}\Psi(\alpha)\mathrm{d}\alpha-\frac{1}{2}[F(x_0)-G(x_0)]$$

代入通解有：

$$u(x,t)=\frac{1}{2}[\varphi(x-at)+\varphi(x+at)]+\frac{1}{2a}\int_{x-at}^{x+at}\Psi(\alpha)\mathrm{d}\alpha$$

(2) 若 $x-at<0$ 即 $t>\frac{x}{a}$，则 $F(x+at)$ 仍可由式(2-9)得到，但式(2-10)不能用。但由式(2-18)令 $x=at$，则有

$$F(x)+G(-x)=0\qquad x\geqslant 0$$

则 $$F(x)=-G(-x)$$

所以 $$G(x-at)=-G[-(x-at)]=-F(at-x)\qquad at-x\geqslant 0$$

又有 $$F(x+at)=\frac{1}{2}\varphi(x+at)+\frac{1}{2a}\int_{x_0}^{x+at}\Psi(\alpha)\mathrm{d}\alpha+\frac{1}{2}[F(x_0)-G(x_0)]$$

$$G(x-at)=-F(at-x)=-\frac{1}{2}\varphi(at-x)-\frac{1}{2a}\int_{x_0}^{at-x}\Psi(\alpha)\mathrm{d}\alpha-\frac{1}{2}[F(x_0)-G(x_0)]$$

代入通解得： $$u(x,t)=\frac{1}{2}[\varphi(x+at)-\varphi(at-x)]+\frac{1}{2a}\int_{at-x}^{x+at}\Psi(\alpha)\mathrm{d}\alpha$$

综上，半元界弦的自由振动解为：

$$u(x,t)=\begin{cases}\frac{1}{2}[\varphi(x+at)+\varphi(x-at)]+\frac{1}{2a}\int_{x-at}^{x+at}\Psi(\alpha)\mathrm{d}\alpha & t\leqslant\frac{x}{a}\\ \frac{1}{2}[\varphi(x+at)-\varphi(at-x)]+\frac{1}{2a}\int_{at-x}^{x+at}\Psi(\alpha)\mathrm{d}\alpha & t>\frac{x}{a}\end{cases} \tag{2-19}$$

解的物理意义：

(1) 当 $t\leqslant\frac{x}{a}$ 时，其解为达朗贝尔解，这说明端点的影响未传到。

(2) 当 $t>\frac{x}{a}$ 时，此时解与达朗贝尔解不相同，这说明端点的影响已传到。

为说明问题，设初速度为零，则

$$u(x,t)=\frac{1}{2}[\varphi(x+at)-\varphi(at-x)]$$

上式中第一项表示从 x 轴负向向端点传播的反行波。

若观察者在 $t=0$ 时刻位于 $x=c$ 处，这时他所看到的波形为 $\varphi(at-x)=\varphi(-c)$；若观察者以速度 a 沿 x 轴正向行走，于是在 t 时刻观察者行至 $x=c+at$ 处，这时他们所看到的波形为 $\varphi(at-x)=\varphi(at-c-at)=\varphi(-c)$。说明第二项是由端点传来的以速度 a 沿 x 轴正向传播的正行波，通称为反射波。反射波的另一种求解方法如下。

(1) 若一端固定，此时相应的定解问题为：

$$\begin{cases}\dfrac{\partial^2 u}{\partial t^2}=a^2\dfrac{\partial^2 u}{\partial x^2} & 0\leqslant x<+\infty,t>0\\ u|_{t=0}=\varphi(x);u_t|_{t=0}=\Psi(x) & 0\leqslant x<+\infty\\ u|_{x=0}=0\end{cases}$$

由于上面的问题已不是柯西(Cauchy)问题，因此若用达朗贝尔公式则须将 $\varphi(x)$ 和 $\Psi(x)$ 延拓到整个数轴上，变为 $\Phi(x),\Psi(x)$。

这时，$U(x,t)=\frac{1}{2}[\Phi(x-at)+\Phi(x+at)]+\frac{1}{2a}\int_{x-at}^{x+at}\Psi(\alpha)\mathrm{d}\alpha$

因为

$$U(0,t)=0$$

所以

$$\frac{1}{2}[\Phi(-at)+\Phi(at)]+\frac{1}{2a}\int_{-at}^{at}\Psi(\alpha)\mathrm{d}\alpha=0$$

因此，要使上式成立，只需 Φ,Ψ 为奇函数即可。

所以　$\Phi(x)=\begin{cases}\varphi(x) & x\geqslant 0\\ -\varphi(-x) & x<0\end{cases}$，　$\Psi(x)=\begin{cases}\Psi(x) & x\geqslant 0\\ -\Psi(-x) & x<0\end{cases}$

$$u(x,t)=\begin{cases}\dfrac{1}{2}[\varphi(x+at)+\varphi(x-at)]+\dfrac{1}{2a}\displaystyle\int_{x-at}^{x+at}\Psi(\alpha)\mathrm{d}\alpha & t\leqslant\dfrac{x}{a}\\ \dfrac{1}{2}[\varphi(x+at)-\varphi(at-x)]+\dfrac{1}{2a}\displaystyle\int_{at-x}^{x+at}\Psi(\alpha)\mathrm{d}\alpha & t>\dfrac{x}{a}\end{cases}$$

(2) 若端点自由，则边界条件变为 $u_x|_{x=0}=0$，则：

$$\frac{1}{2}[\Phi'(at)+\Phi'(-at)]+\frac{1}{2a}[\Psi(at)-\Psi(-at)]=0$$

只要取 $\Phi(x)$ 为偶函数，$\Psi(x)$ 也为偶函数即可。

此时，

$$U(x,t)=\begin{cases}\dfrac{1}{2}[\varphi(x-at)+\varphi(x+at)]+\dfrac{1}{2a}\displaystyle\int_{x-at}^{x+at}\Psi(\alpha)\mathrm{d}\alpha & t\leqslant\dfrac{x}{a}\\ \dfrac{1}{2}[\varphi(x+at)+\varphi(at-x)]+\dfrac{1}{2a}\left[\displaystyle\int_{0}^{at-x}\Psi(\alpha)\mathrm{d}\alpha+\int_{0}^{x+at}\Psi(\alpha)\mathrm{d}\alpha\right] & t>\dfrac{x}{a}\end{cases}$$

2.3 纯强迫振动*

以上讨论仅限于自由振动，其方程均为齐次的。下面讨论无界弦或杆的纯强迫振动，即

$$\begin{cases} u_{tt}=a^2u_{xx}+f(x,t) & (2-20)\\ u|_{t=0}=0 & (2-21)\\ u_t|_{t=0}=0 & (2-22)\end{cases}$$

这时方程是非齐次的，若能设法将非齐次项清去，便可利用达朗贝尔法求解。为此引入冲量原理。

1. 冲量原理

方程(2-20)中的 $f(x,t)=\dfrac{F(x,t)}{\rho}$ 是单位质量的弦上所受的外力。这是从时刻 $t=0$ 一直延续到时刻 t 的持续作用力。根据叠加原理，这一持续力 $f(x,t)$ 所引起的振动，可视为前后相继的瞬时力 $f(x,\tau)(0\leqslant\tau\leqslant t)$ 所引起的振动 $\omega(x,t,\tau)$ 的叠加，即

$$u(x,t)=\lim_{\Delta\tau\to 0}\sum_{\tau=1}^{t}\omega(x,t,\tau)$$

力对系统的作用对于时间的积累带给系统一定的冲量。

考虑在短时间间隔 $\Delta\tau$ 内 $f(x,\tau)$ 对系统的作用，$f(x,\tau)\Delta\tau$ 表示在 $\Delta\tau$ 时间间隔内的冲量，该冲量使系统的动量即系统的速度有一个改变量[因为 $f(x,t)$ 是单位质量弦上所受的力，故动量在数值上等于速度]。现将 $\Delta\tau$ 时间内得到的速度改变量视为是在 $t=\tau$ 的瞬间得到的，则在 $\Delta\tau$ 这段时间内，瞬时力 $f(x,\tau)$ 所引起的振动问题可表示为：

$$\begin{cases} \omega_{tt}=a^2\omega_{xx} \qquad \tau<t<\tau+\Delta\tau\\ \omega|_{t=\tau}=0\\ \omega_t|_{t=\tau}=f(x,\tau)\Delta\tau\end{cases}$$

为了求解，令 $\omega(x,t,\tau)=V(x,t,\tau)\Delta\tau$，则上面方程变为：

$$\begin{cases} V_{tt}=a^2V_{xx} & (2-23)\\ V|_{t=\tau}=0 & (2-24)\\ V_t|_{t=\tau}=f(x,\tau) & (2-25)\end{cases}$$

因此欲求振动问题式(2-20)～式(2-22)的解，只需求振动问题式(2-23)～式(2-25)的解，而 $u(x,t)=\lim\limits_{\Delta\tau\to 0}\sum\omega(x,t,\tau)=\lim\limits_{\Delta\tau\to 0}\sum V(x,t,\tau)\Delta\tau=\int_0^t V(x,t,\tau)\mathrm{d}\tau$。

以上这种用瞬时冲量的叠加代替持续力来求解问题的方法，称为冲量原理。

2. 纯强迫振动的解

对于下面的定解问题：

$$\begin{cases} V_{tt}=a^2V_{xx}\\ V|_{t=\tau}=0\\ V_t|_{t=\tau}=f(x,\tau)\end{cases}$$

令 $T=t-\tau$，则

$$\begin{cases}V_{TT}=a^2V_{xx}\\ V|_{T=0}=0\\ V_T|_{T=0}=f(x,\tau)\end{cases}$$

由达朗贝尔公式得：

$$V(x,t,\tau)=\frac{1}{2a}\int_{x-aT}^{x+aT}f(\partial,\tau)\mathrm{d}\partial=\frac{1}{2a}\int_{x-a(t-\tau)}^{x+a(t-\tau)}f(\alpha,\tau)\mathrm{d}\alpha$$

于是得：

$$u(x,t)=\frac{1}{2a}\int_0^t\left[\int_{x-a(t-\tau)}^{x+a(t-\tau)}f(\alpha,\tau)\mathrm{d}\alpha\right]\mathrm{d}\tau \tag{2-26}$$

此即强迫振动的解。

［**例 2.2**］　求解下面的定解问题。

$$\begin{cases}u_{tt}=a^2u_{xx}+x+at & -\infty<x<+\infty,t>0\\ u(x,0)=0,\\ u_t(x,0)=0\end{cases}$$

解：此题属于强迫振动问题，且 $f(x,t)=x+at$，由强迫振动的求解公式(2-26)得

$$\begin{aligned}u(x,t)&=\frac{1}{2a}\int_0^t\left[\int_{x-a(t-\tau)}^{x+a(t-\tau)}f(\alpha,\tau)\mathrm{d}\alpha\right]\mathrm{d}\tau\\ &=\frac{1}{2a}\int_0^t\left[\int_{x-a(t-\tau)}^{x+a(t-\tau)}[\alpha+a\tau]\mathrm{d}\alpha\right]\mathrm{d}\tau=\frac{1}{2}xt^2+\frac{1}{6}at^3\end{aligned}$$

［**例 2.3**］　求解下面的定解问题。

$$\begin{cases}u_{xx}-u_{yy}=8\\ u(x,0)=0\\ u_y(x,0)=0\end{cases}$$

解：将 y 换成 t，则原方程变为：

$$\begin{cases}u_{tt}=u_{xx}-8\\ u(x,0)=0\\ u_t(x,0)=0\end{cases}$$

故由强迫振动的求解公式(2-26)有：

$$\begin{aligned}u(x,t)&=\frac{1}{2a}\int_0^t\left[\int_{x-a(t-\tau)}^{x+a(t-\tau)}f(\alpha,\tau)\mathrm{d}\alpha\right]\mathrm{d}\tau\qquad[a=1,f(x,t)=-8]\\ &=\frac{1}{2}\int_0^t\left[\int_{x-(t-\tau)}^{x+(t-\tau)}-8\mathrm{d}\alpha\right]\mathrm{d}\tau=-4t^2\end{aligned}$$

得原方程的解为：$u(x,y)=-4y^2$

3. 一般强迫振动(或阻尼振动)

对于一般强迫振动(或阻尼振动)，其定解问题为

$$\begin{cases} u_{tt}=a^2u_{xx}+f(x,t) & -\infty<x<+\infty,t>0 \\ u|_{t=0}=\varphi(x) \\ u_t|_{t=0}=\Psi(x) \end{cases}$$

由于泛定方程和定解条件都是线性的，故可以利用叠加原理处理这一问题。令

$$u=u^{\mathrm{I}}+u^{\mathrm{II}}$$

并且使 u^{I} 满足

$$\begin{cases} u_{tt}^{\mathrm{I}}=a^2u_{xx}^{\mathrm{I}} \\ u^{\mathrm{I}}|_{t=0}=\varphi(x) \\ u_t^{\mathrm{I}}|_{t=0}=\Psi(x) \end{cases} \qquad (\mathrm{I})$$

其中：

$$u^{\mathrm{I}}(x,t)=\frac{\varphi(x+at)+\varphi(x-at)}{2}+\frac{1}{2a}\int_{x-at}^{x+at}\varphi(\alpha)\mathrm{d}\alpha$$

使 u^{II} 满足

$$\begin{cases} u_{tt}^{\mathrm{II}}=a^2u_{xx}^{\mathrm{II}}+f(x,t) \\ u^{\mathrm{II}}|_{t=0}=0 \\ u_t^{\mathrm{II}}|_{t=0}=0 \end{cases} \qquad (\mathrm{II})$$

其中：

$$u^{\mathrm{II}}(x,t)=\frac{1}{2a}\int_0^t\left[\int_{x-a(t-\tau)}^{x+at(t-\tau)}f(\alpha,\tau)\mathrm{d}\alpha\right]\mathrm{d}\tau$$

故 $$u(x,t)=u^{\mathrm{I}}(x,t)+u^{\mathrm{II}}(x,t)$$

［**例 2.4**］ 求解下面的定解问题。

$$\begin{cases} u_{tt}=a^2u_{xx}+x+at \\ u(x,0)=x,u_t|_{t=0}=\sin x \end{cases} \quad -\infty<x<+\infty,t>0$$

解：$u=u^{\mathrm{I}}+u^{\mathrm{II}}$

$$\begin{cases} u_{tt}^{\mathrm{I}}=a^2u_{xx}^{\mathrm{I}} \\ u^{\mathrm{I}}(x,0)=x & -\infty<x<+\infty,t>0 \\ u_t^{\mathrm{I}}|_{t=0}=\sin x \end{cases}$$

$$u^{\mathrm{I}}(x,t)=\frac{\varphi(x+at)+\varphi(x-at)}{2}+\frac{1}{2a}\int_{x-at}^{x+at}\varphi(\alpha)\mathrm{d}\alpha=x+\frac{1}{a}\sin x\sin at$$

$$\begin{cases} u_{tt}^{\mathrm{II}}=a^2u_{xx}^{\mathrm{II}}+x+at \\ u^{\mathrm{II}}|_{t=0}=0 \\ u_t^{\mathrm{II}}|_{t=0}=0 \end{cases}$$

$$u^{\mathrm{II}}(x,t)=\frac{1}{2a}\int_0^t\left[\int_{x-a(t-\tau)}^{x+at(t-\tau)}f(\alpha,\tau)\mathrm{d}\alpha\right]\mathrm{d}\tau=\frac{1}{2}xt^2+\frac{1}{6}at^3$$

$$u(x,t)=x+\frac{1}{a}\sin x\sin at+\frac{1}{2}xt^2+\frac{1}{6}at^3$$

用行波法求解波动方程的基本思路：先求出偏微分方程的通解，然后用定解条件确定特解。这一思想与常微分方程的解法是一样的。关键步骤：通过变量变换，将波动方程化为便于积分的齐次二阶偏微分方程。

2.4 积分变换法——傅里叶变换法

在研究无限区域的定解问题时，还常常求助于积分变换法。积分变换法的基本思路是通过对泛定方程和定解条件中的某些变量进行积分变换，把微分运算转化为代数运算，减少偏微分方程中自变量的个数，将多个变量的线性偏微分方程转变为含有较少变量的线性偏微分方程、常微分方程或代数方程，从而使问题简化得到解决。常用的积分变换法有傅里叶变换和拉普拉斯变换。

基本要求：

(1) 掌握常用的一些函数展开为傅里叶级数。

(2) 理解傅里叶变换的基本性质，掌握傅里叶变换和傅里叶积分的应用。

(3) 掌握拉普拉斯变换，理解拉普拉斯变换的基本性质。

(4) 了解拉普拉斯变换的应用。

2.4.1 三角函数系的正交性

1. 三角函数系

函数系 $1,\cos x,\sin x,\cos 2x,\sin 2x,\cdots,\cos nx,\sin nx$ 等叫作基本的三角函数系，函数都以 2π 为周期。

2. 三角函数系的正交性

三角函数系中任意两个相异函数的乘积，在 2π 周期区间内的积分等于 0 这一性质，称为三角函数系的正交性。

$$\begin{cases}\int_{-\pi}^{\pi}1^2\mathrm{d}x=2\pi\\ \int_{-\pi}^{\pi}\cos nx\,\mathrm{d}x=0\\ \int_{-\pi}^{\pi}\sin nx\,\mathrm{d}x=0\\ \int_{-\pi}^{\pi}\cos nx\cos mx\,\mathrm{d}x=\begin{cases}\pi & (n=m)\\ 0 & (n\neq m)\end{cases}\\ \int_{-\pi}^{\pi}\sin nx\sin mx\,\mathrm{d}x=\begin{cases}\pi & (n=m)\\ 0 & (n\neq m)\end{cases}\\ \int_{-\pi}^{\pi}\cos nx\sin mx\,\mathrm{d}x=0\end{cases}\tag{2-27}$$

2.4.2 傅里叶(Fourier)级数

1. 周期级数

根据高等数学的知识，设 $f(x)$是周期为 2π 的函数，且在$[-\pi,\pi]$上可以展为三角级数。

$$f(x)=\frac{a_0}{2}+\sum_{n=1}^{\infty}(a_n\cos nx+b_n\sin nx\,\mathrm{d}x) \tag{2-28}$$

则 a_0,a_n,b_n 的值，可对式 2-28 逐项积分获得。

$$\int_{-\pi}^{\pi}f(x)\mathrm{d}x=\int_{-\pi}^{\pi}\frac{a_0}{2}\mathrm{d}x+\sum_{n=1}^{\infty}\left(a_n\int_{-\pi}^{\pi}\cos nx\,\mathrm{d}x+b_n\int_{-\pi}^{\pi}\sin nx\,\mathrm{d}x\right)$$

所以
$$a_0=\frac{1}{\pi}\int_{-\pi}^{\pi}f(x)\mathrm{d}x$$

$$\int_{-\pi}^{\pi}f(x)\cos mx\,\mathrm{d}x=\frac{a_0}{2}\int_{-\pi}^{\pi}\cos mx\,\mathrm{d}x+\sum_{n=1}^{\infty}\left(a_n\int_{-\pi}^{\pi}\cos nx\cos mx\,\mathrm{d}x+b_n\int_{-\pi}^{\pi}\sin nx\cos mx\,\mathrm{d}x\right)$$

$$\int_{-\pi}^{\pi}f(x)\sin mx\,\mathrm{d}x=\frac{a_0}{2}\int_{-\pi}^{\pi}\sin mx\,\mathrm{d}x+\sum_{n=1}^{\infty}\left(a_n\int_{-\pi}^{\pi}\cos nx\sin mx\,\mathrm{d}x+b_n\int_{-\pi}^{\pi}\sin nx\sin mx\,\mathrm{d}x\right) \tag{2-29}$$

所以，$a_n=\frac{1}{\pi}\int_{-\pi}^{\pi}f(x)\cos nx\,\mathrm{d}x,b_n=\frac{1}{\pi}\int_{-\pi}^{\pi}f(x)\sin nx\,\mathrm{d}x$ ，a_n,b_n 称为 Fourier 系数。

1) 由 Fourier 系数定出的三角函数

$\frac{a_0}{2}+\sum_{n=1}^{\infty}(a_n\cos nx+b_n\sin nx)$ 称为函数的 Fourier 级数，简称傅氏级数。

式中，$a_1\cos x+b_1\sin x$ 为基波，$a_n\cos nx+b_n\sin nx$ 为 n 次谐波。

2) 展开的条件 Dirichlet(狄利克雷)充分条件

设 $f(x)$是周期为 2π 的函数，它在一个周期长区间上满足条件：

(1) 连续或只有(有限个第一类间断点)在某点处左右极限存在且不等于该点函数值。

(2) 至多有有限个极值点。

注意：函数展成 Fourier 级数的条件比展成幂级数的条件低得多。如 $f(x)$的 Fourier 级数收敛于$\frac{f(x-0)+f(x+0)}{2}$。收敛的结果：在连续点处 Fourier 级数收敛于 $f(x)$；间断点处 Fourier 级数收敛于该点左右极限的平均值$\left[x=\pi\text{ 处收敛于}\frac{f(\pi-0)+f(-\pi+0)}{2}\right]$。

2. 奇函数和偶函数的 Fourier 级数

1) 若 $f(x)$是奇函数，则 $f(x)\cos nx$ 是奇函数，$f(x)\sin nx$ 是偶函数。

$$\begin{aligned}a_n&=\frac{1}{\pi}\int_{-\pi}^{\pi}f(x)\cos nx\,\mathrm{d}x=0\quad(n=0,1,2,\cdots)\\ b_n&=\frac{1}{\pi}\int_{-\pi}^{\pi}f(x)\sin nx\,\mathrm{d}x=\frac{2}{\pi}\int_{0}^{\pi}f(x)\sin nx\,\mathrm{d}x\quad(n=1,2,\cdots)\end{aligned} \tag{2-30}$$

这时 $f(x)$的 Fourier 级数是正弦级数：

$$f(x)=\sum_{n=1}^{\infty}b_n\sin nx$$

2) 若 $f(x)$ 是偶函数，则 $f(x)\cos nx$ 是偶函数，$f(x)\sin nx$ 是奇函数。

$$a_n=\frac{1}{\pi}\int_{-\pi}^{\pi}f(x)\cos nx\,\mathrm{d}x=\frac{2}{\pi}\int_{0}^{\pi}f(x)\cos nx\,\mathrm{d}x\quad(n=0,1,2,\cdots)$$
$$b_n=\frac{1}{\pi}\int_{-\pi}^{\pi}f(x)\sin nx\,\mathrm{d}x=0\quad(n=0,1,2,\cdots)\tag{2-31}$$

此时偶函数 $f(x)$ 的 Fourier 级数是余弦级数，即

$$f(x)=\frac{a_0}{2}+\sum_{n=1}^{\infty}a_n\cos nx$$

3. 复数形式的 Fourier 级数

由 Euler(欧拉)公式：$\cos\frac{n\pi x}{l}=\frac{1}{2}(\mathrm{e}^{\frac{\mathrm{i}n\pi x}{l}}+\mathrm{e}^{-\frac{\mathrm{i}n\pi x}{l}})$　$\sin\frac{n\pi x}{l}=\frac{1}{2\mathrm{i}}(\mathrm{e}^{\frac{\mathrm{i}n\pi x}{l}}-\mathrm{e}^{-\frac{\mathrm{i}n\pi x}{l}})$

设 $f(x)$ 是周期为 $2l$ 的函数，且在 $[-l,l]$ 上可以展为三角级数。

$$f(x)=\frac{a_0}{2}+\sum_{n=1}^{\infty}\left[a_n\cos\frac{n\pi x}{l}+b_n\sin\frac{n\pi x}{l}\right]\tag{2-32}$$

其中：

$$a_0=\frac{1}{l}\int_{-l}^{l}f(x)\mathrm{d}x,$$
$$a_n=\frac{1}{l}\int_{-l}^{l}f(x)\cos\frac{n\pi x}{l}\mathrm{d}x,$$
$$b_n=\frac{1}{l}\int_{-l}^{l}f(x)\sin\frac{n\pi x}{l}\mathrm{d}x$$

$$\begin{aligned}f(x)&=\frac{a_0}{2}+\sum_{n=1}^{\infty}\left[\frac{a_n}{2}(\mathrm{e}^{\mathrm{i}\frac{n\pi x}{l}}+\mathrm{e}^{-\mathrm{i}\frac{n\pi x}{l}})-\frac{\mathrm{i}\,b_n}{2}(\mathrm{e}^{\mathrm{i}\frac{n\pi x}{l}}-\mathrm{e}^{-\mathrm{i}\frac{n\pi x}{l}})\right]\\&=\frac{a_0}{2}+\sum_{n=1}^{\infty}\left(\frac{a_n-\mathrm{i}\,b_n}{2}\mathrm{e}^{\mathrm{i}\frac{n\pi x}{l}}+\frac{a_n+\mathrm{i}\,b_n}{2}\mathrm{e}^{-\mathrm{i}\frac{n\pi x}{l}}\right)\end{aligned}$$

记 $\frac{a_0}{2}=c_0$，　$\frac{a_n-\mathrm{i}\,b_n}{2}=c_n$，　$\frac{a_n+\mathrm{i}b_n}{2}=c_{-n}\,(n=1,2,\cdots)$ 则有

$$f(x)=c_0+\sum_{n=1}^{\infty}c_n\mathrm{e}^{\mathrm{i}\frac{n\pi x}{l}}+\sum_{n=1}^{\infty}c_{-n}\mathrm{e}^{-\mathrm{i}\frac{n\pi x}{l}}$$

其中

$$\begin{aligned}c_n&=\frac{a_n-\mathrm{i}\,b_n}{2}=\frac{1}{2l}\int_{-l}^{l}f(x)\cos\frac{n\pi x}{l}\mathrm{d}x-\mathrm{i}\frac{1}{2l}\int_{-l}^{l}f(x)\sin\frac{n\pi x}{l}\mathrm{d}x\\&=\frac{1}{2l}\int_{-l}^{l}f(x)\left[\cos\frac{n\pi x}{l}-\mathrm{i}\sin\frac{n\pi x}{l}\right]\mathrm{d}x\\&=\frac{1}{2l}\int_{-l}^{l}f(x)\mathrm{e}^{-\mathrm{i}\frac{n\pi x}{l}}\mathrm{d}x\qquad(n=1,2,\cdots)\end{aligned}$$

同理

$$c_{-n}=\frac{1}{2l}\int_{-l}^{l}f(x)\mathrm{e}^{\frac{\mathrm{i}n\pi x}{l}}\mathrm{d}x\qquad(n=1,2,\cdots)$$
$$c_0=\frac{a_0}{2}=\frac{1}{2l}\int_{-l}^{l}f(x)\mathrm{d}x$$

所以 $$c_n=\frac{1}{2l}\int_{-l}^{l}f(x)\mathrm{e}^{-\mathrm{i}\frac{n\pi x}{l}}\mathrm{d}x$$

综上， $$f(x)=\sum_{n=-\infty}^{\infty}c_n\,\mathrm{e}^{\mathrm{i}\frac{n\pi x}{l}},\quad c_n=\frac{1}{2l}\int_{-l}^{l}f(x)\mathrm{e}^{-\mathrm{i}\frac{n\pi x}{l}}\mathrm{d}x \tag{2-33}$$

Fourier 展开的意义

理论意义：把复杂的周期函数用很简单的三角级数来表示。

应用意义：用三角函数之和近似表示复杂的周期函数。

2.4.3 傅里叶(Fourier)变换

1. 非周期函数的 Fourier 展开与 Fourier 积分

问题：把定义在$(-\infty,\infty)$中的非周期函数 $g(x)$进行 Fourier 展开。对于非周期函数而言，无法直接展开为傅里叶级数。但可以考虑，把一个非周期函数 $g(x)$看成是某个周期函数 $g_l(x)$在周期 $2l\to\infty$时转化而来的，此时 $\Delta\omega_n=\frac{\pi}{l}\to 0$，表明 ω_n 变为 ω 不是跃变，而是连续变化。

现将函数 $g(x)$按在$(-l,l)$区间，以 $2l$ 为周期的周期函数 $g_l(x)$展开，再令 $l\to\infty$，则

$$g(x)=\lim_{l\to\infty}g_l(x),\quad g_l(x)=\frac{a_0}{2}+\sum_{n=1}^{\infty}\left(a_n\cos\frac{n\pi x}{l}+b_n\sin\frac{n\pi x}{l}\right) \tag{2-34}$$

方法： 令$\omega_n=\frac{n\pi}{l}(n=0,1,2,\cdots)$， $\Delta\omega_n=\omega_n-\omega_{n-1}=\frac{\pi}{l}$

则 $$g(x)=\frac{a_0}{2}+\sum_{n=1}^{\infty}(a_n\cos\omega_n x+b_n\sin\omega_n x)$$

$$a_n=\frac{1}{l}\int_{-l}^{l}g(x)\cos\omega_n\mathrm{d}x,\quad b_n=\frac{1}{l}\int_{-l}^{l}g(x)\sin\omega_n\mathrm{d}x$$

同理在讨论 $l\to\infty$的极限过程时，

$$a_0=\frac{1}{l}\int_{-l}^{l}g(x)\mathrm{d}x\qquad \lim_{l\to\infty}a_0=\lim_{l\to\infty}\left[\frac{1}{l}\int_{-l}^{l}g(x)\mathrm{d}x\right]=0$$

$$\lim_{l\to\infty}\sum_{n=1}^{\infty}a_n\cos\omega_n x=\lim_{l\to\infty}\sum_{n=1}^{\infty}\left[\frac{1}{l}\int_{-l}^{l}g(x)\cos\omega_n x\,\mathrm{d}x\right]\cos\omega_n x$$

$$=\lim_{l\to\infty}\sum_{n=1}^{\infty}\left[\frac{1}{\pi}\int_{-l}^{l}g(x)\cos\omega_n\mathrm{d}x\right]\cos\omega_n x\cdot\Delta\omega_n$$

当 $l\to\infty$时，$\Delta\omega_n=\frac{\pi}{l}\to 0$，不连续变量$\omega_n$ 变成连续变量 ω，由定积分定义有：

$$\lim_{l\to\infty}\sum_{n=1}^{\infty}a_n\cos\omega_n x=\int_0^{\infty}\left[\frac{1}{\pi}\int_{-\infty}^{\infty}g(x)\cos\omega x\,\mathrm{d}x\right]\cos\omega x\,\mathrm{d}\omega$$

同理：
$$\lim_{l\to\infty}\sum_{n=1}^{\infty}b_n\sin\omega_n x=\lim_{l\to\infty}\sum_{n=1}^{\infty}\left[\frac{1}{l}\int_{-l}^{l}g(x)\sin\omega_n x\,\mathrm{d}x\right]\sin\omega_n x$$

$$=\lim_{l\to\infty}\sum_{n=1}^{\infty}\left[\frac{1}{\pi}\int_{-l}^{l}g(x)\sin\omega_n\mathrm{d}x\right]\sin\omega_n x\cdot\Delta\omega_n$$

$$=\int_0^{\infty}\left[\frac{1}{\pi}\int_{-\infty}^{\infty}g(x)\sin\omega x\,\mathrm{d}x\right]\sin\omega x\,\mathrm{d}\omega$$

所以,非周期函数 $g(x)$Fourier 展开为

$$g(x)=\int_0^{\infty}A(\omega)\cos\omega x\,\mathrm{d}x+\int_0^{\infty}B(\omega)\sin\omega x\,\mathrm{d}x \tag{2-35}$$

其中,
$$\left.\begin{aligned}A(\omega)&=\frac{1}{\pi}\int_{-\infty}^{\infty}f(x)\cos\omega x\,\mathrm{d}x\\ B(\omega)&=\frac{1}{\pi}\int_{-\infty}^{\infty}f(x)\sin\omega x\,\mathrm{d}x\end{aligned}\right\}\text{——Fourier 积分}$$

[例 2.5]　将 $f(x)=\begin{cases}x & -1\leqslant x<0\\ 1 & 0\leqslant x<\dfrac{1}{2}\\ -1 & \dfrac{1}{2}\leqslant x<1\end{cases}$ 展成傅里叶级数。

解:
$$a_0=\int_{-1}^{1}f(x)\mathrm{d}x=\int_{-1}^{0}x\mathrm{d}x+\int_0^{\frac{1}{2}}\mathrm{d}x-\int_{\frac{1}{2}}^{1}\mathrm{d}x=-\frac{1}{2},$$

$$\begin{aligned}a_n&=\int_{-1}^{1}f(x)\cos n\pi x\mathrm{d}x=\int_{-1}^{0}x\cos n\pi x\mathrm{d}x+\int_0^{\frac{1}{2}}\cos n\pi x\mathrm{d}x-\int_{\frac{1}{2}}^{1}\cos n\pi x\mathrm{d}x\\&=\frac{1}{n^2\pi^2}[1-(-1)^n]+\frac{2}{n\pi}\sin\frac{n\pi}{2}(n=1,\ 2,\ \cdots),\end{aligned}$$

$$\begin{aligned}b_n&=\int_{-1}^{1}f(x)\sin n\pi x\mathrm{d}x=\int_{-1}^{0}x\sin n\pi x\mathrm{d}x+\int_0^{\frac{1}{2}}\sin n\pi x\mathrm{d}x-\int_{\frac{1}{2}}^{1}\sin n\pi x\mathrm{d}x\\&=-\frac{2}{n\pi}\cos\frac{n\pi}{2}+\frac{1}{n\pi}\quad(n=1,2,3,\cdots)\end{aligned}$$

而在$(-\infty,\ +\infty)$上 $f(x)$的间断点为 $x=2k,x=2k+\dfrac{1}{2}$, $k=0,\ \pm1,\ \pm2,\ \cdots$

故　$f(x)=-\dfrac{1}{4}+\sum\limits_{n=1}^{\infty}\left\{\left[\dfrac{1-(-1)^n}{n^2\pi^2}+\dfrac{2\sin\frac{n\pi}{2}}{n\pi}\right]\cos n\pi x+\dfrac{1-2\cos\frac{n\pi}{2}}{n\pi}\sin n\pi x\right\}(x\neq 2k,\ x\neq 2k+\dfrac{1}{2},\ k=0,\ \pm1,\ \pm2,\ \cdots)$

2. 傅里叶(Fourier)变换

(1) 复数形式的 Fourier 积分

在$(-l,l)$区间,以 $2l$ 为周期的周期函数 $f_l(x)$的复数形式 Fourier 展开形式为

$$f_l(x)=\sum_{n=-\infty}^{\infty}c_n\mathrm{e}^{\mathrm{i}\frac{n\pi}{l}x}=\sum_{n=-\infty}^{\infty}c_n\mathrm{e}^{\mathrm{i}\omega_n x}$$

其中,$\omega_n=\dfrac{n\pi}{l}(n=0,1,2,\cdots)$,$\Delta\omega_n=\omega_n-\omega_{n-1}=\dfrac{\pi}{l}$,

$$c_n=\frac{1}{2l}\int_{-l}^{l}f(x)\mathrm{e}^{-\mathrm{i}\omega_n x}\mathrm{d}x=\frac{1}{2l}\int_{-l}^{l}f(\xi)\mathrm{e}^{-\mathrm{i}\omega_n\xi}\mathrm{d}\xi。$$

周期函数 $f_l(x)$的复数形式也可写为 $f_l(x)=\dfrac{1}{2l}\sum\limits_{n=-\infty}^{\infty}\left[\int_{-l}^{l}f(\xi)\mathrm{e}^{-\mathrm{i}\omega_n\xi}\mathrm{d}\xi\right]\mathrm{e}^{\mathrm{i}\omega_n x}$ 。

对于任意函数 $f(x)$,可以参考非周期函数的傅里叶(Fourier)展开,令

$$f(x)=\lim_{l\to\infty}f_l(x)=\lim_{l\to\infty}\sum_{n=-\infty}^{\infty}\left[\frac{1}{2l}\int_{-l}^{l}f(\xi)\mathrm{e}^{-\mathrm{i}\omega_n\xi}\mathrm{d}\xi\right]\mathrm{e}^{\mathrm{i}\omega_n x}=\lim_{\Delta\omega_n\to 0}\sum_{n=-\infty}^{\infty}\left[\frac{1}{2\pi}\int_{-l}^{l}f(\xi)\mathrm{e}^{-\mathrm{i}\omega_n\xi}\mathrm{d}\xi\right]\mathrm{e}^{\mathrm{i}\omega_n x}\Delta\omega_n$$

整理得

$$f(x)=\frac{1}{2\pi}\int_{-\infty}^{\infty}\left[\int_{-\infty}^{\infty}f(\xi)\mathrm{e}^{-\mathrm{i}\omega\xi}\mathrm{d}\xi\right]\mathrm{e}^{\mathrm{i}\omega x}\mathrm{d}\omega \tag{2-36}$$

式(2-36)称为 $f(x)$的傅里叶(Fourier)积分公式。

(2) 傅里叶(Fourier)变换

在傅里叶积分公式(2-36)中,令

$$F(\omega)=\int_{-\infty}^{\infty}f(\xi)\mathrm{e}^{-\mathrm{i}\omega\xi}\mathrm{d}\xi=\int_{-\infty}^{\infty}f(x)\mathrm{e}^{-\mathrm{i}\omega x}\mathrm{d}x \tag{2-37}$$

式(2-37)称为 $f(x)$的傅里叶(Fourier)变换,记为 $F[f(x)]$。$f(x)=F^{-1}[F(\omega)]=\frac{1}{2\pi}\int_{-\infty}^{\infty}F(\omega)\mathrm{e}^{\mathrm{i}\omega x}\mathrm{d}\omega$ 为 Fourier 变换的原函数。$F(\omega)$称为 $f(x)$的傅氏变换或象,$f(x)$称为 $F(\omega)$的逆傅氏变换或原象。

在频谱分析中,傅氏变换 $F(\omega)$又称为 $f(x)$的频谱函数,而它的模$|F(\omega)|$称为 $f(x)$的振幅频谱(亦称频谱),由于 ω 是连续变化的,故又称为连续频谱。

[例 2.6] 求函数 $f(t)=\begin{cases}0, & t<0\\ \mathrm{e}^{-\beta t}, & t\geqslant 0\end{cases}$的傅氏变换及其积分表达式,其中 $\beta>0$。注:这个函数称为指数衰减函数,在工程中经常遇到。

解:根据定义,有

$$F(\omega)=\int_{-\infty}^{+\infty}f(t)\mathrm{e}^{-\mathrm{i}\omega t}\mathrm{d}t=\int_{0}^{+\infty}\mathrm{e}^{-\beta t}\mathrm{e}^{-\mathrm{i}\omega t}\mathrm{d}t=\int_{0}^{+\infty}\mathrm{e}^{-(\beta+\mathrm{i}\omega)t}\mathrm{d}t=\frac{1}{\beta+\mathrm{i}\omega}=\frac{\beta-\mathrm{i}\omega}{\beta^2+\omega^2}$$

即指数衰减函数的傅氏变换。根据积分表达式的定义,有

$$f(t)=\frac{1}{2\pi}\int_{-\infty}^{+\infty}F(\omega)\mathrm{e}^{\mathrm{i}\omega t}\mathrm{d}\omega=\frac{1}{2\pi}\int_{-\infty}^{+\infty}\frac{\beta-\mathrm{i}\omega}{\beta^2+\omega^2}\mathrm{e}^{\mathrm{i}\omega t}\mathrm{d}\omega$$

注意到 $\mathrm{e}^{\mathrm{i}\omega t}=\cos\omega t+\mathrm{i}\sin\omega t$,上式可得

$$f(t)=\frac{1}{2\pi}\int_{-\infty}^{+\infty}\frac{\beta-\mathrm{i}\omega}{\beta^2+\omega^2}(\cos\omega t+\mathrm{i}\sin\omega t)\mathrm{d}\omega=\frac{1}{\pi}\int_{0}^{+\infty}\frac{\beta\cos\omega t+\sin\omega t}{\beta^2+\omega^2}\mathrm{d}\omega$$

因此

$$\int_{0}^{+\infty}\frac{\beta\cos\omega t+\sin\omega t}{\beta^2+\omega^2}\mathrm{d}\omega=\begin{cases}0 & t<0\\ \pi/2 & t=0\\ \pi\mathrm{e}^{-\beta t} & t>0\end{cases}$$

[例 2.7] 求矩形脉冲函数 $f(t)=hrect\left(\frac{t}{2T}\right)=\begin{cases}1,\left(\left|\frac{t}{2T}\right|<\frac{1}{2}\right)\\ 0,\left(\left|\frac{t}{2T}\right|>\frac{1}{2}\right)\end{cases}$的 Fourier 变换。

解: $F(\omega)=\int_{-\infty}^{\infty}f(x)\mathrm{e}^{-\mathrm{i}\omega x}\mathrm{d}x=\int_{-\infty}^{\infty}hrect(x)\mathrm{e}^{-\mathrm{i}\omega x}\mathrm{d}x$

$$\int_{-\infty}^{\infty} hrect(x)\mathrm{e}^{-\mathrm{i}\omega x}\mathrm{d}x=\int_{-\infty}^{\infty} hrect\left(\frac{t}{2T}\right)\mathrm{e}^{-\mathrm{i}\omega\frac{t}{2T}}\frac{\mathrm{d}t}{2T}=\frac{1}{2T}\int_{-T}^{T}\mathrm{e}^{-\mathrm{i}\omega\frac{t}{2T}}\mathrm{d}t=-\frac{1}{2\mathrm{i}\omega}\mathrm{e}^{-\mathrm{i}\omega\frac{t}{2T}}\Big|_{-T}^{T}$$
$$=\frac{1}{\omega}\sin\frac{\omega}{2}$$

3. Fourier 变换存在的条件

$f(x)$在$(-\infty,\infty)$上绝对可积，且在任意有限区间分段光滑，则它的傅氏变换存在，且这个变换的逆变换就等于 $f(x)$。

4. Fourier 变换的意义

$$F[f^{(n)}(x)]=(\mathrm{i}\omega)^nF[f(x)]=(\mathrm{i}\omega)^nF(\omega)$$

数学意义：从一个函数空间(集合)到另一个函数空间(集合)的映射。$f(x)$称为变换的原函数(相当于自变量)，$F(\omega)$称为象函数。

应用意义：把任意函数分解为简单周期函数之和，$F(\omega)$的自变量为频率，函数值为对应的振幅。

物理意义：把一般运动分解为简谐运动的叠加；把一般电磁波(光)分解为单色电磁波(光)的叠加。

物理实现：分解方法：棱镜光谱仪、光栅光谱仪；记录方式：(用照相底版)摄谱仪、(用光电摆测器)光度计。

5. Fourier 变换的基本性质

性质 1　(线性定理)傅氏变换是一个线性变换，若 α，β 为任意常数，则对任意函数 f_1 和 f_2，有

$$F[\alpha f_1+\beta f_2]=\alpha F[f_1]+\beta F[f_2] \tag{2-38}$$

性质 2　(导数定理)

$$F[f'(x)]=\mathrm{i}\omega F(\omega)=\mathrm{i}\omega F[f(x)] \tag{2-39}$$

证：
$$F[f'(x)]=\int_{-\infty}^{\infty}f'(x)\mathrm{e}^{-\mathrm{i}\omega x}\mathrm{d}x=[f(x)\mathrm{e}^{-\mathrm{i}\omega x}]_{-\infty}^{\infty}-\int_{-\infty}^{\infty}f(x)(\mathrm{e}^{-\mathrm{i}\omega x})'\mathrm{d}x$$
$$=0+\mathrm{i}\omega\int_{-\infty}^{\infty}f(x)\mathrm{e}^{-\mathrm{i}\omega x}\mathrm{d}x=\mathrm{i}\omega F[f(x)]=\mathrm{i}\omega F(\omega)$$

$f(x)$在$(-\infty,\infty)$上连续或只有有限个可去间断点，且当$|x|\to+\infty$时，$f(x)\to 0$，

重复运用以上结果有：$F[f^{(n)}(x)]=(\mathrm{i}\omega)^nF[f(x)]=(\mathrm{i}\omega)^nF(\omega)$

性质 3　(象的导数定理)

$$\frac{\mathrm{d}}{\mathrm{d}\omega}F[f]=F[-\mathrm{i}xf(x)] \tag{2-40}$$

证：
$$\frac{\mathrm{d}}{\mathrm{d}\omega}F[f]=\frac{\mathrm{d}}{\mathrm{d}\omega}\int_{-\infty}^{\infty}f(x)\mathrm{e}^{-\mathrm{i}\omega x}\mathrm{d}x=\int_{-\infty}^{\infty}f(x)(-\mathrm{i}x)\mathrm{e}^{-\mathrm{i}\omega x}\mathrm{d}x=F[-\mathrm{i}xf(x)]$$

性质 4　(积分定理)

$$F\left[\int_{-\infty}^{x}f(x)\mathrm{d}x\right]=\frac{1}{\mathrm{i}\omega}F[f(x)]=\frac{1}{\mathrm{i}\omega}F(\omega) \tag{2-41}$$

证:

$$因为\frac{\mathrm{d}}{\mathrm{d}x}\int_{-\infty}^{x} f(x)\mathrm{d}x = f(x)$$

$$所以\ F\left[\frac{\mathrm{d}}{\mathrm{d}x}\int_{-\infty}^{x} f(x)\mathrm{d}x\right] = F[f(x)]$$

$$而\ F\left[\frac{\mathrm{d}}{\mathrm{d}x}\int_{-\infty}^{x} f(x)\mathrm{d}x\right] = \mathrm{i}\omega F\left[\int_{-\infty}^{x} f(x)\mathrm{d}x\right]$$

$$所以\ F\left[\int_{-\infty}^{x} f(x)\mathrm{d}x\right] = \frac{1}{\mathrm{i}\omega}F[f(x)]$$

性质 4 表明一个函数积分后的 Fourier 变换等于这个函数解 Fourier 变换除以 $\mathrm{i}\omega$。

说明:原函数求导、求积分的运算,经过 Fourier 变换后,变成了象函数的代数运算。

性质 5 (相似性定理)

$$F[f(\alpha x)] = \frac{1}{\alpha}F\left(\frac{\omega}{\alpha}\right) \tag{2-42}$$

证:

$$F[f(\alpha x)] = \int_{-\infty}^{\infty} f(\alpha x)\mathrm{e}^{-\mathrm{i}\omega x}\mathrm{d}x$$

令 $y=\alpha x$,则

$$F[f(\alpha x)] = \frac{1}{\alpha}\cdot\int_{-\infty}^{\infty} f(y)\mathrm{e}^{-\frac{\mathrm{i}\omega y}{\alpha}}\mathrm{d}y = \frac{1}{\alpha}\cdot\int_{-\infty}^{\infty} f(x)\mathrm{e}^{-\frac{\mathrm{i}\omega x}{\alpha}}\mathrm{d}x$$
$$= \frac{1}{\alpha}F\left(\frac{\omega}{\alpha}\right)$$

性质 6 (延迟定理)

$$F[f(x-x_0)] = \mathrm{e}^{-\mathrm{i}\omega x_0}F(\omega) \tag{2-43}$$

证:

$$F[f(x-x_0)] = \int_{-\infty}^{\infty} f(x-x_0)\mathrm{e}^{-\mathrm{i}\omega x}\mathrm{d}x$$

令 $y=x-x_0$,则

$$F[f(x-x_0)] = \int_{-\infty}^{\infty} f(y)\mathrm{e}^{-\mathrm{i}\omega(y+x_0)}\mathrm{d}y = \mathrm{e}^{-\mathrm{i}\omega x_0}\int_{-\infty}^{\infty} f(x)\mathrm{e}^{-\mathrm{i}\omega x}\mathrm{d}x$$
$$= \mathrm{e}^{-\mathrm{i}\omega x_0}F(\omega)$$

性质 7 (位移定理)

$$F[\mathrm{e}^{\mathrm{i}\omega_0 x}f(x)] = F(\omega-\omega_0) \tag{2-44}$$

证:

$$F[\mathrm{e}^{\mathrm{i}\omega_0 x}f(x)] = \int_{-\infty}^{\infty} \mathrm{e}^{\mathrm{i}\omega_0 x}f(x)\mathrm{e}^{-\mathrm{i}\omega x}\mathrm{d}x = \int_{-\infty}^{\infty} f(x)\mathrm{e}^{-\mathrm{i}(\omega-\omega_0)x}\mathrm{d}x$$
$$= F(\omega-\omega_0)$$

性质 8 (卷积定理)

若 $F[f_1(x)]=F_1(\omega)$,$F[f_2(x)]=F_2(\omega)$,则

$$F[f_1(x) * f_2(x)] = F_1(\omega)F_2(\omega) \tag{2-45}$$

其中，$f_1(x)*f_2(x)=\int_{-\infty}^{\infty}f_1(\xi)f_2(x-\xi)\mathrm{d}\xi$，称为 $f_1(x)$ 与 $f_2(x)$ 的卷积。

证：

$$\begin{aligned}F[f_1(x)*f_2(x)]&=\int_{-\infty}^{\infty}f_1(x)*f_2(x)\mathrm{e}^{-\mathrm{i}\omega x}\mathrm{d}x\\&=\int_{-\infty}^{\infty}\left[\int_{-\infty}^{\infty}f_1(\xi)f_2(x-\xi)\mathrm{d}\xi\right]\mathrm{e}^{-\mathrm{i}\omega x}\mathrm{d}x\\&=\int_{-\infty}^{\infty}f_1(\xi)\left[\int_{-\infty}^{\infty}f_2(x-\xi)\mathrm{d}x\mathrm{e}^{-\mathrm{i}\omega x}\right]\mathrm{d}\xi\end{aligned}$$

令 $y=x-\xi$，则

$$\begin{aligned}F[f_1(x)*f_2(x)]&=\int_{-\infty}^{\infty}f_1(\xi)\left[\int_{-\infty}^{\infty}f_2(y)\mathrm{d}y\mathrm{e}^{-\mathrm{i}\omega(y+\xi)}\right]\mathrm{d}\xi\\&=\int_{-\infty}^{\infty}f_1(\xi)\mathrm{e}^{-\mathrm{i}\omega\xi}\mathrm{d}\xi\int_{-\infty}^{\infty}f_2(y)\mathrm{e}^{-\mathrm{i}\omega y}\mathrm{d}y=F_1(\omega)F_2(\omega)\end{aligned}$$

性质 9　（乘积定理）

$$F[f_1(x)f_2(x)]=\frac{1}{2\pi}F_1(\omega)*F_2(\omega)\tag{2-46}$$

证：

$$\begin{aligned}F[f_1(x)f_2(x)]&=\int_{-\infty}^{\infty}f_1(x)f_2(x)\mathrm{e}^{-\mathrm{i}\omega x}\mathrm{d}x\\&=\int_{-\infty}^{\infty}f_1(x)\left[\frac{1}{2\pi}\int_{-\infty}^{\infty}F_2(\omega')\mathrm{e}^{\mathrm{i}\omega' x}\mathrm{d}\omega'\right]\mathrm{e}^{-\mathrm{i}\omega x}\mathrm{d}x\\&=\frac{1}{2\pi}\int_{-\infty}^{\infty}F_2(\omega')\mathrm{d}\omega'\left[\int_{-\infty}^{\infty}f_1(x)\mathrm{e}^{-\mathrm{i}(\omega-\omega')x}\mathrm{d}x\right]\\&=\frac{1}{2\pi}\int_{-\infty}^{\infty}F_2(\omega')F_1(\omega-\omega')\mathrm{d}\omega'=\frac{1}{2\pi}F_1(\omega)*F_2(\omega)\end{aligned}$$

适用范围：无界区域的定界问题。

对于无界区域的定界问题，Fourier 变换法是一种普遍适用的求解方法。其求解过程与常微分方程的求解过程大体相似。求解时，变换的对象是待求的未知函数，未知解是否满足变换的条件尚不知，也可能根本不满足，如果用 Fourier 变换来求解，一般假设，求解过程中的一切运算，如变换、逆变换、微分换序、积分换序等可不受限制地进行，所给函数及未知函数均当作满足 Fourier 变换的性质所要求的条件。只要最后所得的解是原定界问题的解即可。

6. δ 函数的 Fourier 变换

在物理和工程技术中，有许多物理现象具有脉冲性质。它反映出除了连续分布的量以外，还有集中于一点或一瞬时的量，例如冲力、脉冲电压、点电荷、质点的质量等。研究此类问题需要引入一个新的函数，把这种集中的量与连续分布的量来统一处理。单位脉冲函数，又称狄拉克(Dirac)函数，简记为 δ 函数，用来描述这种集中量分布的密度函数。

1) δ 函数的定义

定义　如果函数 $\delta(x)$ 满足：

(i) $\delta(x)=0$，($x\neq0$ 时)；

(ii) $\int_{-\infty}^{\infty}\delta(x)\mathrm{d}x=1$ 或者 $\int_I\delta(x)\mathrm{d}x=1$，其中 I 是含有 $x=0$ 的任何一个区间，则称 $\delta(x)$ 为 δ 函数。

更一般的情况下,如果函数满足:

(i) $\delta(x-a)=0$,($x\neq a$ 时);

(ii) $\int_{-\infty}^{\infty}\delta(x-a)\mathrm{d}x=1$,或者 $\int_{I}\delta(x-a)\mathrm{d}x=1$,其中 I 是含有 $x=a$ 的任何一个区间,则函数称为 $\delta(x-a)$ 函数。

在现实生活中,这种函数并不存在,它只是如下特殊规律的数学抽象:①在某定点非常狭小的区域内,所讨论的问题取非常的值;②在这个领域之外,函数值处处为 0。

2) δ 函数的性质

性质 1:$\delta(x)=\delta(-x)$,δ 函数为偶函数。

性质 2:若 $f(x)$ 是定义在$(-\infty,\infty)$上的任一连续函数,则有

$$\int_{-\infty}^{\infty}\delta(x-x_0)f(x)\mathrm{d}x=f(x_0)$$

性质 3:$\delta(ax)=\dfrac{\delta(x)}{|a|}(a\neq 0)$

性质 4:$\varphi(x)\delta(x-a)=\varphi(a)\delta(x-a)$

性质 5:$H'(x)=\delta(x)$,其中 $H(x)=\begin{cases}1, & x>0,\\ 0, & x\leqslant 0\end{cases}$ 为 Heaviside(赫维赛德)函数。

性质 6:对于任意连续函数 $f(x,y)$,有

$$\int_{-\infty}^{\infty}\int_{-\infty}^{\infty}f(x,y)\delta(x-x_0)\delta(y-y_0)\mathrm{d}x\mathrm{d}y=f(x_0,y_0)$$

性质 7:$\delta(x-x_0,y-y_0)=\delta(x-x_0)\delta(y-y_0)$

3) δ 函数的 Fourier 变换

δ 函数的 Fourier 变换为

$$F[\delta(x)]=\int_{-\infty}^{\infty}\delta(x)\mathrm{e}^{-\mathrm{i}\omega x}\mathrm{d}x=\mathrm{e}^{-\mathrm{i}\omega 0}=1 \tag{2-47}$$

根据傅里叶逆变换的定义有

$$F^{-1}[1]=\frac{1}{2\pi}\int_{-\infty}^{\infty}\mathrm{e}^{-\mathrm{i}\omega x}\mathrm{d}\omega=\delta(x) \tag{2-48}$$

[例 2.8] 求函数 $f(x)=\mathrm{e}^{\mathrm{i}\omega_0 x}$ 的傅里叶变换。

解:根据傅里叶变换的定义,有

$$F[\mathrm{e}^{\mathrm{i}\omega_0 x}]=\int_{-\infty}^{\infty}\mathrm{e}^{\mathrm{i}\omega_0 x}\mathrm{e}^{-\mathrm{i}\omega x}\mathrm{d}x=\int_{-\infty}^{\infty}\mathrm{e}^{-\mathrm{i}(\omega-\omega_0)x}\mathrm{d}x$$

利用 $\delta(x)=\dfrac{1}{2\pi}\int_{-\infty}^{\infty}\mathrm{e}^{\mathrm{i}\omega x}\mathrm{d}\omega$,

$$F[\mathrm{e}^{\mathrm{i}\omega_0 x}]=\int_{-\infty}^{\infty}\mathrm{e}^{-\mathrm{i}(\omega-\omega_0)x}\mathrm{d}x=2\pi(\omega_0-\omega)=2\pi(\omega-\omega_0)$$

7. 用 Fourier 变换法求解定解问题的步骤

(1) 根据自变量的变化范围[一般为$(-\infty,\infty)$]选取一个变量,方程两边关于该自变量取

Fourier 变换(其余变量看作参变量)，得到关于象函数的常微分方程。

(2) 再对定解条件取 Fourier 变换，得到象函数满足的定解条件。

(3) 解定解问题，得到象函数。

(4) 对象函数取逆 Fourier 变换得原定解问题的解。此步骤的关键是需熟练使用 Fourier 变换的性质及卷积定理。

2.4.4　应用

1. 波动问题

[例 2.9]　求解弦振动方程的初值问题。

$$\begin{cases} u_{tt}=a^2u_{xx} & (-\infty<x<\infty,t>0) \\ u(x,0)=\varphi(x) & (-\infty<x<\infty) \\ u_t(x,0)=0 & (-\infty<x<\infty) \end{cases}$$

解：现 t 为参数，对方程和定解条件两边分别进行 Fourier 变换，

记 $F[u(x,t)]=\tilde{u}(\lambda,t)$，　$F[\varphi(x)]=\tilde{\varphi}(\lambda)$，则

则有 $$\begin{cases} \dfrac{\mathrm{d}^2\tilde{u}}{\mathrm{d}t^2}=-a^2\lambda^2\tilde{u} \\ \tilde{u}(\lambda,0)=\tilde{\varphi}(\lambda) \qquad (\text{由原象的导数定理 } F[f']=-\mathrm{i}\lambda F[f]) \\ \dfrac{\mathrm{d}\tilde{u}(\lambda,0)}{\mathrm{d}t}=0 \end{cases}$$

上述问题的解为 $\tilde{u}(\lambda,t)=\tilde{\varphi}(\lambda)\cos a\lambda t$

故原定解问题的解为
$$\begin{aligned} u(x,t) &= F^{-1}[\tilde{u}(\lambda,t)] = F^{-1}[\tilde{\varphi}(\lambda)\cos a\lambda t] \\ &= \frac{1}{2\pi}\int_{-\infty}^{\infty}\tilde{\varphi}(\lambda)\cos a\lambda t\,\mathrm{e}^{-\mathrm{i}\lambda x}\,\mathrm{d}\lambda \\ &= \frac{1}{4\pi}\int_{-\infty}^{\infty}[\mathrm{e}^{-\mathrm{i}(x+at)\lambda}+\mathrm{e}^{-\mathrm{i}(x-at)\lambda}]\tilde{\varphi}(\lambda)\,\mathrm{d}\lambda \\ &= \frac{1}{2}[\varphi(x+at)+\varphi(x-at)] \end{aligned}$$

因为
$$F^{-1}[\tilde{\varphi}(\lambda)\mathrm{e}^{-\mathrm{i}(x+at)\lambda}] = \frac{1}{2\pi}\int_{-\infty}^{\infty}\tilde{\varphi}(\lambda)\mathrm{e}^{-\mathrm{i}(x+at)\lambda}\,\mathrm{d}\lambda = \varphi(x+at)$$
$$F^{-1}[\tilde{\varphi}(\lambda)\mathrm{e}^{-\mathrm{i}(x-at)\lambda}] = \varphi(x-at)$$

所以
$$u(x,t)=\frac{1}{2}[\varphi(x+at)+\varphi(x-at)]$$

与 d'Alembert(达朗贝尔)公式所得结果一致。

2. 热传导问题

[例 2.10]　求解热传导方程的初值问题。

求解如下定解问题 $\begin{cases} u_t-a^2u_{xx}=0 & -\infty<x<\infty,t>0 \\ u(x,0)=\varphi(x) & -\infty<x<\infty \end{cases}$。

解：对空间变量 x 作 Fourier 变换，得

$$\begin{cases} \dfrac{\mathrm{d}\tilde{u}(\omega,t)}{\mathrm{d}t}+a^2\omega^2u(\omega,t)=0 \quad t>0 \\ \tilde{u}(\omega,0)=\tilde{\varphi}(\omega) \end{cases}$$

上面是一阶线性常微分方程的初值问题,解得

$$\tilde{u}(\omega,t)=\varphi(\omega)\mathrm{e}^{-a^2\omega^2 t}$$

进行逆傅里叶变换,

$$\begin{aligned}u(x,t) &= F^{-1}[\tilde{u}(\omega,t)] = F^{-1}[\varphi(\omega)\mathrm{e}^{-a^2\omega^2 t}] \\ &= \frac{1}{2\pi}\int_{-\infty}^{\infty}\varphi(\omega)\mathrm{e}^{-a^2\omega^2 t}\mathrm{e}^{\mathrm{i}\omega x}\mathrm{d}\omega \\ &= \frac{1}{2\pi}\int_{-\infty}^{\infty}\left[\int_{-\infty}^{\infty}\phi(\xi)\mathrm{e}^{-\mathrm{i}\omega\xi}\mathrm{d}\xi\right]\mathrm{e}^{-a^2\omega^2 t}\mathrm{e}^{\mathrm{i}\omega x}\mathrm{d}\omega \\ &= \frac{1}{2\pi}\int_{-\infty}^{\infty}\phi(\xi)\left[\int_{-\infty}^{\infty}\mathrm{e}^{-a^2\omega^2 t}\mathrm{e}^{\mathrm{i}\omega(x-\xi)}\mathrm{d}\omega\right]\mathrm{d}\xi\end{aligned}$$

利用 $\int_{-\infty}^{\infty}\mathrm{e}^{-\alpha^2\omega^2}\mathrm{e}^{\beta\omega}\mathrm{d}\omega=\frac{\sqrt{\pi}}{\alpha}\mathrm{e}^{\frac{\beta^2}{4\alpha^2}}$,令 $\alpha=a\sqrt{t}$,$\beta=\mathrm{i}(x-\xi)$,得:

$$u(x,t)=\int_{-\infty}^{\infty}\varphi(\xi)\left[\frac{1}{2a\sqrt{\pi t}}\mathrm{e}^{-\frac{(x-\xi)^2}{4a^2t}}\right]\mathrm{d}\xi$$

3. 稳定场问题*

[**例 2.11**] 求真空中静电势满足的方程。

$$\Delta u(x,y,z)=-\frac{1}{\varepsilon_0}\rho(x,y,z)$$

解:上述方程即 $\Delta u(r)=-\frac{1}{\varepsilon_0}\rho(r)$,

令 $f(r)=\frac{1}{\varepsilon_0}\rho(r)$,

记 $F[u(r)]=\tilde{u}(\omega)$, $F[f(r)]=\tilde{f}(\omega)$,

对方程进行 Fourier 变换,有

$$\tilde{u}(\omega)=\frac{1}{\omega^2}\tilde{f}(\omega),\quad F\left(\frac{1}{r}\right)=\frac{4\pi}{\omega^2}$$

有
$$F[u(r)]=\frac{1}{\omega^2}\tilde{f}(\omega)=\frac{1}{4\pi}F\left(\frac{1}{r}\right)\cdot F[f(r)]$$

所以
$$u(r)=\frac{1}{4\pi}\iiint_{-\infty}^{\infty}\frac{f(r')}{|r-r'|}\mathrm{d}r'$$

2.5 拉普拉斯变换

2.5.1 拉普拉斯变换的概念

定义 设函数 $f(t)$为$[0,+\infty)$上的实(或复)函数,且积分 $\int_0^{+\infty}f(t)\mathrm{e}^{-st}\mathrm{d}t$ (s 为复参量)收

敛，则由此积分所确定的函数为：

$$F(s)=\int_{0}^{+\infty} f(t)e^{-st}\,dt \tag{2-49}$$

$F(s)$称为函数 $f(t)$的拉普拉斯变换(简称为拉氏变换或称为象函数)。记作

$$F(s)=L[f(t)] \tag{2-50}$$

如果 $F(s)$是 $f(t)$的拉普拉斯变换，则称 $f(t)$为 $F(s)$的逆变换(或称为象原函数)，记作

$$f(t)=L^{-1}[F(s)] \tag{2-51}$$

由拉普拉斯变换的定义，可以求得一些常用函数的拉普拉斯变换。

[**例 2.12**]　求阶跃函数 $f(t)=\begin{cases}k,t\geqslant 0\\0,t<0\end{cases}$的拉普拉斯变换。

解:根据拉普拉斯变换的定义有

$$\begin{aligned}L[f(t)]&=\int_{0}^{+\infty} f(t)e^{-st}\,dt\\&=\int_{0}^{+\infty} ke^{-st}\,dt\\&=k\int_{0}^{+\infty} e^{-st}\,dt\end{aligned}$$

积分 $\int_{0}^{+\infty} e^{-st}\,dt$ 在 $\mathrm{Re}(s)>0$ 时收敛，且有

$$\int_{0}^{+\infty} e^{-st}\,dt=-\frac{1}{s}e^{-st}\Big|_{0}^{+\infty}=\frac{1}{s}$$

所以

$$L[f(t)]=\frac{k}{s}\quad[\mathrm{Re}(s)>0]$$

当 $k=1$ 时，阶跃函数称为单位阶跃函数，记作

$$u(t)=\begin{cases}k,t\geqslant 0\\0,t<0\end{cases}$$

此时有

$$L[u(t)]=\frac{1}{s}\quad[\mathrm{Re}(s)>0]$$

[**例 2.13**]　求指数函数 $f(t)=e^{at}$的拉普拉斯变换(a 为复数)。

解:由式(2-49)可得

$$\begin{aligned}F(s)&=\int_{0}^{+\infty} e^{at}e^{-st}\,dt=\int_{0}^{+\infty} e^{-(s-a)t}\,dt\\&=\frac{1}{s-a}\quad[\mathrm{Re}(s)>\mathrm{Re}(a)]\end{aligned}$$

[例 2.14] 求正弦函数 $f(t)=\sin kt$ 的拉普拉斯变换（k 为复数）。

解：

$$\begin{aligned} L[\sin kt] &= \int_0^{+\infty} \mathrm{e}^{-st}\sin kt\,\mathrm{d}t \\ &= \frac{1}{2\mathrm{i}}\int_0^{+\infty}(\mathrm{e}^{\mathrm{i}kt}-\mathrm{e}^{-\mathrm{i}kt})\mathrm{e}^{-st}\,\mathrm{d}t \\ &= \frac{1}{2\mathrm{i}}\left(\frac{1}{s-\mathrm{i}k}-\frac{1}{s+\mathrm{i}k}\right) \\ &= \frac{k}{s^2+k^2} \end{aligned}$$

$$[\mathrm{Re}(s+\mathrm{i}k)>0 \text{ 且 } \mathrm{Re}(s-\mathrm{i}k)>0, \text{即 } \mathrm{Re}(s)>|\mathrm{Re}(\mathrm{i}k)|]$$

同理可得余弦函数 $\cos kt$ 的拉普拉斯变换为：

$$L[\cos kt]=\frac{s}{s^2+k^2} \quad [\mathrm{Re}(s+\mathrm{i}k)>0 \text{ 且 } \mathrm{Re}(s-\mathrm{i}k)>0, \text{即 } \mathrm{Re}(s)>|\mathrm{Re}(\mathrm{i}k)|]$$

2.5.2 拉普拉斯变换的存在定理

定理 若函数 $f(t)$在$[0,+\infty)$上满足下列条件：

(1) $f(t)$在任一有限区间上分段连续；

(2) 存在常数 $M>0, c>0$，使得$|f(t)|\leqslant M\mathrm{e}^{ct}$，

则 $f(t)$的拉普拉斯变换

$$F(s)=\int_0^{+\infty} f(t)\mathrm{e}^{-st}\,\mathrm{d}t$$

在半平面 $\mathrm{Re}(s)>c$ 上一定存在，此时右端的积分绝对且一致收敛，且在此半平面内，$F(s)$为解析函数。

定理的条件是充分的，物理学和工程技术中常见的函数大多都满足定理的条件，因此拉普拉斯变换有着广泛的应用。但是定理的条件不是必要的，即在不满足定理条件的前提下，拉普拉斯变换仍可能存在。如函数 $f=t^{-\frac{1}{2}}$ 在 $t=0$ 处不满足定理的条件(1)，但从下面的例子可知它的拉普拉斯变换为$\sqrt{\frac{\pi}{s}}$。

[例 2.15] 求幂函数 $f(t)=t^m$(常数 $m>-1$)的拉普拉斯变换。

解：根据拉普拉斯变换的定义式(2-49)，有

$$L[t^m]=\int_0^{+\infty} t^m\mathrm{e}^{-st}\,\mathrm{d}t$$

令 $st=u, \mathrm{d}t=\frac{1}{s}\mathrm{d}u$，从而有

$$\begin{aligned} \int_0^{+\infty} t^m\mathrm{e}^{-st}\,\mathrm{d}t &= \int_0^{+\infty}\frac{u^m}{s^m}\mathrm{e}^{-u}\,\frac{1}{s}\mathrm{d}u \\ &= \frac{1}{s^{m+1}}\int_0^{+\infty} u^m\mathrm{e}^{-u}\,\mathrm{d}u = \frac{1}{s^{m+1}}\Gamma(m+1) \end{aligned}$$

故

$$L(t^m)=\frac{1}{s^{m+1}}\Gamma(m+1) \qquad [\mathrm{Re}(s)>0]$$

当 m 为正整数时，有

$$L(t^m)=\frac{m!}{s^{m+1}} \qquad [\mathrm{Re}(s)>0]$$

当 $m=-\frac{1}{2}$时，由于

$$\int_0^{+\infty} u^m \mathrm{e}^{-u}\mathrm{d}u=\int_0^{+\infty} 2\mathrm{e}^{-x^2}\mathrm{d}x=\sqrt{\pi}, \qquad (x=\sqrt{u})$$

故

$$\int_0^{+\infty} t^{-\frac{1}{2}}\mathrm{e}^{-st}\mathrm{d}t=\sqrt{\frac{\pi}{s}}$$

2.5.3 拉普拉斯变换的性质

前文利用拉普拉斯变换的定义求得一些较简单的函数的拉氏变换，但仅用拉普拉斯变换来求所有函数的变换并不方便，有的甚至求不出来。本节的性质将有助于求函数的拉普拉斯变换。

为叙述方便，假设所要求进行拉氏变换的函数的拉氏变换都存在，且记为

$$L[f(t)]=F(s) \qquad L[g(t)]=G(s)。$$

1. 线性性质

$$L[\alpha f(t)+\beta g(t)]=\alpha L[f(t)]+\beta L[g(t)] \tag{2-52}$$

$$L^{-1}[\alpha F(s)+\beta G(s)]=\alpha L^{-1}[F(s)]+\beta L^{-1}[G(s)] \tag{2-53}$$

式中，α，β 是常数。

此性质的证明可由拉氏变换、拉氏逆变换的定义直接导出。

[例 2.16] 求函数 $f(t)=\sin kt+\cos kt+\mathrm{e}^{kt}$ 的拉氏变换。

解：

$$\begin{aligned}L[f(t)]&=L[\sin kt]+L[\cos kt]+L[\mathrm{e}^{kt}]\\&=\frac{s+k}{s^2+k^2}+\frac{1}{s-k} \qquad [\mathrm{Re}(s)>|\mathrm{Re}(\mathrm{i}k)|\text{且 }\mathrm{Re}(s)>\mathrm{Re}(k)]\end{aligned}$$

2. 微分性质

$$L[f'(t)]=sF(s)-f(0) \tag{2-54}$$

$$L[f^{(n)}(t)]=s^nF(s)-s^{n-1}f(0)-s^{n-2}f'(0)-\cdots-f^{(n-1)}(0) \quad [\mathrm{Re}(s)>c] \tag{2-55}$$

证：根据拉氏变换的定义，有

$$L[f'(t)]=\int_0^{+\infty} f'(t)\mathrm{e}^{-st}\mathrm{d}t$$

对右边利用分部积分法可得

$$\int_0^{+\infty} f'(t)\mathrm{e}^{-st}\mathrm{d}t = f(t)\mathrm{e}^{-st}\Big|_0^{+\infty} + s\int_0^{+\infty} f(t)\mathrm{e}^{-st}\mathrm{d}t$$
$$= sL[f(t)] - f(0)$$

所以 $$L[f'(t)]=sF(s)-f(0)$$

若利用式(2-54),可得

$$\begin{aligned} L[f''(t)] &= L\{[f'(t)]'\} \\ &= sL[f'(t)] - f'(0) \\ &= s^2F(s) - sf(0) - f'(0) \end{aligned}$$

由此类推,便可得

$$L[f^{(n)}(t)]=s^nF(s)-s^{n-1}f(0)-s^{n-2}f'(0)-\cdots-f^{(n-1)}(0) \qquad [\mathrm{Re}(s)>c]$$

特别地,当初值 $f(0)=f'(0)=\cdots=f^{(n-1)}(0)=0$ 时,有

$$L[f'(t)]=sF(s),L[f''(t)]=s^2F(s),\cdots,L[f^{(n)}(t)]=s^nF(s) \qquad [\mathrm{Re}(s)>c]$$

对于象函数,由拉普拉斯变换存在定理可知 $F(s)$在 $\mathrm{Re}(s)>c$ 内解析,因而

$$\begin{aligned} F'(s) &= \frac{\mathrm{d}}{\mathrm{d}s}\int_0^{+\infty} f(t)\mathrm{e}^{-st}\mathrm{d}t \\ &= \int_0^{+\infty} \frac{\mathrm{d}}{\mathrm{d}s}[f(t)\mathrm{e}^{-st}]\mathrm{d}t \\ &= \int_0^{+\infty} -tf(t)\mathrm{e}^{-st}\mathrm{d}t \\ &= L[-tf(t)] \end{aligned}$$

即 $$F'(s) = L[-tf(t)] \qquad [\mathrm{Re}(s) > c] \tag{2-56}$$

用同样方法可求得

$$F^{(n)}(s) = L[(-t)^n f(t)] \quad (n\geqslant 2),[\mathrm{Re}(s) > c] \tag{2-57}$$

因此,求象函数 $F(s)$的导数转化为求象原函数 $f(t)$乘以$(-t)^n$ 的拉氏变换,亦可反过来求解问题。

[例 2.17] 求函数 $f(t)=\sin kt$ 的拉氏变换。

解:因为$(\sin kt)'=k\cos kt$,$(\sin kt)''=-k^2\sin kt$,于是有

$$f(0)=0, \quad f'(0)=k, \quad f''(0)=0$$

从而 $$L[-k^2\sin kt]=L[f''(t)]=s^2F(s)-sf(0)-f'(0)$$

即 $$-k^2L[\sin kt]=s^2L[\sin kt]-k$$

所以 $$L[\sin kt]=\frac{k}{s^2+k^2} \quad [\mathrm{Re}(s)>|\mathrm{Re}(\mathrm{i}k)|, k\text{ 为实数时},\mathrm{Re}(s)>0]$$

［例 2.18］ 求函数 $f(t)=k\sin kt$ 的拉氏变换。

解：已知 $L[\sin kt]=\dfrac{k}{s^2+k^2}$，等式两边对 s 求导，得

$$\frac{\mathrm{d}(L[\sin kt])}{\mathrm{d}s}=\frac{\mathrm{d}}{\mathrm{d}s}\left(\frac{k}{s^2+k^2}\right)=-\frac{2ks}{(s^2+k^2)^2}$$

$$\frac{\mathrm{d}(L[\sin kt])}{\mathrm{d}s}=L[-t\sin kt]=-L[t\sin kt]$$

比较上述两式即得

$$L[t\sin kt]=\frac{2ks}{(s^2+k^2)^2}$$

同理可得

$$L[t\cos kt]=\frac{s^2-k^2}{(s^2+k^2)^2}$$

3. 积分性质

$$L\left[\int_0^t f(t)\mathrm{d}t\right]=\frac{1}{s}F(s) \tag{2-58}$$

$$L\left[\underbrace{\int_0^t \mathrm{d}t\int_0^t \mathrm{d}t\cdots\int_0^t f(t)\mathrm{d}t}_{n次}\right]=\frac{1}{s^n}F(s) \tag{2-59}$$

证：设 $h(t)=\int_0^t f(t)\mathrm{d}t$，则

$$h'(t)=f(t),h(0)=0$$

由微分性质，得

$$L[h'(t)]=sL[h(t)]-h(0)=sL[h(t)]$$

即

$$L\left[\int_0^t f(t)\mathrm{d}t\right]=\frac{1}{s}L[f(t)]=\frac{1}{s}F(s)$$

重复应用式(2-58)，可得

$$L\left[\underbrace{\int_0^t \mathrm{d}t\int_0^t \mathrm{d}t\cdots\int_0^t f(t)\mathrm{d}t}_{n次}\right]=\frac{1}{s^n}F(s)$$

由此，可以把象原函数的积分运算转化为对象函数的代数运算。

另外，根据拉氏变换的存在定理，对于象函数可证得下述积分性质：

$$L\left[\frac{f(t)}{t}\right]=\int_s^{\infty}F(s)\mathrm{d}s \tag{2-60}$$

$$L\left[\frac{f(t)}{t^n}\right]=\underbrace{\int_s^{\infty}\mathrm{d}s\int_s^{\infty}\mathrm{d}s\cdots\int_s^{\infty}}_{n次}F(s)\mathrm{d}s \tag{2-61}$$

特别地，当 $n=1,s=0$ 时，有

$$\int_0^{+\infty}\frac{f(t)}{t}\mathrm{d}t=\int_0^{+\infty}F(s)\mathrm{d}s \tag{2-62}$$

［例 2.19］ 求函数 $f(t)=\int_0^t\frac{\sin\tau}{\tau}\mathrm{d}t$ 的拉氏变换。

解：由式(2-58)可得

$$L[f(t)]=L\left[\int_0^t\frac{\sin\tau}{\tau}\mathrm{d}\tau\right]=\frac{1}{s}L\left[\frac{\sin t}{t}\right]$$

又由式(2-60)可得

$$\begin{aligned}L\left[\frac{\sin t}{t}\right]&=\int_s^{\infty}L[\sin t]\mathrm{d}s\\&=\int_s^{\infty}\frac{1}{s^2+1}\mathrm{d}s\\&=\frac{\pi}{2}-\arctan s\end{aligned}$$

故

$$L\left[\int_0^t\frac{\sin\tau}{\tau}\mathrm{d}\tau\right]=\frac{1}{s}\left(\frac{\pi}{2}-\arctan s\right)$$

且有

$$\int_0^{+\infty}\frac{\sin t}{t}\mathrm{d}t=\int_0^{+\infty}\frac{1}{s^2+1}\mathrm{d}s=\frac{\pi}{2}$$

［例 2.20］ 计算积分 $\int_0^{+\infty}\frac{\mathrm{e}^{-at}-\mathrm{e}^{-bt}}{t}\mathrm{d}t$ 。

解：由式(2-62)可得

$$\begin{aligned}\int_0^{+\infty}\frac{\mathrm{e}^{-at}-\mathrm{e}^{-bt}}{t}\mathrm{d}t&=\int_0^{+\infty}L[\mathrm{e}^{-at}-\mathrm{e}^{-bt}]\mathrm{d}s\\&=\int_0^{+\infty}\left(\frac{1}{s+a}-\frac{1}{s+b}\right)\mathrm{d}s=\ln\frac{b}{a}\end{aligned}$$

4. 延迟性质

当 $t<0$ 时，$f(t)=0$，则对任一非负实数 t_0，有

$$L[f(t-t_0)]=\mathrm{e}^{-st_0}F(s) \tag{2-63}$$

$$L^{-1}[\mathrm{e}^{-st_0}F(s)]=f(t-t_0) \tag{2-64}$$

证：由式(2-49)可知，

$$
\begin{aligned}
L[f(t-t_0)] &= \int_0^{+\infty} f(t-t_0)\mathrm{e}^{-st}\,\mathrm{d}t \\
&= \int_0^{t_0} f(t-t_0)\mathrm{e}^{-st}\,\mathrm{d}t + \int_{t_0}^{+\infty} f(t-t_0)\mathrm{e}^{-st}\,\mathrm{d}t \\
&= \int_{t_0}^{+\infty} f(t-t_0)\mathrm{e}^{-st}\,\mathrm{d}t \qquad [t<0\text{ 时}, f(t)=0] \\
&= \mathrm{e}^{st_0}\int_0^{+\infty} f(u)\mathrm{e}^{-su}\,\mathrm{d}u \qquad (\text{令 } u=t-t_0) \\
&= \mathrm{e}^{-st_0}F(s)
\end{aligned}
$$

故有

$$L[f(t-t_0)]=\mathrm{e}^{-st_0}F(s)$$

比较函数 $f(t)$ 与 $f(t-t_0)$，前者在 $t\geqslant 0$ 时有非零数值，而后者在 $t\geqslant t_0$ 时有非零数值，即向后延迟了时间 t_0。从图形上来看，$f(t)$ 沿 t 轴向右平移 t_0 就可得到 $f(t-t_0)$。此性质表明，时间函数延迟 t_0 的拉氏变换等于它的象函数乘以指数因子 e^{-st_0}。

[例 2.21]　求函数 $u(t-t_0)=\begin{cases}1 & t\geqslant t_0\\ 0 & t\leqslant t_0\end{cases}$ 的拉氏变换。

解：因为

$$L[u(t)]=\frac{1}{s}$$

所以由式(2-63)可得

$$L[u(t-t_0)]=\frac{1}{s}\mathrm{e}^{-st_0}$$

5. 位移性质

$$F(s-a) = L[\mathrm{e}^{at}f(t)] \tag{2-65}$$

$$L^{-1}[F(s-a)] = \mathrm{e}^{at}f(t) \tag{2-66}$$

证：由拉氏变换定义知

$$
\begin{aligned}
L[\mathrm{e}^{at}f(t)] &= \int_0^{+\infty} \mathrm{e}^{at}f(t)\mathrm{e}^{-st}\,\mathrm{d}t \\
&= \int_0^{+\infty} f(t)\mathrm{e}^{-(s-a)t}\,\mathrm{d}t = F(s-a)
\end{aligned}
$$

此性质表明：一个函数乘以指数函数 e^{at} 后的拉氏变换等于其象函数作位移 a。

[例 2.22]　求 $L[\mathrm{e}^{at}t^m]$。

解：已知

$$L(t^m)=\frac{1}{s^{m+1}}\Gamma(m+1)$$

由式(2-65)可知，

$$L[\mathrm{e}^{at}t^m]=\frac{1}{(s-a)^{m+1}}\Gamma(m+1)$$

[例 2.23] 求 $L[e^{at}\sin kt]$。

解:因为

$$L[\sin kt]=\frac{k}{s^2+k^2}$$

所以由式(2-65)可得,

$$L[e^{at}\sin kt]=\frac{k}{(s-a)^2+k^2}$$

同理可得

$$L[e^{at}\cos kt]=\frac{s}{(s-a)^2+k^2}$$

6. 相似性质

$$L[f(at)]=\frac{1}{a}F\left(\frac{s}{a}\right)(a>0) \tag{2-67}$$

证:令 $u=at$,则

$$\begin{aligned}L[f(at)]&=\int_0^{+\infty}f(at)e^{-st}\,dt\\&=\int_0^{+\infty}\frac{1}{a}f(u)e^{-\frac{s}{a}u}\,du=\frac{1}{a}F\left(\frac{s}{a}\right)\end{aligned}$$

7. 卷积与卷积定理

1) 定义

若函数 $f_1(t)$,$f_2(t)$在 $t<0$ 时均为零,则积分 $\int_0^t f_1(\tau)f_2(t-\tau)d\tau$ 称为函数 $f_1(t)$与 $f_2(t)$的卷积,记作 $f_1(t)*f_2(t)$,即

$$f_1(t)*f_2(t)=\int_0^t f_1(\tau)f_2(t-\tau)d\tau \tag{2-68}$$

由卷积定义,可证明卷积具有如下性质:

(1) 交换律:$f_1(t)*f_2(t)=f_2(t)*f_1(t)$

(2) 结合律:$f_1(t)*[f_2(t)*f_3(t)]=[f_1(t)*f_2(t)]*f_3(t)$

(3) 分配律:$f_1(t)*[f_2(t)+f_3(t)]=f_1(t)*f_2(t)+f_1(t)*f_3(t)$

[例 2.24] 求函数 $f_1(t)=t$ 和 $f_2(t)=\sin t$ 的卷积。

解:由卷积定义可知,

$$\begin{aligned}f_1(t)*f_2(t)&=\int_0^t\tau\sin(t-\tau)d\tau\\&=\tau\cos(t-\tau)\Big|_0^t-\int_0^t\cos(t-\tau)d\tau\\&=t+\sin(t-\tau)\Big|_0^t\\&=t-\sin t\end{aligned}$$

2）卷积定理

若 $L[f_1(t)]=F_1(s)$，　$L[f_2(t)]=F_2(s)$，则

$$L[f_1(t)*f_2(t)]=F_1(s)F_2(s) \tag{2-69}$$

$$L^{-1}[F_1(s)F_2(s)]=f_1(t)*f_2(t) \tag{2-70}$$

卷积定理表明两个函数卷积的拉氏变换等于它们各自的拉氏变换的乘积，证明略。

以上卷积定理可推广到 n 个函数卷积的情形。

推论　若 $L[f_k(t)]=F_k(s)\quad(k=1,2,\cdots,n)$，则

$$L[f_1(t)*f_2(t)*\cdots*f_n(t)]=F_1(s)F_2(s)\cdots F_n(s) \tag{2-71}$$

[例 2.25]　求函数 $f_1(t)=t$ 和 $f_2(t)=\sin t$ 的卷积的拉氏变换。

解一：由例 2.24 知

$$L[f_1(t)*f_2(t)]=L[t-\sin t]$$

故

$$L[t*\sin t]=L[t]-L[\sin t]=\frac{1}{s^2}-\frac{1}{s^2+1}=\frac{1}{s^2(s^2+1)}$$

解二：由卷积定理可得，

$$L[t*\sin t]=L[t]L[\sin t]=\frac{1}{s^2}\frac{1}{s^2+1}=\frac{1}{s^2(s^2+1)}$$

8. *初值定理*

设 $L[f(t)]=F(s)$，且 $L[f'(t)]$存在，则

$$\lim_{t\to 0^+}f(t)=\lim_{s\to\infty}sF(s) \tag{2-72}$$

若定义 $f(0^+)=\lim\limits_{t\to 0^+}f(t)$（假定极限存在），则称 $f(0^+)$为 $f(t)$的初值。

9. *终值定理*

设 $L[f(t)]=F(s)$，$L[f'(t)]$存在，且 $sF(s)$的一切奇点都在 s 平面的左半平面，则

$$\lim_{s\to 0}sF(s)=f(+\infty) \tag{2-73}$$

其中 $f(+\infty)=\lim\limits_{t\to+\infty}f(t)$（假定极限存在），则称 $f(+\infty)$为 $f(t)$的终值。

2.5.4　拉普拉斯逆变换

前面讨论了函数 $f(t)$在拉氏变换下的象函数 $F(s)$的问题，反过来，若已知拉氏变换下的象函数 $F(s)$，求象原函数 $f(t)$，此问题就是拉氏逆变换问题。下面给出拉普拉斯逆变换的定义。

定义　若 $L[f(t)]=F(s)$，则积分

$$f(t)=\frac{1}{2\pi \mathrm{i}}\int_{\alpha-\mathrm{i}\infty}^{\alpha+\mathrm{i}\infty}F(s)\mathrm{e}^{st}\,\mathrm{d}s(\alpha\text{ 为 }s\text{ 的实部}) \tag{2-74}$$

建立的从 $F(s)$到 $f(t)$的对应称作拉普拉斯逆变换（简称拉氏逆变换）。记作

$$L^{-1}[F(s)]=f(t)$$

它与拉氏变换构成了一个拉氏变换对。

定理 若 $f(t)$满足拉普拉斯变换存在定理的条件，即 $F(s)=L[f(t)]$，则 $f(t)$在连续点处有

$$f(t)=\frac{1}{2\pi \mathrm{i}}\int_{\alpha-\mathrm{i}\infty}^{\alpha+\mathrm{i}\infty}F(s)\mathrm{e}^{st}\,\mathrm{d}s$$

在 $f(t)$的间断点处，上式右端收敛于$\frac{1}{2}[f(t+0)+f(t-0)]$，其中 $\mathrm{Re}(s)=\alpha>c$。

由定义来求拉氏逆变换是相当困难的。为了方便计算，人们将常用函数的拉普拉斯变换制成表格的形式，通过查表可以得到象函数的原函数。常用函数及其拉普拉斯变换如表 2-1 所示。下面介绍一些方法，利用拉氏变换性质，求拉氏逆变换。

表 2-1 常用函数及其拉普拉斯变换

序号	拉氏变换 $L(s)$	时间函数 $f(t)$
1	1	$\delta(t)$
2	$\frac{1}{1-\mathrm{e}^{-Ts}}$	$\delta_T(t)=\sum_{n=0}^{\infty}\delta(t-nT)$
3	$\frac{1}{s}$	1
4	$\frac{1}{s^2}$	t
5	$\frac{1}{s^3}$	$\frac{t^2}{2}$
6	$\frac{n!}{s^{n+1}}$	t^n
7	$\frac{1}{s+a}$	e^{-at}
8	$\frac{1}{(s+a)^2}$	$t\mathrm{e}^{-at}$
9	$\frac{a}{s(s+a)}$	$1-\mathrm{e}^{-at}$
10	$\frac{b-a}{(s+a)(s+b)}$	$\mathrm{e}^{-at}-\mathrm{e}^{-bt}$
11	$\frac{\omega}{s^2+\omega^2}$	$\sin\omega t$
12	$\frac{s}{s^2+\omega^2}$	$\cos\omega t$
13	$\frac{\omega}{(s+a)^2+\omega^2}$	$\mathrm{e}^{-at}\sin\omega t$
14	$\frac{s+a}{(s+a)^2+\omega^2}$	$\mathrm{e}^{-at}\cos\omega t$
15	$\frac{1}{s-(1/T)\ln a}$	$a^{t/T}$
16	$\frac{1}{s}\mathrm{e}^{-a\sqrt{s}}$	$erfc\left(\frac{a}{2\sqrt{t}}\right)$
17	$\frac{1}{\sqrt{s}}\mathrm{e}^{-a\sqrt{s}}$	$\frac{1}{\sqrt{\pi t}}\mathrm{e}^{-\frac{a^2}{4t}}$

［例 2.26］　求 $F(s)=\frac{1}{(s-a)(s-b)}(a\neq b)$ 的拉氏逆变换。

解：因为

$$F(s)=\frac{1}{(a-b)}\left(\frac{1}{s-a}-\frac{1}{s-b}\right)$$

所以由拉氏变换的线性性质及表 2-1 知

$$L^{-1}[F(s)]=\frac{1}{a-b}\left(L^{-1}\left[\frac{1}{s-a}\right]-L^{-1}\left[\frac{1}{s-b}\right]\right)=\frac{1}{a-b}(e^{at}-e^{bt})$$
$$\{\mathrm{Re}(s)>\max[\mathrm{Re}(a),\mathrm{Re}(b)]\}$$

［例 2.27］　求 $L^{-1}\left[\frac{1}{s^2(s+1)}\right]$。

解：利用高等数学中关于有理真分式的分解知识可知

$$\frac{1}{s^2(s+1)}=-\frac{1}{s}+\frac{1}{s^2}+\frac{1}{s+1}$$

故由拉氏变换的线性性质及表 2-1 可得

$$L^{-1}\left[\frac{1}{s^2(s+1)}\right]=-L^{-1}\left[\frac{1}{s}\right]+L^{-1}\left[\frac{1}{s^2}\right]+L^{-1}\left[\frac{1}{s+1}\right]=-1+t+e^{-t}$$
$$[\mathrm{Re}(s)>0]$$

通过上述两个例子可发现，若 $F(s)$ 为有理真分式，则可将 $F(s)$ 进行适当分解，进一步通过查表 2-1 得到每个分解式的拉氏逆变换，然后利用拉氏变换的线性性质，求出 $F(s)$ 的拉氏逆变换。这种方法也可称为象原函数的部分分式法。

［例 2.28］　求函数 $F(s)=\ln\frac{s-1}{s+1}$ 的拉氏逆变换。

解：由拉氏变换的微分性质可知

$$L^{-1}[F'(s)]=-tf(t)$$

而

$$F'(s)=\frac{1}{s-1}-\frac{1}{s+1}$$

所以

$$f(t)=-\frac{1}{t}L^{-1}\left[\frac{1}{s-1}-\frac{1}{s+1}\right]$$

查拉氏变换表 2-1 可得

$$\begin{aligned}f(t)&=\frac{1}{t}(e^{-t}-e^{t})\\&=-\frac{2}{t}\mathrm{sh}t\qquad[\mathrm{Re}(s)>1]\end{aligned}$$

［**例 2.29**］ 求函数 $F(s)=\frac{se^{-2s}}{s^2-9}$的拉氏逆变换。

解:因为

$$L^{-1}\left[\frac{s}{s^2-9}\right]=\text{ch}3t \qquad [\text{Re}(s)>0],$$

$$F(s)=e^{-2s}\frac{s}{s^2-9}$$

故由拉氏变换的延迟性质有

$$L^{-1}[F(s)]=\text{ch}3(t-2)$$

［**例 2.30**］ 求函数 $F(s)=\frac{2s+5}{(s+2)^2+3^2}$的拉氏逆变换。

解:因为

$$F(s)=\frac{2(s+2)+1}{(s+2)^2+3^2}$$

由拉氏变换的位移性质可知

$$\begin{aligned}L^{-1}[F(s)] &= L^{-1}\left[\frac{2(s+2)+1}{(s+2)^2+3^2}\right]\\ &= e^{-2t}L^{-1}\left[\frac{2s+1}{s^2+3^2}\right]\\ &= e^{-2t}\left\{2L^{-1}\left[\frac{s}{s^2+3^2}\right]+\frac{1}{3}L^{-1}\left[\frac{3}{s^2+3^2}\right]\right\}\end{aligned}$$

查拉氏变换表 2-1 可得

$$L^{-1}[F(s)]=e^{-2t}\left(2\cos 3t+\frac{1}{3}\sin 3t\right)$$

［**例 2.31**］ 求函数 $F(s)=\frac{1}{s^2(1+s^2)}$的拉氏逆变换。

解:因为

$$F(s)=\frac{1}{s^2}\frac{1}{s^2+1}$$

故由卷积定理知

$$\begin{aligned}L^{-1}[F(s)] &= L^{-1}\left[\frac{1}{s^2}\frac{1}{s^2+1}\right]\\ &= t*\sin t\\ &= t-\sin t\end{aligned}$$

［**例 2.32**］ 求函数 $F(s)=\frac{s^2}{(s^2+1)^2}$的拉氏逆变换。

解:因为

$$F(s)=\frac{s^2}{(s^2+1)^2}=\frac{s}{s^2+1}\cdot\frac{s}{s^2+1}$$

故由卷积定理知

$$\begin{aligned}L^{-1}[F(s)] &= L^{-1}\left[\frac{s}{s^2+1}\cdot\frac{s}{s^2+1}\right]\\ &= \cos t * \cos t\\ &= \int_0^t \cos\tau\cos(t-\tau)\mathrm{d}\tau = \frac{1}{2}\int_0^t[\cos t+\cos(2\tau-t)]\mathrm{d}\tau\\ &= \frac{1}{2}\left[\tau\cos t+\frac{1}{2}\sin(2\tau-t)\right]\bigg|_0^t\\ &= \frac{1}{2}(t\cos t+\sin t) \qquad (t>0)\end{aligned}$$

以上介绍的这些方法可根据 $F(s)$ 的特点灵活选择使用，也可根据具体情况将各种方法结合起来使用。

2.5.5　拉普拉斯变换的应用

根据拉氏变换的线性和微分性质可知，一个微分方程通过拉氏变换可以转换为象函数的代数方程。如果能从代数方程中解出象函数，则通过求象函数的逆变换，就可以得到原微分方程的解。因此拉氏变换可用来解微分方程，下面举例说明。

[例 2.33]　求微分方程 $y'''+3y''+3y'+y=1$ 满足初始条件 $y(0)=y'(0)=y''(0)=0$ 的特解。

解： 设 $Y(s)=L[y(t)]$，方程两边取拉氏变换，并结合初始条件，可得

$$s^3Y(s)+3s^2Y(s)+3sY(s)+Y(s)=-\frac{1}{s}$$

解得

$$\begin{aligned}Y(s) &= \frac{1}{s(s+1)^3}\\ &= \frac{1}{s}-\frac{1}{s+1}-\frac{1}{(s+1)^2}-\frac{1}{(s+1)^3}\end{aligned}$$

取逆变换得到

$$y(t)=1-\mathrm{e}^{-t}-t\mathrm{e}^{-t}-\frac{1}{2}t^2\mathrm{e}^{-t}$$

[例 2.34]　求方程 $y'-4y+4\int_0^t y\mathrm{d}t=t$ 满足初始条件 $y(0)=0$ 的解。

解： 设 $Y(s)=L[y(t)]$，方程两边取拉氏变换，则原方程变为

$$sY(s)-4Y(s)+\frac{4}{s}Y(s)=\frac{1}{s^2}$$

即

$$\begin{aligned}Y(s)&=\frac{1}{s(s-2)^2}\\&=\frac{\frac{1}{4}}{s}-\frac{\frac{1}{4}}{s-2}+\frac{\frac{1}{2}}{(s-2)^2}\end{aligned}$$

取拉氏逆变换可得

$$y(t)=\frac{1}{4}-\frac{1}{4}e^{2t}+\frac{1}{2}te^{2t}$$

[例 2.35] 求微分方程组$\begin{cases}(2x''-x'+9x)-(y''+y'+3y)=0\\(2x''+x'+7x)-(y''-y'+5y)=0\end{cases}$满足初始条件：$x(0)=x'(0)=1, y(0)=y'(0)=0$ 的解。

解：对以上微分方程组作拉氏变换，记 $X(p)=L[x(t)], Y(p)=L[y(t)]$，并注意初始条件：$x(0)=x'(0)=1, y(0)=y'(0)=0$，有 $L[x'(t)]=pX(p)-1, L[x''(t)]=p^2X(p)-p-1$，$L[y'(t)]=pY(p), L[y''(t)]=p^2Y(p)$，

因而得$\begin{cases}(2p^2-p+9)X(p)-(p^2+p+3)Y(p)=2p+1\\(2p^2+p+7)X(p)-(p^2-p+5)Y(p)=2p+3\end{cases}$

将以上两式相加和相减，分别得

$$2X(p)-Y(p)=2\frac{p+1}{p^2+4},\quad X(p)+Y(p)=\frac{1}{p-1}$$

于是有

$$\begin{cases}X(p)=\frac{1}{3}\frac{1}{p-1}+\frac{2}{3}\frac{p}{p^2+4}+\frac{2}{3}\frac{1}{p^2+4}\\Y(p)=\frac{2}{3}\frac{1}{p-1}-\frac{2}{3}\frac{p}{p^2+4}-\frac{2}{3}\frac{1}{p^2+4}\end{cases}$$

再作拉氏逆变换，便得

$$\begin{cases}x(t)=\frac{1}{3}L^{-1}\left[\frac{1}{p-1}\right]+\frac{2}{3}L^{-1}\left[\frac{p}{p^2+4}\right]+\frac{2}{3}L^{-1}\left[\frac{1}{p^2+4}\right]=\frac{1}{3}(e^t+2\cos 2t+\sin 2t)\\y(t)=\frac{2}{3}L^{-1}\left[\frac{1}{p-1}\right]-\frac{2}{3}L^{-1}\left[\frac{p}{p^2+4}\right]-\frac{2}{3}L^{-1}\left[\frac{1}{p^2+4}\right]=\frac{1}{3}(2e^t-2\cos 2t-\sin 2t)\end{cases}$$

[例 2.36] 求解齐次偏微分方程。

$$\begin{cases}\frac{\partial^2 u}{\partial x\partial y}=x^2y\quad x>0, y<+\infty\\u|_{y=0}=x^2\\u|_{x=0}=3y\end{cases}$$

解：对该定解问题关于 y 取拉普拉斯变换，并利用微分性质及初始条件可得

$$L[u(x,y)] = U(x,s)$$

$$L\left[\frac{\partial u}{\partial y}\right] = sU(x,s) - u(x,0) = sU - x^2$$

$$L\left[\frac{\partial^2 u}{\partial x\partial y}\right] = L\left[\frac{\partial}{\partial y}\left(\frac{\partial u}{\partial x}\right)\right] = sL\left[\frac{\partial u}{\partial x}\right] - \frac{\partial u}{\partial x}\bigg|_{y=0} = s\frac{\mathrm{d}U}{\mathrm{d}x} - 2x$$

$$L[x^2 y] = \frac{x^2}{s^2}$$

$$L[u|_{x=0}] = U|_{x=0} = \frac{3}{s^2}$$

这样，原定解问题转化为含参数 s 的一阶常系数线性非齐次微分方程的边值问题：

$$\begin{cases} s\dfrac{\mathrm{d}U}{\mathrm{d}x} - 2x = \dfrac{x^2}{s^2} \\ U|_{x=0} = \dfrac{3}{s^2} \end{cases}$$

方程 $\dfrac{\partial^2 u}{\partial x\partial y} = x^2 y$ 可转化为 $s\dfrac{\mathrm{d}U}{\mathrm{d}x} - 2x = \dfrac{x^2}{s^2}$，

解此微分方程，可得其通解为 $U = \dfrac{x^3}{3s^3} + \dfrac{x^2}{s} + c$，其中 c 为常数。

为了确定常数 c，将边界条件 $U|_{x=0} = \dfrac{3}{s^2}$ 代入上式，可得 $c = \dfrac{3}{s^2}$。

所以，$U(x,s) = \dfrac{x^3}{3s^3} + \dfrac{x^2}{s} + \dfrac{3}{s^2}$。

由表 2-1 中 $L^{-1}\left[\dfrac{1}{s}\right] = 1$ 可知，$L^{-1}\left[\dfrac{x^2}{s}\right] = x^2$。

由表 2-1 中 $L^{-1}\left[\dfrac{n!}{s^{n+1}}\right] = t^n$ 可知，$L^{-1}\left[\dfrac{x^3}{3s^3}\right] = \dfrac{x^3}{2}y^2$，$L^{-1}\left[\dfrac{3}{s^2}\right] = 3y$。

方程两边取反演，从而原定解问题的解为

$$u(x,y) = L^{-1}[U(x,s)] = \frac{x^3 y^2}{6} + 3y + x^2$$

[例 2.37]　求解非齐次偏微分方程。

$$\begin{cases} \dfrac{\partial^2 u}{\partial t^2} = a^2\dfrac{\partial^2 u}{\partial^2 x} + g \quad (g\text{ 为常数}) \quad (x>0, t>0) \\ u|_{t=0} = 0, \quad \dfrac{\partial u}{\partial t}\bigg|_{t=0} = 0 \\ u|_{x=0} = 0 \end{cases}$$

解：对该问题关于 t 取拉普拉斯变换，并利用微分性质及初始条件可得

$$L[u(x,t)] = U(x,s)$$

$$L\left[\frac{\partial^2 u}{\partial t^2}\right] = s^2 U(x,s) - su|_{t=0} - \frac{\partial u}{\partial t}\bigg|_{t=0} = s^2 U$$

$$L[g] = \frac{g}{s}$$

$$L\left[\frac{\partial^2 u}{\partial x^2}\right]=\frac{\partial^2}{\partial x^2}L[u(x,t)]=\frac{\mathrm{d}^2}{\mathrm{d}x^2}U$$

$$L[u|_{x=0}]=U|_{x=0}=0$$

这样原定解问题转化为含参数 s 的二阶常系数线性非齐次微分方程的边值问题：

$$\begin{cases}\dfrac{\mathrm{d}^2U}{\mathrm{d}x^2}-\dfrac{1}{a^2}s^2U=-\dfrac{1}{a^2}\dfrac{g}{s}\\ U|_{x=0}=0,\quad \lim\limits_{s\to\infty}U=0\end{cases}$$

方程$\dfrac{\mathrm{d}^2U}{\mathrm{d}x^2}-\dfrac{1}{a^2}s^2U=-\dfrac{1}{a^2}\dfrac{g}{s}$可转化为$\dfrac{\mathrm{d}^2U}{\mathrm{d}x^2}=\dfrac{1}{a^2}s^2U-\dfrac{1}{a^2}\dfrac{g}{s}$，

解此微分方程，可得其通解为$U(x,s)=c_1\mathrm{e}^{\frac{s}{a}x}+c_2\mathrm{e}^{-\frac{s}{a}x}+\dfrac{g}{s^3}$，其中 c_1,c_2 为常数。

为了确定常数 c_1,c_2 将边界条件 $U|_{x=0}=0,\lim\limits_{s\to\infty}U=0$ 代入上式，

可得 $c_1=0,c_2=-\dfrac{g}{s^3}$，所以，$U(x,s)=\dfrac{g}{s^3}(1-\mathrm{e}^{-\frac{s}{a}x})=\dfrac{g}{s^3}-\dfrac{g}{s^3}\mathrm{e}^{-\frac{x}{a}s}$。

由表 2-1 $L^{-1}\left[\dfrac{n!}{s^{n+1}}\right]=t^n$ 可知，$L^{-1}\left[\dfrac{g}{s^3}\right]=\dfrac{g}{2}t^2$。

由表 2-1 $L^{-1}\left[\dfrac{n!}{s^{n+1}}\right]=t^n$，结合延迟定理 $L^{-1}[\mathrm{e}^{-st_0}F(s)]=f(t-t_0)$，

可知 $L^{-1}\left[\dfrac{g}{s^3}\mathrm{e}^{-\frac{x}{a}s}\right]=\dfrac{g}{2}\left(t-\dfrac{x}{a}\right)^2u\left(t-\dfrac{x}{a}\right)$。

方程两边取反演，从而原定解问题的解为

$$u(x,t)=L^{-1}[U(x,s)]=L^{-1}\left[\frac{g}{s^3}-\frac{g}{s^3}\mathrm{e}^{-\frac{x}{a}s}\right]=\frac{g}{2}t^2-\frac{g}{2}\left(t-\frac{x}{a}\right)^2u\left(t-\frac{x}{a}\right)$$

或

$$u(x,t)=\begin{cases}\dfrac{g}{2}t^2,\quad t<\dfrac{x}{a}\\ \dfrac{g}{2}t^2-\dfrac{g}{2}\left(t-\dfrac{x}{a}\right)^2\quad t>\dfrac{x}{a}\end{cases}$$

[例 2.38] 求解有界偏微分方程。

$$\begin{cases}\dfrac{\partial^2 u}{\partial t^2}=a^2\dfrac{\partial^2 u}{\partial^2 x}\quad 0<x<l,t>0\\ u|_{x=0}=0,\quad u|_{x=l}=\varphi(t)\\ u|_{t=0}=0,\quad \left.\dfrac{\partial u}{\partial t}\right|_{t=0}=0\end{cases}$$

解：对该定解问题关于 t 取拉普拉斯变换，记

$$L[u(x,t)]=U(x,s)$$

$$L\left[\frac{\partial^2 u}{\partial t^2}\right]=s^2U-su|_{x=0}-\left.\frac{\partial u}{\partial t}\right|_{t=0}=s^2U$$

$$L\left[\frac{\partial^2 u}{\partial x^2}\right]=\frac{\mathrm{d}^2U}{\mathrm{d}x^2}$$

$$L[u|_{x=0}]=U|_{x=0}=0,\quad L[u|_{x=l}]=U|_{x=l}=\phi(s)$$

这样，原定解问题转化为含参数 s 的二阶常系数线性齐次微分方程的边值问题：

$$\begin{cases}\dfrac{d^2U}{dx^2}-\dfrac{s^2}{a^2}U=0\\ U|_{x=0}=0,\quad U|_{x=l}=\phi(s)\end{cases}$$

该方程的通解为 $U(x,s)=c_1e^{\frac{s}{a}x}+c_2e^{-\frac{s}{a}x}$，其中 c_1,c_2 是常数。

为确定常数 c_1,c_2，将边界条件 $U|_{x=0}=0$ 代入上式，可得 $c_1+c_2=0$，即 $c_1=-c_2$；再将边界条件 $U|_{x=l}=\phi(s)$ 代入上式，可得 $\phi(s)=c_1e^{\frac{s}{a}l}+c_2e^{-\frac{s}{a}l}$。

因此　$c_1=-c_2=\dfrac{\phi(s)}{e^{\frac{s}{a}l}-e^{-\frac{s}{a}l}}$，

从而

$$U(x,s)=\phi(s)\frac{e^{\frac{s}{a}x}-e^{-\frac{s}{a}x}}{e^{\frac{s}{a}l}-e^{-\frac{s}{a}l}}=\phi(s)\frac{(e^{\frac{s}{a}x}-e^{-\frac{s}{a}x})(e^{-\frac{s}{a}l}-e^{-\frac{3s}{a}l})}{(e^{\frac{s}{a}l}-e^{-\frac{s}{a}l})(e^{-\frac{s}{a}l}-e^{-\frac{3s}{a}l})}$$

$$=\phi(s)\left[\frac{e^{-\frac{s}{a}(l-x)}-e^{-\frac{s}{a}(l+x)}}{1-e^{-\frac{4l}{a}s}}+\frac{e^{-\frac{s}{a}(3l-x)}-e^{-\frac{s}{a}(3l+x)}}{1-e^{-\frac{4l}{a}s}}\right]$$

为了求 $U(x,s)$ 的拉普拉斯逆变换，注意到分母为 $1-e^{-\frac{4l}{a}s}$，所以逆变换 $u(x,t)$ 是周期为 $\dfrac{4l}{a}$ 的关于 l 的周期函数。根据周期函数的拉普拉斯变换式，其中 $\dfrac{\phi(s)}{1-e^{-\frac{4l}{a}s}}$ 表明 $\varphi(t)$ 是以 $\dfrac{4l}{a}$ 为周期的周期函数，即 $L[\varphi(t)]=\dfrac{\phi(s)}{1-e^{-\frac{4l}{a}s}}=\dfrac{1}{1-e^{-\frac{4l}{a}s}}\displaystyle\int_0^{\frac{4l}{a}}\varphi(\tau)e^{-s\tau}d\tau$。

表 2-1 中 $L^{-1}\left[\dfrac{\phi(s)}{1-e^{-\frac{4l}{a}s}}\right]=\varphi(t)$ 结合延迟定理 $L^{-1}[e^{-st_0}F(s)]=f(t-t_0)$，可知 $L^{-1}\left[\dfrac{\phi(s)}{1-e^{-\frac{4l}{a}s}}\cdot e^{-\frac{l-x}{a}s}\right]=\varphi\left(t-\dfrac{l-x}{a}\right)u\left(t-\dfrac{l-x}{a}\right)$。

同理可知：

$$L^{-1}\left[\frac{\phi(s)}{1-e^{-\frac{4l}{a}s}}\cdot e^{-\frac{l+x}{a}s}\right]=\varphi\left(t-\frac{l+x}{a}\right)u\left(t-\frac{l+x}{a}\right)$$

$$L^{-1}\left[\frac{\phi(s)}{1-e^{-\frac{4l}{a}s}}\cdot e^{-\frac{3l-x}{a}s}\right]=\varphi\left(t-\frac{3l-x}{a}\right)u\left(t-\frac{3l-x}{a}\right)$$

$$L^{-1}\left[\frac{\phi(s)}{1-e^{-\frac{4l}{a}s}}\cdot e^{-\frac{3l+x}{a}s}\right]=\varphi\left(t-\frac{3l+x}{a}\right)u\left(t-\frac{3l+x}{a}\right)$$

方程两边取反演，从而原定解问题的解为

$$u(x,t)=L^{-1}[U(x,s)]=\varphi\left(t-\frac{l-x}{a}\right)u\left(t-\frac{l-x}{a}\right)-\varphi\left(t-\frac{l+x}{a}\right)u\left(t-\frac{l+x}{a}\right)+$$
$$\varphi\left(t-\frac{3l-x}{a}\right)u\left(t-\frac{3l-x}{a}\right)-\varphi\left(t-\frac{3l+x}{a}\right)u\left(t-\frac{3l+x}{a}\right)$$

其中 $u(a)$ 为单位阶跃函数，即 $u(a)=\begin{cases}0 & a<0,\\ 1 & a>0。\end{cases}$

[例 2.39]　求解无界偏微分方程。

$$\begin{cases}\dfrac{\partial u}{\partial t}=a^2\dfrac{\partial^2 u}{\partial^2 x}-hu \quad (h\text{ 为常数}) \quad x>0,t>0\\ u|_{x=0}=u_0(\text{常数})\\ u|_{t=0}=0\end{cases}$$

解:对该问题关于 t 取拉普拉斯变换,记

$$L[u(x,t)]=U(x,s)$$

$$L\left[\frac{\partial u}{\partial t}\right]=sU(x,s)-u|_{x=0}=sU$$

$$L\left[\frac{\partial^2 u}{\partial x^2}\right]=\frac{\partial^2}{\partial x^2}L[u(x,t)]-\frac{\mathrm{d}^2U}{\mathrm{d}x^2}$$

$$L[u|_{x=0}]=U|_{x=0}=\frac{u_0}{s}$$

这样原定解问题转化为含参数 s 的二阶常系数线性齐次微分方程的边值问题:

$$\begin{cases}\dfrac{\mathrm{d}^2U}{\mathrm{d}x^2}-\dfrac{s+h}{a^2}U=0\\ U|_{x=0}=\dfrac{u_0}{s},\quad \lim\limits_{x\to\infty}U=0(\text{为自然定解条件})\end{cases}$$

解此微分方程可得通解为

$$U(x,s)=c_1\mathrm{e}^{\frac{\sqrt{s+h}}{a}x}+c_2\mathrm{e}^{-\frac{\sqrt{s+h}}{a}x},\text{其中 } c_1,c_2\text{ 为常数。}$$

为确定常数 c_1,c_2,将边界条件 $U|_{x=0}=\dfrac{u_0}{s}$ 代入上式,可得 $c_1+c_2=\dfrac{u_0}{s}$;再将边界条件 $\lim\limits_{x\to\infty}U=0$ 代入上式,可得 $c_1=0$。

因此 $c_2=\dfrac{u_0}{s}$,

所以 $U(x,s)=\dfrac{u_0}{s}\mathrm{e}^{-\frac{\sqrt{s+h}}{a}x}$,

从而 $U(x,t)=L^{-1}[U(x,s)]=L^{-1}\left[\dfrac{u_0}{s}\mathrm{e}^{-\frac{\sqrt{s+h}}{a}x}\right]$。

由表 2-1 中 $L^{-1}\left[\dfrac{1}{s}\right]=1$ 可知,$L^{-1}\left[\dfrac{u_0}{s}\right]=u_0$;

由表 2-1 中 $L^{-1}\left[\dfrac{1}{s}\mathrm{e}^{-a\sqrt{s}}\right]=\mathrm{erfc}\left(\dfrac{a}{2\sqrt{t}}\right)=\dfrac{2}{\sqrt{\pi}}\displaystyle\int_{\frac{a}{2\sqrt{t}}}^{+\infty}\mathrm{e}^{-\nu^2}\mathrm{d}\nu$,可知 $L^{-1}\left[\dfrac{1}{s}\mathrm{e}^{-\frac{x}{a}\sqrt{s}}\right]=\mathrm{erfc}\left(\dfrac{x}{2a\sqrt{t}}\right)=\dfrac{2}{\sqrt{\pi}}\displaystyle\int_{\frac{x}{2a\sqrt{t}}}^{+\infty}\mathrm{e}^{-\nu^2}\mathrm{d}\nu$。

如果令 $f(t)=\dfrac{2}{\sqrt{\pi}}\displaystyle\int_{\frac{x}{2a\sqrt{t}}}^{+\infty}\mathrm{e}^{-\nu^2}\mathrm{d}\nu$,显然 $f(0)=0$,

由导数定理 $L[f'(t)]=sF(s)-f(0)$ 可知 $f'(t)=L^{-1}\left[s\cdot\dfrac{1}{s}\mathrm{e}^{-\frac{x}{a}\sqrt{s}}\right]$,

亦即 $L^{-1}[\mathrm{e}^{-\frac{x}{a}\sqrt{s}}]=f'(t)=-\dfrac{2}{\sqrt{\pi}}\mathrm{e}^{-\left(\frac{x}{2a\sqrt{t}}\right)^2}\cdot\dfrac{\mathrm{d}}{\mathrm{d}t}\left(\dfrac{x}{2a\sqrt{t}}\right)=\dfrac{x}{2at\sqrt{\pi t}}\mathrm{e}^{-\frac{x^2}{4a^2t}}$,

由位移定理 $L[e^{-\lambda t}f(t)]=F(s+\lambda)$，

可知 $L^{-1}[e^{-\frac{\sqrt{s+h}}{a}x}]=\frac{x}{2at\sqrt{\pi t}}e^{-\frac{x^2}{4a^2t}}\cdot e^{-ht}=\frac{x}{2at\sqrt{\pi t}}e^{-\left(\frac{x^2}{4a^2t}+ht\right)}$。

由卷积定理 $L[f_1(t)*f_2(t)]=F_1(s)F_2(s)$，

可得 $U(x,t)=L^{-1}\left[\frac{u_0}{s}\right]*L^{-1}[e^{-\frac{\sqrt{s+h}}{a}x}]$，

令 $\nu=\frac{x}{2a\sqrt{\tau}}$ 最后可得该定解问题的解为

$$u(x,t)=L^{-1}\left[\frac{u_0}{s}\right]*L^{-1}[e^{-\frac{\sqrt{s+h}}{a}x}]=u_0*\frac{x}{2at\sqrt{\pi t}}e^{-\left(\frac{x^2}{4a^2t}+ht\right)}$$

$$=\int_0^t\frac{u_0(\tau)x}{2a(t-\tau)\sqrt{\pi(t-\tau)}}e^{-\left[\frac{x^2}{4a^2(t-\tau)}+h(t-\tau)\right]}d\tau=\frac{2u_0}{\sqrt{\pi}}\int_{\frac{x}{2a\sqrt{t}}}^{+\infty}e^{-\left(\nu^2+\frac{hx^2}{4a^2\nu^2}\right)}d\nu$$

从以上例题可以看出，用拉普拉斯变换方法求解微分方程有如下的优缺点。

(1) 拉普拉斯变换对象函数要求比对傅里叶变换要求弱，其使用面更宽。

(2) 用拉普拉斯变换方法求解微分方程，由于同时考虑初始条件，求出的结果便是需要的特解。而微分方程的一般解法中，先求通解，再考虑初始条件确定任意常数，从而求出特解的过程比较复杂。

(3) 用拉普拉斯变换方法求解微分方程的步骤比较明确、规律性强、思路清晰且容易掌握。

(4) 零初始条件、零边界条件使得拉普拉斯变换方法求解微分方程更加简单，而在微分方程的一般解法中，不会因此而有任何简化。

(5) 用拉普拉斯变换方法求解微分方程，对方程的系数可变与否、区域有界与否、方程和边界条件齐次与否并无特殊关系。

(6) 用拉普拉斯变换方法求解微分方程，当方程的系数可变、区域有界、方程和边界条件非齐次时，求解过程相对较易，而在微分方程的一般解法中，相对困难。

(7) 用拉普拉斯变换方法求解微分方程组，可以在不知道其余未知函数的情况下单独求出某一个未知函数，而在微分方程组的一般解法中通常是不可能的。

(8) 拉普拉斯变换方法像其他变换方法一样也有它的局限性，只有满足它的存在定理时才可用拉普拉斯变换，而在微分方程的一般解法中，并没有任何限制。

(9) 拉普拉斯变换可以使求解 n 个自变量偏微分方程的问题，转化为求解 $n-1$ 个自变量的微分方程的问题，逐次使用拉普拉斯变换，自变量会逐个减少，有时还可将求解 n 个自变量偏微分方程的问题最终转化为求解一个常微分方程的问题，比微分方程的一般解法更简单、直接。

习　题

2.1　求解下列定解问题。

(1) $\begin{cases}u_{tt}-u_{xx}=0\\u(x,0)=0\\u_t(x,0)=\sin x\end{cases}$　　(2) $\begin{cases}u_{xx}-u_{yy}=0\\u(x,0)=\sin x\\u_y(x,0)=x\end{cases}$

(3) $\begin{cases} u_{tt}-a^2u_{xx}=0 \\ u(x,0)=0 \\ u_t(x,0)=3 \end{cases}$　　(4) $\begin{cases} u_{tt}-a^2u_{xx}=0 \\ u(x,0)=\sin x \\ u_t(x,0)=0 \end{cases}$

2.2 求解特征初值问题。$\begin{cases} u_{tt}=a^2u_{xx} \\ u(x-at,0)=\varphi(x) \\ u(x+at,0)=\Psi(x) \end{cases}$

2.3 求解问题。$\begin{cases} u_{tt}=a^2u_{xx} \\ u|_{x=at}=\varphi_0(x) \quad [\varphi_0(0)=\varphi_1(0)] \\ u|_{t=0}=\varphi_1(x) \end{cases}$

2.4 利用波的反射法求解一端固定并伸长到无穷远处的弦振动问题。

$$\begin{cases} u_{tt}-a^2u_{xx}=0 \\ u(x,0)=\varphi(x) & 0<x<\infty \\ u_t(x,0)=0 & 0<x<\infty \\ u(0,t)=0 & t\geqslant 0 \end{cases}$$

2.5 一根无限长的弦与 x 轴的正半轴重合，并处于平衡状态。弦的左端位于原点，当 $t>0$ 时，左端点作微小横振动 $A\sin\omega t$，求弦的振动规律。

2.6 计算函数 $f(x)=\begin{cases} 1-x^2 & |x|<1 \\ 0 & |x|\geqslant 1 \end{cases}$ 的傅里叶变换。

2.7 求下列函数的傅里叶变换。

(1) $f(t)=e^{-|t|}$；(2) $f(t)=\delta(t-t_0)$；(3) $f(t)=\cos\omega_0 t$

2.8 已知函数 $f(t)$ 的傅里叶变换 $F(\omega)=\pi[\delta(\omega+\omega_0)+\delta(\omega-\omega_0)]$，求 $f(t)$。

2.9 设 $f(t)=\begin{cases} 0, & t<0 \\ e^{-t}, & t\geqslant 0 \end{cases}$　$g(t)=\begin{cases} \sin t & 0\leqslant t\leqslant \frac{\pi}{2} \\ 0 & \text{其他} \end{cases}$

计算卷积 $f(t)*g(t)$。

2.10 求正弦函数 $f(t)=\sin\omega_0 t$ 的傅里叶变换。

2.11 设 $f_1(t)=\begin{cases} 0 & t<0, \\ 1 & t\geqslant 0; \end{cases}$ $f_2(t)=\begin{cases} 0 & t<0 \\ e^{-t} & t\geqslant 0, \end{cases}$ 求 $f_1(t)*f_2(t)$。

2.12 若 $f(t)=\cos\omega_0 t\cdot u(t)$，$u(t)$ 为单位函数，求[$f(t)$]$f(t)*g(t)$。

2.13 用傅里叶变换法求解热传导方程初值问题。

$$\begin{cases} u_t=a^2u_{xx} & -\infty<x<+\infty, t>0 \\ u|_{t=0}=\delta(x) \end{cases}$$

2.14 求解一维波动方程 Cauchy 问题：$\begin{cases} u_{tt}-a^2u_{xx}=0 & -\infty<x<\infty, t>0 \\ u(x,0)=0, u_t(x,0)=\Psi(x) & -\infty<x<\infty \end{cases}$

2.15 求定解问题：$\begin{cases} \dfrac{\partial u}{\partial t}=a^2\dfrac{\partial^2 u}{\partial x^2}+f(x,t) & -\infty<x<\infty, t>0 \\ u|_{t=0}=0 & -\infty<x<\infty \end{cases}$

2.16 求定解问题。$\begin{cases} u_{xx}+u_{yy}=0 & -\infty<x<\infty, y>0 \\ u|_{t=0}=f(x) \\ \lim\limits_{x\to\pm\infty} u(x,y)=0 \end{cases}$

2.17 求下列函数的拉普拉斯变换。

(1) $f(t)=\dfrac{t}{2l}\cdot\sin lt$　　(2) $f(t)=e^{-2t}\cdot\sin 5t$

(3) $f(t)=1-t\cdot e^t$　　(4) $f(t)=e^{-4t}\cdot\cos 4t$

2.18 计算下列函数的卷积。

(1) $1*1$　　(2) $t*t$

(3) $t*e^t$　　(4) $\sin at*\sin at$

2.19 求下列函数的拉普拉斯逆变换。

(1) $F(s)=\dfrac{s}{(s-1)(s-2)}$

(2) $F(s)=\dfrac{s^2+8}{(s^2+4)^2}$

(3) $F(s)=\dfrac{1}{s(s+1)(s+2)}$

(4) $F(s)=\dfrac{s}{(s^2+4)^2}$

2.20 求下列微分方程的解。

(1) $y''+2y'-3y=e^{-t}$，$y(0)=0$，$y'(0)=1$

(2) $y''-y=\sin t$，$y(0)=-1$，$y'(0)=-1$

2.21 用拉普拉斯变换求下列定解问题。

$$\begin{cases}\dfrac{\partial u}{\partial t}=a^2\dfrac{\partial^2 u}{\partial x^2} & x>0,t>0\\ u|_{t=0}=0 & x>0\\ u|_{x=0}=f(t) & t>0\end{cases}$$

2.22 用拉普拉斯变换求下列定解问题。

$$\begin{cases}\dfrac{\partial^2 u}{\partial t^2}=a^2\dfrac{\partial^2 u}{\partial x^2} & 0<x<l,t>0\\ u|_{t=0}=0,\quad \left.\dfrac{\partial u}{\partial t}\right|_{t=0}=0 & 0<x<l\\ u|_{x=0}=0,\quad \left.\dfrac{\partial u}{\partial x}\right|_{x=l}=\dfrac{A}{E}\sin\omega t & t>0\end{cases}$$

第3章 分离变量法

第 2 章介绍的方法只适用于很少的一类定解问题。大量的定解问题需要根据定解条件确定特解。分离变量法是求解定解问题的一种最常用、最基本的方法。其基本思路是:把偏微分方程通过分离变量的技巧分解为几个单变量独立的常微分方程,在将分离定解条件与已分离的常微分方程组成本征值问题,求解本征值问题,得到具有变量分离形式的解,分别求解各个常微分方程的解,通过线性叠加原理、定解条件和广义本征函数的正交性求出定解问题的解。

本章结合三类常见的数理方程讨论有关分离变量法的基本思想和应用方法,主要介绍直角坐标系和极坐标系下的分离变量法。

3.1 双齐次问题

泛定方程和边界条件都具有齐次形式,称为双齐次问题。针对双齐次问题的分离变量法,是处理其他非齐次泛定方程或边界条件问题的基础。

3.1.1 有界弦振动方程定解问题

以弦振动方程的一个定解问题为例介绍分离变量法。

求解两端固定弦振动方程的混合问题。

$$\begin{cases} u_{tt}-a^2u_{xx}=0 & (3-1)\\ u(0,t)=0,u(l,t)=0 \quad (t\geqslant 0) & (3-2)\\ u(x,0)=\varphi(x),u_t(x,0)=\Psi(x) \quad (0\leqslant x\leqslant l) & (3-3)\end{cases}$$

这个定解的特点是:偏微分方程是齐次的,边界条件是齐次的。求解这样的方程可用叠加原理。类似于常微分方程通解的求法,先求出其所有线性无关的特解,再通过叠加求定解问题的解。

第一步,导出并求解特征值问题。即由齐次方程和齐次边界条件,利用变量分离法导出该定解问题的特征值问题并求解。

令 $u(x,t)=X(x)T(t)$,并代入到齐次方程中得

$$T''(t)X(x)-a^2X''(x)T(t)=0$$

或

$$\frac{X''(x)}{X(x)}=\frac{T''(t)}{a^2T(t)}$$

上式左端是 x 的函数而右端是 t 的函数，若要二者相等，只能等于同一常数。令此常数为 $-\lambda$，则有

$$\frac{X''(x)}{X(x)}=-\lambda,\quad \frac{T''(t)}{a^2T(t)}=-\lambda$$

得到两个方程

$$\begin{cases}X''(x)+\lambda X(x)=0 & (3-4)\\ T''(t)+\lambda a^2T(t)=0 & (3-5)\end{cases}$$

利用齐次边界条件方程(3-2)，并结合 $T(t)\neq 0$，得

$$X(0)=X(l)=0$$

由此便得该定解问题的特征值问题为

$$\begin{cases}X''(x)+\lambda X(x)=0\\ X(0)=X(l)=0\end{cases}\tag{3-6}$$

针对方程(3-6)求解本征值问题，即：

(1) 当 $\lambda=0$ 时，方程 $X''=0$，其通解为

$$X(x)=Ax+B$$

代入边界条件 $X(0)=X(l)=0$，得 $A=B=0$，$X(x)=0$。

(2) 当 $\lambda<0$ 时，此时方程的通解为

$$X(x)=Ae^{\sqrt{-\lambda}x}+Be^{-\sqrt{-\lambda}x}$$

代入边界条件 $X(0)=X(l)=0$，得

$$\begin{cases}A+B=0\\ Ae^{\sqrt{-\lambda}l}+Be^{-\sqrt{-\lambda}l}=0\end{cases}$$

这里，系数行列式$=\begin{vmatrix}1 & 1\\ e^{\sqrt{-\lambda}l} & e^{-\sqrt{-\lambda}l}\end{vmatrix}\neq 0$，所以 $A=B=0$，$X(x)=0$。

(3) 当 $\lambda>0$ 时，记 $\lambda=k^2$（k 为实数），则方程的通解为

$$X(x)=A\cos\sqrt{\lambda}x+B\sin\sqrt{\lambda}x=A\cos kx+B\sin kx$$

代入边界条件 $X(0)=X(l)=0$，得

$$\begin{cases}A=0\\ A\cos\sqrt{\lambda}l+B\sin\sqrt{\lambda}l=0\end{cases}$$

即

$$\begin{cases}A=0\\ B\sin\sqrt{\lambda}l=0\end{cases}$$

要使方程(3-6)有非零解,必须有:

$$\sin\sqrt{\lambda}l = 0$$

$$\sqrt{\lambda}l = kl = n\pi \quad (n = 1,2,3,\cdots)$$

$$k = \frac{n\pi}{l}$$

$$\lambda = \frac{n^2\pi^2}{l^2}$$

$$X_n(x) = \sin\frac{n\pi}{l} \tag{3-7}$$

特征值:$\lambda_n=\left(\frac{n\pi}{l}\right)^2, n\geqslant1$;特征函数:$X_n(x)=\sin\frac{n\pi}{l}x, n\geqslant1$

第二步,即将本征值代入方程(3-5),得

$$T''_n(t) + \frac{n^2\pi^2a^2}{l^2}T_n(t) = 0 \tag{3-8}$$

通解为

$$T_n(t) = A_n\cos\frac{n\pi a}{l}t + B_n\sin\frac{n\pi a}{l}t \tag{3-9}$$

式中,A_n,B_n为任意常数。

将式(3-7)和式(3-9)代入$u(x,t)=X(x)T(t)$,得到满足齐次边界条件的特解:

$$u_n(x,t) = X_n(x)T_n(t) = \left(A_n\cos\frac{n\pi a}{l}t + B_n\sin\frac{n\pi a}{l}t\right)\sin\frac{n\pi}{l}x(n = 1,2,3,\cdots) \tag{3-10}$$

至此,第一步工作已经完成,求出了既满足方程(3-1)又满足边界条件方程(3-2)的无穷多个特解。为了求原定解问题的解,还需要满足方程(3-3)。由式(3-10)所确定的一组函数虽然已经满足方程(3-1)及条件方程(3-2),但不一定满足初始条件方程(3-3)。为了求出原问题的解,首先将式(3-10)中所有函数$u_n(x,t)$叠加起来:

$$u(x,t) = \sum_{n=1}^{\infty}u_n(x,t) = \sum_{n=1}^{\infty}\left(A_n\cos\frac{n\pi a}{l}t + B_n\sin\frac{n\pi a}{l}t\right)\sin\frac{n\pi}{l}x \tag{3-11}$$

由叠加原理可知,如果式(3-11)右端的无穷级数是收敛的,而且关于x,t都能逐项微分两次,那么它的和$u(x,t)$也满足方程(3-1)和条件方程(3-2)。现在要适当选择A_n,B_n,使函数$u(x,t)$也满足初始条件方程(3-3),为此必须有

$$u(x,0) = \sum_{n=1}^{\infty}A_n\sin\frac{n\pi}{l}x = \varphi(x)$$

$$\left.\frac{\partial u}{\partial t}\right|_{t=0} = \sum_{n=1}^{\infty}B_n\frac{n\pi a}{l}\sin\frac{n\pi}{l}x = \Psi(x)$$

因为$\varphi(x)$,$\Psi(x)$是定义在$[0,l]$上的函数,所以只要选取A_n为$\varphi(x)$的 Fourier 正弦级数展开式的系数,$B_n\frac{n\pi a}{l}$为$\Psi(x)$的 Fourier 正弦级数展开式的系数,即

$$\begin{cases} A_n = \dfrac{2}{l}\displaystyle\int_0^l \varphi(x)\sin\dfrac{n\pi}{l}x\,\mathrm{d}x \\ B_n = \dfrac{2}{n\pi a}\displaystyle\int_0^l \Psi(x)\sin\dfrac{n\pi}{l}x\,\mathrm{d}x \end{cases} \tag{3-12}$$

初始条件方程(3-3)就能满足。将式(3-12)所确定的 A_n,B_n 代入式(3-11),即得原定解问题的解。

[**例 3.1**] 设有一根长为10个单位的弦,两端固定,初速度为零,初始位移为 $\varphi(x)=\dfrac{x(10-x)}{1\ 000}$,求弦作微小横向振动时的位移。

解:设位移函数为 $u(x,t)$,它是以下定解问题的解。

$$\begin{cases} \dfrac{\partial^2 u}{\partial t^2}=a^2\dfrac{\partial^2 u}{\partial x^2} & 0<x<10,t>0 \\ u|_{x=0}=0,u|_{x=10}=0 & t>0 \\ u|_{t=0}=\dfrac{x(10-x)}{1\ 000},\dfrac{\partial u}{\partial t}\Big|_{t=0}=0 & 0\leqslant x\leqslant 10 \end{cases}$$

这时 $l=10$,并给定 $a^2=10\ 000$(这个数字与弦的材料、张力有关)。

显然,这个问题的 Fourier 级数形式解可由式(3-11)给出,其系数按式(3-12)表示为

$$D_n = 0$$

$$C_n = \frac{1}{5\ 000}\int_0^{10} x(10-x)\sin\frac{n\pi}{10}x\mathrm{d}x = \frac{2}{5n^3\pi^3}(1-\cos n\pi) = \begin{cases} 0 & n\text{ 为偶数} \\ \dfrac{4}{5n^3\pi^3} & n\text{ 为奇数} \end{cases}$$

因此,所求的解为

$$u(x,t) = \frac{4}{5\pi^3}\sum_{n=0}^{\infty}\frac{1}{(2n+1)^3}\sin\frac{(2n+1)\pi x}{10}\cos 10(2n+1)\pi t$$

[**例 3.2**] 求解定解问题。

$$\begin{cases} \dfrac{\partial^2 u}{\partial t^2}=a^2\dfrac{\partial^2 u}{\partial x^2} & 0<x<l,t>0 \\ u|_{x=0}=0,\dfrac{\partial u}{\partial x}\Big|_{x=l}=0 & t>0 \\ u|_{t=0}=x^2-2lx,\dfrac{\partial u}{\partial t}\Big|_{t=0}=0 & 0\leqslant x\leqslant l \end{cases}$$

解:这里所考虑的方程仍是(3-1),所不同的是在 $x=l$ 这一端的边界条件不是第一类齐次边界条件 $u|_{x=l}=0$,而是第二类齐次边界条件 $\dfrac{\partial u}{\partial x}\Big|_{x=l}=0$。因此,通过分离变量的步骤后,仍得到方程 $T''(t)+\lambda a^2 T(t)=0$ 和 $X''(x)+\lambda X(x)=0$,考虑边界条件代之得

$$X(0)=X'(l)=0$$

相应特征值问题为求方程组 $\begin{cases} X''(x)+\lambda X(x)=0 \\ X(0)=X'(l)=0 \end{cases}$ 的非零解。

重复前面的讨论可知,只有当 $\lambda=\beta^2>0$ 时,上述特征值问题才有非零解,此时特征值方程的通解仍为

$$X(x)=A\cos\beta x+B\sin\beta x$$

代入齐次边界条件得

$$\begin{cases}A=0\\B\cos\beta l=0\end{cases}$$

由于 $B\neq0$,故 $\cos\beta l=0$,即

$$\beta=\frac{(2n+1)\pi}{2l}\quad(n=0,1,2,3,\cdots)$$

从而求得了一系列特征值与特征函数

$$\lambda_n=\frac{(2n+1)^2}{4l^2}$$

$$X_n(x)=B_n\sin\frac{(2n+1)\pi}{2l}x\quad(n=0,1,2,3,\cdots)$$

与这些特征值相对应的方程的通解为

$$T_n(t)=C_n'\cos\frac{(2n+1)\pi at}{2l}+D_n'\sin\frac{(2n+1)\pi at}{2l}\quad(n=0,1,2,3,\cdots)$$

于是,所求定解问题的解可表示为

$$u(x,t)=\sum_{n=0}^{\infty}\left[C_n\cos\frac{(2n+1)\pi a}{2l}t+D_n\sin\frac{(2n+1)\pi a}{2l}t\right]\sin\frac{(2n+1)\pi}{2l}x$$

利用初始条件确定其中的任意常数 C_n,D_n,得

$$D_n=0$$

$$C_n=\frac{2}{l}\int_0^l(x^2-2lx)\sin\frac{(2n+1)\pi}{2l}x\,\mathrm{d}x=-\frac{32l^2}{(2n+1)^3\pi^3}$$

故所求解为

$$u(x,t)=-\frac{32l^2}{\pi^3}\sum_{n=0}^{\infty}\frac{1}{(2n+1)^3}\cos\frac{(2n+1)\pi a}{2l}t\sin\frac{(2n+1)\pi}{2l}x$$

为加深理解,下面简要分析一下级数形式解的物理意义。先分析级数中 $u_n(x,t)=\left(C_n\cos\frac{n\pi at}{l}+D_n\sin\frac{n\pi at}{l}\right)\sin\frac{n\pi x}{l}$的物理意义。分析时,先固定时间 t,看看在任一指定时刻波是什么形状,再固定弦上一点,看看该点的振动规律。

把括号内的式子改变一下形式,可得

$$u_n(x,t)=A_n\cos(\omega_n t-\theta_n)\sin\frac{n\pi x}{l}$$

式中,$A_n=\sqrt{C_n^2+D_n^2}$, $\omega_n=\frac{n\pi a}{l}$, $\theta_n=\arctan\frac{D_n}{C_n}$。

当时间 t 取定值 t_0 时，得

$$u_n(x,t_0)=A_n'\sin\frac{n\pi x}{l}$$

式中，$A_n'=A_n\cos(\omega_n t_0-\theta_n)$ 是一个定值。这表示在任一时刻，波 $u_n(x,t_0)$ 的形状都是一条正弦曲线，只是它的振幅随时间的改变而改变。

当弦上点的横坐标 x 取定值 x_0 时，得

$$u_n(x_0,t)=B_n\cos(\omega_n t-\theta_n)$$

式中，$B_n=A_n\sin\frac{n\pi}{l}x_0$ 是一个定值。这说明弦上以 x_0 为横坐标的点作简谐振动时，其振幅为 B_n，角频率为 ω_n，初位相为 θ_n。若取 x 为另外一个定值时，情况也一样，只是振幅 B_n 不同。所以 $u_n(x,t)$ 表示这样一种振动波：在考察弦上各点以同样的角频率 ω_n 作简谐振动，各点处的初位相也相同，而各点的振幅随点的位置的改变而改变，此振动波在任一时刻的外形都是一条正弦曲线。

这种振动波还有一个特点，即在 $[0,l]$ 范围内有 $n+1$ 个点（包括端点）永远保持不动，这是因为在 $x_m=\frac{ml}{n}(m=0,1,2,\cdots,n)$ 这些点上，$\sin\frac{n\pi}{l}x_m=\sin m\pi=0$ 的缘故，这些点在物理上称为节点。这就说明 $u_n(x,t)$ 的振动是在 $[0,l]$ 上的分段振动，其中有 $n+1$ 个节点，人们把这种包含节点的振动波叫作驻波。另外驻波还在 n 个点处振幅达到最大值，这种使振幅达到最大值的点叫作腹点。图 3-1 画出了在某一时刻 $n=1,2,3,4$ 的驻波情形。

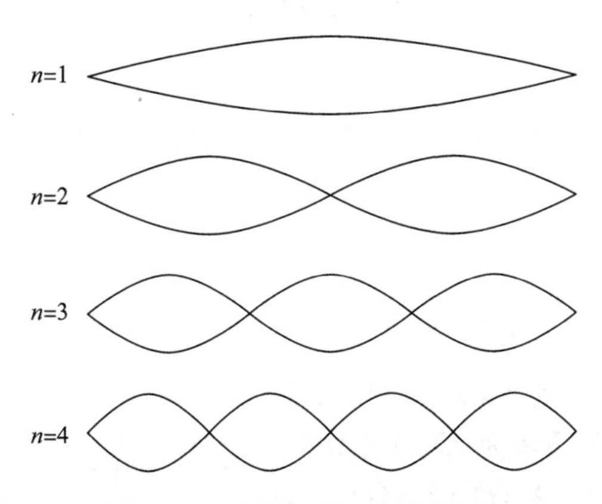

图 3-1　驻波振幅的形状示意图

综上所述，可知 $u_1(x,t),u_2(x,t),\cdots u_n(x,t),\cdots$ 是一系列驻波，它们的频率、位相与振幅都随 n 的不同而不同。因此可以说，一维波动方程用分离变量法解出的结果 $u(x,t)$ 是由一系列驻波叠加而成的，而每一个驻波的波形由特征函数确定，它的频率由特征值确定。这完全符合实际情况，因为人们在考察弦的振动时，就发现许多驻波，它们的叠加又可以构成各种各样的波形，因此很自然地会想到用驻波的叠加表示弦振动方程的解。这就是分离变量法的物理背景，所以分离变量法也称为驻波法。

3.1.2　均匀细杆的热传导方程定解问题

有一根均匀细杆，长为 l，比热容为 c，热传导系数为 k，杆的侧面是绝缘的，在杆的一端温

度保持为 0,另一端杆的热量自由散发到周围温度为 0℃的介质中,杆与介质的热交换系数为 k_0,已知杆上的初温分布为 $\varphi(x)$,如要求杆上温度的变化规律,也就是要考虑下列问题:

$$\frac{\partial u}{\partial t}=a^2\frac{\partial^2 u}{\partial x^2}\quad 0<x<l,t>0 \tag{3-13}$$

$$u(0,t)=0,\frac{\partial u(l,t)}{\partial x}+hu(l,t)=0 \tag{3-14}$$

$$u(x,0)=\varphi(x) \tag{3-15}$$

式中,$a^2=\frac{k}{c\rho}$,$h=\frac{k_0}{k}>0$。

注意到此定解问题中方程和边界条件均是齐次的,因此仍用分离变量法来求解。

设 $u(x,t)=X(x)T(t)$,代入方程(3-14)得:

$$\frac{X''(x)}{X(x)}=\frac{T'(t)}{aT(t)}$$

上式右端不含 x,左端不含 t,所以只有当两端均为常数时才能相等。令此常数为 $-\lambda$,则有:

$$X''(x)+\lambda X(x)=0 \tag{3-16}$$

$$T'(t)+a^2\lambda T(t)=0 \tag{3-17}$$

由齐次边界条件可得:

$$X(0)=0,\ X'(l)+h(X)(l)=0 \tag{3-18a}$$

从而特征值问题为

$$\begin{cases}X''(x)+\lambda X(x)=0\\X(x)=0,X'(l)+hX(l)=0\end{cases} \tag{3-18b}$$

对 λ 的取值分三种情况 $\lambda>0$,$\lambda=0$,$\lambda<0$ 进行讨论。

(1) 当 $\lambda>0$ 时,方程的通解为 $X(x)=Ae^{\sqrt{-\lambda}x}+Be^{-\sqrt{-\lambda}x}$

代入边界条件 $X(0)=0,X'(l)+hX(l)=0$,得

$$\begin{cases}A+B=0\\A(\sqrt{-\lambda}+h)e^{\sqrt{-\lambda}l}-B(\sqrt{-\lambda}-h)e^{-\sqrt{-\lambda}l}=0\end{cases}$$

系数行列式 $\begin{vmatrix}1 & 1\\(\sqrt{-\lambda}+h)e^{\sqrt{-\lambda}l} & (-\sqrt{-\lambda}+h)e^{-\sqrt{-\lambda}l}\end{vmatrix}\neq 0$,所以 $A=B=0$,

则 $X(x)=0$

(2) 当 $\lambda=0$ 时,$X(x)=Ax+B$

代入边界条件得:$A=B=0$,$X(x)=0$

(3) 当 $\lambda<0$ 时,设 $\lambda=k^2$,方程的通解为:

$$X(x)=A\cos(\sqrt{\lambda}x)+B\sin(\sqrt{\lambda}x)=A\cos kx+B\sin kx$$

代入边界条件：　　$X(0)=0, A=0$

由　　$X'(l)=h(X)(l)=0$ 得 $Bk\cos kl+hB\sin kl=0$

因为　　$B\neq 0$，所以 $k\cos kl+h\sin kl=0$ 得 $\tan kl=-\dfrac{k}{h}$　　(3-19)

为了求出 k，方程(3-19)可改写成

$$\tan\gamma=\alpha\gamma \tag{3-20}$$

式中，$\gamma=kl, \alpha=-\dfrac{1}{hl}$。方程(3-20)的根可以看作是曲线 $y_1=\tan\gamma$ 与直线 $y_2=\alpha\gamma$ 交点的横坐标，显然它们的交点有无穷多个，于是方程(3-20)有无穷多个根，由这些根可以确定出特征值 k，设方程(3-20)的无穷多个正根(不取负根是因为负根与正根只差一个符号)为

$$\gamma_1, \gamma_2, \gamma_3, \cdots, \gamma_n, \cdots$$

于是得到特征值问题(3-18b)的无穷多个特征值

$$\gamma=kl=\lambda l,\quad \lambda_n=k_n^2=\frac{\gamma_n^2}{l^2}\quad n=1,2,3,\cdots$$

及相应的特征函数

$$X_n(x)=B_n\sin k_n x \tag{3-21}$$

再由式(3-17)解得

$$T_n(t)=C_n e^{-k_n^2a^2t} \tag{3-22}$$

由式(3-21)和式(3-22)得到方程满足边界条件的一组特解

$$u_n(x,t)=X_n(x)T_n(t)=C_n e^{-k_n^2a^2t}B_n\sin k_n x=D_n e^{-k_n^2a^2t}\sin k_n x\quad n=1,2,3,\cdots \tag{3-23}$$

其中 $D_n=C_nB_n$。

由于方程与边界条件都是齐次的，所以

$$u(x,t)=\sum_{n=1}^{\infty}u_n(x,t)=\sum_{n=1}^{\infty}D_n e^{-k_n^2a^2t}\sin k_n x \tag{3-24}$$

仍满足方程与边界条件。最后由初始条件，得

$$u(x,0)=\sum_{n=1}^{\infty}D_n\sin k_n x=\varphi(x) \tag{3-25}$$

考虑函数系$\{\sin k_n x\}$在$[0,l]$上的正交性，不难证明

$$\int_0^l \sin k_m x\sin k_n x=0,\quad m\neq n$$

令　　$$L_n=\int_0^l \sin^2 k_n x\,dx$$

于是在 $u(x,0)=\sum\limits_{n=1}^{\infty}D_n\sin k_n x=\varphi(x)$ 的两端各乘 $\sin k_m x$，然后在$[0,l]$上积分得

$$\int_0^l \varphi(x)\sin k_n x\,\mathrm{d}x = L_n D_n$$

即
$$D_n = \frac{1}{L_n}\int_0^l \varphi(x)\sin k_n x\,\mathrm{d}x \tag{3-26}$$

把式(3-26)代入式(3-24)即得原定解问题的解：

$$u(x,t) = \sum_{n=1}^{\infty} u_n(x,t) = \sum_{n=1}^{\infty} D_n \mathrm{e}^{-k_n^2 a^2 t}\sin k_n x = \sum_{n=1}^{\infty} \frac{1}{L_n}\int_0^l \varphi(x)\sin k_n x\,\mathrm{d}x \mathrm{e}^{-k_n^2 a^2 t}\sin k_n x$$

[例 3.3] 求解细杆的导热问题，杆长 l，两端保持零摄氏度，初始温度分布为 $u|_{t=0} = bx(l-x)/t^2$。

解：该问题的定解问题为

$$\begin{cases} u_t = a^2 u_{xx} & ① \\ u|_{t=0} = \dfrac{bx(l-x)}{l^2} & ② \\ u|_{x=0} = u|_{x=l} = 0 & ③ \end{cases}$$

令 $u(x,t)=X(x)T(t)$，代入式①可得，

$$X''(x) + \lambda X(x) = 0 \qquad ④$$

$$T'(t) + a^2\lambda T(t) = 0 \qquad ⑤$$

由式④得

$$X(x) = A\cos\sqrt{\lambda}x + B\sin\sqrt{\lambda}x \qquad ⑥$$

由式③可得

$$X(0)T(t)=0,\quad X(l)T(t)=0$$

因为 $\lambda\neq 0$，所以 $X(0)=X(l)=0$

由 $X(0)=0$ 得 $A=0$

由 $X(l)=B\sin\sqrt{\lambda}l=0, B\neq 0$ 得 $\lambda_n=\dfrac{n^2\pi^2}{l^2}$ $n=1,2,3,\cdots$

于是有

$$X_n=B_n\sin\frac{n\pi x}{l},\quad T_n(t)=C_n \mathrm{e}^{-a^2\lambda_n t}=C_n \mathrm{e}^{-\frac{n^2\pi^2 a^2 t}{l}}\quad n=1,2,3,\cdots$$

因此

$$u_n(x,t)=C_n \mathrm{e}^{-\frac{n^2\pi^2 a^2 t}{l}}\sin\frac{n\pi x}{l}$$

$$u(x,t) = \sum_{n=1}^{\infty} C_n \mathrm{e}^{-\frac{n^2\pi^2 a^2 t}{l}}\sin\frac{n\pi x}{l}$$

将 $\dfrac{bx(1-x)}{l^2}$ 作 Fourier 展开得

$$\frac{bx(1-x)}{l^2} = \sum_{n=1}^{\infty} B_n \sin\frac{n\pi x}{l}$$

其中

$$\begin{aligned} B_n &= \frac{2}{l}\int_0^l \frac{bx(1-x)}{t^2}\sin\frac{n\pi x}{l}\mathrm{d}x \\ &= \frac{4b}{n^3\pi^3}(1-\cos n\pi) \quad n=1,2,3,\cdots \end{aligned}$$

于是

$$C_n = B_n = \frac{4b}{n^3\pi^3}(1-\cos n\pi) \quad n=1,2,3,\cdots$$

因此

$$\begin{aligned} u(x,t) &= \sum_{n=1}^{\infty} \frac{4b}{n^3\pi^3}(1-\cos n\pi)\mathrm{e}^{\frac{n^2\pi^2a^2t}{l^2}} \sin\frac{n\pi x}{l} \\ &= \sum_{k=1}^{\infty} \frac{8b}{(2k-1)^3\pi^3}\mathrm{e}^{\frac{(2k-1)^2\pi^2a^2t}{l^2}} \sin\frac{2k-1}{l}\pi x \end{aligned}$$

3.1.3　稳定场分布

稳定场分布问题，假设矩形薄散热片的一边 $y=0$ 处保持温度为 $f(x)$，$y=b$ 处保持温度为 $g(x)$，而另一对边 $x=0$，$x=a$ 保持绝热，求矩形薄散热片内稳定的温度分布 $u(x,y)$。定解问题为：

$$\begin{cases} \Delta u = u_{xx} + u_{yy} = 0 \quad 0<x<a, & 0<y<b \\ u(x,0) = f(x), u(x,b) = g(x) & 0 \leqslant x \leqslant a \\ u_x(0,y) = u_x(a,y) = 0 & 0 \leqslant y \leqslant b \end{cases} \tag{3-27}$$

式中，$f(x)$，$g(x)$是给定的已知函数。

设解为 $u(x,y)=X(x)Y(y)$，代入式(3-27)中的方程，得

$$\frac{X''(x)}{X(x)} = -\frac{Y''(y)}{Y(y)} = -\lambda$$

由此得

$$Y''(y) - \lambda Y(y) = 0 \quad 0<y<b \tag{3-28}$$

和

$$X''(x) + \lambda X(x) = 0 \quad 0<x<a \tag{3-29}$$

由边值问题方程(3-27)中的齐次边界条件，得

$$X'(0) = X'(a) = 0 \tag{3-30}$$

由式(3-29)和式(3-30)得出特征值和对应的特征函数为

$$\lambda=\lambda_n=\left(\frac{n\pi}{a}\right)^2,\quad X_n(x)=A_n\cos\frac{n\pi}{a}x\quad A_n\neq 0,\quad n=1,2,3,\cdots \tag{3-31}$$

此时式(3-28)变为

$$Y''(y)-\left(\frac{n\pi}{a}\right)^2Y(y)=0\quad 0<y<b$$

其通解为

$$Y_0(y)=C_0y+D_n,\quad Y_n(y)=C_n\mathrm{e}^{\frac{n\pi y}{a}}+D_n\mathrm{e}^{-\frac{n\pi y}{a}}\quad n=1,2,\cdots$$

利用叠加原理,设边值问题式(3-27)的形式解为

$$u(x,y)=\sum_{n=0}^{\infty}X_n(x)Y_n(y)=a_0+b_0y+\sum_{n=1}^{\infty}(a_n\mathrm{e}^{\frac{n\pi y}{a}}+b_n\mathrm{e}^{-\frac{n\pi y}{a}})\cos\frac{n\pi x}{a} \tag{3-32}$$

由方程(3-27)中的非齐次边界条件,得

$$f(x)=u(x,0)=a_0+\sum_{n=1}^{\infty}(a_0+b_0)\cos\frac{n\pi x}{a}$$

$$g(x)=u(x,b)=a_0+bb_0+\sum_{n=1}^{\infty}(a_n\mathrm{e}^{\frac{n\pi b}{a}}+b_n\mathrm{e}^{-\frac{n\pi b}{a}})\cos\frac{n\pi x}{a}\quad (n=1,2,\cdots)$$

由此可得

$$a_0=\frac{1}{a}\int_0^a f(x)\mathrm{d}x$$

和

$$a_0+bb_0=\frac{1}{a}\int_0^a g(x)\mathrm{d}x$$

$$a_n+b_n=\frac{2}{a}\int_0^a f(x)\cos\frac{n\pi x}{a}\mathrm{d}x$$

$$a_n\mathrm{e}^{\frac{n\pi x}{a}}+b_n\mathrm{e}^{-\frac{n\pi x}{a}}=\frac{2}{a}\int_0^a g(x)\cos\frac{n\pi x}{a}\mathrm{d}x$$

从中可以定出 $a_n, b_n(n=0,1,2\cdots)$,从而得到边值问题方程(3-27)的级数形式解式(3-32)。取 $a=b=\pi, f(x)=x, g(x)=0$,则

$$a_0=\frac{1}{\pi}\int_0^\pi x\mathrm{d}x=\frac{\pi}{2},\quad a_n+b_n=\frac{2}{\pi}\int_0^\pi x\cos nx\,\mathrm{d}x=\frac{2}{n^2\pi}[(-1)^n-1]$$

和 $$a_0+b_0\pi=0,\quad a_n\mathrm{e}^{n\pi}+b_n\mathrm{e}^{-n\pi}=0$$

解得 $$b_0=-\frac{1}{2},\quad a_n=\frac{2[(-1)^n-1]}{\pi n^2(1-\mathrm{e}^{2\pi n})},\quad b_n=-a_n\mathrm{e}^{2n\pi}\quad n=1,2,\cdots$$

代入式(3-32),得到所求的解为

$$u(x,y)=\frac{1}{2}(\pi-y)+\frac{2}{\pi}\sum_{n=1}^{\infty}\frac{[(-1)^n-1]\sinh n(\pi-y)}{\sinh n\pi}\cos nx$$

[例 3.4] 在矩形区域 $0\leqslant x\leqslant a, 0\leqslant y\leqslant b$ 内求 Laplace 方程:

$$\nabla^2 u=\frac{\partial^2 u}{\partial x^2}+\frac{\partial^2 u}{\partial y^2}=0 \quad ①$$

的解，使其满足边界条件

$$\begin{cases} u|_{x=0}=0, \quad u|_{x=a}=Ay & ② \\ u_y|_{y=0}=0, \quad u_y|_{y=b}=0 & ③ \end{cases}$$

解：令 $u(x,y)=X(x)Y(y)$，代入式①，有

$$X''(x)-\lambda X(x)=0 \quad ④$$

$$Y''(y)+\lambda Y(y)=0 \quad ⑤$$

又由边界条件，③得

$$Y'(0)=Y'(b)=0 \quad ⑥$$

当 $\lambda<0$ 时，式⑤的通解为

$$Y(y)=C_1\mathrm{e}^{-\sqrt{-\lambda}y}+C_2\mathrm{e}^{\sqrt{-\lambda}y}$$

由式⑥得

$$-C_1+C_2=0$$
$$-C_1\mathrm{e}^{-\sqrt{-\lambda}b}+C_2\mathrm{e}^{\sqrt{-\lambda}b}=0$$

由此得 $C_1=C_2=0$，即式⑤和式⑥无非零解。

当 $\lambda=0$ 时，式⑤的通解为

$$Y(y)=A_1y+A_0$$
$$Y'(y)=A_1$$

由 $Y'(0)=Y'(b)=0$ 得 $A_1=0$，从而得 $Y_0(y)=A_0$（常数）。

当 $\lambda>0$ 时，式⑤的通解为

$$Y(y)=A\cos\sqrt{\lambda}y+B\sin\sqrt{\lambda}y$$
$$Y'(y)=-A(\lambda)\sin\sqrt{\lambda}y+\sqrt{\lambda}B\cos\sqrt{\lambda}y=0$$

由 $Y'(0)=0$ 得 $B=0$，由 $Y'(b)=0$ 得 $A\sqrt{\lambda}\sin\sqrt{\lambda}b=0$，从而得 $\lambda=0$ 或 $\sqrt{\lambda}b=n\pi$，

$$即\quad \lambda=\frac{n^2\pi^2}{b^2} \quad n=1,2,\cdots$$

由此可见，本征值为

$$\lambda=\frac{n^2\pi^2}{b^2} \quad n=0,1,2,\cdots$$

本征函数为

$$Y_n(y)=A_n\cos\frac{n\pi}{b}y \quad n=0,1,2,\cdots$$

将 λ 的值代入式④，解得

$$X_0=C_0+D_0x$$
$$X_n(x)=C_n\mathrm{e}^{\frac{n\pi x}{b}}+D_n\mathrm{e}^{-\frac{n\pi x}{b}} \quad n=1,2,\cdots$$

故问题的一般解为

$$u(x,y)=X_0(x)Y_0(y)+\sum_{n=1}^{\infty}X_n(x)Y_n(y)$$
$$=C_0+D_0x+\sum_{n=1}^{\infty}(C_n e^{\frac{n\pi x}{b}}+D_n e^{-\frac{n\pi x}{b}})\cos\frac{n\pi}{b}y \tag{⑦}$$

由边界条件 $u|_{x=0}=0$ 得到

$$C_0+\sum_{n=1}^{\infty}(C_n+D_n)\cos\frac{n\pi y}{b}=0$$

一个无穷级数等于零，说明各项系数均为零，故

$$C_0=0,\quad C_n+D_n=0\quad n=1,2,\cdots \tag{⑧}$$

又由 $u|_{x=a}=Ay$ 得

$$D_0a+\sum_{n=1}^{\infty}(C_n e^{\frac{n\pi a}{b}}+D_n e^{-\frac{n\pi a}{b}})\cos\frac{n\pi}{b}y=Ay$$

将 Ay 展开成 Fourier 余弦级数，并比较系数有

$$D_0a=\frac{1}{2}\left(\frac{2}{b}\int_0^b Ay\,dy\right)=\frac{A}{b}\,\frac{1}{2}b^2=\frac{Ab}{2}$$

故 $$D_0=\frac{Ab}{2a}$$

$$C_n e^{\frac{n\pi a}{b}}+D_n e^{-\frac{n\pi a}{b}}=\frac{2}{b}\int_0^b Ay\cos\frac{n\pi y}{b}dy=\frac{2Ab}{n^2\pi^2}(\cos n\pi-1) \tag{⑨}$$

从式⑧和式⑨中解得

$$C_n=\frac{Ab(\cos n\pi-1)}{n^2\pi^2 sh\,\frac{n\pi a}{b}},D_n=\frac{-Ab(\cos n\pi-1)}{n^2\pi^2 sh\,\frac{n\pi a}{b}}\quad n=1,2,\cdots$$

代入式⑦并整理得

$$u(x,y)=\frac{Ab}{2a}x+\frac{2Ab}{\pi^2}\sum_{n=1}^{\infty}\frac{\cos n\pi-1}{n^2 sh\,\frac{n\pi a}{b}}sh\,\frac{n\pi x}{b}\cos\frac{n\pi y}{b} \tag{⑩}$$

注:1) 分离变量法的思路

将未知函数按多个单元函数分开，如，令 $u(x,y,z,t)=X(x)Y(y)Z(z)T(t)$，从而将偏微分方程的求解问题转化为若干个常微分方程的求解。

2) 分离变量法的解题步骤

用分离变量法求解偏微分方程分为以下 4 步。

(1) 分离变量：将未知函数表示为若干单元函数的乘积，代入齐次方程和齐次边界条件，得到相应的特征值问题和其他常微分方程。

(2) 求解特征值问题。

(3) 求解其他常微分方程，并将求得的解与特征函数相乘，得到一系列含有任意常数的分

离解(如 $u_n, n=1,2,\cdots$)。

(4) 叠加(如 $u=\sum u_n$)用初始条件和非齐次边界条件确定系数(即任意常数),从而得到偏微分方程定解问题的解。

3) 特征值问题

在用分离变量法求解偏微分方程的定解问题时,会得到含有参数的齐次常微分方程和齐次边界条件(或自然边界条件)组成的定解问题,这类问题中的参数,必须依据附有的边界条件取某些特定的值才能使方程有非零解。这样的参数,称为特征值,相应的方程的解,称为特征函数。求解这类特征值和相应的特征函数的问题,称为特征值问题。

常涉及的几种特征值问题:

(1) $\begin{cases} X''(x)-\mu X(x)=0 \\ X(0)=X(l)=0 \end{cases}$

特征值为 $\mu=-\dfrac{n^2\pi^2}{l^2}$,特征函数 $X_n(x)=C_n\sin\dfrac{n\pi}{l}x \quad n=1,2,\cdots$

(2) $\begin{cases} X''(x)-\mu X(x)=0 \\ X'(0)=X'(l)=0 \end{cases}$

特征值为 $\mu=-\left(\dfrac{n\pi}{l}\right)^2$,特征函数 $X_n(x)=C_n\cos\dfrac{n\pi}{l}x \quad n=0,1,2,\cdots$

(3) $\begin{cases} X''(x)-\mu X(x)=0 \\ X(0)=X'(l)=0 \end{cases}$

特征值为 $\mu=-\left(\dfrac{n+\frac{1}{2}}{l}\pi\right)^2$,特征函数 $X_n(x)=C_n\sin\dfrac{n+\frac{1}{2}}{l}\pi x \quad n=0,1,2,\cdots$

(4) $\begin{cases} X''(x)-\mu X(x)=0 \\ X'(0)=X(l)=0 \end{cases}$

特征值为 $\mu=-\left(\dfrac{n+\frac{1}{2}}{l}\pi\right)^2$,特征函数 $X_n(x)=C_n\cos\dfrac{n+\frac{1}{2}}{l}\pi x \quad n=0,1,2,\cdots$

(5) $\begin{cases} \Phi''(\varphi)-\mu\Phi(\varphi)=0 \\ \Phi(\varphi+2\pi)=\Phi(\varphi) \end{cases}$

特征值为 $\mu=-m^2$,特征函数 $\Phi_m(\varphi)=A_m\cos m\varphi+B_m\sin m\varphi \quad m=0,1,2,\cdots$

3.2　非齐次方程的求解

3.1 节主要考虑了定解问题中的“双齐次”,保证了方程和边界条件的变量分离,可以利用分离变量法求解。本节介绍对于非齐次方程,如何利用分离变量法求解。

3.2.1　本征函数展开法

考虑有界弦、杆的纯强迫振动

$$\begin{cases} u_{tt} = a^2 u_{xx} + f(x,t) & 0 \leqslant x \leqslant l, t \geqslant 0 \\ u(0,t) = u(l,0) = 0 & t \geqslant 0 \\ u(x,0) = u_t(x,0) = 0 & 0 \leqslant x \leqslant l \end{cases} \tag{3-33}$$

由于方程中非齐次项 $f(x,t)$ 的出现，故若直接以 $u(x,t)=X(x)T(t)$ 代入方程，不能实现变量分离，于是联想到用非齐次线性常微分方程求解的常数变易法求解。

1）对应齐次方程的特征函数

$$\begin{cases} u_{tt}=a^2 u_{xx} \\ u|_{x=0}=u|_{x=l} \end{cases}$$

通过分离变量，得到特征值问题

$$\begin{cases} X''(x)-\mu x=0 \\ X(0)=X(l)=0 \end{cases}$$

由此求得特征函数 $X_n(x)=C_n\sin\frac{n\pi}{l}x \quad n=1,2,\cdots$

2）$T_n(t)$ 的方程的解

仿常数变易法，令

$$u(x,t) = \sum_{n=1}^{\infty} T_n(t)\sin\frac{n\pi}{l}x$$

代入原方程得

$$\sum_{n=1}^{\infty}\left[T''_n(t) + \left(\frac{n\pi a}{l}\right)^2 T_n(t)\right]\sin\frac{n\pi}{l}x = f(x,t)$$

将上面等式右端 $f(x,t)$ 关于变量 x 展开成 Fourier 级数

有
$$f(x,t) = \sum_{n=1}^{\infty} f_n(t)\sin\frac{n\pi}{l}x$$

式中，
$$f_n(t) = \frac{2}{l}\int_0^l f(x,t)\sin\frac{n\pi}{l}x\,\mathrm{d}x$$

即
$$\sum_{n=1}^{\infty}\left[T''_n(t) + \left(\frac{n\pi a}{l}\right)^2 T_n(t)\right]\sin\frac{n\pi}{l}x = \sum_{n=1}^{\infty} f_n(t)\sin\frac{n\pi}{l}x$$

比较系数：

$$T''_n(t)+\left(\frac{n\pi a}{l}\right)^2 T_n(t)=f_n(t)$$

由初始条件 $\begin{cases} \sum_{n=1}^{\infty} T_n(0)\sin\frac{n\pi}{l}x = 0 \\ \sum_{n=1}^{\infty} T'_n(0)\sin\frac{n\pi}{l}x = 0, \end{cases}$ 知 $T_n(0)=T'_n(0)=0$

即
$$\begin{cases} T''_n+\left(\frac{n\pi a}{l}\right)^2 T_n(t)=f_n(t) \\ T_n(0)=T'_n(0)=0 \end{cases}$$

采用常数变易法，则有 $T_n(t)=\dfrac{l}{n\pi a}\int_0^t f_n(\tau)\sin\dfrac{n\pi a}{l}(t-\tau)\mathrm{d}\tau \quad n=1,2,\cdots$

3) 原方程的解为

$$u(x,t)=\sum_{n=1}^{\infty}\left[\frac{l}{n\pi a}\int_0^t f_n(\tau)\sin\frac{n\pi a}{l}(t-\tau)\mathrm{d}\tau\right]\sin\frac{n\pi}{l}x \tag{3-34}$$

对于齐次方程具有齐次边界条件的定解问题，因其通解可表示为其特征函数 $X_n(x)(n=1,2,\cdots)$ 的线性组合，即 $u(x,t)=\sum\limits_{n=1}^{\infty}C_nT_n(t)X_n(x)$，由此推断非齐次方程具有齐次边界条件的定解问题也可由特征函数列 $\{X_n(x)\}$ 线性表示，即求形式解 $u(x,t)=\sum\limits_{n=1}^{\infty}T_n(t)X_n(x)$，$T_n(t)$ 为待定函数。

由此，在齐次边界条件下的非齐次的定解问题，只要将其解及方程的自由项均按相应的齐次方程的特征函数展开，就可以求出其形式解。因此，这个方法就称为特征函数法。

［**例 3.5**］　求下列定解问题。

$$\begin{cases}u_t=a^2u_{xx}+A\sin\omega t\\ u_x|_{x=0}=0,u_x|_{x=l}=0\\ u|_{t=0}=0\end{cases}$$

解：求对应齐次方程的特征值

$$\begin{cases}u_t=a^2u_{xx}\\ u_x|_{x=0}=u_x|_{x=l}=0\end{cases}$$

对应的齐次方程的特征值问题为：

$$\begin{cases}X''(x)-\mu X(x)=0\\ X'(0)=X'(l)=0\end{cases}$$

求解得特征值函数为：$X_n(x)=C_n\cos\dfrac{n\pi}{l}x \quad n=0,1,2,\cdots$

令
$$u=\sum_{n=0}^{\infty}T_n(t)\cos\frac{n\pi}{l}x$$

代入方程得：

$$\begin{cases}\sum\limits_{n=0}^{\infty}\left[T'_n(t)+\left(\dfrac{n\pi a}{l}\right)^2T_n(t)\right]\cos\dfrac{n\pi x}{l}=A_n\sin\omega t\\ \sum\limits_{n=0}^{\infty}T_n(0)\cos\dfrac{n\pi}{l}x=0\end{cases}$$

比较两边 Fourier 展开的系数有：

$$\begin{cases}T'_0(t)=A\sin\omega t\\ T_0(0)=0\end{cases}\qquad n=0$$

$$\begin{cases}T'_n(t)+\left(\dfrac{n\pi a}{l}\right)^2T_n(t)=0\\ T_n(0)=0\end{cases}\qquad n=1,2,\cdots$$

所以 $$T_0(t)=\frac{A}{\omega}[1-\cos\omega t],\quad T_n(t)=0\quad n=1,2,3,\cdots$$

故有 $$u(x,t)=\frac{A}{\omega}(1-\cos\omega t)$$

另外具有非零初始条件的处理

$$\begin{cases}u_{tt}=a^2u_{xx}+f(x,t)\\u(0,t)=u(l,t)=0\\u(x,0)=\varphi(x),u_t(x,0)=\Psi(x)\end{cases}$$

令 $$u(x,t)=u^{\mathrm{I}}+u^{\mathrm{II}}$$

式中，u^{I} 满足

$$\begin{cases}u_{tt}^{\mathrm{I}}=a^2u_{xx}^{\mathrm{I}}\\u^{\mathrm{I}}(0,t)=u^{\mathrm{I}}(l,t)=0\\u^{\mathrm{I}}(x,0)=\varphi(x),u_t^{\mathrm{I}}(x,0)=\Psi(x)\end{cases}$$

u^{II} 满足

$$\begin{cases}u_{tt}^{\mathrm{II}}=a^2u_{xx}^{\mathrm{II}}\\u^{\mathrm{II}}(0,t)=u^{\mathrm{II}}(l,t)=0\\u^{\mathrm{II}}(x,0)=\varphi(x),u_t^{\mathrm{II}}(x,0)=\Psi(x)\end{cases}$$

通过以上的求解过程，本征函数展开法主要含有两层意义：一是直接将定解问题的待求解采用常数变易的思想（广义）作傅里叶级数展开，即 $u(x,t)=\sum_{n=1}^{\infty}T_n(t)\sin\frac{n\pi}{l}x$；二是将泛定方程中的非齐次项 $f(x,t)$ 利用本征函数 $\left\{\sin\frac{n\pi}{l}x\right\}$ 作傅里叶级数展开，利用常数变易法或积分变化法求得其解。

3.2.2 冲量原理法*

考虑除本征函数展开法外，采用第 2 章的冲量原理法，求解非齐次方程

$$\begin{cases}u_{tt}=a^2u_{xx}+f(x,t)\quad 0<x<l,t>0\\u(0,t)=u(l,t)=0\\u(x,0)=u_t(x,0)=0\end{cases}\tag{3-35}$$

(1) 引入瞬时力的概念

外力 $f(x,t)$ 是持续作用的，会对弦上各点的位移均产生影响。因此 t 时刻的位移 $u(x,t)$ 应是外力从 $t=0$ 持续到时刻 t 的结果。

现将持续力 $f(x,t)$ 看成一系列前后相继的瞬时力 $f(x,t)\delta(t-\tau)$ 的叠加。

$$f(x,t)=\int_0^t f(x,\tau)\delta(t-\tau)\mathrm{d}\tau$$

由 δ 函数的定义，瞬时力作用从 $(\tau-0)$ 开始，到 $(\tau+0)$ 结束，根据叠加原理，定解问题的解，应是所有瞬时力引起的位移 $\nu(x,t;\tau)$ 的叠加。

即 $$u(x,t)=\int_0^t \nu(x,t;\tau)\mathrm{d}\tau$$

(2) 求 $u(x,t;\tau)$的定解问题

由于弦两端固定的情况没有变，并且 τ 时刻的瞬时力不可能引起 $t=0$ 时刻的初始位移和初速度，因此，$\nu(x,t;\tau)$应满足如下位移。

$$\begin{cases}\nu_{tt}-a^2\nu_{xx}=f(x,\tau)\delta(t-\tau)\\ \nu(0,t)=\nu(l,t)=0\\ \nu(x,t)=0,\nu_t(x,0)=0\end{cases} \tag{3-36}$$

(3) 利用冲量定理将非齐次方程(3-36)齐次化

由于瞬时力 $f(x,\tau)\delta(t-\tau)$的作用仅发生在$(\tau-0)$时段内，若将初始时刻设为$(\tau+0)$，则在 $\nu(x,t;\tau)$的定解问题中，方程就变成齐次了。

此时由于瞬时力作用仅为一瞬间，来不及使弦产生位移，故有 $\nu|_{t=\tau+0}=0$。
但是可以产生在时刻$(\tau+0)$的初速度，此初速度可由冲量定理求出。

对(2)中的方程从$(\tau-0)$到$(\tau+0)$积分。

$$\int_{\tau-0}^{\tau+0}\frac{\partial\nu_t}{\partial t}\mathrm{d}t-a^2\int_{\tau-0}^{\tau+0}\nu_{xx}\,\mathrm{d}t=\int_{\tau-0}^{\tau+0}f(x,t)\delta(t-\tau)\mathrm{d}\tau$$

即 $$\nu_t|_{t=\tau+0}-\nu_t|_{t=\tau-0}=f(x,\tau)$$
由于瞬时 x 在时刻 $t=\tau-0$ 时尚未起作用，所以 $\nu_t|_{t=\tau-0}=0$，故可得：

$$\nu_t|_{t=\tau+0}=f(x,\tau)$$

综上，若以$(\tau+0)$简记为 τ 作为初始时刻，则 u 的定解问题就化为

$$\begin{cases}\nu_{tt}-a^2\nu_{xx}=0\quad(0<x<l,t>\tau)\\ \nu(0,t)=\nu(l,t)=0\\ \nu(x,\tau)=0,\nu_t(x,\tau)=f(x,\tau)\end{cases} \tag{3-37}$$

令 $$T=t-\tau$$

则上面的方程变为 $$\begin{cases}\nu_{TT}=a^2\nu_{xx}\quad 0<x<l,T>0\\ \nu(0,\tau)=\nu(l,T)=0\\ \nu(x,0)=0,\quad \nu_T(x,0)=f(x,\tau)\end{cases}$$

$$\nu(x,t)=\sum_{n=1}^{\infty}\left[a_n\cos\frac{n\pi a}{l}T+b_n\sin\frac{n\pi a}{l}T\right]\sin\frac{n\pi}{l}x$$

由 $\nu(0,T)=0$ 得 $a_n=0$

由 $\nu(l,T)=0$ 得 $f(x,\tau)=\sum_{n=1}^{\infty}b_n\cdot\frac{n\pi a}{l}\sin\frac{n\pi}{l}x$

$$b_n\cdot\frac{n\pi a}{l}=\frac{2}{l}\int_0^l f(x,\tau)\sin\frac{n\pi}{l}x\,\mathrm{d}x=f_n(\tau),\quad 所以\ b_n=\frac{l}{n\pi a}f_n(\tau)$$

$$\nu(x,\tau)=\sum_{n=1}^{\infty}\frac{l}{n\pi a}f_n(\tau)\sin\frac{n\pi a}{l}\tau\sin\frac{n\pi}{l}x$$

$$\nu(x,t;\tau)=\sum_{n=1}^{\infty}\frac{l}{n\pi a}f_n(\tau)\sin(t-\tau)\sin\frac{n\pi}{l}x$$

于是原方程的解为

$$u(x,t)=\int_0^t\nu(x,t;\tau)\mathrm{d}t=\sum_{n=1}^{\infty}\left[\frac{l}{n\pi a}\int_0^t f_n(\tau)\sin\frac{n\pi a}{l}(t-\tau)\mathrm{d}\tau\right]\cdot\sin\frac{n\pi}{l}x \qquad (3-38)$$

3.3 非齐次边界条件的处理*

前面所讨论的定解问题的解法，不论方程是齐次的还是非齐次的，边界条件都是齐次的。如果遇到非齐次边界条件的情况，应该如何处理？总的原则是设法将边界条件化成齐次的。具体来说，就是取一个适当的未知函数之间的代换，使对新的未知函数来说，边界条件是齐次的。

以波动方程的定解问题为例说明。考虑如下定解问题：

$$\begin{cases}\dfrac{\partial^2 u}{\partial t^2}-a^2\dfrac{\partial^2 u}{\partial x^2}=f(x,t) & 0<x<l,t>0\\ u|_{x=0}=u_1(t),u|_{x=l}=u_2(t) & t>0\\ u|_{t=0}=\varphi(x),\left.\dfrac{\partial u}{\partial t}\right|_{t=0}=\Psi(x) & 0\leqslant x\leqslant l\end{cases} \qquad (3-39)$$

为应用分离变量法，设法作一代换将边界条件齐次化，为此令

$$u(x,t)=V(x,t)+W(x,t) \qquad (3-40)$$

适当选择 $W(x,t)$，使得 $V(x,t)$ 的边界条件化为齐次的，即

$$V|_{x=0}=0,\quad V|_{x=l}=0 \qquad (3-41)$$

因此，由方程(3-39)和式(3-40)可知，$W(x,t)$ 满足

$$W|_{x=0}=u_1(t),\quad W|_{x=l}=u_2(t) \qquad (3-42)$$

所以，只要找到 $W(x,t)$ 满足式(3-42)就达到目的了。对于这样的 $W(x,t)$ 有很多形式，例如取其为一次式，即

$$W(x,t)=A(t)x+B(t)$$

要满足式(3-42)，则可得

$$B(t)=u_1(t),\quad A(t)=\frac{1}{l}[u_2(t)-u_1(t)]$$

从而

$$W(x,t)=\frac{1}{l}[u_2(t)-u_1(t)]x+u_1(t)$$

这样只要作代换

$$u(x,t)=V(x,t)+\frac{1}{l}[u_2(t)-u_1(t)]x+u_1(t) \qquad (3-43)$$

就能使得 $V(x,t)$ 满足齐次边界条件，即有

$$\begin{cases}\dfrac{\partial^2 V}{\partial t^2}-a^2\dfrac{\partial^2 V}{\partial x^2}=f(x,t)-\left[u_1(t)-\dfrac{1}{l}(u''_2-u''_1)x\right] & 0<x<l,t>0\\ V|_{x=0}=V|_{x=l}=0 & t>0\\ V|_{t=0}=\varphi(x)-\left\{u_1(0)-\dfrac{1}{l}[u'_2(0)-u'_1(0)]x\right\}, & \\ \left.\dfrac{\partial V}{\partial t}\right|_{t=0}=\Psi(x)-\left\{u'_1(0)-\dfrac{1}{l}[u'_2(0)-u'_1(0)]x\right\} & 0\leqslant x\leqslant l\end{cases}\tag{3-44}$$

显然方程(3-44)可以用特征函数法求解。

注：

(1) 上面 $W(x,t)$ 选择一次式，是因为一次式简单易求，也可以有别的形式。

(2) 若 f,u_1,u_2 与 t 无关，则可选适当的 $W(x)$ 使得 $V(x,t)$ 满足的方程和边界条件都是齐次的，减少求解的工作量。

(3) 此方法对其他类边界条件依然成立，只不过是 $W(x,t)$ 的表达式不同而已。

现在给出几种边界条件下对应的函数 $w(x,t)$ 的表达式。

(1) 若 $u(0,t)=\mu(t), u_x(l,t)=\nu(t)$，则 $w(x,t)$ 可取为 $w(x,t)=x\nu(t)+\mu(t)$；

(2) 若 $u_x(0,t)=\mu(t), u(l,t)=\nu(t)$，则 $w(x,t)$ 可取为 $w(x,t)=(x-l)\nu(t)+\mu(t)$；

(3) 若 $u_x(0,t)=\mu(t), u_x(l,t)=\nu(t)$，则 $w(x,t)$ 可取为 $w(x,t)=x\mu(t)+\dfrac{x^2}{2l}[\nu(t)-\mu(t)]$；

(4) 若 $u_x(0,t)-\sigma u(0,t)=\mu(t), u_x(l,t)+\sigma u(l,t)=\nu(t)$，这里 $\sigma>0$，则 $w(x,t)$ 可取为 $w(x,t)=x\mu(t)+x^2\dfrac{\nu(t)-(1+\sigma l)\mu(t)}{2l+\sigma l^2}$，这里只要令 $w(x,t)=A(t)x+B(t)x^2$，就可求得。

［**例 3.6**］　求定解问题。

$$\begin{cases}\dfrac{\partial^2 u}{\partial t^2}-a^2\dfrac{\partial^2 u}{\partial x^2}=A & 0<x<l,t>0\\ u|_{x=0}=0, u|_{x=l}=B & t>0\\ u|_{t=0}=\left.\dfrac{\partial u}{\partial t}\right|_{t=0}=0 & 0\leqslant x\leqslant l\end{cases}$$

解：方程和边界条件都是非齐次的，故应先将边界条件齐次化。由 A,B 与 t 无关，则可以经过一次代换将边界和方程都化成齐次的。做法如下：令

$$u(x,t)=V(x,t)+W(x)$$

代入方程可得

$$\frac{\partial^2 V}{\partial t^2}-a^2\frac{\partial^2 V}{\partial x^2}=a^2W''+A\quad 0<x<l,t>0$$

为使方程和边界齐次化，令

$$a^2W''+A=0,$$
$$W(0)=0,\quad W(l)=B$$

求解可得

$$W(x)=-\frac{A}{2a^2}x^2+\left(\frac{Al}{2a^2}+\frac{B}{l}\right)x$$

下面用分离变量法求 $V(x,t)$，由 $V(x,t)$ 满足

$$\begin{cases}\dfrac{\partial^2 V}{\partial t^2}-a^2\dfrac{\partial^2 V}{\partial x^2}=0 & 0<x<l,t>0\\ V|_{x=0}=0,\quad V_{x=l}=0 & t>0\\ V|_{t=0}=-W(x),\quad \left.\dfrac{\partial V}{\partial t}\right|_{t=0}=0 & 0\leqslant x\leqslant l\end{cases}$$

可知

$$V(x,t)=\sum_{n=1}^{\infty}\left(C_n\cos\frac{n\pi}{l}at+D_n\sin\frac{n\pi}{l}at\right)\sin\frac{n\pi}{l}x$$

由初始条件知 $D_n=0$，得

$$-W(x)=\sum_{n=1}^{\infty}C_n\sin\frac{n\pi}{l}x$$

从而有

$$C_n=-\frac{2}{l}\int_0^l W(x)\sin\frac{n\pi x}{l}\mathrm{d}x=-\frac{2Al^2}{a^2n^3\pi^3}+\frac{2}{n\pi}\left(\frac{Al^2}{a^2n^2\pi^2}+B\right)\cos n\pi$$

所以

$$u(x,t)=-\frac{A}{2a^2}x^2+\left(\frac{Al}{2a^2}+\frac{B}{l}\right)x+\sum_{n=1}^{\infty}C_n\cos\frac{n\pi}{l}at\sin\frac{n\pi}{l}x$$

［**例 3.7**］ 求解下面热方程定解问题。

$$\begin{cases}u_t=a^2u_{xx} & 0<x<l,t>0\\ u(0,t)=u_0,u_x(l,t)=\sin\omega t & t\geqslant 0\\ u(x,0)=0 & 0\leqslant x\leqslant l\end{cases} \qquad ①$$

解：利用特征函数法求解方程①。

首先将边界条件齐次化，取 $w(x,t)=u_0+x\sin\omega t$，并令 $\nu=u-w$，则方程①转化为

$$\begin{cases}\nu_t-a^2\nu_{xx}=-\omega x\cos\omega t & 0<x<l,t>0\\ \nu(0,t)=0,\nu_x(l,t)=0 & t>0\\ \nu(x,0)=-u_0 & 0\leqslant x\leqslant l\end{cases} \qquad ②$$

利用分离变量法可得方程②的特征值问题为

$$\begin{cases}X''(x)+\lambda X(x)=0 & 0<x<l\\ X(0)=0,X'(l)=0\end{cases}$$

特征值和特征函数分别为

$$\lambda_n = \left[\frac{(2n+1)\pi}{2l}\right]^2 \qquad n \geqslant 0$$

$$X_n(x) = \sin\frac{(2n+1)\pi}{2l}x \quad n \geqslant 0$$

将 $f(x,t)=-\omega x\cos\omega t, \varphi(x)=-u_0$ 按特征函数$\{X_n(x)\}_{n\geqslant 0}$展成 Fourier 级数，得

$$-\omega x\cos\omega t = \sum_{n=0}^{\infty} f_n(t)X_n(x) \tag{③}$$

$$f_n(t) = \frac{2}{l}\int_0^l (-1)\omega\alpha\cos\omega t\sin\frac{(2n+1)\pi}{2l}\alpha\,d\alpha = f_n\cos\omega t$$

式中

$$f_n = \frac{8\omega l(-1)^{n+1}}{(1+2n)^2\pi^2}$$

$$-u_0 = \sum_{n=0}^{\infty}\varphi_n X_n \tag{④}$$

式中

$$\varphi_n = \frac{2}{l}\int_0^l (-u_0)\sin\frac{(2n+1)\pi}{2l}\alpha\,d\alpha = \frac{-4u_0}{(1+2n)\pi}$$

令

$$\nu(x,t) = \sum_{n=0}^{\infty} T_n(x)X_n(x) \tag{⑤}$$

并将式⑤代入到方程②中得

$$\sum_{n=0}^{\infty} T_n'(t)X_n(x) - a^2\sum_{n=1}^{\infty} T_n(t)X_n''(x) = \sum_{n=1}^{\infty} f_n\cos\omega t X_n(x)$$

$$\sum_{n=0}^{\infty}[T_n'(t) + a^2\lambda_n T_n(t)]X_n(x) = \sum_{n=0}^{\infty} f_n\cos\omega t X_n(x)$$

在式⑤中令 $t=0$ 并结合方程②得

$$\varphi(x) = \sum_{n=0}^{\infty} T_n(0)X_n(x) = \sum_{n=0}^{\infty}\varphi_n X_n(x)$$

比较上面两式中特征函数 $X_n(x)$的系数得

$$\left.\begin{aligned} &T_n'(t) + a^2\lambda_n T_n(t) = f_n\cos\omega t \quad t > 0 \\ &T_n(0) = \varphi_n \end{aligned}\right\} \tag{⑥}$$

方程⑥是一阶常系数常微分方程初值问题。齐次方程通解为

$$T_n(t) = Ce^{-a^2\lambda_n t}$$

令 $\overline{T}_n(t) = A\cos\omega t + B\sin\omega t$，并利用待定系数法求特解可得

$$\overline{T}_n(t) = \frac{a^2\lambda_n f_n}{\omega^2 + a^4\lambda_n^2}\cos\omega t + \frac{\omega f_n}{\omega^2 + a^4\lambda_n^2}\sin\omega t$$

故有

$$T_n(t)=C\mathrm{e}^{-a^2\lambda_n t}+\frac{a^2\lambda_n f_n}{\omega^2+a^4\lambda_n^2}\cos\omega t+\frac{\omega f_n}{\omega^2+a^4\lambda_n^2}\sin\omega t \quad ⑦$$

将 $t=0$ 代入上式得

$$\varphi_n=C+\frac{a^2\lambda_n f_n}{\omega^2+a^4\lambda_n^2}$$

$$C=\varphi_n-\frac{a^2\lambda_n f_n}{\omega^2+a^4\lambda_n^2}$$

最后将式⑦代入式⑤中便得方程②的解为

$$\nu(x,t)=\sum_{n=0}^{\infty}T_n(t)\sin\frac{(2n+1)\pi}{2l}x$$

故方程①的解为

$$u(x,t)=\nu(x,t)+w(x,t)=\nu(x,t)+u_0+x\sin\omega t \quad ⑧$$

其中 $T_n(t)$ 由式⑦给出。

考虑矩形域上 Poisson 方程边值问题

$$\begin{cases}u_{xx}+u_{yy}=f(x,y) & a<x<b,c<y<d\\ u(a,y)=g_1(y),u(b,y)=g_2(y) & c\leqslant y\leqslant d\\ u(x,c)=f_1(x),u(x,d)=f_2(x) & a\leqslant x\leqslant b\end{cases} \quad ⑨$$

假设 $f_1(x)=f_2(x)=0$ 或 $g_1(y)=g_2(y)=0$，利用边界条件齐次化方法化非齐次边界条件为齐次边界条件。当然，也可以利用叠加原理将方程⑨分解为两个问题，其中一个是 x 具有齐次边界条件，而另一个是 y 具有齐次边界条件。

[例 3.8] 求解定解问题：

$$\begin{cases}u_{xx}+u_{yy}=0 & 0<x<2,0<y<1\\ u(0,y)=0,u(2,y)=0 & 0\leqslant y\leqslant 1\\ u(x,0)=1,u(x,1)=x(x-l) & 0\leqslant x\leqslant 2\end{cases} \quad ①$$

解：令 $u(x,y)=X(x)Y(y)$ 并将其代入方程①中齐次方程得

$$X''(x)Y(y)+X(x)Y''(y)=0$$

$$\frac{X''(x)}{X(x)}=-\frac{Y''(y)}{Y(y)}=-\lambda$$

$$\begin{cases}X'(x)+\lambda X(x)=0 & 0<x<2\\ X(0)=0,X(2)=0\end{cases} \quad ②$$

$$Y''(y)-\lambda Y(y)=0 \quad ③$$

式②便是方程①的特征值问题，其解为

$$\lambda_n=\left(\frac{n\pi}{2}\right)^2,\quad X_n(x)=\sin\frac{n\pi}{2}x\quad n\geqslant 1$$

将 λ_n 代入式③中得

$$Y''(y)-\lambda_n Y(y)=0 \tag{④}$$

该方程有两个线性无关解 $e^{\frac{n\pi}{2}y}, e^{-\frac{n\pi}{2}y}$。由于 $\operatorname{sh}\frac{n\pi}{2}y, \operatorname{ch}\frac{n\pi}{2}y$ 也是式④的解且线性无关，故式④通解为 $Y_n(y)=C_n\operatorname{sh}\frac{n\pi}{2}y+D_n\operatorname{ch}\frac{n\pi}{2}y$。

令
$$u(x,y)=\sum_{n=1}^{\infty}X_n(x)Y_n(y)=\sum_{n=1}^{\infty}\left(C_n\operatorname{sh}\frac{n\pi}{2}y+D_n\operatorname{ch}\frac{n\pi}{2}y\right)\sin\frac{n\pi}{2}x \tag{⑤}$$

则 $u(x,y)$ 满足方程①和关于 x 的齐次边界条件。利用关于 y 的边界条件可确定 C_n, D_n，如下

$$1=\sum_{n=1}^{\infty}D_n\sin\frac{n\pi}{2}x$$

$$D_n=\frac{2}{2}\int_0^2 1\times\sin\frac{n\pi}{2}\alpha\mathrm{d}\alpha=\frac{2}{n\pi}[1-(-1)^n] \tag{⑥}$$

$$x(x-1)=\sum_{n=1}^{\infty}\left(C_n\operatorname{sh}\frac{n\pi}{2}+D_n\operatorname{ch}\frac{n\pi}{2}\right)\sin\frac{n\pi}{2}x$$

$$C_n\operatorname{sh}\frac{n\pi}{2}+D_n\operatorname{ch}\frac{n\pi}{2}=\frac{2}{2}\int_0^2\alpha(\alpha-1)\sin\frac{n\pi}{2}\alpha\,\mathrm{d}\alpha=\frac{16(-1)^n-16-4n^2\pi^2(-1)^n}{n^3\pi^3}$$

$$C_n=\frac{16(-1)^n-16-4n^2\pi^2(-1)^n}{n^3\pi^3\operatorname{sh}\frac{n\pi}{2}}-\frac{2}{n\pi}[1-(-1)^n]\frac{\operatorname{ch}\frac{n\pi}{2}}{\operatorname{sh}\frac{n\pi}{2}} \tag{⑦}$$

故方程①解为

$$u(x,y)=\sum_{n=1}^{\infty}\left(C_n\operatorname{sh}\frac{n\pi}{2}y+D_n\operatorname{ch}\frac{n\pi}{2}y\right)\sin\frac{n\pi}{2}x \tag{⑧}$$

式中，C_n, D_n 由式⑦和式⑥确定。

3.4 正交曲线坐标系下的分离变量法

3.4.1 正交曲线坐标系的坐标变化关系

平面极坐标 (ρ,θ) 和直角坐标 (x,y) 的关系是

$$x=\rho\cos\theta,\quad y=\rho\sin\theta$$

由此可得

$$\rho=x\cos\theta+y\sin\theta$$
$$\mathrm{d}\rho=\cos\theta\mathrm{d}x+\sin\theta\mathrm{d}y$$
$$\mathrm{d}\theta=\frac{-\sin\theta}{\rho}\mathrm{d}x+\frac{\cos\theta}{\rho}\mathrm{d}y$$

即

$$\frac{\partial\rho}{\partial x}=\cos\theta,\quad \frac{\partial\theta}{\partial x}=\frac{-\sin\theta}{\rho}$$
$$\frac{\partial\rho}{\partial y}=\sin\theta,\quad \frac{\partial\theta}{\partial y}=\frac{\cos\theta}{\rho}$$

由复合函数求导法则，可得

$$\frac{\partial}{\partial x}=\frac{\partial}{\partial\rho}\frac{\partial\rho}{\partial x}+\frac{\partial}{\partial\theta}\frac{\partial\theta}{\partial x}=\cos\theta\frac{\partial}{\partial\rho}-\frac{\sin\theta}{\rho}\frac{\partial}{\partial\theta}$$
$$\frac{\partial}{\partial y}=\frac{\partial}{\partial\rho}\frac{\partial\rho}{\partial y}+\frac{\partial}{\partial\theta}\frac{\partial\theta}{\partial y}=\sin\theta\frac{\partial}{\partial\rho}+\frac{\cos\theta}{\rho}\frac{\partial}{\partial\theta}$$

进一步，可得

$$\begin{cases}\frac{\partial^2}{\partial x^2}=\left(\cos\theta\frac{\partial}{\partial r}-\frac{\sin\theta}{r}\frac{\partial}{\partial\theta}\right)\left(\cos\theta\frac{\partial}{\partial r}-\frac{\sin\theta}{r}\frac{\partial}{\partial\theta}\right)\\ \quad=\cos^2\theta\frac{\partial^2}{\partial r^2}-\frac{2\sin\theta\cos\theta}{r}\frac{\partial^2}{\partial r\partial\theta}+\frac{\sin^2\theta}{r}\frac{\partial^2}{\partial\theta^2}+\\ \quad\frac{\sin^2\theta}{r}\frac{\partial}{\partial r}+\frac{2\sin\theta\cos\theta}{r^2}\frac{\partial}{\partial\theta}\\ \frac{\partial^2}{\partial y^2}=\left(\sin\theta\frac{\partial}{\partial r}+\frac{\cos\theta}{r}\frac{\partial}{\partial\theta}\right)\left(\sin\theta\frac{\partial}{\partial r}+\frac{\cos\theta}{r}\frac{\partial}{\partial\theta}\right)\\ \quad=\sin^2\theta\frac{\partial^2}{\partial r^2}+\frac{2\sin\theta\cos\theta}{r}\frac{\partial^2}{\partial r\partial\theta}+\frac{\cos^2\theta}{r^2}\frac{\partial^2}{\partial\theta^2}+\\ \quad\frac{\cos^2\theta}{r}\frac{\partial}{\partial r}-\frac{2\sin\theta\cos\theta}{r^2}\frac{\partial}{\partial\theta}\end{cases}$$

$$\nabla^2=u_{xx}+u_{yy}=\frac{1}{\rho}\frac{\partial}{\partial\rho}\left(\rho\frac{\partial}{\partial\rho}\right)+\frac{1}{\rho^2}\frac{\partial^2}{\partial\theta^2}$$

在此基础上，还可以得到柱坐标系下的 Laplace 算符，即

$$\nabla^2=\frac{\partial^2}{\partial r^2}+\frac{1}{r}\frac{\partial}{\partial r}+\frac{1}{r^2}\frac{\partial^2}{\partial\phi^2}+\frac{\partial^2}{\partial z^2}$$
$$=\frac{1}{r}\frac{\partial}{\partial r}\left(r\frac{\partial}{\partial r}\right)+\frac{1}{r^2}\frac{\partial^2}{\partial\varphi^2}+\frac{\partial^2}{\partial z^2}$$

球坐标与直角坐标系的关系是：

$$x=r\sin\theta\cos\varphi,\quad y=r\sin\theta\sin\varphi,\quad z=r\cos\theta$$

则有：

$$\mathrm{d}r=\sin\theta\cos\varphi\mathrm{d}x+\sin\theta\sin\varphi\mathrm{d}y+\cos\theta\mathrm{d}z$$
$$\mathrm{d}\theta=\frac{\cos\theta\cos\varphi}{r}\mathrm{d}x+\frac{\cos\theta\sin\varphi}{r}\mathrm{d}y-\frac{\sin\theta}{r}\mathrm{d}z$$
$$\mathrm{d}\varphi=\frac{\sin\varphi}{r\sin\theta}\mathrm{d}x+\frac{\cos\varphi}{r\sin\theta}\mathrm{d}y$$

因此：

$$
\begin{aligned}
\frac{\partial}{\partial x} &= \frac{\partial r}{\partial x}\frac{\partial}{\partial r} + \frac{\partial \theta}{\partial x}\frac{\partial}{\partial \theta} + \frac{\partial \varphi}{\partial x}\frac{\partial}{\partial \varphi} \\
&= \sin\theta\cos\varphi\frac{\partial}{\partial r} + \frac{\cos\theta\cos\varphi}{r}\frac{\partial}{\partial \theta} - \frac{\sin\varphi}{r\sin\theta}\frac{\partial}{\partial \varphi} \\
\frac{\partial}{\partial y} &= \frac{\partial r}{\partial y}\frac{\partial}{\partial r} + \frac{\partial \theta}{\partial y}\frac{\partial}{\partial \theta} + \frac{\partial \varphi}{\partial y}\frac{\partial}{\partial \varphi} \\
&= \sin\theta\sin\varphi\frac{\partial}{\partial r} + \frac{\cos\theta\sin\varphi}{r}\frac{\partial}{\partial \theta} - \frac{\cos\varphi}{r\sin\theta}\frac{\partial}{\partial \varphi} \\
\frac{\partial}{\partial z} &= \frac{\partial r}{\partial z}\frac{\partial}{\partial r} + \frac{\partial \theta}{\partial z}\frac{\partial}{\partial \theta} = \cos\theta\frac{\partial}{\partial r}\ \frac{\sin\theta}{r}\frac{\partial}{\partial \theta}
\end{aligned}
$$

最后得到球坐标系下的 Laplace 算符，即

$$
\begin{aligned}
\nabla^2 &= \frac{\partial^2}{\partial r^2} + \frac{2}{r}\frac{\partial}{\partial r} + \frac{1}{r^2}\frac{\partial^2}{\partial \theta^2} + \frac{\cos\theta}{r^2\sin\theta}\frac{\partial}{\partial \theta} + \frac{1}{r^2\sin^2\theta}\frac{\partial^2}{\partial \varphi^2} \\
&= \frac{1}{r^2}\frac{\partial}{\partial r}\left(r^2\frac{\partial}{\partial r}\right) + \frac{1}{r^2\sin\theta}\frac{\partial}{\partial \theta}\left(\sin\theta\frac{\partial}{\partial \theta}\right) + \frac{1}{r^2\sin^2\theta}\frac{\partial^2}{\partial \varphi^2}
\end{aligned}
\tag{3-45}
$$

3.4.2　圆域内的二维拉普拉斯方程的定解问题

如果求解区域是圆域或圆柱域等，在直角坐标系下，其边界不能用分离变量形式的方程来表示，进行分离变量就会受阻。当求解区域为圆、扇形、球、圆柱等定解问题时，通过选取适当的坐标系，可以排除用直角坐标系下分离变量法的障碍。对于圆域、扇形域和圆环域上的拉普拉斯方程的定解问题，求解方法和矩形域上的定解问题无本质区别。

考虑 $u_{xx}+u_{yy}=0$，令 $x=\rho\cos\theta$，$y=\rho\sin\theta$ 作自变量变换，则有

$$
u_{xx}+u_{yy}=u_{\rho\rho}+\frac{1}{\rho}u_{\rho}+\frac{1}{\rho^2}u_{\theta\theta}
$$

令 $u(\rho,\theta)=R(\rho)\Phi(\theta)$，将其代入到极坐标下的拉普拉斯(Laplace)方程中得

$$
R''(\rho)\Phi(\theta)+\frac{1}{\rho}R'(\rho)\Phi(\theta)+\frac{1}{\rho^2}R(\rho)\Phi''(\theta)=0
$$

$$
\left[R''(\rho)+\frac{1}{\rho}R'(\rho)\right]\Phi(\theta)+\frac{1}{\rho^2}R(\rho)\Phi''(\theta)=0
$$

$$
\frac{\Phi''(\theta)}{\Phi(\theta)}=-\frac{R''(\rho)+\frac{1}{\rho}R'(\rho)}{\frac{1}{\rho^2}R(\rho)}=-\lambda
$$

故有

$$
\Phi''(\theta)+\lambda\Phi(\theta)=0 \tag{3-46}
$$

$$
\rho^2R''(\rho)+\rho R'(\rho)-\lambda R(\rho)=0 \tag{3-47}
$$

方程(3-46)结合一定的边界条件便得到相应定解问题的特征值问题，而方程 (3-47)是欧拉(Euler)方程。对方程(3-47)作自变量变换 $\rho=e^s$ 可得：

$$\rho = e^s, \quad s = \ln\rho$$

$$\frac{dR}{d\rho} = \frac{dR}{ds}\frac{ds}{d\rho} = \frac{dR}{ds}\frac{1}{\rho}$$

$$\frac{d^2R}{d\rho^2} = \frac{dR}{d\rho}\left(\frac{dR}{d\rho}\right) = \frac{1}{\rho}\frac{dR}{ds}\left(\frac{dR}{ds}\frac{1}{\rho}\right)$$

$$= \frac{1}{\rho^2}\frac{d^2R}{ds^2} - \frac{1}{\rho^2}\frac{dR}{ds} = \frac{1}{\rho^2}R''_{ss} - \frac{1}{\rho^2}R'_s$$

将以上各式代入方程(3-47)得

$$\frac{d^2R}{ds^2} - \lambda R = R''_{ss} - \lambda R = 0 \tag{3-48}$$

自变量 ρ,θ 的取值范围分别是$[0,\rho_0]$与$[0,2\pi]$，而圆域内的温度绝不可能是无限的，特别是圆域中心点的温度值应该是有限的，并且由于是圆形区域，当角度从 θ 变到 $\theta+2\pi$ 时，$[\rho,\theta]$与$[\rho,\theta+2\pi]$实际上是同一点，温度应该相同，即应该有

$$|u(0,\theta)|<\infty, u(\rho,\theta)=u(\rho,\theta+2\pi)$$

[例 3.9] 求解圆域上 Dirichlet 问题。

$$\begin{cases} u_{\rho\rho}+\dfrac{1}{\rho}u_\rho+\dfrac{1}{\rho^2}u_{\theta\theta}=0 & 0<\rho<a, 0\leqslant\theta<2\pi \\ u(a,\theta)=\varphi(\theta) & 0\leqslant\theta\leqslant 2\pi \end{cases}$$

解：圆域上的函数 $u(\rho,\theta)$ 相当于关于变量 θ 具有 2π 周期。
令 $u(\rho,\theta)=R(\rho)\Phi(\theta)$ 并代入题目中的方程可得

$$\begin{cases} \Phi''(\theta)+\lambda\Phi(\theta)=0 \\ \Phi(\theta)=\Phi(2\pi+\theta) \end{cases}$$

$$\rho^2R''(\rho)+\rho R'(\rho)-\lambda R(\rho)=0$$

$\Phi(\theta)$ 的解为 $\lambda_n=n^2$，$\Phi_n(\theta)=c_n\cos n\theta+d_n\sin n\theta \quad n>0$
将 λ_n 代入关于 $R(\rho)$ 的方程中可得[要利用自然边界条件 $|u(0,\theta)|<\infty$]

$$R_0(\rho)=c_0, \quad R_n(\rho)=c_n\rho^n \quad n\geqslant 1$$

利用叠加原理可得如下形式解

$$u(\rho,\theta)=c_0+\sum_{n=1}^{\infty}\rho^n(c_n\cos n\theta+d_n\sin n\theta)$$

根据边界条件 $u(a,\theta)=\varphi(\theta)$ 得

$$\varphi(\theta)=c_0+\sum_{n=1}^{\infty}a^n(c_n\cos n\theta+d_n\sin n\theta)$$

式中

$$c_0=\frac{1}{2\pi}\int_0^{2\pi}\varphi(\tau)d\tau$$

$$c_n=\frac{1}{a^n\pi}\int_0^{2\pi}\varphi(\tau)\cos n\tau d\tau$$

$$d_n=\frac{1}{a^n\pi}\int_0^{2\pi}\varphi(\tau)\sin n\tau d\tau$$

将以上各式代入 $u(\rho,\theta)$ 中，便得方程的解为

$$u(\rho,\theta)=\frac{1}{2\pi}\int_0^{2\pi}\varphi(\tau)\mathrm{d}\tau+\sum_{n=1}^{\infty}\left(\frac{\rho}{a}\right)^n\left[\frac{1}{\pi}\int_0^{2\pi}\varphi(\tau)\cos n\tau\,\mathrm{d}\tau\cos n\theta+\frac{1}{\pi}\int_0^{2\pi}\varphi(\tau)\sin n\tau\,\mathrm{d}\tau\sin n\theta\right]$$

注：利用等式 $\sum\limits_{n=1}^{\infty}c_n\cos n(\theta-\tau)=\mathrm{Re}\left[\sum\limits_{n=1}^{\infty}c_n\mathrm{e}^{in(\theta-\tau)}\right]$ 可将上式化为如下形式

$$u(\rho,\theta)=\frac{1}{2\pi}\int_0^{2\pi}\frac{(a^2-\rho^2)\varphi(\tau)}{a^2+\rho^2-2a\rho\cos(\theta-\tau)}\mathrm{d}\tau$$

上式称为圆域上调和函数的 Poisson 公式。

［**例 3.10**］ 求下面扇形域上 Dirichlet 问题的有界解。

$$\begin{cases}u_{xx}+u_{yy}=0 & x>0,y>0,x^2+y^2<4\\ u(x,0)=0 & 0\leqslant x\leqslant 2\\ u(0,y)=0 & 0\leqslant y\leqslant 2\\ u(x,y)=xy,x^2+y^2=4\end{cases}$$

解：令 $x=\rho\cos\theta,y=\rho\sin\theta$ 作自变量变换，上式方程转化为

$$\begin{cases}u_{\rho\rho}+\dfrac{1}{\rho}u_\rho+\dfrac{1}{\rho^2}u_{\theta\theta}=0 & 0<\theta<\dfrac{\pi}{2},0<\rho<2\\ u(\rho,0)=0,u\left(\rho,\dfrac{\pi}{2}\right)=0 & 0\leqslant\rho\leqslant 2\\ u(2,\theta)=2\sin 2\theta & 0\leqslant\theta\leqslant\dfrac{\pi}{2}\end{cases}$$

令 $u(\rho,\theta)=R(\rho)\Phi(\theta)$，代入上式方程，并结合边界条件可得

$$\begin{cases}\Phi''(\theta)+\lambda\Phi(\theta)=0 & 0<\theta<\pi/2\\ \Phi(0)=0,\Phi(\pi/2)=0\end{cases}$$

$$\rho^2R''(\rho)+\rho R'(\rho)-\lambda R(\rho)=0$$

求解特征值问题有关 $\Phi(\theta)$ 的方程，可得

$$\lambda_n=\left(\frac{n\pi}{\pi/2}\right)^2=4n^2,\quad \Phi_n(\theta)=\sin 2n\theta\quad n\geqslant 1$$

将 λ_n 代入有关 $R(\rho)$ 中，并令 $\rho=\mathrm{e}^s$ 作自变量变换可得

$$R''_{ss}-4n^2R=0$$

$$R_n(\rho)=c_n\mathrm{e}^{2ns}+d_n\mathrm{e}^{-2ns}=c_n\rho^{2n}+d_n\rho^{-2n}$$

由于求 $R(\rho)$ 的有界解，故有 $|R(0)|<\infty$，即 $d_n=0$，从而有

$$R_n(\rho)=c_n\rho^{2n}$$

由叠加原理得到通解

$$u(\rho,\theta)=\sum_{n=1}^{\infty}R_n(\rho)\Phi_n(\theta)=\sum_{n=1}^{\infty}c_n\rho^{2n}\sin2n\theta$$

为使方程中的非齐次边界条件 $u(2,\theta)=2\sin\theta$ 得以满足，在通解中令 $\rho=2$ 得

$$2\sin2\theta=\sum_{n=1}^{\infty}c_n2^{2n}\sin2n\theta$$

比较上式两边特征函数 $\Phi_n(\theta)=\sin2n\theta$ 的系数得

$$c_1=\frac{1}{2},\quad c_n=0\quad n\neq1$$

将 $c_1,c_n(n\neq1)$ 代入通解中即得满足边界条件的解为

$$u(\rho,\theta)=\frac{1}{2}\rho^2\sin2\theta$$

3.4.3 球坐标系的分离变量法

球坐标系下分离变量法求解 $u(r,\theta,\varphi)=R(r)\Theta(\theta)\Phi(\varphi)$。

在球坐标系下的拉普拉斯算符可以表示为：

$$\nabla^2u=\Delta u=\frac{1}{r^2}\frac{\partial}{\partial r}\left(r^2\frac{\partial u}{\partial r}\right)+\frac{1}{r^2\sin\theta}\frac{\partial}{\partial\theta}\left(\sin\theta\frac{\partial u}{\partial\theta}\right)+\frac{1}{r^2\sin^2\theta}\frac{\partial^2u}{\partial\varphi^2}=0\qquad(3-49)$$

首先把表示距离的变量 r 与表示方向的变量 θ、φ 分离，令 $u(r,\theta,\varphi)=R(r)Y(\theta,\varphi)$，

故 $\dfrac{\partial u}{\partial r}=Y(\theta,\varphi)\dfrac{\mathrm{d}R}{\mathrm{d}r}$，$\dfrac{\partial u}{\partial\theta}=R(r)\dfrac{\partial Y}{\partial\theta}$，$\dfrac{\partial u}{\partial\varphi}=R(r)\dfrac{\partial Y}{\partial\varphi}$

代入式(3-49)有 $\dfrac{1}{r^2}\dfrac{\partial}{\partial r}\left(r^2Y\dfrac{\mathrm{d}R}{\mathrm{d}r}\right)+\dfrac{1}{r^2\sin\theta}\dfrac{\partial}{\partial\theta}\left[\sin\theta R\dfrac{\partial Y}{\partial\theta}\right]+\dfrac{1}{r^2\sin^2\theta}R\dfrac{\partial^2Y}{\partial\varphi^2}=0$

等式两边同乘以 $\dfrac{r^2}{R\cdot Y}$ 有：

$$\frac{1}{R}\frac{\mathrm{d}}{\mathrm{d}r}\left(r^2Y\frac{\mathrm{d}R}{\mathrm{d}r}\right)+\frac{1}{Y\sin\theta}\frac{\partial}{\partial\theta}\left(\sin\theta\frac{\partial Y}{\partial\theta}\right)+\frac{1}{Y\sin^2\theta}\frac{\partial^2Y}{\partial\varphi^2}=0$$

所以
$$\frac{1}{R}\frac{\mathrm{d}}{\mathrm{d}r}\left(r^2Y\frac{\mathrm{d}R}{\mathrm{d}r}\right)=-\frac{1}{Y\sin\theta}\frac{\partial}{\partial\theta}\left(\sin\theta\frac{\partial Y}{\partial\theta}\right)+\frac{1}{Y\sin^2\theta}\frac{\partial^2Y}{\partial\varphi^2}=l(l+1)$$

这样就分解成了两个方程：

$$\begin{cases}\dfrac{1}{R}\dfrac{\mathrm{d}}{\mathrm{d}r}\left(r^2\dfrac{\mathrm{d}R}{\mathrm{d}r}\right)=l(l+1)\\[2ex]\dfrac{1}{Y\sin\theta}\dfrac{\partial}{\partial\theta}\left(\sin\theta\dfrac{\partial Y}{\partial\theta}\right)+\dfrac{1}{Y\sin^2\theta}\dfrac{\partial^2Y}{\partial\varphi^2}=-l(l+1)\end{cases}\qquad(3-50)$$

即
$$\frac{\mathrm{d}}{\mathrm{d}r}\left(r^2\frac{\mathrm{d}R}{\mathrm{d}r}\right)-l(l+1)R=0$$

亦即
$$r^2\frac{\mathrm{d}^2}{\mathrm{d}r^2}+2r\frac{\mathrm{d}R}{\mathrm{d}r}-l(l+1)R=0$$

[这是一个欧拉方程的形式 $x^ny^{(n)}+P_1x^{n-1}y^{(n-1)}+\cdots+P_{n-1}xy'+P_ny=f(x)$]

此方程的解为 $R=Cr^l+D\frac{1}{r^{l+1}}$

另一方程为：

$$\frac{1}{\sin\theta}\frac{\partial}{\partial\theta}\left(\sin\theta\frac{\partial Y}{\partial\theta}\right)+\frac{1}{\sin^2\theta}\frac{\partial^2 Y}{\partial\varphi^2}+l(l+1)Y=0\ (\text{球函数方程}) \tag{3-51}$$

进一步分离变量：$Y(\theta,\varphi)=\Theta(\theta)\Phi(\varphi)$

故有　$\frac{\partial Y}{\partial\theta}=\Phi(\varphi)\frac{d\Theta}{d\theta}$，　$\frac{\partial Y}{\partial\varphi}=\Theta(\theta)\frac{d\Phi}{d\varphi}$，　$\frac{\partial^2 Y}{\partial\varphi^2}=\Theta(\theta)\frac{d^2 Y}{d\varphi^2}$

代入式(3-51)有：$\frac{\Phi(\varphi)}{\sin\theta}\frac{d}{d\theta}\left(\sin\theta\frac{d\Theta}{d\theta}\right)+\frac{\Theta(\theta)}{\sin^2\theta}\frac{d^2Y}{d\varphi^2}+l(l+1)\Theta(\theta)\Phi(\varphi)=0$

方程两边同乘$\frac{\sin^2\theta}{\Theta(\theta)\Phi(\varphi)}$得：

$$\frac{\sin\theta}{\Theta(\theta)}\frac{d}{d\theta}\left(\sin\theta\frac{d\Theta}{d\theta}\right)+l(l+1)\sin^2\theta=-\frac{1}{\Phi(\varphi)}\frac{d^2\Phi}{d\varphi^2}=\lambda$$

这样又得到两个常微分方程：

$$\frac{d^2\Phi}{d\varphi^2}+\lambda\Phi(\varphi)=0 \tag{3-52}$$

$$\sin\theta\frac{d}{d\theta}\left(\sin\theta\frac{d\Theta}{d\theta}\right)+l(l+1)\sin^2\theta\cdot\Theta(\theta)=0 \tag{3-53}$$

方程(3-52)和自然的周期条件构成本征值问题，即：

本征值为 $\lambda=m^2(m=0,1,2,\cdots)$

本征函数是　$\Phi(\varphi)=A\cos(m\varphi)+B\sin(m\varphi)$

故式(3-53)即为：

$$\frac{1}{\sin\theta}\frac{d}{d\theta}\left[\sin\theta\frac{d\Theta(\theta)}{d\theta}\right]+\left[l(l+1)-\frac{m^2}{\sin^2\theta}\right]\cdot\Theta(\theta)=0 \tag{3-54}$$

通过分离变量，得到

$$\begin{cases}\Phi''(\varphi)+m^2\Phi(\varphi)=0\\ \frac{1}{\sin\theta}\frac{d}{d\theta}\left(\sin\theta\frac{d\Theta}{d\theta}\right)+[l(l+1)]-\frac{m^2}{\sin^2\theta}]\cdot\Theta(\theta)=0\\ \frac{d}{dr}\left(r^2\frac{dR}{dr}\right)-l(l+1)R=0\end{cases} \tag{3-55}$$

其中，这些方程中所含的参数 m^2 和 l 是在分离变量时引入的，都要由定解问题的边界条件来确定其取值。

令 $x=\cos\theta$(这里仅仅是变量代换，x 不代表直角坐标)，

$$\frac{d\Theta}{d\theta}=\frac{d\Theta}{dx}\frac{dx}{d\theta}=-\sin\theta\frac{d\Theta}{dx}$$

$$\frac{1}{\sin\theta}\frac{d}{d\theta}\left(\sin\theta\frac{d\Theta}{d\theta}\right)=\frac{1}{\sin\theta}\frac{d}{dx}\left(\sin\theta\frac{d\Theta}{d\theta}\right)\frac{dx}{d\theta}$$

$$=\frac{1}{\sin\theta}\frac{d}{dx}\left(-\sin^2\theta\frac{d\Theta}{dx}\right)(-\sin\theta)$$

$$= \frac{\mathrm{d}}{\mathrm{d}x}\left[(1-x^2)\frac{\mathrm{d}\Theta}{\mathrm{d}x}\right]$$
$$= (1-x^2)\frac{\mathrm{d}^2\Theta}{\mathrm{d}x^2} - 2x\frac{\mathrm{d}\Theta}{\mathrm{d}x}$$

故式(3-54)可以化成:

$$(1-x^2)\frac{\mathrm{d}^2\Theta}{\mathrm{d}x^2} - 2x\frac{\mathrm{d}\Theta}{\mathrm{d}x} + \left[l(l+1) - \frac{m^2}{\sin^2\theta}\right]\cdot\Theta(\theta) = 0$$

该方程叫作 m 阶连带勒让德方程(或称 m 阶缔合勒让德方程)。

3.4.4 柱坐标系的分离变量法

在圆柱坐标系下

$$\begin{aligned}\nabla^2 &= \frac{\partial^2}{\partial r^2} + \frac{1}{r}\frac{\partial}{\partial r} + \frac{1}{r^2}\frac{\partial^2}{\partial\varphi^2} + \frac{\partial^2}{\partial z^2} \\ &= \frac{1}{r}\frac{\partial}{\partial r}\left(r\frac{\partial}{\partial r}\right) + \frac{1}{r^2}\frac{\partial^2}{\partial\varphi^2} + \frac{\partial^2}{\partial z^2}\end{aligned} \tag{3-56}$$

从而亥姆霍斯方程:

$$\nabla^2 u(r,\varphi,z) + \lambda u(r,\varphi,z) = 0 \tag{3-57}$$

可表示成:

$$\frac{1}{r}\frac{\partial}{\partial r}\left(r\frac{\mathrm{d}u}{\mathrm{d}r}\right) + \frac{1}{r^2}\frac{\partial^2 u}{\partial\varphi^2} + \frac{\partial^2 u}{\partial z^2} + \lambda u = 0 \tag{3-58}$$

下面讨论亥姆霍斯方程的求解,为此,设

$$u(r,\varphi,z) = R(r)\Phi(\varphi)Z(z) \tag{3-59}$$

代入方程(3-58)得:

$$\frac{1}{r}\frac{\mathrm{d}}{\mathrm{d}r}\left(r\frac{\mathrm{d}R}{\mathrm{d}r}\right)\Phi Z + \frac{1}{r^2}\frac{\mathrm{d}^2\Phi}{\mathrm{d}\varphi^2}RZ + \frac{\mathrm{d}^2 Z}{\mathrm{d}z^2}R\Phi + \lambda R\Phi Z = 0 \tag{3-60}$$

由于所求解为非平凡解,故可在方程两边同除以 $R\Phi Z$ 得

$$\frac{1}{rR}\frac{\mathrm{d}}{\mathrm{d}r}\left(r\frac{\mathrm{d}R}{\mathrm{d}r}\right) + \frac{1}{r^2}\frac{\mathrm{d}^2\Phi}{\Phi\mathrm{d}\varphi^2} + \frac{\mathrm{d}^2 Z}{Z\mathrm{d}z^2} + \lambda = 0 \tag{3-61}$$

等式左边第一项和第二项为关于 r 和 φ 的函数,第三项为关于 z 的函数,它们的和等于常数,故第三项必为常数。因此,可设

$$\frac{1}{Z}\frac{\mathrm{d}^2 Z}{\mathrm{d}z^2} = -\mu \tag{3-62}$$

即:

$$\frac{\mathrm{d}^2 Z}{\mathrm{d}z^2} + \mu Z(z) = 0 \tag{3-63}$$

将式(3-62)代入方程(3-61)得

$$\frac{1}{rR}\frac{\mathrm{d}}{\mathrm{d}r}\left(r\frac{\mathrm{d}R}{\mathrm{d}r}\right)+\frac{1}{r^2}\frac{\mathrm{d}^2\Phi}{\Phi\mathrm{d}\varphi^2}+(\lambda-\mu)=0 \tag{3-64}$$

两边同乘以 r^2 得：

$$\frac{r}{R}\frac{\mathrm{d}}{\mathrm{d}r}\left(r\frac{\mathrm{d}R}{\mathrm{d}r}\right)+\frac{1}{\Phi}\frac{\mathrm{d}^2\Phi}{\mathrm{d}\varphi^2}+(\lambda-\mu)r^2=0 \tag{3-65}$$

等式第一项与第三项之和为关于 r 的函数，第二项为关于 φ 的函数，它们的和为常数，故第二项必为常数。从而可设：

$$\frac{1}{\Phi}\frac{\mathrm{d}^2\Phi}{\mathrm{d}\varphi^2}=-m^2 \tag{3-66}$$

即

$$\frac{\mathrm{d}^2\Phi}{\mathrm{d}\varphi^2}+m^2\Phi=0 \tag{3-67}$$

将式(3-66)代入方程(3-65)得

$$\frac{r}{R}\frac{\mathrm{d}}{\mathrm{d}r}\left(r\frac{\mathrm{d}R}{\mathrm{d}r}\right)+k^2r^2-m^2=0 \qquad (k^2=\lambda-\mu)$$

即

$$\frac{\mathrm{d}}{\mathrm{d}r}\left(r\frac{\mathrm{d}R}{\mathrm{d}r}\right)+\left(k^2r-\frac{m^2}{r}\right)R=0 \qquad (k^2=\lambda-\mu) \tag{3-68}$$

综合上述分离变量的结果得到三个分别关于 z，φ 和 r 的常微分方程，即

$$\begin{cases}\dfrac{\mathrm{d}^2Z}{\mathrm{d}z^2}+\mu Z(z)=0 & (3-69\mathrm{a})\\[2mm] \dfrac{\mathrm{d}^2\Phi}{\mathrm{d}\varphi^2}+m^2\Phi(\varphi)=0 & (3-69\mathrm{b})\\[2mm] \dfrac{\mathrm{d}}{\mathrm{d}r}\left(r\dfrac{\mathrm{d}R}{\mathrm{d}r}\right)+\left(k^2r-\dfrac{m^2}{r}\right)R=0 & (3-69\mathrm{c})\end{cases}$$

方程(3-69a)和方程(3-69b)是亥姆霍斯方程。方程(3-69c)称为 m 阶贝塞尔(Bessel)方程，它是一个二阶变系数常微分方程。作变量代换

$$x=kr \tag{3-70a}$$

$$y(x)=R(r)=R\left(\frac{x}{k}\right) \tag{3-70b}$$

则贝塞尔方程可改写成如下几种常用形式：

$$\begin{cases}\dfrac{\mathrm{d}}{\mathrm{d}x}\left(x\dfrac{\mathrm{d}y}{\mathrm{d}x}\right)+\left(x-\dfrac{m^2}{x}\right)y=0 & (3-71\mathrm{a})\\[2mm] x\dfrac{\mathrm{d}^2y}{\mathrm{d}x^2}+\dfrac{\mathrm{d}y}{\mathrm{d}x}+\left(x-\dfrac{m^2}{x}\right)y=0 & (3-71\mathrm{b})\\[2mm] \dfrac{\mathrm{d}^2y}{\mathrm{d}x^2}+\dfrac{1}{x}\dfrac{\mathrm{d}y}{\mathrm{d}x}+\left(1-\dfrac{m^2}{x^2}\right)y=0 & (3-71\mathrm{c})\\[2mm] x^2\dfrac{\mathrm{d}^2y}{\mathrm{d}x^2}+x\dfrac{\mathrm{d}y}{\mathrm{d}x}+(x^2-m^2)y=0 & (3-71\mathrm{d})\end{cases}$$

类似上述关于亥姆霍斯方程的变量分离过程，可以对拉普拉斯方程

$$\nabla^2 u(r,\varphi,z) = 0 \tag{3-72}$$

进行变量分离，即设 $u(r,\varphi,z)=R(r)\Phi(\varphi)Z(z)$，分离变量后得到

$$\begin{cases}\dfrac{\mathrm{d}^2 Z}{\mathrm{d}z^2}+\mu Z(z)=0 & (3-73\text{a})\\ \dfrac{\mathrm{d}^2\Phi}{\mathrm{d}\varphi^2}+m^2\Phi(\varphi)=0 & (3-73\text{b})\\ \dfrac{\mathrm{d}}{\mathrm{d}r}\left(r\dfrac{\mathrm{d}R}{\mathrm{d}r}\right)+\left(-\mu-\dfrac{m^2}{r}\right)R=0 & (3-73\text{c})\end{cases}$$

注意到在方程(3-69c)中，$k^2=-\mu$(因为对于拉普拉斯方程 $\lambda=0$)。称方程(3-73c)为虚变量的贝塞尔方程。作变量代换

$$x=\mathrm{i}kr \tag{3-74a}$$

$$y(x)=R(r)=R\left(-\frac{x}{k}\mathrm{i}\right) \tag{3-74b}$$

则虚变量的贝塞尔方程可改写成

$$\frac{\mathrm{d}^2 y}{\mathrm{d}x^2}+\frac{1}{x}\frac{\mathrm{d}y}{\mathrm{d}x}+\left(-1-\frac{m^2}{x^2}\right)y=0 \tag{3-75}$$

3.5 施图姆-刘维尔(Sturn-Liouville，S-L)问题

用分离变量法求定解问题必须导出特征值问题，并将定解问题的解表示成特征函数系构成的无穷级数。泛定方程与定解条件所构成的定解问题称为施图姆-刘维尔(Sturn-Liouville，S-L)问题。常见的本征值问题都归结为施图姆-刘维尔(S-L)本征值问题，本节讨论施图姆-刘维尔(S-L)本征值问题。

3.5.1 施图姆-刘维尔(S-L)本征值问题

1. S-L 型方程

形式为：

$$\frac{\mathrm{d}}{\mathrm{d}x}\left[k(x)\frac{\mathrm{d}y}{\mathrm{d}x}\right]-q(x)y+\lambda\rho(x)y=0 \qquad a\leqslant x\leqslant b$$

亦即

$$k(x)\frac{\mathrm{d}^2 y}{\mathrm{d}x}+k'(x)\frac{\mathrm{d}y}{\mathrm{d}x}-q(x)y+\lambda\rho(x)y=0$$

式中，λ 为待定实参数；$\rho(x)$，$q(x)$，$k(x)$为已知函数，且在$[a,b]$上 $\rho(x)$，$q(x)$，$k'(x)$连续，当 $x\in(a,b)$时，$\rho(x)>0$，$q(x)\geqslant 0$，$k(x)>0$，而 a，b 至多是 $k(x)$及 $p(x)$的一级零点；$q(x)$在(a,b)上连续，在端点至多是一级极点。这类的二阶常微分方程叫作 S-L 型方程。

2. S-L 本征值问题

S-L 型方程附以第一类、第二类、第三类齐次边界条件或自然边界条件，就构成 S-L 本征值问题。本书前面遇到的本征值问题都可以归为这一类。

(1) $k(x)=\rho(x)=1,q(x)=0,[a,b]\Rightarrow[0,l]$,本征值问题为

$$\begin{cases}y''+\lambda y=0\\y(0)=0,y(l)=0\end{cases}$$

本征值 $\lambda=n^2\pi^2/l^2$,本征函数为 $y=C\sin(n\pi x/l)$。

(2) $k(x)=1-x^2,\rho(x)=1,q(x)=0,[a,b]\Rightarrow[-1,+1]$,本征值问题为

$$\begin{cases}(1-x^2)y''-2xy'+\lambda y=0\\y(\pm1)=\text{有限}\end{cases}$$

(3) $k(x)=1-x^2,\rho(x)=1,q(x)=\dfrac{m^2}{1-x^2},[a,b]\Rightarrow[-1,+1]$,本征值问题为

$$\begin{cases}(1-x^2)y''-2xy'-\dfrac{m^2}{1-x^2}y+\lambda y=0\\y(\pm1)=\text{有限}\end{cases}$$

(4) $k(\xi)=\xi,\rho(\xi)=\xi,q(\xi)=\dfrac{m^2}{\xi},[a,b]\Rightarrow[0,\xi_0]$,本征值问题为

$$\begin{cases}\varepsilon y''+y'-\dfrac{m^2}{\varepsilon}y+\lambda\varepsilon y=0\\y(0)=\text{有限},y(\xi_0)=0\end{cases}$$

或

$$\begin{cases}\xi^2y''+\xi y'+(\lambda\xi^2-m^2)y=0\\y(0)=\text{有限},y(\xi_0)=0\end{cases}$$

3.5.2 施图姆-刘维尔本征值问题的共同性质

条件:$k(x),\rho(x),p(x)\geqslant0$

(1) 有无限多个本征值 $\lambda_1\leqslant\lambda_2\leqslant\lambda_3\leqslant\cdots\lambda_n\leqslant\cdots$,相应的有无限多个本征函数 $y_1(x)$,$y_2(x),y_3(x),\cdots,y_n(x),\cdots$。

(2) 所有本征值 $\lambda_n\geqslant0$。

(3) 相应于不同本征值 λ_m 和 λ_n 的本征函数 y_m 和 y_n,在区间$[a,b]$上与权重 $\rho(x)$正交,即

$$\int_a^b y_m(x)y_n(x)\rho(x)\mathrm{d}x=0\quad(m\neq n)$$

(4) 本征函数族 $y_1(x),y_2(x),y_3(x)\cdots$是完备的。即函数 $f(x)$如具有连续一阶导数和分段连续二阶导数,且满足本征函数族所满足的边界条件,则可以展开为绝对且一致收敛的级数:

$$f(x)=\sum_{n=1}^{\infty}f_ny_n(x)$$

$$f_n=\frac{1}{N_n^2}\int_a^b f(x)y_n(x)\rho(x)\mathrm{d}x$$

其中,$N_n^2=\int_a^b[y_n(x)]^2\rho(x)\mathrm{d}x$,$N_n$ 叫作 $y_n(x)$的模。

分离变量法总结:

(1) 根据边界条件选择适当的坐标系,原则是使此边界条件表达式最简单,如圆、环、扇形

选择极坐标系，柱或球选择柱坐标系和球坐标系。

(2) 若边界条件非齐次，则无论方程是否齐次先将边界条件齐次化。

(3) 齐次方程直接用分离变量法求解，非齐次方程用特征函数法求解。

习　　题

3.1 用分离变量法求下列问题的解：$\begin{cases}\dfrac{\partial^2 u}{\partial t^2}=a^2\dfrac{\partial^2 u}{\partial x^2}\\ u|_{t=0}=\sin\dfrac{3\pi x}{l},\left.\dfrac{\partial u}{\partial t}\right|_{t=0}=x(1-x)\quad(0<x<l)\\ u(0,t)=u(l,t)=0\end{cases}$

3.2 求定解问题：$\begin{cases}\dfrac{\partial^2 u}{\partial t^2}-a^2\dfrac{\partial^2 u}{\partial x^2}=0\\ u(0,t)=\dfrac{\partial u}{\partial x}(l,t)=0\\ u(x,0)=\dfrac{h}{l}x,\dfrac{\partial u}{\partial t}(x,0)=0\end{cases}$

3.3 解下列定解问题：$\begin{cases}\dfrac{\partial^2 u}{\partial t^2}=a^2\dfrac{\partial^2 u}{\partial x^2}\quad 0<x<l,t>0\\ u|_{x=0}=0,\left.\dfrac{\partial u}{\partial x}\right|_{x=l}=0\\ u|_{t=0}=0,\left.\dfrac{\partial u}{\partial t}\right|_{t=0}=x^3\end{cases}$

3.4 求定解问题：$\begin{cases}\dfrac{\partial^2 u}{\partial t^2}=a^2\dfrac{\partial^2 u}{\partial x^2}\\ u|_{t=0}=3\sin x,\left.\dfrac{\partial u}{\partial t}\right|_{t=0}=0\\ u(0,t)=u(\pi,t)=0\end{cases}$

3.5 求解混合问题：$\begin{cases}u_t(x,t)-a^2u_{xx}(x,t)=0\quad 0<x<l,t>0\\ u(0,t)=0,u_x(l,t)=0\\ u(x,0)=u_0(\text{const})\end{cases}$

3.6 求解混合问题：$\begin{cases}u_t(x,t)-a^2u_{xx}(x,t)=0\quad 0<x<l,t>0\\ u(0,t)=0,u_x(l,t)+\sigma u(l,t)=0\\ u(x,0)=\varphi(x)\end{cases}$

3.7 一根长为 l 的均匀弦，弦上每一点都受到外力作用，其力密度为 bxt，若弦的两端是自由的，初始位移为零，初始速度为$(l-x)$，试求弦的横振动。定解问题为：

$$\begin{cases}u_{tt}=a^2u_{xx}+bxt\quad 0<x<l,t>0\\ u_x(0,t)=u_x(l,t)=0\\ u(x,0)=0,u_t(x,0)=l-x\end{cases}$$

3.8 求解下列定解问题：

(1) $\begin{cases}u_{tt}=a^2u_{xx}+Ax\quad 0<x<l,t>0\\ u(x,0)=0,u_t(x,0)=0\\ u(0,t)=0,u(l,t)=0\end{cases}$

(2) $\begin{cases}u_{tt}=a^2u_{xx}+Ae^{-t}\cos\dfrac{\pi}{2l}x\\ u(x,0)=0,u_t(x,0)=0\\ u_x(0,t)=0,u(l,t)=0\end{cases}$

3.9　长为 l 且固定于 $x=0$ 一端的均匀细杆，处于静止状态，在 $t=0$ 时，一个沿杆长方向的力 Q（每单位面积上）加在杆的另一端上，求在 $t>0$ 时，杆上各点的位移。

$$\begin{cases} u_{tt}=a^2u_{xx} & 0<x<l,t>0 \\ u(0,t)=0,u_x(l,t)=\dfrac{Q}{ES} \\ u(x,0)=0,u_t(x,0)=0 \end{cases}$$

3.10　求解具有放射性衰变的热传导方程：$\begin{cases} u_t=a^2u_{xx}+A\mathrm{e}^{-\beta x} \\ u(0,t)=u(l,t)=0 \quad 0<x<l,t>0 \\ u(x,0)=T_0\text{（常数）} \end{cases}$

3.11　求解混合问题：$\begin{cases} u_t(x,t)-a^2u_{xx}(x,t)=0 \quad 0<x<l,t>0 \\ u(0,t)=\lambda,u(l,t)=\mu, \\ u(x,0)=u_0 \end{cases}$　其中 λ,μ,u_0 为常数。

3.12　求定解问题：$\begin{cases} u_{xx}(x,y)+u_{yy}(x,y)=0 \quad 0<x<a,y>0 \\ u(x,0)=x(x-a),\lim\limits_{y\to+\infty}u(x,y)=0 \\ u(0,y)=0,u(a,y)=0 \end{cases}$

3.13　求定解问题：$\begin{cases} u_{xx}+u_{yy}=0 \quad x^2+y^2\leqslant a^2 \\ u|_{\rho=a}=A\cos\varphi \end{cases}$

3.14　求圆域上 Laplace 方程的边值问题：$\begin{cases} a_{xx}+u_{yy}=0 \quad x^2+y^2\leqslant a^2 \\ u|_{x^2+y^2=a^2}=f_1(x,y) \end{cases}$

3.15　求解定解问题：$\begin{cases} \nabla^2u=0 \quad a<r<\infty,0\leqslant\varphi\leqslant 2\pi \\ u(a,\varphi)=A+B\sin\varphi \end{cases}$

3.16　求解薄膜的恒定表面浓度扩散问题。薄膜厚度为 l，杂质从两面进入薄膜，由于薄膜周围气体中含有充分的杂质，薄膜表面上的杂质浓度得以保持为恒定的 N_0，其定解问题为：

$$\begin{cases} u_t-a^2u_{xx}=0 \\ u(0,t)=u(l,t)=N_0 \\ u(x,0)=0 \end{cases}$$

求定解 u。

第4章 特殊函数

第 3 章主要讨论了直角坐标系和极坐标系中的分离变量法，但具体选用哪种坐标与所研究体系的边界条件有关。如对于一维的弦、杆以及二维的矩阵区域，一般采用直角坐标系，而对于二维的圆域、环域等，则采用极坐标系。在实际问题中还会遇到球状或柱状的体系，在这两种情况下，相应地选用球坐标系或柱坐标系会比较方便。第 3 章只讨论在正交曲线坐标系利用分离变量法得到一些特殊的变系数的常微分方程。本章讨论这些方程的解法和本征值问题以及其对应的特殊函数，掌握球坐标系和柱坐标系中分离变量法及特殊函数的应用。

4.1 二阶线性常微分方程的级数解

二阶线性齐次常微分方程的一般形式是

$$\omega''(z)+p(z)\omega'(z)+q(z)\omega(z)=0 \tag{4-1}$$

其中自变量 z 是复数。

如果函数 $p(z)$，$q(z)$在 $z=z_0$ 点解析，则称点 z_0 为方程的常点。如果 z_0 是 $p(z)$的至多一阶极点，是 $q(z)$的至多二阶极点，即

$$p(z)=\frac{\varphi(z)}{z-z_0},\quad q(z)=\frac{\Psi(z)}{(z-z_0)^2}$$

其中 $\varphi(z)$，$\Psi(z)$在 z_0 点解析，那么点 z_0 称为方程的正则点。

本节仅讨论方程在常点邻域、正则点邻域内的级数解，给出幂级数的解法。

4.1.1 常点邻域内的幂级数解法

不失一般性，只讨论 $x=0$ 点为常点的幂级数解法，如果 $x_0\neq 0$，就令 $t=x-x_0$，可化为在原点内讨论。对于中 $y''+p(x)y'+q(x)y=0$ 中 $p(x)$，$q(x)$为解析，则该点称为常点。于是将 $y(x)$，$p(x)$，$q(x)$在常点展为泰勒级数后代入方程，合并同类项，最后令系数为零，并求出收敛半径。

定理 4.1 如果 $p_0(x)$，$p_1(x)$，$p_2(x)$在某点 x_0 的邻域内解析，即它们可以展成$(x-x_0)$的幂级数，且 $p_0(x_0)\neq 0$，收敛区间为$(x-x_0)<R$，则方程 $p_0(x)y''+p_1(x)y'+p_2(x)y=0$ 的解在 x_0 的邻域内，能展成$(x-x_0)$的幂级数，即

$$y=\sum_{n=0}^{\infty}a_n(x-x_0)^n(x-x_0)<R$$

一般来说，寻找方程

$$p_0(x)y''+p_1(x)y'+p_2(x)y=0 \tag{4-2}$$

的幂级数解的方法如下：假设方程(4-2)有如下形式幂级数解，

$$\sum_{n=0}^{\infty}d_n(x-x_0)^n \quad |x-x_0|<R \tag{4-3}$$

将式(4-3)代入微分方程(4-2)后，得到一个形式上的恒等式，通过比较该恒等式中关于 $x-x_0$ 的同次幂的系数，可以把幂级数式(4-3)中的系数 d_n 依次唯一地确定出来，从而得到微分方程(4-2)的"形式幂级数解"式(4-3)，此时还易知，该形式上的幂级数解是唯一的。

[**例 4.1**]　在 $x_0=0$ 的邻域内求解常微分方程 $y''+\omega^2y=0$(ω 为常数)。

解：这是一个常系数微分方程，且 $p(x)\equiv0$，$q(x)=\omega^2$，$x_0=0$ 显然为方程的常点，由 Cauchy 定理，设

$$y(x)=a_0+a_1x+a_2x^2+\cdots+a_kx^k+\cdots$$

则

$$y'(x)=1a_1+2a_2x+\cdots+(k+1)a_{k+1}x^k+\cdots$$
$$y''(x)=2\times1a_2+3\times2a_3x+\cdots+(k+2)(k+1)a_{k+2}x^k+\cdots$$

把以上结果代入方程，因为 $p(x)\equiv0$ 和 $q(x)=\omega^2$ 都已是 Taylor 级数，比较系数有：

$$2\times1a_2+\omega^2a_0=0,\quad 3\times2a_3+\omega^2a_1=0$$

$$4\times3a_4+\omega^2a_2=0,\quad 5\times4a_5+\omega^2a_3=0$$

由此得递推公式

$$(k+1)(k+2)a_{k+2}+\omega^2a_k=0$$

及

$$a_2=-\frac{\omega^2}{2!}a_0 \qquad a_3=-\frac{\omega^2}{3!}a_1$$

$$a_4=-\frac{\omega^4}{4!}a_0 \qquad a_5=\frac{\omega^4}{5!}a_1$$

$$\vdots \qquad\qquad \vdots$$

$$a_{2k}=(-1)^k\frac{\omega^{2k}}{(2k)!}a_0 \qquad a_{2k+1}=(-1)^k\frac{\omega^{2k}}{(2k+1)!}a_1$$

于是方程的级数解为：

$$\begin{aligned}y(x)&=a_0\left[1-\frac{1}{2!}(\omega x)^2+\frac{1}{4!}(\omega x)^4+\cdots+(-1)^k\frac{1}{(2k)!}(\omega x)^{2k}+\cdots\right]+\\&\quad\frac{a_1}{\omega}\left[\omega x-\frac{1}{3!}(\omega x)^3+\frac{1}{5!}(\omega x)^5-\cdots+(-1)^k\frac{(\omega x)^{2k+1}}{(2k+1)!}+\cdots\right]\\&=a_0\cos\omega x+\frac{a_1}{\omega}\sin\omega x\end{aligned}$$

或写成

$$y(x)=a_0\cos\omega x+a_1\sin\omega x$$

其中 a_0,a_1 为任意常数。

［例 4.2］ 在点 $x=0$ 的邻域内求解艾里方程 $y''(x)-xy(x)=0$ 的幂级数解。

解:设 $y(x)=\sum_{n=0}^{+\infty}c_nx^n$,其中 c_n 是待定的常数,则

$$y'(x)=\sum_{n=0}^{+\infty}nc_nx^{n-1}=\sum_{n=1}^{+\infty}nc_nx^{n-1},\quad y''(x)=\sum_{n=1}^{+\infty}n(n-1)c_nx^{n-2}=\sum_{n=2}^{+\infty}n(n-1)c_nx^{n-2}$$

代入方程,有

$$\sum_{n=2}^{+\infty}n(n-1)c_nx^{n-2}-\sum_{n=0}^{+\infty}c_nx^{n+1}=0$$

合并同类项,得

$$2\times 1c_2+\sum_{n=1}^{+\infty}[(n+2)(n+1)c_{n+2}-c_{n-1}]x^n=0$$

比较两边同次幂项的系数得:

$$x^0:\quad 2c_2=0$$
$$x^2:\quad (n+2)(n+1)c_{n+2}-c_{n-1}=0\qquad n=1,2,3,\cdots$$

由此得 $c_2=0$,还有递推关系式 $c_{n+2}=\dfrac{c_{n-1}}{(n+2)(n+1)}$ $\qquad n=1,2,3,\cdots$

当 $n=1$ 时, $\qquad c_3=\dfrac{c_0}{3\times 2}=\dfrac{1}{3!}c_0$

当 $n=2$ 时, $\qquad c_4=\dfrac{c_1}{4\times 3}=\dfrac{2}{4!}c_1$

当 $n=3$ 时, $\qquad c_5=\dfrac{c_2}{5\times 4}=0$

当 $n=4$ 时, $\qquad c_6=\dfrac{c_3}{6\times 5}=\dfrac{4}{6!}c_0$

当 $n=5$ 时, $\qquad c_7=\dfrac{c_4}{7\times 6}=\dfrac{2\times 5}{7!}c_1$

当 $n=6$ 时, $\qquad c_8=\dfrac{c_5}{8\times 7}=0$

于是,易得

$$c_{3m}=\frac{1\times 4\times\cdots\times(3m-2)}{(3m)!}c_0,\quad c_{3m+1}=\frac{2\times 5\times\cdots\times(3m-1)}{(3m+1)!}c_1$$

故得艾里方程的通解:

$$y(x)=c_0\left[1+\sum_{m=1}^{+\infty}\frac{1\times 4\times\cdots\times(3m-2)}{(3m)!}x^{3m}\right]+c_1\left[x+\sum_{m=1}^{+\infty}\frac{2\times 5\times\cdots\times(3m-1)}{(3m+1)!}x^{3m+1}\right]$$

其中 c_0,c_1 为任意常实数。艾里方程的两个线性无关解为:

$$y_1(x)=1+\sum_{n=1}^{+\infty}\frac{1\times4\times\cdots\times(3n-2)}{(3n)!}x^{3n},\ |x|<+\infty$$

$$y_2(x)=x+\sum_{n=1}^{+\infty}\frac{2\times5\times\cdots\times(3n-1)}{(3n+1)!}x^{3n+1},\ |x|<+\infty$$

[例 4.3]　在点 $x=0$ 的邻域内，求解方程 $(1-x^2)y''(x)+xy'(x)-y(x)=0$。

解：点 $x=0$ 是此方程的常点，设 $y(x)=\sum_{n=0}^{+\infty}c_nx^n$，

则
$$y'(x)=\sum_{n=1}^{+\infty}nc_nx^{n-1},\quad y''(x)=\sum_{n=2}^{+\infty}n(n-1)c_nx^{n-2}$$

代入方程，有

$$\sum_{n=2}^{+\infty}n(n-1)c_nx^{n-2}-\sum_{n=2}^{+\infty}n(n-1)c_nx^n+\sum_{n=1}^{+\infty}nc_nx^n-\sum_{n=0}^{+\infty}c_nx^n=0$$

合并同类项，得

$$2c_2-c_0+3\times2c_3x+\sum_{n=2}^{+\infty}[(n+2)(n+1)c_{n+2}-(n-1)^2c_n]x^n=0$$

比较两边对应次幂的系数，得

$$x^0:\quad 2c_2-c_0=0,\quad x^1:6c_3=0$$
$$x^n:\quad (n+2)(n+1)c_{n+2}-(n-1)^2c_n=0\qquad n=2,3,4,\cdots$$

由此得
$$c_2=\frac{1}{2}c_0,c_3=0$$

递推公式
$$c_{n+2}=\frac{(n-1)^2}{(n+2)(n+1)}c_n\qquad n=2,3,4,\cdots$$

当 $n=2$ 时，
$$c_4=\frac{c_2}{4\times3}=\frac{1}{4!}c_0$$

当 $n=3$ 时，
$$c_5=\frac{2^2}{5\times4}c_3=0$$

当 $n=4$ 时，
$$c_6=\frac{3^2}{6\times5}c_4=\frac{1^2\times3^2}{6!}c_0$$

当 $n=5$ 时，
$$c_7=\frac{4^2}{7\times6}c_5=0$$

当 $n=6$ 时，
$$c_8=\frac{5^2}{8\times7}c_6=\frac{1^2\times3^2\times5^2}{8!}c_0$$

所以一般地有
$$c_{2n+1}=0,\quad c_{2n}=\frac{[(2n-3)!!]^2}{(2n)!}c_0(n=2,3,4,\cdots)$$

得到解为 $y(x)=c_1x+c_0\left\{1+\frac{x^2}{2!}+\sum_{n=2}^{+\infty}\frac{[(2n-3)!!]^2}{(2n)!}x^{2n}\right\}$，$c_0$，$c_1$ 为任意常数。

此方程的两个线性无关的解是：

$$y_1(x) = x$$

$$y_2(x) = 1 + \frac{x^2}{2!} + \sum_{n=2}^{+\infty} \frac{[(2n-3)!!]^2}{(2n)!} x^{2n}$$

4.1.2 正则点邻域内的幂级数解法

求解线性二阶常微分方程：

$$\omega'' + p(z)\omega' + q(z)\omega = 0 \tag{4-4}$$

如果选定的点 z_0 是 $p(z)$和 $q(z)$的奇点，则一般说来方程(4-4)的解也以 z_0 为奇点，在 z_0 的邻域上展开式不是泰勒级数，可能含有负幂项。在奇点邻域，线性二阶常微分方程也有级数解，但一般情况如何呢?

定理 4.2 如果 z_0 为方程(4-4)的奇点，则在 z_0 的邻域 $0<|z-z_0|<R$ 上，方程(4-4)存在两个线性独立的解，其形式为：

$$\omega_1(z) = \sum_{k=-\infty}^{\infty} a_k (z-z_0)^{s_1+k} \tag{4-5}$$

$$\omega_2(z) = \sum_{k=-\infty}^{\infty} b_k (z-z_0)^{s_2+k} \tag{4-6}$$

或

$$\omega_2(z) = A\omega_1(z)\ln(z-z_0) + \sum_{k=-\infty}^{\infty} b_k (z-z_0)^{s_2+k} \tag{4-7}$$

式中，s_1，s_2，A，a_k，b_k 为常数。s_1，s_2 为何值呢? 一般性讨论比较是复杂的，本节只讨论所谓正则奇点邻域的解。

如果在方程(4-4)的奇点 z_0 的邻域 $|z-z_0|<R$ 上，方程的两个线性独立解全都具有有限个负幂项，则奇点 z_0 称为方程的正则奇点。

定理 4.3 如果方程(4-4)的系数 $p(z)$以 z_0 为不高于一阶的极点，系数 $q(z)$以 z_0 为不高于二阶的极点奇点，即

$$p(z) = \sum_{k=-1}^{\infty} p_k (z-z_0)^k, \qquad q(z) = \sum_{k=-2}^{\infty} q_k (z-z_0)^k \tag{4-8}$$

则奇点 z_0 就是正则奇点。方程(4-4)的两个线性独立解只有有限个负幂项。

$$\omega_1(z) = \sum_{k=0}^{\infty} a_k (z-z_0)^{s_1+k} \tag{4-9}$$

$$\omega_2(z) = \sum_{k=0}^{\infty} b_k (z-z_0)^{s_2+k} \tag{4-10}$$

或

$$\omega_2(z) = A\omega_1(z)\ln(z-z_0) + \sum_{k=0}^{\infty} b_k (z-z_0)^{s_2+k} \tag{4-11}$$

即式(4-9)、式(4-10)或式(4-11)只有有限个负幂项。负幂项的最低次幂 s_1 和 s_2 是方程

$$s(s-1) + sp_{-1} + q_{-2} = 0 \tag{4-12}$$

的两个根。方程(4-12)称为判定方程，它的两个根就是式(4-5)和式(4-6)中的 s_1 和 s_2。式(4-10)适用于 s_1-s_2 不等于整数和零的情况(设 s_2 为较小的根)，式(4-11)适用于 s_1-s_2 等于整数和零的情况。但式(4-11)中的 A 也可能等于零，此时式(4-11)又归结为式(4-10)。$s_1-s_2=0$ 时，$\omega_1(z)=\omega_2(z)$ 或相差常数因子；$s_1-s_2=m$(正整数)时，会出现 $b_m=\infty$。不失一般性，讨论点 $x=0$ 为方程正则点的方程的幂级数解法。

[例 4.4] 求欧拉型方程在 $x=0$ 邻域处的解：

$$x\frac{\mathrm{d}}{\mathrm{d}x}\left(x\frac{\mathrm{d}y}{\mathrm{d}x}\right)-m^2y=0 \qquad (m\neq 0)$$

解：将原方程化为标准方程，得

$$y''+\frac{1}{x}y'-\frac{m^2}{x^2}y=0$$

式中，$p(x)=\dfrac{1}{x}$，$q(x)=-\dfrac{m^2}{x^2}$。显然 $x=0$ 为方程的奇点，且 $xp(x)$ 和 $x^2q(x)$ 在点 $x=0$ 处解析，$x=0$ 为方程的正则奇点。

根据定理 4.2，设形式解为 $y(x)=x^{\rho}\sum\limits_{k=0}^{\infty}c_kx^k \qquad (c_0\neq 0)$

对上式求导：

$$y'(x)=\sum_{k=0}^{\infty}(\rho+k)c_kx^{\rho+k-1}$$

$$y''(x)=\sum_{k=0}^{\infty}(\rho+k)(\rho+k-1)c_kx^{\rho+k-2}$$

将 $y(x)$，$y'(x)$，$y''(x)$ 代入标准方程，得：

$$\sum_{k=0}^{\infty}(\rho+k)(\rho+k-1)c_kx^{\rho+k}+\sum_{k=0}^{\infty}(\rho+k)c_kx^{\rho+k}-m^2\sum_{k=0}^{\infty}c_kx^{\rho+k}=0$$

整理，得：

$$\sum_{k=0}^{\infty}[(\rho+k)^2-m^2]c_kx^{\rho+k}=0$$

上式中对应于 x 的各次幂的系数应为零，即

$$[(\rho+k)^2-m^2]c_k=0 \qquad k=0,1,2,3,\cdots$$

(1) 当 $k=0$ 时，有 $(\rho^2-m^2)c_0=0$，$c_0\neq 0$，可得指标方程

$$\rho^2=m^2 \text{ 从而得 } \rho_1=m,\rho_2=-m$$

称上式为指标方程，是因为通过 $x^{\rho+k}$ 的最低次幂 x^{ρ}，即 $k=0$，可以确定系数 ρ 的值。设定 $c_0\neq 0$ 的原因，一旦 ρ 的值确定，对应的其他各系数均可确定。

(2) 当 $k=1$ 时，有 $[(\rho+1)^2-m^2]c_1=0$，$\rho=\pm m$ 时，均有 $[(\rho+1)^2-m^2]\neq 0$，所以 $c_1=0$，同理可得 $c_k=0(k=1,2,3,\cdots)$。

方程的级数解为：

$$y_1(x)=x^{\rho_1}\sum_{k=0}^{\infty}c_kx^k=c_0x^m$$

$$y_2(x)=x^{\rho_2}\sum_{k=0}^{\infty}d_kx^k=d_0x^{-m}$$

则原方程的通解为：$y(x)=y_1(x)+y_2(x)=c_0x^m+d_0x^{-m}$

[例 4.5] 在点 $x=0$ 的邻域内求方程 $4xy''(x)+2(1-x)y'(x)-y(x)=0$ 的幂级数解。

解：显然 $x=0$ 是方程的正则点，为此设方程的解为

$$y(x)=\sum_{n=0}^{+\infty}c_nx^{n+\rho}\qquad(c_0\neq0)$$

求导有

$$y'(x)=\sum_{n=0}^{+\infty}c_n(n+\rho)x^{n+\rho-1},\quad y''(x)=\sum_{n=0}^{+\infty}c_n(n+\rho)(n+\rho-1)x^{n+\rho-2},$$

代入方程得

$$\sum_{n=0}^{+\infty}4c_n(n+\rho)(n+\rho-1)x^{n+\rho-1}+\sum_{n=0}^{+\infty}2c_n(n+\rho)x^{n+\rho-1}-$$
$$\sum_{n=0}^{+\infty}2c_n(n+\rho)x^{n+\rho}-\sum_{n=0}^{+\infty}c_nx^{n+\rho}=0$$

消去 x^ρ，合并同类项，得

$$2(2\rho-1)\rho c_0+\sum_{n=0}^{+\infty}[2(n+\rho)(2n+2\rho-1)c_n-(2n+2\rho-1)c_{n-1}]x^n=0$$

比较同次幂的系数，得

$$2(2\rho-1)\rho c_0=0$$
$$2(n+\rho)(2n+2\rho-1)c_n-(2n+2\rho-1)c_{n-1}=0\qquad n=1,2,3,\cdots$$

由于 $c_0\neq0$，得到关于 ρ 的一元二次方程 $\rho(2\rho-1)=0$，这个方程称为指标方程，通常取实部较大的根为 ρ_1，实部较小的根为 ρ_2，这里有 $\rho_1=\dfrac{1}{2}$，$\rho_2=0$。

将 $\rho_1=\dfrac{1}{2}$ 代入得递推关系式：$c_n=\dfrac{c_{n-1}}{2n+1}\quad n=1,2,3,\cdots$

当 $n=1$ 时，有 $c_1=\dfrac{1}{3}c_0$

当 $n=2$ 时，有 $c_2=\dfrac{1}{5}c_1=\dfrac{c_0}{5\times3}=\dfrac{c_0}{5!!}$

一般地有

$$c_n=\frac{c_0}{(2n+1)!!}\qquad n=1,2,3,\cdots$$

从而得

$$y_1(x)=c_0\sqrt{x}\sum_{n=0}^{+\infty}\frac{x^n}{(2n+1)!!}\qquad n=1,2,3,\cdots$$

由于 $\rho_1-\rho_2=\dfrac{1}{2}-0=\dfrac{1}{2}$ 不为整数，因此与 $y_1(x)$ 线性无关的解可设为

$$y_2(x)=\sum_{n=0}^{+\infty}d_nx^{n+\rho_2}=\sum_{n=0}^{+\infty}d_nx^n\qquad n=1,2,3,\cdots$$

这样 $$y'_2(x)=\sum_{n=1}^{+\infty}nd_nx^{n-1},\quad y''_2(x)=\sum_{n=1}^{+\infty}n(n-1)d_nx^{n-2}$$

代入方程，得

$$\sum_{n=2}^{+\infty}4n(n-1)d_nx^{n-1}+\sum_{n=1}^{+\infty}2nd_nx^{n-1}-\sum_{n=1}^{+\infty}2nd_nx^n-\sum_{n=0}^{+\infty}d_nx^n=0$$

$$2(d_1-d_0)+\sum_{n=1}^{+\infty}[(2n+2)(2n+1)d_{n+1}-(2n+1)d_n]x^n=0\qquad n=1,2,3,\cdots$$

比较同次幂的系数得

$$2d_1-d_0=0,\quad (2n+2)(2n+1)d_{n+1}-(2n+1)d_n=0\quad n=1,2,3,\cdots$$

由此得到系数的递推关系式：

$$d_1=\frac{d_0}{2}$$

$$d_{n+1}=\frac{d_n}{2(n+1)}\qquad n=1,2,3,\cdots$$

当 $n=1$ 时，有 $$d_2=\frac{d_1}{4}=\frac{d_0}{4!!}$$

当 $n=2$ 时，有 $$d_3=\frac{d_2}{6}=\frac{d_0}{6!!}$$

一般地，有 $$d_n=\frac{d_0}{(2n)!!}\qquad n=1,2,3,\cdots$$

这样得到 $$y_2(x)=\sum_{n=0}^{+\infty}\frac{d_0}{(2n)!!}x^n\qquad n=1,2,3,\cdots$$

故得方程通解

$$y(x)=y_1(x)+y_2(x)=c_0\sum_{n=0}^{+\infty}\frac{x^{n+\frac{1}{2}}}{(2n+1)!!}+d_0\sum_{n=0}^{+\infty}\frac{1}{(2n)!!}x^n$$

这里 c_0,d_0 为任意常数。

[例 4.6] 在点 $x=0$ 邻域内求方程 $xy''(x)-xy'(x)+y(x)=0$ 的幂级数解。

解:显然 $x=0$ 是方程的正则点，设方程的解为

$$y(x)=\sum_{n=0}^{+\infty}c_nx^{n+\rho}\quad (c_0\neq 0)$$

这里 ρ,c_n 都是待定的常数，不失一般性，假定 $c_0\neq 0$，否则把不为零的项的 x 的幂指数并入 ρ 内。

求导得：$y'(x)=\sum_{n=0}^{+\infty}c_n(n+\rho)x^{n+\rho-1},\quad y''(x)=\sum_{n=0}^{+\infty}c_n(n+\rho)(n+\rho-1)x^{n+\rho-2}$

为方便起见，题中方程两边乘以 x，得

$$x^2y''(x)-x^2y'(x)+xy(x)=0$$

将 $y'(x)$，$y''(x)$代入得

$$\sum_{n=0}^{+\infty} c_n(n+\rho)(n+\rho-1)x^{n+\rho} - \sum_{n=0}^{+\infty} c_n(n+\rho)x^{n+\rho} + \sum_{n=0}^{+\infty} c_n x^{n+\rho-1} = 0$$

消去 x^ρ，合并同类项，化简得

$$c_0\rho(\rho-1) + \sum_{n=1}^{+\infty}[c_n(n+\rho)(n+\rho-1)-(n+\rho-2)c_{n-1}]x^n = 0$$

注意到 $c_0 \neq 0$，得指标方程 $\rho(\rho-1)=0$，以及递推关系式

$$c_n \frac{n+\rho-2}{(n+\rho)(n+\rho+1)}c_{n-1} \qquad n=1,2,3,\cdots$$

指标方程有两个根 $\rho_1=1$，$\rho_2=0$。

将 $\rho_1=1$ 代入递推关系式得 $c_n=\dfrac{n-1}{n(n+1)}c_{n-1} \qquad n=1,2,3,\cdots$

当 $n=1$ 时，得 $c_1=0$，于是得 $c_n=0$，

因此得 $$y_1(x)=c_0x$$

由于这里 $\rho_1-\rho_2=1$ 为整数，为了求得与 $y_1(x)$线性无关的第二个解，这时设

$$y_2(x) = gy_1(x)\ln x + \sum_{n=0}^{+\infty} d_n x^{n+\rho_2}$$
$$= gy_1(x)\ln x + \sum_{n=0}^{+\infty} d_n x^n \qquad n=1,2,3,\cdots$$

由于 $y_1(x)=c_0x$，为简单起见，记 $A=gc_0$，于是有

$$y_2(x) = Ax\ln x + \sum_{n=0}^{+\infty} d_n x^n \qquad n=1,2,3,\cdots$$

式中，A，d_n 为待定常数，

于是 $$y'_2(x) = A\ln x + A + \sum_{n=1}^{+\infty} nd_n x^{n-1}, \quad y''_2(x) = \frac{A}{x} + \sum_{n=2}^{+\infty} n(n-1)d_n x^{n-2}$$

代入变形后的方程中，得

$$Ax + \sum_{n=2}^{+\infty} n(n-1)d_n x^n - Ax^2 - Ax^2\ln x - \sum_{n=1}^{+\infty} nd_n x^{n-1} + Ax^2\ln x + \sum_{n=0}^{+\infty} d_n x^n = 0$$

合并同类项，化简有

$$(A+d_0)x - (A-2d_2)x^2 + \sum_{n=3}^{+\infty}[n(n-1)d_n - (n-2)d_{n-1}]x^n = 0$$

比较同次幂系数得

$$A+d_0=0, \quad A-2d_2=0$$

$$d_n = \frac{n-2}{n(n-1)}d_{n-1} \qquad n=3,4,5,\cdots$$

这里 $A\neq0$[否则 $y_2(x)$ 与 $y_1(x)$ 就线性相关]，取 $A=1$ 得

$$d_0=-1 \qquad d_2=\frac{1}{2}$$

当 $n=3$ 时，
$$d_3=\frac{1}{3\times2}d_2=\frac{1}{2\times3!}$$

当 $n=4$ 时，
$$d_4=\frac{2}{4\times3}d_3=\frac{1}{3\times4!}$$

依次类推得，一般式
$$d_n=\frac{1}{(n-1)\cdot n!} \qquad n=2,3,4,\cdots$$

于是得
$$y_2(x)=x\ln x-1+\sum_{n=2}^{+\infty}\frac{x^n}{(n-1)\cdot n!} \qquad n=1,2,3,\cdots$$

故方程的通解为
$$y(x)=c_0x+A\left[x\ln x-1+\sum_{n=2}^{+\infty}\frac{x^n}{(n-1)\cdot n!}\right] \qquad n=1,2,3,\cdots$$

这里 c_0，A 为任意常数。

[例 4.7]　在点 $x=0$ 邻域内求方程 $x^2(1+x^2)y''(x)-2y(x)=0$ 的幂级数解。

解：显然 $x=0$ 是方程的正则点，设方程的解为

$$y(x)=\sum_{n=0}^{+\infty}c_nx^{n+\rho} \quad (c_0\neq0)$$

求导得：
$$y'(x)=\sum_{n=0}^{+\infty}c_n(n+\rho)x^{n+\rho-1}, \quad y''(x)=\sum_{n=0}^{+\infty}c_n(n+\rho)(n+\rho-1)x^{n+\rho-2}$$

代入方程得

$$\sum_{n=0}^{+\infty}(n+\rho)(n+\rho-1)c_nx^{n+\rho}+\sum_{n=0}^{+\infty}(n+\rho)(n+\rho-1)c_nx^{n+\rho+2}-\sum_{n=0}^{+\infty}2c_nx^{n+\rho}=0$$

消去因子 x^ρ，合并同类项得

$$(\rho^2-\rho-2)c_0+(\rho^2+\rho-2)c_1x+$$
$$\sum_{n=2}^{+\infty}\{[(n+\rho)^2-(n+\rho)-2)c_n+(n+\rho-2)(n+\rho-3)c_{n-2}]\}x^n=0$$

由于 $c_0\neq0$，得指标方程

$$\rho^2-\rho-2=0$$

以及系数的递推关系式：

$$(\rho^2+\rho-2)c_1=0, \quad c_n=-\frac{(n+\rho-2)(n+\rho-3)}{(n+\rho-2)(n+\rho+1)}c_{n-2}=-\frac{n+\rho-3}{n+\rho+1}c_{n-2} \qquad n=2,3,4,\cdots$$

解指标方程得两个根：$\rho_1=2$，$\rho_2=-1$。

将 $\rho_1=2$ 代入系数的递推关系式中，有

$$c_1=0, \quad c_n=-\frac{n-1}{n+3}c_{n-2} \qquad n=2,3,4,\cdots$$

当 $n=2$ 时，有 $$c_2=-\frac{1}{5}c_0=-\frac{3c_0}{5\times3}$$

当 $n=3$ 时，有 $$c_3=-\frac{2}{6}c_1=0$$

当 $n=4$ 时，有 $$c_4=-\frac{3}{7}c_2=(-1)^2-\frac{3c_0}{7\times5}$$

当 $n=5$ 时，有 $$c_5=0$$

依次类推得

$$c_{2m}=-\frac{2m-1}{2m+3}c_{2m-2}=(-1)^m\frac{3}{(2m+3)(2m+1)}c_0,\quad c_{2m+1}=0$$

由此得

$$y_1(x)=\sum_{n=0}^{+\infty}c_{2n}x^{2n+2}=c_0x^2+\sum_{n=1}^{+\infty}(-1)^n\frac{3}{(2n+3)(2n+1)}x^{2n+2}$$

由于 $\rho_1-\rho_2=3$ 为整数，为求与 $y_1(x)$ 线性无关的第二个解，

设 $$y_2(x)=gy_1(x)\ln x+\sum_{n=0}^{+\infty}d_nx^{n+\rho_2}=gy_1(x)\ln x+\sum_{n=0}^{+\infty}d_nx^{n-1}$$

$$y_2'(x)=gy_1'(x)\ln x+\frac{g}{x}y_1(x)+\sum_{n=0}^{+\infty}(n-1)d_nx^{n-2}$$

$$y_2''(x)=gy''_1(x)\ln x+\frac{2g}{x}y_1'(x)-g\frac{y_1(x)}{x^2}+\sum_{n=0}^{+\infty}(n-1)(n-2)d_nx^{n-3}$$

代入方程有

$$[x^2(1+x^2)gy''_1(x)-2gy_1(x)]\ln x+g(2x+2x^3)y_1'(x)-g(1+x^2)y_1(x)+$$
$$\sum_{n=0}^{+\infty}(n-1)(n-2)d_nx^{n-1}+\sum_{n=0}^{+\infty}(n-1)(n-2)d_nx^{n+1}-\sum_{n=0}^{+\infty}2d_nx^{n-1}=0$$

注意到 $y_1(x)$ 是方程的解，故上式中含有 $\ln x$ 的那一项为零。

又 $$y_1(x)=\sum_{n=0}^{+\infty}c_{2n}x^{2n+2},\qquad y_1'(x)=\sum_{n=0}^{+\infty}(2n+2)c_{2n}x^{2n+1}$$

于是得到

$$g\left[\sum_{N=0}^{+\infty}(4n+3)c_{2n}x^{2n+2}+\sum_{n=0}^{+\infty}(4n+3)c_{2n}x^{2n+4}\right]\sum_{n=0}^{+\infty}n(n-3)d_nx^{n+1}+$$
$$\sum_{n=0}^{+\infty}(n-1)(n-2)d_nx^{n+1}=0\qquad n=1,2,3,\cdots$$

合并同类项，有

$$g\left\{3c_0x^2+\sum_{n=1}^{+\infty}[(4n+3)c_{2n}+(4n-1)c_{2n-2}]x^{2n+2}\right\}-2d_1+$$
$$\sum_{n=2}^{+\infty}n(n-3)d_nx^{n+1}+\sum_{n=0}^{+\infty}(n-1)(n-2)d_nx^{n+1}=0$$

于是

$$g\left\{3c_0x_2+\sum_{n=1}^{+\infty}[(4n+3)c_{2n}+(4n-1)c_{2n-2}]x^{2n+2}\right\}+(-2d_1)+$$

$$(-2d_2+2d_0)x+0\cdot x^2+\sum_{n=4}^{+\infty}[n(n-3)d_n+(n-3)(n-4)d_{n-2}]x^{n-1}=0$$

上式中 x^2 项的系数有 $3gc_0=0$，而 $c_0\neq0$ 得 $g=0$，从而有

$$x^0:-2d_1=0,d_1=0$$

$$x:2(d_0-d_2)=0,d_2=d_0$$

$$x^n:d_n=-\frac{n-4}{n}d_{n-2}\qquad n=4,5,6,\cdots$$

当 $n=4$ 时，$$d_4=0$$

当 $n=5$ 时，$$d_5=-\frac{1}{5}d_3=\frac{-3}{5\times3}d_3$$

依次类推得 $d_{2m}=0$，$d_{2m+2}=(-1)^{m+1}\dfrac{3}{(2m+1)(2m-1)}d_3\qquad m=2,3,4,\cdots$

由此得解

$$y_2(x)=d_0\left(\frac{1}{x}+x\right)+d_3\left(x^2-\frac{3}{5\times3}x^4+\frac{3}{7\times5}x^6-\frac{3}{9\times7}x^8+\cdots\right)$$

最后得方程的通解为：

$$y(x)=c_0x^2+\sum_{n=1}^{+\infty}(-1)^n\frac{3}{(2n+3)(2n+1)}x^{2n+2}+d_0\left(\frac{1}{x}+x\right)$$

这里 c_0,d_0 为任意常数。

4.2 勒让德多项式

本节介绍勒让德(Legendre)多项式及相关的一些特征值问题，为分离变量法的进一步应用作准备。

4.2.1 勒让德方程及勒让德多项式

考虑下面二阶常微分方程

$$\frac{\mathrm{d}}{\mathrm{d}x}\left[(1-x^2)\frac{\mathrm{d}y}{\mathrm{d}x}\right]+\lambda y=0\quad -1<x<1\tag{4-13}$$

式中，$\lambda\geqslant0$ 为常数，方程(4-13)称为勒让德方程。设 $\lambda=\alpha(\alpha+1)$，α 为非负实数，并将方程(4-13)改写为如下形式：

$$(1-x^2)y''-2xy'+\alpha(1+\alpha)y=0\quad -1<x<1\tag{4-14}$$

方程(4-14)满足定理 4.1 中的条件，其中

$$p(x)=-\frac{2x}{1-x^2},q(x)=\frac{\alpha(\alpha+1)}{1-x^2}$$

故方程(4-14)在区间(-1,1)上有解析解,设其解为

$$y(x)=\sum_{k=0}^{\infty}a_kx^k \tag{4-15}$$

式中,$\alpha_k(k\geqslant 0)$为待定常数。将该级数及一阶和二阶导数代入到原方程中得

$$(1-x^2)\sum_{k=2}^{\infty}k(k-1)a_kx^{k-2}-2x\sum_{k=1}^{\infty}ka_kx^{k-1}+\alpha(\alpha+1)\sum_{k=0}^{\infty}a_kx^k=0$$

或

$$\sum_{k=0}^{\infty}(k+1)(k+2)a_{k+2}x^k-\sum_{k=0}^{\infty}(k-1)ka_kx^k-2\sum_{k=0}^{\infty}ka_kx^k+\alpha(\alpha+1)\sum_{k=0}^{\infty}a_kx^k=0$$

令上式中 $x^k(k\geqslant 0)$系数为零可得

$$(k+1)(k+2)a_{k+2}+(\alpha-k)(\alpha+k+1)a_k=0\quad k\geqslant 0$$

此即

$$a_{k+2}=-\frac{(\alpha-k)(\alpha+k+1)}{(k+1)(k+2)}a_k\ k\geqslant 0 \tag{4-16}$$

连续使用式(4-16)可得:$\forall k\geqslant 0$,

$$a_{2k}=(-1)^k\frac{\alpha(\alpha-2)\cdots(\alpha-2k+2)(\alpha+1)(\alpha+3)\cdots(\alpha+2k-1)}{(2k)!}a_0=c_{2k}a_0$$

$$a_{2k+1}=(-1)^k\frac{(\alpha-1)(\alpha-3)\cdots(\alpha-2k+1)(\alpha+2)(\alpha+4)\cdots(\alpha+2k)}{(2k+1)!}a_1=c_{2k+1}a_1$$

将上面的结果代入 $y(x)=\sum_{k=0}^{\infty}a_kx^k$,得

$$y(x)=a_0\sum_{k=0}^{\infty}c_{2k}x^{2k}+a_1\sum_{k=0}^{\infty}c_{2k+1}x^{2k+1}=a_0y_{\alpha,1}(x)+a_1y_{\alpha,2}(x) \tag{4-17}$$

式中,a_0,a_1 为任意常数,而$\{y_{\alpha,1}(x),y_{\alpha,2}(x)\}$为 Legendre 方程的基解组。

当 α 为非负整数 n 时,由上面 $c_k(k\geqslant 0)$的表达式易见:若 n 为偶数,则 $c_{2k}=0,2k>n$;若 n 为奇数,则 $c_{2k+1}=0,2k+1>n$。因此,当 α 为非负整数 n 时,$y_{\alpha,1}(x)$和 $y_{\alpha,2}(x)$其中之一是一个 n 次多项式。如果选取该 n 次多项式的首项系数等于$\frac{2(n)!}{2^n(n!)^2}$,这个 n 次多项式称为 n 阶勒让德多项式,并记为 $P_n(x)$。因此,当 $\alpha=n\geqslant 0$ 时,Legendre 方程基解组$\{y_{\alpha,1}(x),y_{\alpha,2}(x)\}$中其中之一为 n 阶勒让德多项式 $P_n(x)$,而另一个与 $P_n(x)$线性无关的解是一个无穷级数并记为 $Q_n(x)$,$Q_n(x)$称为第二类 n 阶勒让德函数。$Q_n(x)$在区间(-1,1)上收敛。进一步还可证明 $Q_n(x)$在区间(-1,1)的两个端点 $x=\pm 1$ 是发散的,而且是发散到无穷大。

定理 4.4 勒让德方程(4-13)对任意的非负常数 $\lambda=\alpha(\alpha+1)$可解,且其解为 $y(x)=c_1y_{\alpha,1}(x)+c_2y_{\alpha,2}(x)$,其中 $y_{\alpha,1}(x)$和 $y_{\alpha,2}(x)$由式(4-17)给出。当且仅当 $\lambda=n(n+1),n\geqslant 0$

时勒让德方程(4-13)有有界解。此时,方程的有界解为 n 阶勒让德多项式 $P_n(x)$,而另一个与 $P_n(x)$ 线性无关的解 $Q_n(x)$ 在区间 $(-1,1)$ 上是无界的。

勒让德多项式不仅可用于求解勒让德方程,还可以用来求解下面方程

$$\frac{\mathrm{d}}{\mathrm{d}x}\left[(1-x^2)\frac{\mathrm{d}z}{\mathrm{d}x}\right]+\left(\lambda-\frac{m^2}{1-x^2}\right)z=0 \quad -1<x<1 \tag{4-18}$$

式中,m 为正整数;$\lambda=\alpha(\alpha+1)$,$\alpha\geqslant 0$。方程 (4-18)称为勒让德伴随方程。

对方程(4-18)作变量代换:$z=(1-x^2)^{\frac{m}{2}}u(x)$,直接计算可得 $u(x)$ 满足如下方程

$$(1-x^2)u''-2(m+1)xu'+[\lambda-m(m+1)]u=0 \tag{4-19}$$

对勒让德方程(4-18)两边求 m 阶导数得

$$(1-x^2)y^{(m+2)}-2mxy^{(m+1)}-m(m-1)y^{(m)}-2xy^{(m+1)}-2my^{(m)}+\lambda y^{(m)}=0$$

整理可得

$$(1-x^2)y^{(m+2)}-2(m+1)xy^{(m+1)}+[\lambda-m(m+1)]y^{(m)}=0 \tag{4-20}$$

比较方程(4-18)和方程(4-19)可得,$u=y^{(m)}$ 是方程(4-18)的解,其中 y 是勒让德方程(4-13)的解。因此,方程(4-18)的通解为 $u(x)=c_1 y_{\alpha,1}^{(m)}(x)+c_2 y_{\alpha,2}^{(m)}(x)$,$y_{\alpha,1}(x)$ 和 $y_{\alpha,2}(x)$ 由式(4-17)给出。利用变换 $z=(1-x^2)^{\frac{m}{2}}u(x)$ 可知方程(4-18)的通解为

$$z(x)=c_1(1-x^2)^{\frac{m}{2}}y_{\alpha,1}^{(m)}(x)+c_2(1-x^2)^{\frac{m}{2}}y_{\alpha,2}^{(m)}(x) \tag{4-21}$$

总结上面所得结果可得如下定理。

定理 4.5 对于任意的正整数 m,勒让德伴随方程(4-18)的通解由式(4-21)给出,当且仅当 $\lambda=n(n+1)$ 时,方程(4-18)有有界解,为

$$z(x)=(1-x^2)^{\frac{m}{2}}P_n^{(m)}(x)$$

4.2.2 勒让德多项式的生成函数和递推公式

引入函数 $\Psi(\rho,x)$,其定义如下:

$$\Psi(\rho,x)=\frac{1}{\sqrt{1+\rho^2-2\rho x}}=(1+\rho^2-2\rho x)^{-\frac{1}{2}} \quad \rho\geqslant 0,\ |x|\leqslant 1 \tag{4-22}$$

由于 $(\rho^2-2\rho x)|_{\rho=0}=0$,所以 $\Psi(\rho,x)$ 可在 $\rho=0$ 的某一邻域展成 Taylor 级数。取 $\alpha=-\dfrac{1}{2}$ 时,由二项式 Taylor 级数公式可得

$$\begin{aligned}\Psi(\rho,x)&=(1+\rho^2-k\rho x)^{-\frac{1}{2}}\\&=1-\frac{1}{2}(\rho^2-2\rho x)+\frac{3}{8}(\rho^2-2\rho x)^2-\frac{5}{16}(\rho^2-2\rho x)^3+\cdots+\\&\quad\frac{\alpha(\alpha-1)\cdots(\alpha-n+1)}{n!}(\rho^2-2\rho x)^n+\cdots\end{aligned} \tag{4-23}$$

将式(4-23)中 $(\rho^2-2\rho x)^n$ 展开,注意到对任意正整数 n,含 ρ^n 的项均来自式(4-23)中的前 n

项,故 ρ^n 的系数至多为变量 x 的一个 n 次多项式。可以证明对于任意的 $x\in[-1,1]$,有

$$\Psi(\rho,x)=\sum_{n=0}^{\infty}P_n(x)\rho^n \tag{4-24}$$

由于勒让德多项式 $P_n(x)$可由式(4-24)确定,故称函数 $\Psi(\rho,x)$为勒让德多项式的生成函数或母函数,利用该函数可以得到勒让德多项式的一些性质。

下面利用式(4-24)推导勒让德多项式的递推公式。

利用式(4-22)对 $\Psi(\rho,x)$关于 ρ 求导,易得下面一阶微分方程:

$$(1+\rho^2-2\rho x)\frac{\partial\Psi(\rho,x)}{\partial\rho}=(x-\rho)\Psi(\rho,x) \tag{4-25}$$

将式(4-24)代入到式(4-25)中得

$$(1+\rho^2-2\rho x)\sum_{n=0}^{\infty}nP_n(x)\rho^{n-1}=(x-\rho)\sum_{n=0}^{\infty}P_n(x)\rho^n$$

整理可得

$$\sum_{n=0}^{\infty}(n+1)P_{n+1}(x)\rho^n-\sum_{n=0}^{\infty}(2n+1)xP_n(x)\rho^n+\sum_{n=0}^{\infty}nP_{n-1}(x)\rho^n=0$$

令 ρ^n 的系数为零便得

$$(n+1)P_{n+1}(x)-(2n+1)xP_n(x)+nP_{n-1}(x)=0\quad n\geqslant 0 \tag{4-26}$$

式(4-26)称为勒让德多项式的递推公式。类似地,对 $\Psi(\rho,x)$关于 x 求导可得如下一阶微分方程

$$(1+\rho^2-2\rho x)\frac{\partial\Psi(\rho,x)}{\partial x}=\rho\Psi(\rho,x)$$

类似可得

$$P_n(x)=P'_{n+1}(x)-2xP'_n(x)+P'_{(n-1)}(x)\quad n\geqslant 0 \tag{4-27}$$

将式(4-26)关于 x 求导,式(4-27)两边同乘$(-n)$得

$$(n+1)P'_{n+1}(x)-(2n+1)P_n(x)-(2n+1)xP'_n(x)+nP'_{n-1}(x)=0$$
$$nP_n(x)-nP'_{n+1}(x)+2nxP'_n(x)-nP'_{n-1}(x)=0$$

上面两式相加得

$$P'_{n+1}(x)-(n+1)P_n(x)-xP'_n(x)=0 \tag{4-28}$$

类似可得

$$xP'_n(x)-P'_{n-1}(x)=nP_n(x) \tag{4-29}$$

$$P'_{n+1}(x)-P'_{(n-1)}(x)=(2n+1)P_n(x) \tag{4-30}$$

式(4-27)～式(4-30)也称为勒让德多项式的递推公式。这些递推公式反映了不同阶的勒让德多项式之间的关系,它们在应用中比较常用。

[例 4.8]　证明 $P_{2n+1}(0)=0, P_{2n}(0)=(-1)^n \dfrac{(2n)!}{2^{2n}(n!)^2} \quad n\geqslant 0$。

证明:在式(4-24)中取 $x=0$,并将该等式左边展成 Taylor 级数得

$$(1+\rho^2)^{-\frac{1}{2}} = 1+\sum_{n=1}^{\infty} \frac{\left(-\frac{1}{2}\right)\left(-\frac{1}{2}-1\right)\cdots\left(-\frac{1}{2}-n+1\right)}{n!}\rho^{2n}$$

$$= 1+\sum_{n=1}^{\infty} c_n\rho^{2n} = \sum_{n=0}^{\infty} P_n(0)\rho^{2n}$$

比较上式等号两边 ρ^n 的系数可知 $P_n(0)=c_n \quad n\geqslant 0$。直接计算 c_n 可得

$$c_n = (-1)^n \frac{1}{2}\cdot\frac{3}{2}\cdots\frac{2n-1}{2}\frac{1}{n!} = (-1)^n \frac{(2n-1)!!}{2^n n!}$$

$$= (-1)^n \frac{(2n-1)!!\ (2n)!!}{2^n(2n)!!} = (-1)^n \frac{(2n)!!}{2^{2n}(n!)^2}$$

问题得证。

[例 4.9]　利用式(4-23)和递推公式求 $P_n(x) \quad 0\leqslant n\leqslant 4$。

解:由式(4-23)易得 $P_0(x)=1, P_1(x)=x, P_2(x)=\dfrac{3}{2}x^2-\dfrac{1}{2}$。为计算 $P_3(x)$,利用递推公式(4-26)得

$$P_3(x)=\frac{5}{3}xP_2(x)-\frac{2}{3}P_1(x)=\frac{5}{2}x^3-\frac{3}{2}x$$

类似可得

$$P_4(x)=\frac{35}{8}x^4-\frac{15}{4}x^2+\frac{3}{8}$$

[例 4.10]　计算积分 $\int_0^1 P_n(x)\mathrm{d}x$ 。

解:由式(4-30)可得

$$P_n(x)=\frac{1}{2n+1}[P_{n+1}(x)-P_{n-1}(x)]$$

即函数 $\dfrac{1}{2n+1}[P_{n+1}(x)-P_{(n-1)}(x)]$ 是 $P_n(x)$ 的一个原函数。由牛顿-莱布尼茨公式得

$$\int_0^1 P_n(x)\mathrm{d}x = \frac{1}{2n+1}[P_{n+1}(x)-P_{n-1}(x)]\Big|_0^1$$

$$= \frac{1}{2n+1}[P_{n+1}(1)-P_{n-1}(1)-P_{n+1}(0)+P_{n-1}(0)]$$

$$= \frac{1}{2n+1}[P_{n-1}(0)-P_{n+1}(0)]$$

上面利用了勒让德多项式的性质 $P_n(1)=1$,作为练习请同学们给出证明。

4.2.3　勒让德多项式的微分表示形式

勒让德多项式有下面的简捷表示式

$$P_n(x)=\frac{1}{2^n n!}\frac{d^n}{dx^n}[(x^2-1)^n] \tag{4-31}$$

这一微分表示形式称为罗德立格(Rodrigues)公式，

Rodrigues 公式在定积分计算中比较常用。设 $u(x)$在区间$[-1,1]$有 n 阶连续导数，利用分部积分法可得

$$\begin{aligned}\int_{-1}^{1}u(x)P_n(x)dx&=\frac{1}{2^n n!}\int_{-1}^{1}u(x)\frac{d^n}{dx^n}[(x^2-1)^n]dx\\&=\frac{1}{2^n n!}(-1)^n\int_{-1}^{1}(x^2-1)^n u^{(n)}(x)dx\end{aligned} \tag{4-32}$$

另外，在与勒让德多项式有关的定积分计算中，下面公式也经常用到。

$$\int_0^{\frac{\pi}{2}}(\cos x)^n dx=\int_0^{\frac{\pi}{2}}(\sin x)^n dx=\begin{cases}\dfrac{(n-1)!!}{n!!}\dfrac{\pi}{2} & n\text{ 为偶数}\\ \dfrac{(n-1)!!}{n!!} & n\text{ 为奇数}\end{cases} \tag{4-33}$$

[例 4.11] 计算积分 $I=\int_{-1}^{1}x^6P_4(x)dx$ 。

解:由 Rodrigues 公式得 $P_4(x)=\frac{1}{2^4\times 4!}[(x^2-1)^4]^{(4)}$，由式(4-32)得

$$\begin{aligned}I&=\frac{1}{2^2\times 4!}(-1)^4\int_{-1}^{1}(x^6)^{(4)}(x^2-1)^{(4)}dx\\&=\frac{(-1)^4\times 6!}{2^4\times 4!\times 2}\int_{-1}^{1}x^2(x^2-1)^{(4)}dx\\&=\frac{15}{8}\int_0^1 x^2(x^2-1)^{(4)}dx\end{aligned}$$

对积分作变量代换 $x=\sin t$ 得

$$\begin{aligned}I&=\frac{15}{8}\int_0^{\frac{\pi}{2}}\sin^2 t\cos^9 t dt=\frac{15}{8}\int_0^{\frac{\pi}{2}}(\cos^9 t-\cos^{11}t)dt\\&=\frac{15}{8}\times\frac{8!!}{9!!}\left(1-\frac{10}{11}\right)=\frac{16}{231}\end{aligned}$$

[例 4.12] 证明 $\int_{-1}^{1}P_n(x)P_m(x)dx=0\quad(n\neq m)$ 。

证明:不妨设 $m<0$，由于 $P_m(x)$是一个 m 次多项式，故有$[P_m(x)]^{(n)}=0$。

由式(4-32)得

$$\begin{aligned}\int_{-1}^{1}P_n(x)P_m(x)dx&=\frac{1}{2^n n!}\int_{-1}^{1}P_m(x)\frac{d^n}{dx^n}[(x^2-1)^n]dx\\&=(-1)^n\frac{1}{2^n n!}\int_{-1}^{1}[P_m(x)]^{(n)}(x^2-1)^n dx=0\end{aligned} \tag{4-34}$$

注:式(4-34)说明不同阶的勒让德多项式在区间$[-1,1]$上是相互正交的，此结果将在下面特征值问题中用到。

4.2.4 勒让德方程特征值问题

考虑下面定解问题

$$\begin{cases}\dfrac{\mathrm{d}}{\mathrm{d}x}\left[(1-x^2)\dfrac{\mathrm{d}y}{\mathrm{d}x}\right]+\lambda y=0 & -1<x<1\\ |y(\pm 1)|<\infty\end{cases} \tag{4-35}$$

式中，$\lambda\in C$为待定常数，条件$|y(\pm 1)|<\infty$为有界性边界条件，即要求方程(4-35)的解在区间$[-1,1]$有界。方程(4-35)称为勒让德方程的特征值问题。

定理4.6 对于勒让德方程的特征值问题，方程(4-35)，如下结果成立。

(1) 特征值为$\lambda_n=n(n+1)$，特征函数为$P_n(x)$，$n\geqslant 0$；

(2) 特征函数系$\{P_n(x)|n\geqslant 0\}$是相互正交的，且有

$$\int_{-1}^{1}P_n(x)P_m(x)\mathrm{d}x=\delta_{nm}\frac{2}{2n+1} \tag{4-36}$$

证明：下面分三步证明。

第一步 特征值$\lambda\geqslant 0$，设$y(x)$是相应于特征值λ的非零解，在方程(4-35)中两边同乘$y(x)$并在区间$[-1,1]$上积分得

$$\lambda\int_{-1}^{1}y^2(x)\mathrm{d}x+\int_{-1}^{1}y(x)\frac{\mathrm{d}}{\mathrm{d}x}\left[(1-x^2)\frac{\mathrm{d}y}{\mathrm{d}x}\right]\mathrm{d}x=0$$

利用分部积分法得

$$\lambda\int_{-1}^{1}y^2(x)\mathrm{d}x+(1-x^2)y(x)y'(x)\Big|_{-1}^{1}-\int_{-1}^{1}(1-x^2)[y'(x)]^2\mathrm{d}x=0$$

由此便得

$$\lambda=\frac{\displaystyle\int_{-1}^{1}(1-x^2)[y'(x)]^2\mathrm{d}x}{\displaystyle\int_{-1}^{1}y^2(x)\mathrm{d}x}\geqslant 0$$

第二步 求解定解问题方程(4-35)。由定理4.4得：当且仅当$\lambda=n(n+1)$时，勒让德方程有有界解$P_n(x)$，此即定理4.6中(1)的结果。

第三步 式(4-36)的证明。由式(4-34)得$\{P_n(x)|n\geqslant 0\}$的正交性，下面计算$P_n(x)$的平方模，利用归纳法给出证明。当$k=0$或1时，直接计算，易证式(4-36)成立。

设当$k=n$时，式(4-36)成立，即

$$\int_{-1}^{1}P_n^2(x)\mathrm{d}x=\frac{2}{2n+1}$$

当$k=(n+1)$时，由递推公式(4-26)得

$$(n+1)P_{n+1}(x)-(2n+1)xP_n(x)+nP_{n-1}(x)=0$$
$$(n+2)P_{n+2}(x)-(2n+3)xP_{n+1}(x)+(n+1)P_n(x)=0$$

将上面两式改写为

$$(n+1)P_{n+1}(x)=(2n+1)xP_n(x)-nP_{n-1}(x) \tag{4-37}$$

$$(2n+3)xP_{n+1}(x)=(n+1)P_n(x)+(n+2)P_{n+2}(x) \tag{4-38}$$

式(4-37)两边同乘 $P_{n+1}(x)$并利用式(4-38)得

$$\begin{aligned}(n+1)P_{n+1}^2(x)&=(2n+1)xP_{n+1}(x)P_n(x)-nP_{n-1}(x)P_{n+1}(x)\\&=\frac{2n+1}{2n+3}P_n(x)[(n+1)P_n(x)+(n+2)P_{n+2}(x)]-nP_{n-1}(x)P_{n+1}(x)\end{aligned}$$

上式两边在区间[-1,1]上积分,并利用勒让德多项式的正交性,式(4-36),得

$$\int_{-1}^{1}P_{n+1}^2(x)\mathrm{d}x=\frac{2n+1}{2n+3}\int_{-1}^{1}P_n^2(x)\mathrm{d}x=\frac{2}{2n+3}$$

此即要证的结果,定理得证。

勒让德多项式 $P_l(x)$的模记为 N_l,$N_l^2=\int_{-1}^{+1}[P_l(x)]^2\mathrm{d}x$

$$N_n=\sqrt{\int_{-1}^{+1}[P_l(x)]^2\mathrm{d}x}=\sqrt{\frac{2}{2l+1}}\quad l=0,1,2,\cdots$$

定理 4.7 (勒让德多项式的完备性)设 $f(x)$在区间[-1,1]上分段光滑,则 $f(x)$可按正交函数系$\{P_n(x)|n\geqslant0\}$展成 Fourier-Legendre 级数,即

$$f(x)=\sum_{n=0}^{\infty}c_nP_n(x)\quad -1\leqslant x\leqslant 1 \tag{4-39}$$

其中 Fourier 系数 c_n 为

$$c_n=\frac{2n+1}{2}\int_{-1}^{1}f(x)P_n(x)\mathrm{d}x\quad n\geqslant0 \tag{4-40}$$

展开式(4-39)也叫 $f(x)$的广义 Fourier 级数或简称 Fourier 级数。

[例 4.13] 将 $f(x)=x^4$ 在区间[-1,1]上展成广义 Fourier 级数。

解:由定理 4.7 得

$$x^4=\sum_{n=0}^{\infty}c_nP_n(x)$$

由 Fourier 系数计算公式(4-39)及勒让德多项式的正交性可得 $c_n=0,n\geqslant5$。
又由于 $P_1(x)$、$P_3(x)$是奇函数,有 $c_1=c_3=0$,故有

$$x^4=c_0P_0(x)+c_2P_2(x)+c_4P_4(x)$$

利用式(4-39)直接计算得

$$c_0=\frac{1}{2}\int_{-1}^{1}x^4P_0(x)\mathrm{d}x=\frac{1}{2}\int_{-1}^{1}x^4\mathrm{d}x=\frac{1}{5}$$

$$\begin{aligned}c_2&=\frac{5}{2}\int_{-1}^{1}x^4P_2(x)\mathrm{d}x=\frac{5}{2}\times\frac{1}{2^2\times2!}\int_{-1}^{1}x^4\frac{\mathrm{d}^2}{\mathrm{d}x^2}(x^2-1)^2\mathrm{d}x\\&=\frac{15}{2}\int_{0}^{1}x^2(x^2-1)^2\mathrm{d}x=\frac{15}{2}\int_{0}^{\frac{\pi}{2}}\sin^2t\cos^5t\mathrm{d}t=\frac{4}{7}\end{aligned}$$

在式(4-40)中取 $x=1$ 得 $1=c_0+c_2+c_4$，由此得 $c_4=\frac{8}{35}$。所以，得

$$x^4=\frac{1}{5}P_0(x)+\frac{4}{7}P_2(x)+\frac{8}{35}P_4(x)$$

［例 4.14］ 在区间[−1,1]内将 $f(x)=2x^3+3x+4$ 展成勒让德多项式的级数。

解：因为 $f(x)$ 是三次多项式，所以 $f(x)$ 可以表示为 $P_0(x)$、$P_1(x)$、$P_2(x)$ 及 $P_3(x)$ 的线性组合，

$$\begin{aligned}2x^3+3x+4&=c_0P_0(x)+c_1P_1(x)+c_2P_2(x)+c_3P_3(x)\\&=c_0\cdot 1+c_1\cdot x+c_2\cdot\frac{1}{2}(3x^2-1)+c_3\cdot\frac{1}{2}(5x^3-3x)\\&=\left(c_0+\frac{1}{2}c_2\right)+\left(c_1-\frac{3}{2}c_3\right)x+\frac{3}{2}c_2x^2+\frac{5}{2}c_3x^3\end{aligned}$$

比较左右两端，即得

$$c_0+\frac{1}{2}c_2=4,c_1-\frac{3}{2}c_3=3,\frac{3}{2}c_2=0,\frac{5}{2}c_3=2$$

$$c_0=4,c_1=\frac{21}{5},c_2=0,c_3=\frac{4}{5}$$

$$2x^3+3x+4=4P_0(x)+\frac{2}{5}P_1(x)+\frac{4}{5}P_3(x)$$

其实完全可以预料到 $f(x)$ 不含 $P_2(x)$ 项，因为 $f(x)$ 没有 x^2 项。

4.2.5 连带的勒让德方程和连带的勒让德函数

连带的勒让德方程

$$\frac{\mathrm{d}}{\mathrm{d}x}\left[(1-x^2)\frac{\mathrm{d}y}{\mathrm{d}x}\right]+\left(\mu-\frac{m^2}{1-x^2}\right)y=0 \tag{4-41}$$

显然 $m=0$ 时，它就是勒让德方程。

连带的勒让德方程的本征值问题，就是求出它在[−1,+1]上的有界解对应的 μ 的值。同样，$\mu=l(l+1)(l=0,1,2,\cdots)$ 是它的本征值，它相应的本征函数系可以通过变换 $y(x)=(1-x^2)^{\frac{m}{2}}\nu(x)$，得到 $\nu(x)$ 的方程，如下：

$$(1-x^2)\nu''-2(m+1)x\nu'+[\mu-m(m+1)]\nu=0$$

上式两边对 x 求导数，得

$$(1-x^2)(\nu')''-2(m+2)x(\nu')'+[\mu-(m+1)(m+2)](\nu')=0$$

与前一式比较，只是将 m 变成 $m+1$，ν 变成 ν'。注意到 $m=0$ 时，就是勒让德方程。由此可知，前一式可以从勒让德方程通过 m 次求导推得，也就是它的解就是勒让德方程的解的 m 阶导数。由于 $\mu=l(l+1)$，因此它的一个解是

$$\nu(x)=\frac{\mathrm{d}^m}{\mathrm{d}x^m}P_l(x)\quad 0\leqslant m\leqslant l$$

于是得到连带的勒让德方程在[-1,+1]上有界的解：

$$P_l^m(x)=(1-x^2)^{\frac{m}{2}}\frac{\mathrm{d}^m}{\mathrm{d}x^m}P_l(x)\quad m=0,1,2,\cdots,l \tag{4-42}$$

通常称 $P_l^m(x)$ 为 m 阶 l 次(第一类)连带勒让德函数。

容易知道,连带勒让德函数的正交性：

$$\int_{-1}^{+1}P_l^m(x)P_n^m(x)\mathrm{d}x=0\quad l\neq n,\quad l,n=0,1,2,\cdots \tag{4-43}$$

并且模的平方为：

$$|P_l^m(x)|^2=\int_{-1}^{+1}[P_l^m(x)]^2\mathrm{d}x=\frac{(l+m)!}{(1-m)!}\cdot\frac{2}{2l+1} \tag{4-44}$$

4.2.6 勒让德函数在数理方程中的应用

可以利用勒让德函数的定义和性质,根据分离变量法的步骤,得到所求数理方程的解。

[例 4.15] 有一单位球体,测得表面电位分布为 $\cos^2\theta$,求球体内无源电位分布。

解:由于边界值与 φ 无关,所以可设电位 $u=u(r,\theta)$ 与 φ 无关,因此球形区域内电位分布问题在球面坐标系下为

$$\begin{cases}\dfrac{1}{r^2}\dfrac{\partial}{\partial r}\left(r^2\dfrac{\partial u}{\partial r}\right)+\dfrac{1}{r^2\sin\theta}\dfrac{\partial}{\partial\theta}\left(\sin\theta\dfrac{\partial u}{\partial\theta}\right)=0\quad 0<r<1\\ u(1,\theta)=\cos^2\theta\end{cases}$$

用分离变量法,设 $u(r,\theta)=R(r)\Theta(\theta)$,代入方程并分离变量,得两个常微分方程

$$r^2R''(r)+2rR'(r)-\lambda R(r)=0$$

$$\Theta''(\theta)+\frac{\cos\theta}{\sin\theta}\Theta'(\theta)+\lambda\Theta(\theta)=0$$

令 $x=\cos\theta$,记 $y(x)=\Theta(\theta)$,$(-1\leqslant x\leqslant 1)$,则上式化为勒让德方程

$$(1-x^2)\frac{\mathrm{d}^2y}{\mathrm{d}x^2}-2x\frac{\mathrm{d}y}{\mathrm{d}x}+\lambda y=0$$

它的本征值问题提法是求 $y(x)$ 在[-1,1]上的有界解,得本征值 $\lambda_1=l(l+1)$,相应的本征函数为 $\Theta_l(\theta)=P_l(\cos\theta)$。

当 $\lambda_l=l(l+1)(l=0,1,2,\cdots)$ 时,关于 $R(r)$ 的方程的通解为

$$R_l(r)=C_lr^l+D_lr^{-(l+1)}\quad(l=0,1,2,\cdots)$$

由自然边界条件 $R(0)$ 有界,得 $D_l=0(l=0,1,2,\cdots)$,所以问题的解为：

$$u(r,\theta)=\sum_{l=0}^{+\infty}C_lr^lP_l(\cos\theta)$$

由边界条件 $u(1,\theta)=\cos^2\theta$ 得 $\cos^2\theta=\sum\limits_{l=0}^{+\infty}C_lP_l(\cos\theta)$

令 $x=\cos\theta$，由于 $x^2=\frac{1}{3}P_0(x)+\frac{2}{3}P_2(x)$，得此球域内电位分布函数：

$$u(r,\theta)=\frac{1}{3}+\frac{2}{3}P_2(\cos\theta)r^2=\frac{1}{3}+\left(\cos^2\theta-\frac{1}{3}\right)r^2$$

［**例 4.16**］（半球内的稳定温度分布）求半径为 a 的上半球内稳定状态下的温度分布。设上半球面保持恒温 u_0，半球底面为 0℃。

解：定解问题为

$$\begin{cases}\Delta u=0 & 0<r<a,0<\theta<\frac{\pi}{2}\\ u(a,\theta,\varphi)=u_0 & 0<\theta<\frac{\pi}{2}\\ u\left(r,\frac{\pi}{2},\varphi\right)=0\end{cases}$$

为了用勒让德函数表示解，需将半球问题化为整球问题，若保持 $u\left(r,\frac{\pi}{2},\varphi\right)=0$，由物理意义知，将边界条件作奇延拓

$$u(a,\theta,\varphi)=\begin{cases}u_0 & 0\leqslant\theta<\frac{\pi}{2}\\ -u_0 & \frac{\pi}{2}<\theta\leqslant\pi\end{cases}$$

就保证温度 u 是 $z=r\cos\theta$ 的奇函数，并且有 $u|_{z=0}=u|_{\theta=\frac{\pi}{2}}=0$。

注意到边界条件与 φ 无关，可以认为温度 $u=u(r,\theta)$ 也与 φ 无关，这样定解问题化为

$$\begin{cases}\frac{1}{r^2}\frac{\partial}{\partial r}\left(r^2\frac{\partial u}{\partial r}\right)+\frac{1}{r^2\sin\theta}\frac{\partial}{\partial\theta}\left(\sin\theta\frac{\partial u}{\partial\theta}\right)=0 & 0<r<a\\ u(a,\theta)=\begin{cases}u_0 & 0\leqslant\theta<\frac{\pi}{2}\\ -u_0 & \frac{\pi}{2}<\theta\leqslant\pi\end{cases}\end{cases}$$

用分离变量法，令 $u(r,\theta)=R(r)\Theta(\theta)$，代入方程分离变量得

$$r^2R''(r)+2rR'(r)-\lambda R(r)=0$$

$$\Theta''(\theta)+\frac{\cos\theta}{\sin\theta}\Theta'(\theta)+\lambda\Theta(\theta)=0$$

关于 $\Theta(\theta)$ 的方程，令 $x=\cos\theta$，记 $y(x)=\Theta(\theta)$，化为勒让德方程为

$$(1-x^2)y''-2xy'+\lambda y=0\quad -1\leqslant x\leqslant 1$$

它的本征值问题就是求在[−1,1]区间上的有界解，得本征值 $\lambda_l=l(l+1)(l=0,1,2,\cdots)$，相应的本征函数为

$$\Theta_l(\theta)=P_l(\cos\theta)\quad(l=0,1,2,\cdots)$$

把本征值 $\lambda_l=l(l+1)$ 代入关于 $R(r)$ 的方程（尤拉方程）得通解

$$R_l(r)=C_l r^l+D_l r^{-(l+1)} \quad (l=0,1,2,\cdots)$$

要使 $u(r,\theta)$ 有界，必须 $R_l(r)$ 也有界，所以 $D_l=0(l=0,1,2,\cdots)$，因此得 $R_l(r)=C_l r^l(l=0,1,2,\cdots)$，由叠加原理得解：

$$u(r,\theta)=\sum_{l=0}^{+\infty} C_l r^l P_l(\cos\theta)$$

由边界条件得

$$\sum_{l=0}^{\infty} C_l a^l P_l(\cos\theta)=\begin{cases} u_0 & 0\leqslant\theta<\dfrac{\pi}{2} \\ -u_0 & \dfrac{\pi}{2}<x\leqslant\pi \end{cases}$$

从而得

$$C_l=\frac{2l+1}{2a^l}\left[-\int_{-1}^{0} u_0 P_l(x)\mathrm{d}x+\int_{0}^{1} u_0 P_l(x)\mathrm{d}x\right]$$

注意到
$$\int_{-1}^{0} P_l(x)\mathrm{d}x=\int_{0}^{1} P_l(-x)\mathrm{d}x=(-1)^l\int_{0}^{1} P_l(x)\mathrm{d}x$$

利用 $P_l(x)=\dfrac{1}{2^l\cdot l!}\dfrac{\mathrm{d}^l}{\mathrm{d}x^l}(x^2-1)^l$，易得

$$C_l=\begin{cases} 0 & \text{当 } l=2m \text{ 时} \\ \dfrac{(-1)^m(4m+3)(2m)!\ u_0}{a^{2m+1}2^{2m+1}(m+1)!\ m!} & \text{当 } l=2m+1 \text{ 时} \end{cases}$$

得到问题的解为

$$u(r,\theta)=u_0\sum_{m=0}^{+\infty}(-1)^m\frac{(4m+3)(2m)!}{2^{2m+1}(m+1)!m!}\left(\frac{r}{a}\right)^{2m+1}P_{2m+1}(\cos\theta) \quad 0\leqslant\theta\leqslant\frac{\pi}{2}$$

4.3 球函数

4.3.1 球函数

在不具备轴对称的情况下，拉普拉斯方程的解是

$$u(r,\theta,\varphi)=R(r)Y(\theta,\varphi) \tag{4-45}$$

令
$$Y_l^m(\theta,\varphi)=\Theta_l(\theta)\Phi_m(\varphi)$$

$\Phi_m(\varphi)$ 的解是 $\sin m\varphi$ 或 $\cos m\varphi$，$\Theta_l(\theta)$ 的解是 $P_l^m(x)$，代入得

$$Y_l^m(\theta,\varphi)=P_l^m(\cos\theta)\begin{Bmatrix}\sin m\varphi \\ \cos m\varphi\end{Bmatrix}\begin{pmatrix} m=0,1,2,\cdots,l \\ l=0,1,2,\cdots \end{pmatrix} \tag{4-46}$$

记号 $\begin{Bmatrix}\sin m\varphi \\ \cos m\varphi\end{Bmatrix}$ 表示取 $\sin m\varphi$ 或取 $\cos m\varphi$，上式叫作球函数，l 叫作它的阶，独立的 l 阶球函数共

有(2l+1)个。

4.3.2　复数形式的球函数

根据欧勒公式

$$\cos m\varphi + \mathrm{i}\sin m\varphi = \mathrm{e}^{\mathrm{i}m\varphi}$$
$$\cos m\varphi - \mathrm{i}\sin m\varphi = \mathrm{e}^{-\mathrm{i}m\varphi}$$

球函数可重新组合为

$$Y_l^m(\theta,\varphi) = P_l^m(\cos\theta)\mathrm{e}^{\mathrm{i}m\varphi}\begin{pmatrix} m=-l,-l+1,\cdots,0,1,\cdots,l \\ l=0,1,2,3,\cdots \end{pmatrix} \tag{4-47}$$

若给定 l,则有(2l+1)个不同取值的 m,(2n−1)个不同的球函数。

4.3.3　球函数的正交性

1. 正交性

$$\begin{aligned} &\iint_S Y_n^m(\theta,\varphi)Y_l^k(\theta,\varphi) \\ &= \int_0^\pi P_n^m(\cos\theta)P_l^k(\cos\theta)\sin\theta\mathrm{d}\theta\int_0^{2\pi}\begin{Bmatrix}\sin m\varphi \\ \cos m\varphi\end{Bmatrix}\begin{Bmatrix}\sin k\varphi \\ \cos k\varphi\end{Bmatrix}\mathrm{d}\varphi \\ &= \int_{-1}^{+1} P_n^m(x)P_l^k(x)\mathrm{d}x\int_0^{2\pi}\begin{Bmatrix}\sin m\varphi \\ \cos m\varphi\end{Bmatrix}\begin{Bmatrix}\sin k\varphi \\ \cos k\varphi\end{Bmatrix}\mathrm{d}\varphi = 0 \quad (m\neq k \text{ 或 } n\neq l) \end{aligned} \tag{4-48}$$

2. 球函数的模

$$\begin{aligned} &\iint_S [Y_l^m(\theta,\varphi)]^2\sin\theta\mathrm{d}\theta\mathrm{d}\varphi \\ &= \int_0^\pi [P_l^m(\cos\theta)]^2\sin\theta\mathrm{d}\theta\int_0^{2\pi}\begin{Bmatrix}\sin^2 m\varphi \\ \cos^2 m\varphi\end{Bmatrix}\mathrm{d}\varphi \\ &= \int_{-1}^{+1}[P_l^m(x)]^2\mathrm{d}x\int_0^{2\pi}\begin{Bmatrix}\sin m^2\varphi \\ \cos m^2\varphi\end{Bmatrix}\mathrm{d}\varphi = \frac{2\pi\delta_m(l+m)!}{(2l+1)(l-m)!} \end{aligned} \tag{4-49}$$

其中应用了

$$\int_0^{2\pi}\sin^2 m\varphi\mathrm{d}\varphi = \pi \qquad (m\neq 0)$$

$$\int_0^{2\pi}\cos^2 m\varphi\mathrm{d}\varphi = \pi\delta_m,\quad \delta_m = \begin{cases}2 & (m=0) \\ 1 & (m\neq 0)\end{cases}$$

$$\int_{-1}^{+1}[P_l^m(x)]^2\mathrm{d}x = \frac{2}{2l+1}\cdot\frac{(l+m)!}{(l-m)!}$$

4.3.4　球面上的函数的广义傅里叶级数

定义在球面 S(即 $0\leqslant\theta\leqslant\pi$,$0\leqslant\varphi\leqslant 2\pi$)上的函数 $f(\theta,\varphi)$可用球函数展开成二重广义傅里

叶级数。

展开方法可分两步进行：

(1) 将 $f(\theta,\varphi)$ 对 φ 展开为傅里叶级数(θ 作为参数)

$$f(\theta,\varphi)=\sum_{m=0}^{\infty}[A_m(\theta)\cos m\varphi+B_m(\theta)\sin m\varphi] \tag{4-50}$$

其中，
$$\begin{cases}A_m(\theta)=\dfrac{1}{\pi\delta_m}\displaystyle\int_0^{2\pi}f(\theta,\varphi)\cos m\varphi\mathrm{d}\varphi\\B_m(\theta)=\dfrac{1}{\pi}\displaystyle\int_0^{2\pi}f(\theta,\varphi)\sin m\varphi\mathrm{d}\varphi\end{cases}$$

(2) 以 $P_l^m(\cos\theta)$ 为基，在区间 $[0,\pi]$ 上将 $A_m(\theta)$ 和 $B_m(\theta)$ 展开

$$\begin{cases}A_m(\theta)=\displaystyle\sum_{l=m}^{\infty}A_l^mP_l^m(\cos\theta)\\B_m(\theta)=\displaystyle\sum_{l=m}^{\infty}B_l^mP_l^m(\cos\theta)\end{cases}$$

(l 从 m 开始)

$$\begin{cases}A_l^m=\dfrac{2l+1}{2}\cdot\dfrac{(l-m)!}{(l+m)!}\displaystyle\int_0^{\pi}A_m(\theta)P_l^m(\cos\theta)\sin\theta\mathrm{d}\theta\\\quad=\dfrac{2l+1}{2\pi\delta_m}\cdot\dfrac{(l-m)!}{(l+m)!}\displaystyle\iint_S f(\theta,\varphi)P_l^m(\cos\theta)\cos m\varphi\sin\theta\mathrm{d}\theta\mathrm{d}\varphi\\B_l^m=\dfrac{2l+1}{2}\cdot\dfrac{(l-m)!}{(l+m)!}\displaystyle\int_0^{\pi}B_m(\theta)P_l^m(\cos\theta)\sin\theta\mathrm{d}\theta\\\quad=\dfrac{2l+1}{2\pi\delta_m}\cdot\dfrac{(l-m)!}{(l+m)!}\displaystyle\iint_S f(\theta,\varphi)P_l^m(\cos\theta)\cos m\varphi\sin\theta\mathrm{d}\theta\mathrm{d}\varphi\end{cases}$$

$$f(\theta,\varphi)=\sum_{m=0}^{\infty}\sum_{l=m}^{\infty}(A_l^m\cos m\varphi+B_l^m\sin m\varphi)P_l^m(\cos\theta)$$

[例 4.17] 用球函数把下列函数展开。

(1) $\sin\theta\cos\varphi$，　　(2) $\sin\theta\sin\varphi$

(3) $3\sin^2\theta\cos^2\varphi-1$，　(4) $\sin^2\theta\left(\cos\varphi\sin\varphi+\dfrac{1}{2}\right)$

解：(1) $\sin\theta\cos\varphi=P_1^1(\cos\theta)\cos\varphi$

(2) $\sin\theta\sin\varphi=P_1^1(\cos\theta)\sin\varphi$

(3) $3\sin^2\theta\cos^2\varphi-1=\dfrac{3}{2}\sin^2\theta(1+\cos2\varphi)-1$

$$=\left(\frac{3}{2}\sin^2\theta-1\right)+\frac{3}{2}\sin^2\theta\cos2\varphi$$

$f_0(\theta)=\dfrac{3}{2}\sin^2\theta-1=\dfrac{3}{2}(1-\cos^2\theta)-1=-\dfrac{1}{2}(3\cos^2\theta-1)=-P_2(\cos\theta)$　[按 $P_l^0(\cos\theta)$ 展开]

$f_2(\theta)=\dfrac{3}{2}\sin^2\theta=\dfrac{1}{2}P_2^2(\cos\theta)$　　(按 $P_l^2(\cos\theta)$ 展开)

所以 $$3\sin^2\theta\cos^2\varphi-1=-P_2(\cos\theta)+\frac{1}{2}P_2^2(\cos\theta)\cos2\varphi$$

注意:$3\sin^2\theta\cos^2\varphi-1=\frac{3}{2}\sin^2\theta-1+\frac{3}{2}\sin^2\theta\cos2\varphi=\frac{1}{2}P_2^2(\cos\theta)-P_0+\frac{1}{2}P_2^2(\cos\theta)\cos2\varphi$,但是 $P_2^2(\cos\theta)$ 不是球函数。

(4) $$\sin^2\theta\left(\cos\varphi\sin\varphi+\frac{1}{2}\right)=\frac{1}{2}\sin^2\theta+\frac{1}{2}\sin^2\theta\sin2\varphi$$

$$f_0(\theta)=\frac{1}{2}\sin^2\theta=-\frac{1}{6}(3\cos^2\theta-1)+\frac{1}{3}=-\frac{1}{6}P_2(\cos\theta)+\frac{1}{3}P_0(\cos\theta)$$

$$f_2(\theta)=\frac{1}{2}\sin^2\theta=\frac{1}{6}\times3\sin^2\theta=\frac{1}{6}P_2^2(\cos\theta)$$

$$\sin^2\theta\left(\cos\varphi\sin\varphi+\frac{1}{2}\right)=-\frac{1}{3}P_2^0(\cos\theta)+\frac{1}{3}P_0^0(\cos\theta)+\frac{1}{6}P_2^2(\cos\theta)\sin2\varphi$$

正交归一化的球函数：

$$Y_{lm}(\theta,\varphi)=\frac{1}{N_l^m}Y_l^m(\theta,\varphi)$$

$$\int_0^{2\pi}\int_0^{\pi}Y_{lm}(0,\varphi)Y_{kn}^*(\theta,\varphi)\sin\theta\mathrm{d}\theta\mathrm{d}\varphi=\delta_{lk}\delta_{mn}$$

4.3.5 球函数在数理方程中的应用

在不具备轴对称的情况下，拉普拉斯方程的解是

$$u(r,\theta,\varphi)=R(r)Y(\theta,\varphi)$$

对于给定的 l 和 m，有

$$Y_l^m(\theta,\varphi)=(A_l^m\cos m\varphi+B_l^m\sin m\varphi)P_l^m(\cos\theta)$$
$$R_l(r)=C_lr^l+D_lr^{-(l+1)}$$

$u(r,\theta,\varphi)$ 的本征解为

$$u_l^m(r,\theta,\varphi)=r^l(A_l^m\cos m\varphi+B_l^m\sin m\varphi)P_l^m(\cos\theta)+r^{-(l+1)}(C_l^m\cos m\varphi+D_l^m\sin m\varphi)P_l^m(\cos\theta)$$

$$\begin{aligned}u(r,\theta,\varphi)=&\sum_{m=0}^{\infty}\sum_{l=m}^{\infty}r^l(A_l^m\cos m\varphi+B_l^m\sin m\varphi)P_l^m(\cos\theta)+\\&\sum_{m=0}^{\infty}\sum_{l=m}^{\infty}r^{-(l+1)}(C_l^m\cos m\varphi+D_l^m\sin m\varphi)P_l^m(\cos\theta)\end{aligned}\tag{4-51}$$

[**例 4.18**] 半径为 r_0 的球形区域内部没有电荷，球面上的电势为 $u_0\sin^2\theta\cos\varphi\sin\varphi$，$u_0$ 为常数，求球形内部的电势。

解:这是静电场的电势分布问题，定解问题为

$$\begin{cases}\Delta u=0 \quad r<r_0\\ u|_{r=r_0}=u_0\sin^2\theta\cos\varphi\sin\varphi\\ u|_{r=0}\text{有限}\end{cases}$$

一般解为

$$u(r,\theta,\varphi)=\sum_{m=0}^{\infty}\sum_{l=m}^{\infty}r^{l}(A_l^m\cos m\varphi+B_l^m\sin m\varphi)P_l^m(\cos\theta)+$$

$$\sum_{m=0}^{\infty}\sum_{l=m}^{\infty}r^{-(l+1)}(C_l^m\cos m\varphi+D_l^m\sin m\varphi)P_l^m(\cos\theta)$$

自然边界条件 $u|_{r=0}$有限：$C_l^m=0,\quad D_l^m=0$

$$u(r,\theta,\varphi)=\sum_{m=0}^{\infty}\sum_{l=m}^{\infty}r^{l}(A_l^m\cos m\varphi+B_l^m\sin m\varphi)P_l^m(\cos\theta)$$

代入非齐次边界条件得

$$u(r_0,\theta,\varphi)=\sum_{m=0}^{\infty}\sum_{l=m}^{\infty}r_0^{l}(A_l^m\cos m\varphi+B_l^m\sin m\varphi)P_l^m(\cos\theta)=u_0\sin^2\theta\cos\varphi\sin\varphi$$

$$u_0\sin^2\theta\cos\varphi\sin\varphi=\frac{1}{6}u_0(3\sin^2\theta)\sin 2\varphi=\frac{1}{6}u_0P_2^2(\cos\theta)\sin 2\varphi$$

两边比较系数有

$$\begin{cases}r_0^2B_2^2=\dfrac{1}{6}u_0\\ r_0^mB_l^m=0\\ r_0^lA_l^m=0\end{cases}\text{从而有}\begin{cases}B_2^2=\dfrac{u_0}{6r_0^2}\\ B_l^m=0 & (l\neq 2,\text{且 }m\neq 2)\\ A_l^m=0 & (l,m=0,1,2,\cdots)\end{cases}$$

$$u(r,\theta,\varphi)=\frac{u_0}{6r_0^2}r^2P_2^2(\cos\theta)\sin 2\varphi$$

[例 4.19] 半径为 r_0 的球形区域外部求解定解问题：

$$\begin{cases}\Delta u=0\quad r>r_0\\ \left.\dfrac{\partial u}{\partial r}\right|_{r=r_0}=u_0\left(\sin^2\theta\sin^2\varphi-\dfrac{1}{3}\right)\\ u|_{r\to\infty}=\text{有限值}\end{cases}$$

解：

$$u(r,\theta,\varphi)=A_0^0+\sum_{m=0}^{\infty}\sum_{l=m}^{\infty}\frac{1}{r^{l+1}}(C_l^m\cos m\varphi+D_l^m\sin m\varphi)P_l^m(\cos\theta)$$

$$\left.\frac{\partial u}{\partial r}\right|_{r=r_0}=\sum_{m=0}^{\infty}\sum_{l=m}^{\infty}-(l+1)r_0^{-(l+2)}(C_l^m\cos m\varphi+D_l^m\sin m\varphi)P_l^m(\cos\theta)$$

$$=u_0\left(\sin^2\theta\sin^2\varphi-\frac{1}{3}\right)$$

$$u_0\left(\sin^2\theta\sin^2\varphi-\frac{1}{3}\right)=u_0\left(-\frac{1}{2}\sin^2\theta\cos 2\varphi-\frac{1}{2}\cos^2\theta+\frac{1}{6}\right)$$

$$=u_0\left[-\frac{1}{6}(3\sin^2\theta\cos 2\varphi)-\frac{1}{6}(3\cos^2\theta-1)\right]$$

$$=-\frac{u_0}{6}P_2^2(\cos\theta)\cos 2\varphi-\frac{u_0}{3}P_2^0(\cos\theta)$$

$$C_2^0=\frac{1}{9}u_0r_0^4,\quad C_2^2=\frac{1}{18}u_0r_0^4$$

$$C_l^m=0(l\neq 2,m\neq 0,2),D_l^m=0(l,m=0,1,2,\cdots)$$

$$u(r,\theta,\varphi)=A_0^0+\frac{1}{9}u_0r_0^4\cdot\frac{1}{r^3}P_2(\cos\theta)+\frac{1}{18}u_0r_0^4\cdot\frac{1}{r^3}P_2^2(\cos\theta)\cos 2\varphi$$

其中 A_0^0 是不确定的常数。

4.4　贝塞尔（Bessel）函数*

4.4.1　Bessel 方程和 Bessel 函数

设 $r\geqslant 0$，二阶线性常微分方程为

$$x^2y''+xy'+(x^2-r^2)y=0 \tag{4-52}$$

上式称为 r 阶 Bessel 方程。

方程两边同除以 x^2，有 $p(x)=\frac{1}{x}$，$q(x)=1-\frac{r^2}{x^2}$，可用待定系数法求方程(4-52)具有级数形式的解，即令

$$y(x)=x^\rho\sum_{n=0}^{\infty}a_nx^n=\sum_{n=0}^{\infty}a_nx^{n+\rho}\quad a_0\neq 0 \tag{4-53}$$

式中，ρ 和 $a_n(n\geqslant 0)$ 为待定常数。将式(4-53)代入到方程(4-52)中并整理可得

$$\sum_{n=0}^{\infty}[(n+\rho)^2-r^2]a_nx^n+\sum_{n=0}^{\infty}a_nx^{n+2}=0$$

比较上式两端 x^n 的系数得

$$\begin{cases}(\rho^2-r^2)a_0=0\\ [(1+\rho)^2-r^2]a_1=0\\ [(n+\rho)^2-r^2]a_n+a_{n-2}=0\quad n\geqslant 2\end{cases} \tag{4-54}$$

由于 $a_0\neq 0$，故有 $\rho^2-r^2=0$，$\rho_1=r$，$\rho_2=-r$。

首先取 $\rho=\rho_1=r\geqslant 0$，则由式(4-54)可得

$$a_1=0$$

$$a_n=-\frac{a_{n-2}}{(n+\rho)^2-r^2}=-\frac{a_{n-2}}{n(n+2r)}\quad n\geqslant 2$$

$$a_{2k-1}=0\quad k\geqslant 2$$

$$a_2=-\frac{a_0}{2(2+2r)}=-\frac{a_0}{2^2(1+r)}$$

$$a_4=-\frac{a_2}{4(4+2r)}=-\frac{a_2}{2^3(2+r)}=(-1)^2\frac{a_0}{2^4\times 2(2+r)(1+r)}$$

$$a_6 = -\frac{a_4}{6(6+2r)} = -\frac{a_4}{2^2 \times 3(3+r)} = (-1)^3 \frac{a_0}{2^6 \times 3!(3+r)(2+r)(1+r)}$$

$$\cdots$$

$$\begin{aligned} a_{2k} &= (-1)^k \frac{a_0}{2^{2k} \cdot k!(k+r)(k-1+r)\cdots(1+r)} \\ &= (-1)^k \frac{\Gamma(1+r)a_0}{2^{2k} \cdot k!\Gamma(k+1+r)} \end{aligned}$$

如果选取 $a_0 = \frac{1}{2^r\Gamma(1+r)}$，则有

$$a_{2k} = (-1)^k \frac{1}{2^r \cdot 2^{2k} \cdot k!\Gamma(k+1+r)}$$

将以上所得 a_n 代入到式(4－53)中便得方程(4－52)的一个解为

$$y_1(x) = \left(\frac{x}{2}\right)^r \sum_{k=0}^{\infty} (-1)^k \frac{1}{k!\Gamma(k+1+r)} \left(\frac{x}{2}\right)^{2k}$$

此函数称为 r 阶 Bessel 函数，通常用 $J_r(x)$记此函数，即

$$J_r(x) = \left(\frac{x}{2}\right)^{-r} \sum_{k=0}^{\infty} (-1)^k \frac{1}{k!\Gamma(k-r+1)} \left(\frac{x}{2}\right)^{2k} \tag{4-55}$$

如果 r 不为整数，取 $\rho=\rho_2=-r$，利用式(4－54)类似可得方程(4－52)的另一个解：

$$J_{-r}(x) = \left(\frac{x}{2}\right)^{-r} \sum_{k=0}^{\infty} (-1)^k \frac{1}{k!\Gamma(k-r+1)} \left(\frac{x}{2}\right)^{2k} \tag{4-56}$$

$J_{-r}(x)$称为$(-r)$阶 Bessel 函数。

当 r 为正整数时，例如 $r=l, l\geqslant 1$，取 $\rho_2=-r=-l$，此时式(4－54)中第三个方程为 $n(n-2l)a_n+a_{n-2}=0, n\geqslant 2$。当 $n=2l$ 时，a_n 的系数等于零，因而利用该方程确定系数 a_n 的过程失效。当 n 为正整数时，$J_{-n}(x)$的定义要利用式(4－56)。当 $r=n, n\geqslant 1$ 时，注意到当 $0\leqslant k\leqslant n-1$ 时 $\Gamma(k-n+1)=+\infty$，所以式(4－56)中幂级数部分的系数为零。在式(4－56)中代入 $r=n$ 就得到

$$J_{-n}(x) = \left(\frac{x}{2}\right)^{-n} \sum_{k=n}^{\infty} (-1)^k \frac{1}{k!\Gamma(k-n+1)} \left(\frac{x}{2}\right)^{2k}$$

总而言之，对每个实数 r 上面都定义了 r 阶 Bessel 函数 $J_r(x)$，并且 $J_r(x)$和 $J_{-r}(x)$都是 r 阶 Bessel 方程(4－52)的解。

记 $J_r(x)$表达式中幂级数部分的系数为 a_k，直接计算可得

$$\lim_{k\to\infty} \frac{|a_k|}{|a_{k+1}|} = \lim_{k\to\infty} \frac{(k+1)!\Gamma(k+2+r)2^{2k+2}}{k!\Gamma(k+1+r)2^{2k}} = \lim_{k\to\infty} 4(k+1)(k+1+r) = \infty$$

即 $J_r(x)$表达式中幂级数部分的收敛半径为无穷大，类似可证 $J_{-r}(x)$表达式中幂级数部分的收敛半径也为无穷大。因此，$J_r(x)$和 $J_{-r}(x)$中幂级数部分是两个在实轴 R 上的解析函数。注意到$\left(\frac{x}{2}\right)^r$在 $x=0$ 处右连续而$\left(\frac{x}{2}\right)^{-r}$在 $x=0$ 的邻域无界，故当 $r>0$ 且不等于整数时，

$J_r(x)$和$J_{-r}(x)$是线性无关的，可构成方程(4-52)的一个基解组。

当$r=n(n\geqslant1)$时，直接计算可得

$$J_{-n}(x)=\left(\frac{x}{2}\right)^{-n}\sum_{k=n}^{\infty}(-1)^k\frac{1}{k!\Gamma(k-n+1)}\left(\frac{x}{2}\right)^{2k}$$

令$k-n=j$，则

$$\begin{aligned}J_{-n}(x)&=\left(\frac{x}{2}\right)^{-n}\sum_{j=0}^{\infty}(-1)^{j+n}\frac{1}{(n+j)!\Gamma(j+1)}\left(\frac{x}{2}\right)^{2n+2j}\\&=(-1)^n\left(\frac{x}{2}\right)^{n}\sum_{j=0}^{\infty}(-1)^{j}\frac{1}{j!\Gamma(j+1+n)}\left(\frac{x}{2}\right)^{2j}\\&=(-1)^nJ_n(x)\end{aligned}\tag{4-57}$$

即$J_{-n}(x)$和$J_n(x)$是线性相关，须另找方程(4-52)的一个与$J_n(x)$线性无关的解。

对于任意的非负整数n，选取r满足$n<r<n+1$，即r不是整数，这时$J_r(x)$和$J_{-r}(x)$是方程(4-52)的两个线性无关的解，利用齐次方程解的线性性质可知

$$N_r(x)=\frac{J_r(x)\cos(r\pi)-J_{-r}(x)}{\sin(r\pi)}$$

$N_r(x)$也是方程(4-52)的一个解。当r趋向于n时，$N_r(x)$中分子分母均趋向于零，即$N_r(x)$是未定式。利用高等数学中的洛必达法则可得

$$\begin{aligned}\lim_{r\to n^+}N_r(x)&=\lim_{r\to n^+}\frac{\frac{\partial}{\partial r}[J_r(x)]\cos(r\pi)-\pi\sin(r\pi)J_r(x)-\frac{\partial}{\partial r}[J_{-r}(x)]}{\pi\cos(r\pi)}\\&=\frac{1}{\pi}\left[\lim_{r\to n^+}\frac{\partial}{\partial r}J_r(x)-(-1)^n\lim_{r\to n^+}\frac{\partial}{\partial r}J_{-r}(x)\right]\end{aligned}$$

若记此极限为$N_n(x)$，则进一步还可证明：当$r=n$时，$N_n(x)$也是方程(4-52)的一个解且与$J_n(x)$线性无关，$\lim\limits_{r\to0^+}N_n(x)=\infty$。因此，当$r=n$为非负整数时，$J_n(x)$和$N_n(x)$是方程(4-52)的两个线性无关的解，它们构成方程(4-52)的一个基解组。通常称$N_n(x)$为第二类Bessel函数或Neumann(诺依曼)函数。

4.4.2　Bessel函数的性质

整数阶Bessel函数具有和三角函数$\sin x$和$\cos x$相类似的性质，下面分别介绍。

1) 奇偶性

在式(4-55)中取$r=n$，并用$-x$代替x得

$$J_n(x)=(-1)^nJ_n(-x)$$

由此推出，当n为奇数时，$J_n(x)$为奇函数；当n为偶数时，$J_n(x)$为偶函数。

2) 零点分布

$J_n(x)=0$的根称为$J_n(x)$的零点。当$x\geqslant0$时，$J_0(x)$和$J_1(x)$的示意图如图4-1所示(其中实线为$J_0(x)$的图形，虚线为$J_1(x)$的图形)。

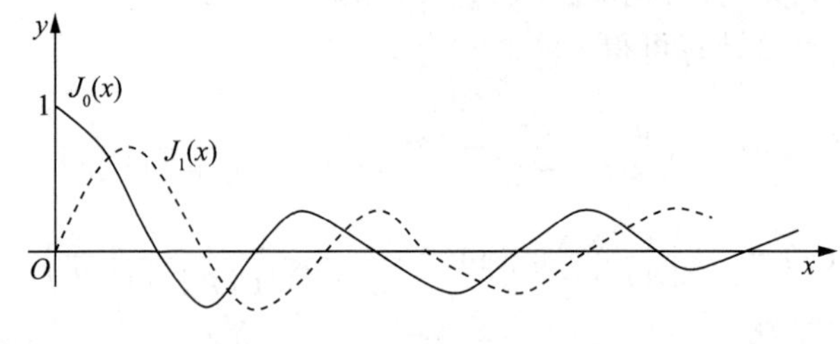

图 4-1 $J_0(x)$和 $J_1(x)$的示意图

可以证明：$J_n(x)=0$ 无复根，但有无穷多个实根，它们在 x 轴上关于原点对称地分布着。除 $J_0(0)\neq 0$ 外，$J_n(0)=0(n\geqslant 1)$；$J_n(x)=0$ 的根，除 $x=0$ 可能是重根外，其余根全为单重根。

记 $J_n(x)=0$ 的正根，即 $J_n(x)$ 的正零点为 $\mu_m^{(n)}(m\geqslant 1)$，进一步还可证明：当 $m\to\infty$ 时，$\mu_m^{(n)}\to\infty$，并且 $\mu_{m+1}^{(n)}-\mu_m^{(n)}\to\pi$。当 $x\to\infty$ 时，$J_n(x)$ 具有如下渐近表达式

$$J_n(x)=\sqrt{\frac{2}{\pi x}}\cos\left(x-\frac{n\pi}{2}-\frac{\pi}{4}\right)+O\left(\frac{1}{x^{3/2}}\right)$$

即 $J_n(x)$ 是一个衰减振荡函数。

3) 递推公式

为计算简单起见，下面只给出整数阶 Bessel 函数递推公式的证明。对于非整数阶 Bessel 函数，所得结果仍成立。由于幂级数在收敛域内可逐项求导，用 x^n 乘 $J_n(x)$ 并对 x 求导，得：

$$\begin{aligned}\frac{\mathrm{d}}{\mathrm{d}x}[x^n J_n(x)] &= \frac{\mathrm{d}}{\mathrm{d}x}\left[2^n\sum_{k=0}^{\infty}(-1)^k\frac{1}{k!\Gamma(k+1+n)}\left(\frac{x}{2}\right)^{2k+2n}\right]\\ &= 2^n\sum_{k=0}^{\infty}(-1)^k\frac{k+n}{k!\Gamma(k+1+n)}\left(\frac{x}{2}\right)^{2k+2n-1}\\ &= 2^n\sum_{k=0}^{\infty}(-1)^k\frac{1}{k!\Gamma(k+n)}\left(\frac{x}{2}\right)^{2k+2n-1}\\ &= x^n\left(\frac{x}{2}\right)^{n-1}\sum_{k=0}^{\infty}(-1)^k\frac{1}{k!\Gamma(k+n)}\left(\frac{x}{2}\right)^{2k}\\ &= x^n J_{n-1}(x)\end{aligned}\tag{4-58}$$

类似地，用 x^{-n} 乘 $J_n(x)$ 并对 x 求导得 $\frac{\mathrm{d}}{\mathrm{d}x}[x^{-n}J_n(x)]=-x^{-n}J_{n+1}(x)$ (4-59)

将式(4-58)和式(4-59)两式左端求导出并整理得

$$\begin{aligned}nJ_n(x)+xJ_n'(x) &= xJ_{n-1}(x)\\ -nJ_n(x)+xJ_n'(x) &= -xJ_{n+1}(x)\end{aligned}$$

在上面两式中消去 $J_n(x)$ 或 $J_n'(x)$ 可得

$$J_{n-1}(x)+J_{n+1}(x)=\frac{2n}{x}J_n(x)\tag{4-60}$$

$$J_{n-1}(x)-J_{n+1}(x)=2J_n'(x)\tag{4-61}$$

式(4-60)和式(4-61)便是整数阶 Bessel 函数的递推函数公式。

4.4.3 Bessel 方程的特征值问题

考虑 Dirichlet 边界条件下 n 阶 Bessel 方程特征值问题：

$$\begin{cases}\rho^2 R''(\rho)+\rho R'(\rho)+(\lambda\rho^2-n^2)R(\rho)=0 & 0<\rho<\rho_0\\ R(\rho_0)=0 & |R(0)|<+\infty\end{cases}\tag{4-62}$$

式中，ρ_0 是一个正常数；n 为非负整数；λ 为待定常数，称为式(4－62)的特征值，而对应于 λ 的非零解称为式(4－62)的特征函数。

对于 Bessel 方程特征值问题式(4－62)，如下结论成立。

定理 4.8 设 n 为非负整数，$\mu_m^{(n)}(m\geqslant 1)$ 为 $J_n(x)$ 的第 m 个正零点，即 $J_n(x)=0$ 的正根。则式(4－62)的特征值和特征函数分别为

$$\lambda_m=\left(\frac{\mu_m^{(n)}}{\rho_0}\right)^2 \quad m\geqslant 1$$

$$R_m(\rho)=J_n\left(\frac{\mu_m^{(n)}}{\rho_0}\rho\right) \quad m\geqslant 1$$

特征函数系 $\{R_m(\rho)\}_{m\geqslant 1}$ 关于权函数 ρ 是正交的，且有

$$\int_0^{\rho_0}\rho R_m(\rho)R_k(\rho)\mathrm{d}\rho=\delta_{mk}\frac{\rho_0^2}{2}[J'_n(u_m^{(n)})]^2\tag{4-63}$$

其中

$$\delta_{mk}=\begin{cases}1 & m=k\\ 0 & m\neq k\end{cases}$$

定理 4.9 设 $f(\rho)$ 在区间 $[0,\rho_0]$ 上连续且具有分段连续的一阶导数，则在区间 $[0,\rho_0]$ 上，$f(\rho)$ 可按给出的特征函数系 $\{R_m(\rho),m\geqslant 1|\}$ 展成如下的 Fourier-Bessel 级数

$$f(\rho)=\sum_{m=0}^{\infty}A_m R_m(\rho)=\sum_{m=0}^{\infty}A_m J_n\left(\frac{\mu_m^{(n)}}{\rho_0}\rho\right)\tag{4-64}$$

式中

$$A_m=\frac{2}{[\rho_0 J'_n(\mu_m^{(n)})]^2}\int_0^{\rho_0}\rho f(\rho)J_n\left(\frac{\mu_m^{(n)}}{\rho_0}\rho\right)\mathrm{d}\rho(m\geqslant 1)$$

展开式(4－64)称为 $f(\rho)$ 的 Fourier-Bessel 级数，通常也叫 $f(\rho)$ 的广义 Fourier 级数或简称为 Fourier 级数，A_m 称为 $f(\rho)$ 关于特征函数系 $\{R_m(\rho)|m\geqslant 1\}$ 的 Fourier 系数。

对于带有 Neumann 边界条件的 Bessel 方程的特征值问题，也有下面类似于定理 4.8 和定理 4.9 的结果。

考虑 Neumann 边界条件下 n 阶 Bessel 方程特征值问题：

$$\begin{cases}\rho^2 P''(\rho)+\rho R'(\rho)+(\lambda\rho^2-n^2)R(\rho)=0 & 0<\rho<\rho_0\\ R'(\rho_0)=0, & |R(0)|<+\infty\end{cases}\tag{4-65}$$

式中，ρ_0 是一个正常数；n 为非负整数。

定理 4.10 设 n 为非负整数，$\alpha_m(m\geqslant 1)$ 为 $J_n'(x)$ 的正零点，即 $J_n'(x)=0$ 的正根，则式(4-65)的特征值和特征函数分别为

当 $n\geqslant 1$ 时，$\lambda_m=\left(\dfrac{\alpha_m}{\rho_0}\right)^2$，$R_m(\rho)=J_n\left(\dfrac{\alpha_m}{\rho_0}\rho\right)\quad m\geqslant 1$

当 $n=0$ 时，$\lambda_0=0, R_0(\rho)=1$；$\lambda_m=\left(\dfrac{\alpha_m}{\rho_0}\right)^2, R_m(\rho)=J_0\left(\dfrac{\alpha_m}{\rho_0}\rho\right)\quad m\geqslant 1$

特征函数系 $\{R_m(\rho)\,|\,m\geqslant 1\}$ 关于权函数 ρ 是正交的，且有

$$\int_0^{\rho_0}\rho R_m(\rho)R_k(\rho)\mathrm{d}\rho=\delta_{mk}\frac{\rho_0^2}{2}\left(1-\frac{n^2}{\alpha_m^2}\right)J_n^2(\alpha_m) \tag{4-66}$$

特征函数系 $\{R_m(\rho)\,|\,m\geqslant 1\}$ 也是完备的。

定理 4.11 圆域上拉普拉斯(Laplace)算子特征值问题：

$$\begin{cases}-\left(u_{\rho\rho}+\dfrac{1}{\rho}u_\rho+\dfrac{1}{\rho^2}u_{\theta\theta}\right)=\lambda u(\rho,\theta) & 0<\rho<\rho_0, 0\leqslant\theta\leqslant 2\pi\\ u(\rho_0,\theta)=0, |u(0,\theta)|<\infty & 0\leqslant\theta\leqslant 2\pi\end{cases}$$

该问题的特征值和特征函数分别为

$$\begin{aligned}\lambda_{n,m}&=\left(\frac{\mu_m^{(n)}}{\rho_0}\right)^2\\ u_{n,m}(\rho,\theta)&=\left\{J_n\left(\frac{\mu_m^{(n)}}{\rho_0}\rho\right)\cos n\theta, J_n\left(\frac{\mu_m^{(n)}}{\rho_0}\rho\right)\sin n\theta\right\}\end{aligned} \tag{4-67}$$

式中，$n\geqslant 0, m\geqslant 1$。特征函数系 $\{u_{n,m}(\rho,\theta)\,|\,n\geqslant 0, m\geqslant 1\}$ 是相互正交的，且有

$$\int_0^{2\pi}\int_0^{\rho_0}\rho u_{n,m}^2(\rho,\theta)\mathrm{d}\rho\mathrm{d}\theta=\begin{cases}\pi\dfrac{\rho_0^2}{2}[J_n'(\mu_m^{(n)})]^2 & n\geqslant 1\\ 2\pi\dfrac{\rho_0^2}{2}[J_0'(\mu_m^{(0)})]^2 & n=0\end{cases} \tag{4-68}$$

特征函数系 $\{u_{n,m}(\rho,\theta)\,|\,n\geqslant 0, m\geqslant 1\}$ 也是完备的。

[例 4.20] 证明 $J_{\frac{1}{2}}(x)\sqrt{\dfrac{2}{\pi x}}\sin x$。

证明：由 $J_r(x)=\left(\dfrac{x}{2}\right)^r\sum\limits_{k=0}^{\infty}(-1)^k\dfrac{1}{k!\Gamma(k+1+r)}\left(\dfrac{x}{2}\right)^{2k}$ 得

$$\begin{aligned}J_{\frac{1}{2}}(x)&=\left(\frac{x}{2}\right)^{\frac{1}{2}}\sum_{k=0}^{\infty}\frac{(-1)^k}{k!\Gamma\left(k+1+\frac{1}{2}\right)}\left(\frac{x}{2}\right)^{2k}\\ &=\left(\frac{x}{2}\right)^{\frac{1}{2}}\sum_{k=0}^{\infty}\frac{(-1)^k2^{k+1}}{k!(2k+1)!!\sqrt{\pi}}\left(\frac{x}{2}\right)^{2k}\\ &=\left(\frac{x}{2}\right)^{\frac{1}{2}}\sum_{k=0}^{\infty}\frac{(-1)^k}{2^{k-1}\cdot k!(2k+1)!!\sqrt{\pi}}x^{2k}\\ &=\sqrt{\frac{2}{\pi x}}\sum_{k=0}^{\infty}\frac{(-1)^k}{2^k\cdot k!(2k+1)!!}x^{2k+1}\end{aligned}$$

$$=\sqrt{\frac{2}{\pi x}}\sum_{k=0}^{\infty}\frac{(-1)^k}{(2k+1)!}x^{2k+1}$$

$$=\sqrt{\frac{2}{\pi x}}\sin x$$

［例 4.21］　计算积分 $\int x^3 J_0(x)\mathrm{d}x$。

解:利用递推公式(4－58)得

$$\begin{aligned}\int x^3 J_0(x)\mathrm{d}x &= \int x^2\frac{\mathrm{d}}{\mathrm{d}x}[xJ_1(x)]\mathrm{d}x\\ &= x^3J_1(x)-2\int x^2J_1(x)\mathrm{d}x\\ &= x^3J_1(x)-2\int\frac{\mathrm{d}}{\mathrm{d}x}[x^2J_2(x)]\mathrm{d}x\\ &= x^3J_1(x)-2x^2J_2(x)+C\end{aligned}$$

［例 4.22］　证明 $J_2(x)=J_0'(x)-\frac{1}{x}J_0'(x)$。

证明:在式(4－59)中取 $n=0$ 得

$$J_0'(x)=-J_1(x)$$

由此求导,可得

$$J_0''(x)=-J_1'(x)$$

式(4－60)和式(4－61)两式相减可得

$$J_{n+1}(x)=\frac{n}{x}J_n(x)-J_n'(x)$$

将上式中取 $n=l$,并将前面所得结果代入即得所要结果。

［例 4.23］　设 $\lambda_n(n\geqslant 1)$是函数 $J_0'(x)$的正零点,证明:

$$\int_0^R \rho J_0\left(\frac{\lambda_i}{R}\rho\right)J_0\left(\frac{\lambda_j}{R}\rho\right)\mathrm{d}\rho=\begin{cases}0 & i\neq j\\ \frac{R^2}{2}[J_0(\lambda_i)]^2 & i=j\end{cases}$$

证明:在递推公式(4－60)中取 $n=0$ 得 $J_0'(x)=-J_1(x)$。因此,$\lambda_n(n\geqslant 1)$是 $J_1(x)$的正零点。

记 $I=\int_0^R\rho J_0\left(\frac{\lambda_i}{R}\rho\right)J_0\left(\frac{\lambda_j}{R}\rho\right)\mathrm{d}\rho$,作变量代换 $x=\frac{\lambda_i}{R}\rho$ 得

$$\begin{aligned}I &= \left(\frac{R}{\lambda_i}\right)^2\int_0^{\lambda_i}xJ_0(x)J_0\left(\frac{\lambda_j}{\lambda_i}x\right)\mathrm{d}x=\left(\frac{R}{\lambda_i}\right)^2\int_0^{\lambda_i}J_0\left(\frac{\lambda_j}{\lambda_i}x\right)\frac{\mathrm{d}}{\mathrm{d}x}[xJ_1(x)]\mathrm{d}x\\ &= \left(\frac{R}{\lambda_i}\right)^2\left[xJ_1(x)J_0\left(\frac{\lambda_j}{\lambda_i}x\right)\Big|_0^{\lambda_i}-\frac{\lambda_j}{\lambda_i}\int_0^{\lambda_i}xJ_1(x)J_0'\left(\frac{\lambda_j}{\lambda_i}x\right)\mathrm{d}x\right]\\ &= -\left(\frac{R}{\lambda_i}\right)^2\left(\frac{\lambda_j}{\lambda_i}\right)\int_0^{\lambda_i}xJ_1(x)J_0'\left(\frac{\lambda_j}{\lambda_i}x\right)\mathrm{d}x\\ &= \left(\frac{R}{\lambda_i}\right)^2\left(\frac{\lambda_j}{\lambda_i}\right)\int_0^{\lambda_i}xJ_1(x)J_1\left(\frac{\lambda_j}{\lambda_i}x\right)\mathrm{d}x\end{aligned}$$

将积分变量 x 还原为积分变量 ρ 得

$$I=\left(\frac{\lambda_j}{\lambda_i}\right)\int_0^R \rho J_1\left(\frac{\lambda_i}{R}\rho\right)J_1\left(\frac{\lambda_j}{R}\rho\right)\mathrm{d}\rho$$

注意到 $\lambda_i=\mu_i^{(1)}$ 并利用定理 4.1 得

$$I=\begin{cases}0 & i\neq j\\ \dfrac{R^2}{2}[J_1'(\lambda_i)]^2 & i=j\end{cases}$$

由于 $[xJ_1(x)]'=xJ_0(x)$，即 $J_1(x)+xJ_1'(x)=xJ_0(x)$，取 $x=\lambda_i$ 得

$$J_1(\lambda_i)+\lambda_i J_1'(\lambda_i)=\lambda_i J_0(\lambda_i)$$

利用 $J_1(\lambda_i)=-J_0'(\lambda_i)=0$ 得

$$J_1'(\lambda_i)=J_0(\lambda_i)$$

由此可得：

$$I=\begin{cases}0 & i\neq j\\ \dfrac{R^2}{2}[J_0(\lambda_i)]^2 & i=j\end{cases}$$

[例 4.24] 将函数 $f(\rho)=\rho$ 在区间 $[0,2]$ 上按正交函数系 $\left\{J_1\left(\frac{\mu_m^{(1)}}{2}\rho\right)\middle| m\geqslant 1\right\}$ 展成 Fourier 级数。

解：由于 $f(\rho)$ 在区间 $[0,2]$ 上连续且具有一阶连续导数，由定理 4.9 得

$$f(\rho)=\sum_{m=1}^{\infty}A_m J_1\left(\frac{\mu_m^{(1)}}{2}\rho\right)$$

式中，

$$\begin{aligned}A_m&=\frac{2}{4[J_1'(\mu_m^{(1)})]^2}\int_0^2 \rho^2 J_1\left(\frac{\mu_m^{(1)}}{2}\rho\right)\mathrm{d}\rho\\&=\frac{1}{2[J_1'(\mu_m^{(1)})]^2}\int_0^2 \rho^2 J_1\left(\frac{\mu_m^{(1)}}{2}\rho\right)\mathrm{d}\rho\end{aligned}$$

令 $x=\frac{\mu_m^{(1)}}{2}\rho$，则有：

$$\begin{aligned}A_m&=\frac{1}{2[J_1(\mu_m^{(1)})]^2}\int_0^{\mu_m^{(1)}}\frac{8x^2}{(\mu_m^{(1)})^3}J_1(x)\mathrm{d}x\\&=\frac{4}{(\mu_m^{(1)})^3[J_1(\mu_m^{(1)})]^2}\int_0^{\mu_m^{(1)}}x^2J_1(x)\mathrm{d}x\\&=\frac{4}{(\mu_m^{(1)})^3[J_1(\mu_m^{(1)})]^2}[x^2J_2(x)]\Big|_0^{\mu_m^{(1)}}\\&=\frac{4J_2(\mu_m^{(1)})}{\mu_m^{(1)}[J_1(\mu_m^{(1)})]^2}\end{aligned}$$

故所求展开式为

$$\rho=\sum_{m=1}^{\infty}\frac{4J_2(\mu_m^{(1)})}{\mu_m^{(1)}[J_1'(\mu_m^{(1)})]^2}J_1\left(\frac{\mu_m^{(1)}}{2}\rho\right)$$

4.4.4　Bessel 函数在数理方程中的应用

［例 4.25］　在矩形域 $\Omega=\{(x,y)\mid 0<x<a,0<y<b\}$ 上求解定解问题：

$$\begin{cases}u_{tt}=u_{xx}+u_{yy} & t>0,(x,y)\in\Omega \quad ①\\ u\mid_{x=0}=u\mid_{x=a}=0 & 0\leqslant y\leqslant b \quad ②\\ u\mid_{y=0}=u\mid_{y=b}=0 & 0\leqslant x\leqslant a \quad ③\\ u(x,y,0)=\varphi(x,y),u_t(x,y,0)=\Psi(x,y),(x,y)\in\Omega & \quad ④\end{cases}$$

解:第一步:记 $\Delta u=u_{xx}+u_{yy}$，并令 $u(x,y,t)=T(t)\omega(x,y)$代入式①得

$$T''\omega=T\Delta\omega,\quad \frac{T''}{T}=\frac{\Delta\omega}{\omega}=-\mu$$

由此可得

$$T''+\mu T=0,\quad \Delta\omega+\mu\omega=0$$

由边界条件式②和式③得定解问题式①～式④的特征值问题为

$$\begin{cases}\Delta\omega+\mu\omega=0 & (x,y)\in\Omega\\ \omega\mid_{\partial\Omega}=0\end{cases}\quad ⑤$$

第二步:令 $\omega(x,y)=X(x)Y(y)$并代入式⑤中得

$$X''Y+XY''+\mu XY=0,\quad X''Y=-(Y''+\mu Y)Y$$

$$\frac{X''}{X}=-\frac{Y''+\mu Y}{Y}=-\lambda$$

$$\begin{cases}X''+\lambda X=0 & (0<x<a)\\ X(0)=X(a)=0\end{cases}\quad ⑥$$

$$\begin{cases}Y''+(\mu-\lambda)Y=0 & (0<y<b)\\ Y(0)=Y(b)=0\end{cases}\quad ⑦$$

易见方程⑥的解为

$$\lambda_n=\left(\frac{n\pi}{a}\right)^2,\quad X_n=\sin\frac{n\pi}{a}x\quad n\geqslant 1$$

将 λ_n 代入方程⑦中，类似可得

$$u_{kn}=\frac{n^2\pi^2}{a^2}+\frac{k^2\pi^2}{b^2},\quad Y_k(y)=\sin\frac{k\pi}{b}y\quad k\geqslant 1$$

将 $X_n(x)$和 $Y_k(y)$相乘，便得式⑤的特征值和特征函数分别为

$$\mu_{kn}=\frac{n^2\pi^2}{a^2}+\frac{n^2\pi^2}{b^2}\quad n\geqslant 1,k\geqslant 1$$

$$\omega_{kn}=\sin\frac{n\pi}{a}x\sin\frac{k\pi}{b}y\quad n\geqslant 1,k\geqslant 1$$

第三步：将 μ_{kn} 代入 $T''+\mu T=0$ 中并求解，得

$$\begin{aligned}T_{kn}(t) &= a_{kn}\cos\sqrt{\frac{n^2\pi^2}{a^2}+\frac{k^2\pi^2}{b^2}}t+b_{kn}\sin\sqrt{\frac{n^2\pi^2}{a^2}+\frac{k^2\pi^2}{b^2}}t\\ &= a_{kn}\cos\sqrt{\mu_{kn}}t+b_{kn}\sin\sqrt{\mu_{kn}}t\end{aligned}$$

根据叠加原理得

$$\begin{aligned}u(x,y,t) &= \sum_{k=1}^{\infty}\sum_{n=1}^{\infty}T_{kn}(t)\omega_{kn}(x,y)\\ &= \sum_{k=1}^{\infty}\sum_{n=1}^{\infty}(a_{kn}\cos\sqrt{\mu_{kn}}t+b_{kn}\sin\sqrt{u_{kn}}t)\sin\frac{n\pi}{a}x\sin\frac{k\pi}{b}y\end{aligned} \tag{8}$$

由初始条件式④得

$$\varphi(x,y) = \sum_{k=1}^{\infty}\sum_{n=1}^{\infty}a_{kn}\sin\frac{n\pi}{a}x\sin\frac{k\pi}{b}y$$

$$\Psi(x,y) = \sum_{k=1}^{\infty}\sum_{n=1}^{\infty}b_{kn}\sqrt{\mu_{kn}}\sin\frac{n\pi}{a}x\sin\frac{k\pi}{b}y$$

类似于一元函数 Fourier 级数中系数的求法得

$$a_{kn} = \frac{4}{ab}\int_0^b\int_0^a\varphi(x,y)\sin\frac{n\pi}{a}x\sin\frac{k\pi}{b}y\,\mathrm{d}x\mathrm{d}y$$

$$b_{kn} = \frac{4}{ab\sqrt{\mu_{kn}}}\int_0^b\int_0^a\Psi(x,y)\sin\frac{n\pi}{a}x\sin\frac{k\pi}{b}y\,\mathrm{d}x\mathrm{d}y$$

将 a_{kn}，b_{kn} 代入式⑧中便得式①～式④的解。

若 $\varphi(x,y)=(x-a)y$，$\Psi(x,y)=0$，请读者试计算 a_{kn} 和 b_{kn}。

[例 4.26] 设圆柱体为 $\Omega=\{(x,y,z)\mid x^2+y^2<1\}$，若其边界温度为 0℃，初始温度为 $\varphi(x,y,z)$，且 $\varphi(x,y,z)$ 只与 $\rho=\sqrt{x^2+y^2}$ 有关且有界，求圆柱体内的温度分布 $u(x,y,z,t)$。

解：记 $\Delta u=u_{xx}+u_{yy}+u_{zz}$，则 u 满足以下定解问题：

$$\begin{cases}u_t = a^2\Delta u \quad (x,y,z)\in\Omega & ①\\ u\,|_{\rho=1} = 0 \quad (x,y,z)\in\Omega,\quad t>0 & ②\\ u\,|_{t=0} = \varphi(\sqrt{x^2+y^2}) \qquad x^2+y^2\leqslant 1 & ③\end{cases}$$

由于初始条件只与 $\rho=\sqrt{x^2+y^2}$ 有关，边界条件为齐次边界条件，故可推知圆柱体内以 z 轴为中心的圆柱面上的温度相同，即 u 只与 ρ 和 t 有关，而与 z 和 θ 无关，故有 $u_{zz}=0$，$u_{\theta\theta}=0$。

对定解问题式①～式③，作自变量变换 $x=\rho\cos\theta$，$y=\rho\sin\theta$，并注意到 u 与 θ 无关，直接计算可得

$$\begin{cases}u_t = a^2\left(u_{\rho\rho}+\dfrac{1}{\rho}u_\rho\right) \quad 0\leqslant\rho\leqslant 1, t>0 & ④\\ u\,|_{\pi=1} = 0 \qquad t\geqslant 0 & ⑤\\ u\,|_{t=0} = \varphi(\rho) \qquad 0\leqslant\rho\leqslant 1 & ⑥\end{cases}$$

下面利用分离变量法求解问题式④～式⑥。令 $u(\rho,t)=R(\rho)T(t)$ 并代入式④中得

$$RT' = a^2 T\left(R'' + \frac{1}{\rho}R'\right)$$

$$\frac{T'}{a^2 T} = \frac{R'' + \frac{1}{\rho}R'}{R} = -\lambda$$

由此得

$$T' + a^2\lambda T = 0,\quad R'' + \frac{1}{\rho}R' + \lambda R = 0$$

由该问题的物理意义可知，函数 u 有界，从而 $|u(0,t)|$ 有界。由此可推出 R 应满足自然边界条件

$$|R(0)| < +\infty \tag{7}$$

结合边界条件式⑤可得定解问题式④～式⑥的特征值问题为

$$\begin{cases}\rho^2 R''(\rho) + \rho R'(\rho) + \lambda\rho^2 R(\rho) = 0, & 0 < \rho < 1 \\ R(1) = 0, & |R(0)| < +\infty\end{cases} \tag{8}$$

定解问题式⑧是 Bessel 函数特征值问题式(4－69)中 $n=0,\rho_0=1$ 的特殊情形。由定理4.11可得

$$\lambda_m = (\mu_m^{(0)})^2,\quad m \geqslant 1$$
$$R_m(\rho) = J_0(\mu_m^{(0)}\rho),\quad m \geqslant 1$$

将 λ_m 代入 $T' + a^2\lambda T = 0$ 中并求解得

$$T_m(t) = A_m e^{-a^2(\mu_m^{(0)})^2 t},\quad m \geqslant 1$$

从而

$$u_m(\rho,t) = A_m e^{-a^2(\mu_0^{(0)})^2 t} J_0(\mu_m^{(0)}\rho),\quad m \geqslant 1$$

根据叠加原理得

$$u(\rho,t) = \sum_{m=1}^{\infty} A_m e^{-a^2(\mu_m^{(0)})^2 t} J_0(\mu_m^{(0)}\rho) \tag{9}$$

在式⑨中令 $t=0$ 并结合初始条件式⑥得

$$\varphi(\rho) = \sum_{m=1}^{\infty} A_m J_0(\mu_m^{(0)}\rho)$$

式中

$$A_m = \frac{2}{[J_0'(\mu_m^{(0)})]^2}\int_0^1 \rho\varphi(\rho) J_0(\mu_m^{(0)}\rho)\,d\rho$$

将 A_m 代入式⑨中便得定解问题式④～式⑥的解。

若 $\varphi(\rho)=1-\rho^2$，请读者自己求出 A_m 的值。

如果定解问题中的偏微分方程为非齐次方程，可用两种方法求解，见例 4.27。

［例 4.27］ 求解如下定解问题：

$$\begin{cases} u_t = a^2\left(u_{\rho\rho}+\dfrac{1}{\rho}u_\rho\right)+A & ① \\ u\,|_{\rho=1}=0 \qquad t\geqslant 0 & ② \\ u\,|_{t=0}=\varphi(\rho) \qquad 0\leqslant\rho\leqslant 1 & ③ \end{cases}$$

解：该定解问题中的偏微分方程为非齐次方程，可用以下两种方法求解。

方法 1：选 $\omega(\rho,t)$ 满足式①～式③，并作函数代换 $\nu=u-\omega$，将方程①齐次化。

为此考虑如下定解问题

$$\omega_t = a^2\left(\omega_{\rho\rho}+\frac{1}{\rho}\omega_\rho\right)+A \quad 0\leqslant\rho<1,t>0$$

$$\omega\,|_{\rho=1}=0 \quad t\geqslant 0$$

为简单起见，设 $\omega(\rho,t)=\omega(\rho)$，从而 $\omega_t=0$，故上面定解问题转化为

$$\begin{cases} \rho^2\omega_{\rho\rho}+\rho\omega_\rho=-\dfrac{A}{a^2}\rho^2 \quad 0\leqslant\rho<1 \\ \omega\,|_{\rho=1}=0 \end{cases} \qquad ④$$

其中的微分方程是欧拉方程，直接求解可得其通解为

$$\omega(\rho)=C_1\ln\rho+C_2-\frac{A}{4a^2}\rho^2$$

由边界条件 $\omega(1)=0$ 和 $|\omega(0)|<+\infty$ 可得

$$C_1=0,\quad C_2=\frac{A}{4a^2}$$

故有

$$\omega(\rho)=\frac{A}{4a^2}(1-\rho^2)$$

令 $\nu=u-\omega$，则定解问题式①～式③可转化为

$$\begin{cases} \nu_t = a^2\left(\nu_{\rho\rho}+\dfrac{1}{\rho}\nu_\rho\right) & ⑤ \\ \nu_{\rho=1}=0, \qquad t\geqslant 0 & ⑥ \\ \nu_{t=0}=\tilde{\varphi}(\rho) \qquad 0\leqslant\rho\leqslant 1 & ⑦ \end{cases}$$

其中 $\tilde{\varphi}(\rho)=\varphi(\rho)-\dfrac{A}{4a^2}(1-\rho^2)$。

定解问题式⑤～式⑦和例 4.26 中的定解问题属于同一类型，因而可用例 4.26 中的方法求解。

方法 2：利用特征函数法直接求解定解问题，式①～式③。

由例 4.26 已知该定解问题的特征值和特征函数分别为

$$\lambda_m=(\mu_m^{(0)})^2,\quad R_m(\rho)=J_0(\mu_m^{(0)}\rho)\quad m\geqslant 1$$

将初始值 $\varphi(\rho)$和方程的自由项 A 按特征函数系$\{R_m(\rho)\,|\,m\geqslant 1\}$展成 Fourier 级数,得

$$\varphi(\rho)=\sum_{m=1}^{\infty}\varphi_m R_m(\rho)$$

式中

$$\varphi_m=\frac{2}{[J'_0(\mu_m^{(0)})]^2}\int_0^1\rho\varphi(\rho)J_0(\mu_m^{(0)}\rho)\mathrm{d}\rho,\quad (m\geqslant 1)$$

$$A=\sum_{m=1}^{\infty}f_m R_m(\rho)$$

式中

$$\begin{aligned}f_m&=\frac{2A}{[J'_0(\mu_m^{(0)})]^2}\int_0^1\rho J_0(\mu_m^{(0)}\rho)\mathrm{d}\rho\\&=\frac{2AJ_1(\mu_m^{(0)})}{[J'_0(\mu_m^{(0)})]^2\mu_m^{(0)}}=\frac{2A}{\mu_m^{(0)}J_1(\mu_m^{(0)})}\quad m\geqslant 1\end{aligned}$$

令 $u(\rho,t)=\sum_{m=1}^{\infty}T_m(t)R_m(\rho)$，并将其代入式①中得

$$\begin{aligned}&\sum_{m=1}^{\infty}T'_m(t)R_m(\rho)=a^2\left[\sum_{m=1}^{\infty}T_m(t)R''_m(\rho)+\frac{1}{\rho}\sum_{m=1}^{\infty}T_m(t)R'_m(\rho)\right]+\sum_{m=1}^{\infty}f_m R_m(\rho)\\&\sum_{m=1}^{\infty}T'_m(t)R_m(\rho)=a^2\sum_{m=1}^{\infty}T_m(t)\left[R''_m(\rho)+\frac{1}{\rho}R'_m(\rho)\right]+\sum_{m=1}^{\infty}f_m R_m(\rho)\end{aligned}\qquad ⑧$$

$R_m(\rho)$满足方程

$$R''_m(\rho)+\frac{1}{\rho}R'_m(\rho)=-\lambda_m R_m\qquad ⑨$$

将方程⑨代入式⑧中,得

$$\begin{aligned}&\sum_{m=1}^{\infty}T'_m(t)R_m(\rho)=a^2\sum_{m=1}^{\infty}(-\lambda_m)T_m(t)R_m(\rho)+\sum_{m=1}^{\infty}f_m R_m(\rho)\\&\sum_{m=1}^{\infty}T'_m(t)R_m(\rho)=\sum_{m=1}^{\infty}[a^2(-\lambda_m)T_m(t)+f_m]R_m(\rho)\end{aligned}\qquad ⑩$$

比较式①两边 $R_m(\rho)$的系数得

$$\begin{aligned}&T'_m(t)=a^2(-\lambda_m)T_m(t)+f_m\quad m\geqslant 1\\&T'_m(t)+a^2\lambda_m T_m(t)=f_m\quad m\geqslant 1\end{aligned}\qquad ⑪$$

利用初始条件式③,得

$$\begin{aligned}&u\,|_{t=0}=\sum_{m=1}^{\infty}T_m(0)R_m(\rho)=\sum_{m=1}^{\infty}\varphi_m R_m(\rho)\\&T_m(0)=\varphi_m\quad m\geqslant 1\end{aligned}\qquad ⑫$$

结合式⑪和式⑫便得 $T_m(t)(m\geqslant 1)$满足如下定解问题

$$\begin{cases} T'_m(t) + a^2\lambda_m T_m(t) = f_m \\ T_m(0) = \varphi_m \end{cases} \quad ⑬$$

式⑬是一阶线性非齐次常微分方程的初始值问题，易得其解为

$$T_m(t) = \left(\varphi_m - \frac{f_m}{a^2\lambda_m}\right)e^{-a^2\lambda_m t} + \frac{f_m}{a^2\lambda_m}$$

将 $T_m(t)$代入 $u(\rho,t)$的级数中，得

$$u(\rho,t) = \sum_{m=1}^{\infty}\left[\left(\varphi_m - \frac{f_m}{a^2\lambda_m}\right)e^{-a^2\lambda_m t} + \frac{f_m}{a^2\lambda_m}\right]J_0(\mu_m^{(0)}\rho) \quad ⑭$$

式⑭便是定解问题式①～式③的解。

注：例 4.26 和例 4.27 中所使用的求解方法，也可用于求解圆域上的二维波动方程的定解问题。在热传导问题中，$T_m(t)$满足一阶线性常微分方程。而在波传播问题中，$T_m(t)$满足二阶线性常微分方程。除此之外，其余的求解过程大体相同。

Bessel 函数还可用于求解圆柱体上 Laplace 方程的定解问题，下面举例说明。

[例 4.28] 设有一半径为 a，高为 h 的圆柱体，其下底和侧面电位为零，上底电位为 x^2+y^2，试求圆柱体内的电位分布。

解：记 $\Delta u=u_{xx}+u_{yy}+u_{zz}$，则圆柱体上电位分布 $u(x,y,z)$满足如下定解问题：

$$\begin{cases} \Delta u=0, & \sqrt{x^2+y^2}<a, \quad 0<z<h \\ u|_{z=0}=0, & \sqrt{x^2+y^2}\leqslant a \\ u|_{z=h}=x^2+y^2, & \sqrt{x^2+y^2}\leqslant a \\ u=0, & \sqrt{x^2+y^2}=a, \quad 0\leqslant z\leqslant h \end{cases}$$

由于边界条件只与 $\rho=\sqrt{x^2+y^2}$有关，可推知 $u=u(\rho,z)$。

作柱面坐标变换 $x=\rho\cos\theta, y=\rho\sin\theta, z=z$，则上面定解问题转化为

$$\begin{cases} u_{\rho\rho} + \frac{1}{\rho}u_\rho + u_{zz} = 0 & \rho\leqslant a, 0<z<h & ① \\ u|_{z=0} = 0 & \rho\leqslant a & ② \\ u|_{z=h} = \rho^2 & \rho\leqslant a & ③ \\ u|_{\rho=a} = 0 & 0\leqslant z\leqslant h & ④ \end{cases}$$

令 $u(\rho,z)=R(\rho)H(z)$并代入式①中，可得

$$\begin{aligned} &H''(z) - \lambda H(z) = 0 \\ &\rho^2R''(\rho) + \rho R'(\rho) + \lambda\rho^2R(\rho) = 0 \end{aligned} \quad ⑤$$

利用边界条件式④和自然边界条件$|R(0)|<+\infty$可得特征值问题：

$$\begin{cases} \rho^2R''(\rho) + \rho R'(\rho) + \lambda\rho^2R(\rho) = 0 \quad 0<\rho<a & ⑥ \\ |R(0)|<+\infty, \quad R(a) = 0 & ⑦ \end{cases}$$

求解式⑥和式⑦可得特征值和特征函数分别为

$$\lambda_m=\left(\frac{\mu_m^{(0)}}{a}\right)^2,\quad R_m(\rho)=J_0\left(\frac{\mu_m^{(0)}}{a}\rho\right)\quad m\geqslant 1$$

将 λ_m 代入式⑤中并求解得

$$H_m(z)=a_m\operatorname{ch}\frac{\mu_m^{(0)}}{a}z+b_m\operatorname{sh}\frac{\mu_m^{(0)}}{a}z\quad m\geqslant 1$$

根据叠加原理,令

$$\begin{aligned}u(\rho,z)&=\sum_{m=1}^{\infty}H_m(z)R_m(\rho)\\&=\sum_{m=1}^{\infty}\left(a_m\operatorname{ch}\frac{\mu_m^{(0)}}{a}z+b_m\operatorname{sh}\frac{\mu_m^{(0)}}{a}z\right)J_0\left(\frac{\mu_m^{(0)}}{a}\rho\right)\end{aligned}\quad ⑧$$

由式②得 $a_m=0$,

由式③得

$$\rho^2=\sum_{m=1}^{\infty}b_m\operatorname{sh}\frac{\mu_m^{(0)}}{a}hJ_0\left(\frac{\mu_m^{(0)}}{a}\rho\right)$$

$$b_m\operatorname{sh}\frac{\mu_m^{(0)}}{a}h=\frac{2}{a^2[J'_0(\mu_m^{(0)})]^2}\int_0^a\rho^3J_0\left(\frac{\mu_m^{(0)}}{a}\rho\right)\mathrm{d}\rho$$

直接计算可得

$$b_m=\frac{2a^2[(\mu_m^{(0)})^2-4]}{(\mu_m^{(0)})^3J_1(\mu_m^{(0)})\operatorname{sh}\frac{\mu_m^{(0)}}{a}h}\quad ⑨$$

将 b_m 代入式⑧中,最终可得式①~式④的解为

$$u(\rho,z)=\sum_{m=1}^{\infty}\frac{2a^2[(\mu_m^{(0)})^2-4]\operatorname{sh}\frac{\mu_m^{(0)}}{a}z}{(\mu_m^{(0)})^3J_1(\mu_m^{(0)})\operatorname{sh}\frac{\mu_m^{(0)}}{a}h}J_0\left(\frac{\mu_m^{(0)}}{a}\rho\right)$$

注:由上面几个例子可以看出,利用 Bessel 函数求解圆域或圆柱体上一些偏微分方程定解问题时,要求该问题的解与 θ 无关,定解问题的解可按定理 4.1 中的特征函数系展成 Fourier-Bessel 级数。对圆域或圆柱体上偏微分方程的定解问题,如果问题的解与 θ 有关,就要根据定理 4.3 将定解问题的解,按特征函数系展成 Fourier 级数。

习 题

4.1 求方程$\frac{\mathrm{d}^2y}{\mathrm{d}x^2}+y=0$ 的幂级数解。

4.2 求下列方程的幂级数解。

(1) $y''+xy'+y=0$ (2) $y''+(\sin x)y=0$

4.3 求方程 $y''+\frac{1}{x}y'-y=0$ 的幂级数解。

4.4 计算下面各积分。

(1) $\int_{-1}^{1} P_{10}(x)\mathrm{d}x$　　(2) $\int_{-1}^{1} xP_3(x)\mathrm{d}x$

(3) $\int_{-1}^{1} x^2 P_2(x)\mathrm{d}x$　　(4) $\int_{-1}^{1} x^2 P_3(x)P_5(x)\mathrm{d}x$

(5) $\int_{0}^{1} P_{10}(x)\mathrm{d}x$　　(6) $\int_{0}^{1} P_{2n+1}(x)\mathrm{d}x$

4.5 设 $f(\varphi)=2+\cos 2\varphi-5\cos^3\varphi$,将该函数按 $\{P_n(\cos\varphi)\,|\,n\geqslant 0\}$ 展成 Fourier 级数。

4.6 有一单位球体,测得表面电位分布为 $\sin^2\theta$,求球体内无源电位分布。

4.7 设有一球心在原点,半径为 a 的球形导热体,内部无热源,球面温度为 $1+\cos^2\varphi$,求经过充分长时间后导体内的温度分布,即:

$$\begin{cases}\left(u_{rr}+\dfrac{2}{r}u_r\right)+\dfrac{1}{r^2}\Delta_s u=0 & 0\leqslant r<a,0<\varphi<\pi\\ u=1+\cos^2\varphi \quad r=a & 0\leqslant\varphi\leqslant\pi\end{cases}$$

式中,$\Delta_s u=\dfrac{1}{\sin\varphi}\dfrac{\partial}{\partial\varphi}\left(\sin\varphi\dfrac{\partial u}{\partial\varphi}\right)$。

4.8 半径为 a 的球面上的电势分布为 $f(\theta)$,求此球内外的无电荷空间中的电势分布。

4.9 有一内半径为 a,外半径为 $2a$ 的均匀球壳,其内、外表面的温度分布分别保持 0℃和 u_0,试求球壳间的稳定温度分布。

4.10 用球函数展开下例函数。(1) $3\sin^2\theta\cos^2\varphi$　　(2) $\sin 3\theta\cos\varphi$

4.11 求定解问题。

(1) $\begin{cases}\Delta u=0 \quad r<r_0\\ u|_{r=r_0}=4\sin^2\theta\left(\cos\varphi\sin\varphi+\dfrac{1}{2}\right)\\ u|_{r=0}=\text{有限值}\end{cases}$

(2) $\begin{cases}\Delta u=0 \quad r>r_0\\ u|_{r=r_0}=4\sin^2\theta\left(\cos\varphi\sin\varphi+\dfrac{1}{2}\right)\\ u|_{r\to\infty}=\text{有限值}\end{cases}$

4.12 试用平面极坐标系把二维波动方程分离变量:

$$u_{tt}-a^2(u_{xx}+u_{yy})=0$$

4.13 用 $J_\nu(x)$ 的级数表达式证明。

(1) $J_{-\frac{1}{2}}(x)=\sqrt{\dfrac{2}{\pi x}}\cos x$　　(2) $\int_0^{\frac{\pi}{2}} J_0(x\cos\theta)\cos\theta\mathrm{d}\theta=\dfrac{\sin x}{x}$

4.14 利用 Bessel 函数的递推公式求解下列问题。

(1) $J_n''(x)=\dfrac{1}{4}[J_{n-2}''(x)-2J_n''(x)+J_{(n+2)}''(x)]$

(2) $\dfrac{\mathrm{d}}{\mathrm{d}x}[xJ_0(x)J_1(x)]=x[J_0^2(x)-J_1^2(x)]$

4.15 计算。$\int_0^a x^3 J_0(x)\mathrm{d}x$

4.16 在第一类齐次边界条件下,把定义在 $(0,b)$ 上的函数 $f(\rho)=H(1-\rho^2/b^2)$ 按零阶 Bessel 函数 $J_0(\mu_n\rho)$ 展开成级数。

4.17　求解下列定解问题。

$$\begin{cases}\dfrac{\partial^2 u}{\partial t^2}=a^2\left(\dfrac{\partial^2 u}{\partial\rho^2}+\dfrac{1}{\rho}\dfrac{\partial u}{\partial\rho}\right) & 0<\rho<R, t>0\\ u|_{t=0}=1-\dfrac{\rho^2}{R^2},\quad \left.\dfrac{\partial u}{\partial t}\right|_{t=0}=0\\ u|_{\rho=0}<\infty,\quad u|_{\rho=R}=0\end{cases}$$

4.18　求解下列定解问题。

$$\begin{cases}\dfrac{\partial u}{\partial t}=a^2\left(\dfrac{\partial^2 u}{\partial\rho^2}+\dfrac{1}{\rho}\dfrac{\partial u}{\partial\rho}\right) & 0<\rho<R=1, t>0\\ u|_{t=0}=1-\rho^2\\ u|_{\rho=0}<\infty,\quad u|_{\rho=1}=0\end{cases}$$

4.19　一均匀无限长圆柱体，体内无热源，通过柱体表面法向方向的热量为常数 q，若柱体的初始温度也为常数 u_0，求任意时刻柱体的温度分布。

$$\begin{cases}u_t=a^2\left(u_{\rho\rho}+\dfrac{1}{\rho}u_\rho\right) & 0<\rho<l, t>0\\ u|_{t=0}=u_0\\ u|_{\rho=0}<0,\quad u_\rho|_{\rho=l}=q\end{cases}$$

4.20　求解下列定解问题。$\begin{cases}u_t-a^2\Delta u=0\\ u|_{\rho=\rho_0}=0,\quad u|_{\rho=0}=\text{有限值}\\ u_z|_{z=0}=0,\quad u_z|_{z=L}=0\\ u_{t=0}=f(\rho)\cos\dfrac{3\pi}{L}z\end{cases}$

4.21　求解下列定解问题。$\begin{cases}\Delta u=0\\ u|_{\rho=\rho_0}=0,\quad u|_{\rho=0}=\text{有限值}\\ k\left.\dfrac{\partial u}{\partial z}\right|_{z=0}=q_0,\quad k\left.\dfrac{\partial u}{\partial z}\right|_{z=L}=q_0\end{cases}$

4.22　求解下列定解问题。$\begin{cases}u_{tt}-a^2\Delta u=0\\ u|_{\rho=\rho_0}=0,\quad u|_{\rho=0}=\text{有限值}\\ u|_{\varphi=0}=u|_{\varphi=\pi}=0\end{cases}$

第5章 量子力学基础

自17世纪牛顿(Newton)力学出现以后,直到19世纪末,热力学、电动力学和统计物理学也陆续建立,形成了一个较为完整的经典物理体系。在这一段时期,物理学得到了飞速发展,并成功解释了人们所观察到的许多宏观物理现象。于是,人们乐观地认为可以用经典物理学解释所有的物理现象,出乎意料的是,在解释固体比热容、黑体辐射、光电效应以及原子光谱的实验时,经典物理学遇到了空前的挑战。在经典物理学晴朗的天空中,飘来了几朵乌云,乌云的出现预示着暴风雨即将来临。严酷的现实使得物理学家不得不寻找新的思路,建立全新的理论来摆脱所面临的困境。20世纪初,普朗克(Planck)提出量子假说,率先在黑体辐射公式上有了新的突破,为量子理论的建立迈出了关键的一步。在此基础上,爱因斯坦(Einstein)提出光量子假说,正确解释了光电效应;随后,玻尔(Bohr)提出了旧量子论,解释了原子光谱;接着,德布罗意(de Broglie)提出了物质波的假设。在这样一批优秀的物理学家前仆后继的努力下,量子力学得以诞生。量子力学的建立经历了由经典物理学到旧量子论,再由旧量子论到量子力学两个历史发展阶段。

量子力学建立以后,长时间证明了量子力学是研究微观粒子(如电子、原子和分子等)运动规律的科学,获得广泛的应用。到目前为止,根据量子力学规律发展出大量的技术进入了人类的日常生活。同时,人们把量子力学运用到其他的认识领域,从而建立了原子物理、原子核理论、量子化学、量子统计、固体理论、超导理论以及半导体理论等理论学科。量子力学已经成为一门基础科学。

本章将扼要介绍量子力学诞生前一些经典物理学无法解释的实验事实和早期量子论的要点以及为叙述量子力学原理而进行的概念准备。

5.1 经典物理学的困难

5.1.1 几个代表性的实验

经典物理学发展到19世纪末,在理论上已相当完善,对当时发现的各种物理现象都能进行理论上的说明。它们主要由牛顿的经典力学,麦克斯韦的电、磁和光的电磁波理论,玻耳兹曼和吉布斯等建立的统计物理学组成。19世纪末,人们通过实验发现了一些新的现象,这些现象无法用经典物理学来解释,具有代表性的实验现象有以下3种:黑体辐射、光电效应和氢原子光谱。

1. 黑体辐射

热辐射同光辐射本质一样,都是电磁波对外来的辐射物体有反射和吸收的作用,如果一个物体能全部吸收投射到它上面的辐射而无反射,这种物体称为绝对黑体(简称黑体),是一种理想化模型。黑体是指能全部吸收各种波长辐射的物体，它是一种理想的吸收体，同时在加热时，又能最大限度地辐射出各种波长的电磁波。

绝热的且开有一个小孔的金属空腔就是一种良好的黑体模型，如图 5-1 所示。进入小孔的辐射，经多次吸收和反射，可使射入的辐射全部被吸收。当空腔受热时，空腔会发出辐射，称为黑体辐射。

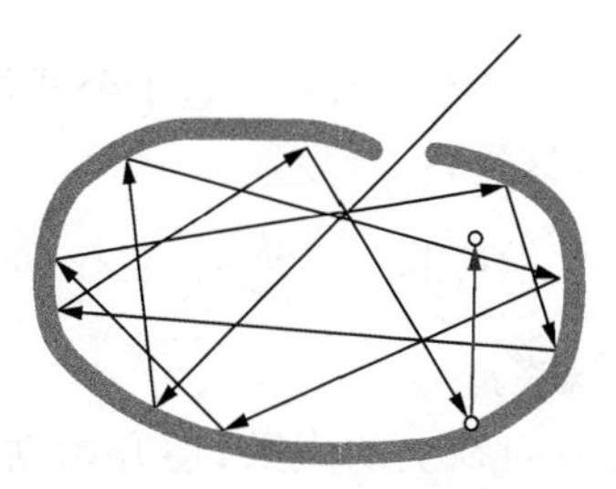

图 5-1　黑体示意图

1) 实验结果

当腔壁与空腔内部的辐射在某一绝对温度 T 下达到平衡时，单位面积上发出的辐射能与吸收的辐射能相等，频率 ν 到 $\mathrm{d}\nu$ 之间的辐射能量密度 $\rho(\nu)\mathrm{d}\nu$ 只与 ν 和 T 有关，与空腔的形状及本身的性质无关。即

$$\rho(\nu)\mathrm{d}\nu=F(\nu,T)\mathrm{d}\nu$$

式中，$F(\nu,T)\mathrm{d}\nu$ 表示对任何黑体都适用的某一普通函数（当时还不能写出它的具体解析表达式）。

2) 维恩（Wien）公式

维恩（Wien）在做了一些特殊的假设之后，曾用热力学的方法，导出了下面的公式：

$$\rho(\nu)\mathrm{d}\nu=c_1\nu^3\mathrm{e}^{\frac{c_2\nu}{T}}\mathrm{d}\nu$$

式中，c_1，c_2 为常数。将维恩公式与实验结果比较，如图 5-2 所示，发现两者在高频（短波）区域虽然符合，但在低频区域相差很大。

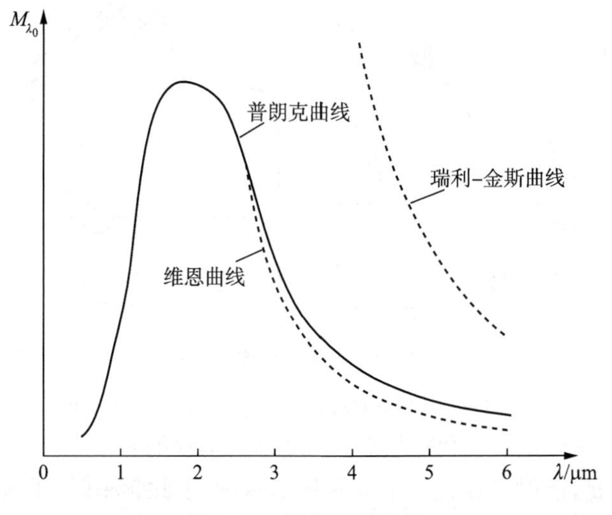

图 5-2　黑体辐射能量

3）瑞利-金斯(Rayleigh－Jeans)公式

瑞利(J. W. Rayleigh)和金斯(J. H. Jeans)根据电动力学和统计物理学也推导出了黑体辐射公式：

$$\rho(\nu)\mathrm{d}\nu=\frac{8\pi\nu^2}{c^3}kT\mathrm{d}\nu$$

式中，k 是玻耳兹曼常数[$k=1.38\times10^{-23}$(J/K)]。这个公式恰恰与维恩公式相反，如图 5－2 所示，在低频区与实验符合，在高频区不符，且发散。

这是因为 $$\mu=\int_0^\infty \rho(\nu)\mathrm{d}\nu=\frac{8\pi kT}{c^3}\int_0^\infty \nu^2\mathrm{d}\nu\rightarrow\infty$$

当时称这种情况为“紫外光灾难”。

由于经典理论在解释黑体辐射问题上的失败，便开始动摇了人们对经典物理学的盲目相信。

4）普朗克(Planck)公式

1900 年，普朗克在前人的基础上，进一步分析实验数据，得到如下经验公式：

$$\rho_\nu\mathrm{d}\nu=\frac{8\pi h\nu^3}{c^3}\cdot\frac{1}{\mathrm{e}^{\frac{h\nu}{kT}}-1}\mathrm{d}\nu$$

式中，h 称为普朗克常数，$h=6.626\times10^{-34}\mathrm{J\cdot S}$。

在推导时，普朗克做了如下假定：黑体是由带电的谐振子组成的，对于频率为 ν 的谐振子，其能量只能是 $h\nu$ 的整数倍，即 $E_n=nh\nu$。

当振子的状态变化时，只能以 $h\nu$ 为单位发射或吸收能量。能量 $\varepsilon=h\nu$ 成为能量子，这就是普朗克能量子假设，它突破了经典物理关于能量连续性的概念，开创了量子物理的新纪元。

2. 光电效应

在光的作用下，电子从金属表面逸出的现象，称为光电效应。光电效应实验原理如图5－3 所示，K 为某种待测金属制成的阴极，A 是阳极。

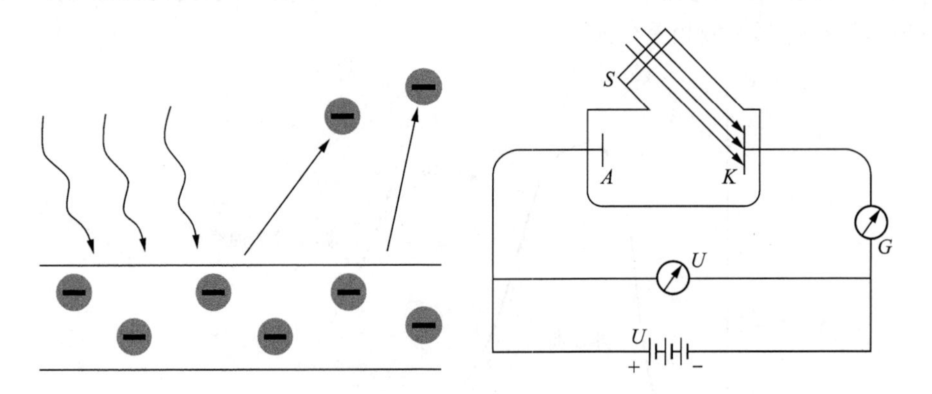

图 5－3　光电效应实验原理

自 1887 年德国物理学家赫兹(H. Hertz)起到 1904 年密立根(R. A. Milikan)为止，光电效应的实验规律被逐步揭示出来。无法为经典物理学所解释的有：

(1) 对一定的金属，照射光存在一个临界频率 ν_0，低于此频率时，不发生光电效应(不论光照多么强，被照射的金属都不发射电子)。

(2) 光电子的动能与照射光的频率成正比($E_k \propto \nu$)，而与光的强度无关。

(3) 光电效应是瞬时效应($\approx 10^{-9}$ s)。

爱因斯坦(A. Einsten)的光量子假设：

假设光就是光子流，在频率为 ν 的光子流中，每个光子的能量都是 $h\nu$(这样就可解释光电效应)。引入光量子的概念，光电效应现象就得到了解释。当光照射金属时，金属的自由电子吸收了光，得到能量 $h\nu$，当这一能量大于脱出功 w_0 时，电子从金属表面逸出，由此得到爱因斯坦方程：

$$\frac{1}{2}mv_m^2 = h\nu - w_0$$

式中，m 为逸出电子的质量，$\frac{1}{2}mv_m^2$ 为逸出电子的动能。

光子的动量：

$$E = \frac{m_0 c^2}{\sqrt{1-\frac{v^2}{c^2}}}$$

因为对于光子 $v=c$，所以 $m_0=0$，

又 因为 $E^2 = m_0^2c^2 + c^2p^2$(相对论中能量与动量的关系)，所以：

$$E = cp$$

而

$$E = h\nu = \hbar\omega$$

所以

$$p = \frac{E}{c} = \frac{h\nu}{c} = \frac{h}{\lambda}$$

或

$$\boldsymbol{p} = \frac{h\nu}{c}\boldsymbol{n} = \frac{h}{\lambda}\boldsymbol{n} = \hbar\boldsymbol{k}$$

式中，$\boldsymbol{n}$ 表示该光子运动方向的单位矢量，$\omega = 2\pi\nu$，$\boldsymbol{k} = \frac{2\pi\nu}{c}\boldsymbol{n} = \frac{2\pi}{\lambda}\boldsymbol{n}$ 为波矢。上式把光的两种性质——波动性和粒子性有机地联系了起来。

3. 氢原子光谱

原子被火焰、电弧等激发时，能受激而发光，形成光源。将它的辐射线通过分光可以得到许多不连续的明亮的线条，称为原子光谱。实验发现，原子光谱是不连续的线状光谱。这又是一个经典物理学不能解释的现象。1885 年瑞士的一位中学教师巴尔末(Balmer)给出了氢原子光谱的计算公式

$$\nu_{nm} = cR\left(\frac{1}{n^2} - \frac{1}{m^2}\right) \quad n=2, m=3,4,5,\cdots$$

式中，$R = 1.097 \times 10^7\ \text{m}^{-1}$，为里德伯(Rydberg)常数。图 5 - 4 所示就是氢原子的巴尔末线系。

1911 年卢瑟福(E. Rutherford)用 α 粒子散射实验证实了原子模型，认为原子是由电子绕核运动构成的。经典物理学无法解释原子光谱现象，因为根据经典电动力学，绕核作轨道运动的电子是有加速度的，应当自动地放射出辐射，因而能量会逐渐减少，这样会使电子逐渐接近原子核，最后和核相撞，因此原子应为一个不稳定的体系。另一方面，根据经典电动力学，电子

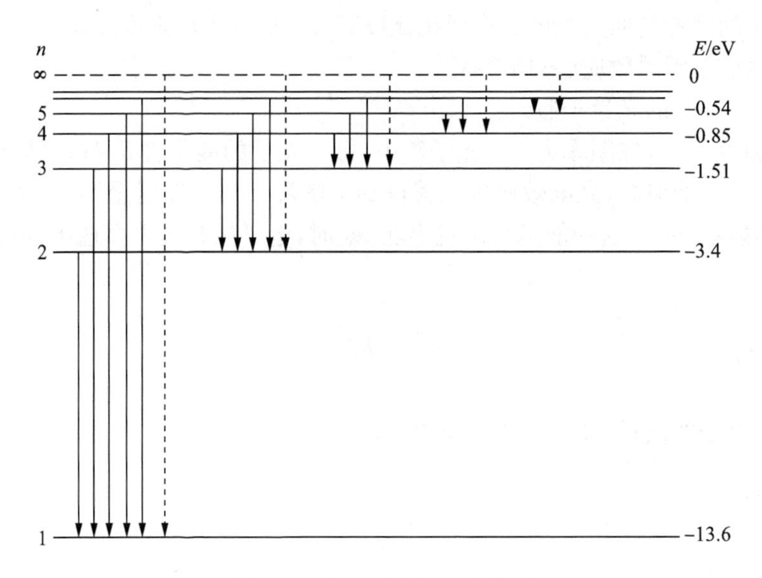

图 5－4 氢原子的巴尔末线系

放出辐射的频率应等于电子绕核运动的频率，由于电子的能量要逐渐减少，其运动的频率也将逐渐改变，因而辐射的频率也将逐渐改变，所以原子发射的光谱应当是连续的。然而实验测得的光谱却是线状的、不连续的。这些都和经典的理论发生了本质的矛盾。

1913 年玻尔根据普朗克的量子论、爱因斯坦的光子学说和卢瑟福的原子模型，提出了关于原子结构的 3 个假定。

(1) 电子只能在核外某些稳定的轨道上运动，这时电子绕核旋转不产生经典辐射，原子相应处于稳定态，简称定态。能量最低的稳定态称为基态，其他的称为激发态。

(2) 原子可由某一定态跳跃到另一个定态，称为跃迁，跃迁中放出或吸收辐射，其频率为 ν，且满足

$$h\nu = E_2 - E_1 = \Delta E$$

(3) 原子可能存在的定态轨道有一定限制，即电子的轨道运动的角动量必须等于 $\frac{h}{2\pi}$ 的整数倍，即 $J = n\frac{h}{2\pi}(n=1,2,3,\cdots)$。此式又称为玻尔的量子化规律，式中，$n$ 为量子数。根据玻尔的假定可以计算出氢原子基态轨道的半径 a_0 为 52.9pm，基态能量为 $-13.6eV$，和实验结果十分接近。

从黑体辐射、光电效应和原子光谱等实验可见，对于微观体系的运动，经典物理学已完全不能适用。以普朗克的量子论、爱因斯坦的光子学说和玻尔的原子模型方法为代表的理论称为旧量子论。旧量子论尽管解释了一些简单的现象，但是，对绝大多数较为复杂的情况，仍然不能解释。这显然是由于旧量子论并没有完全放弃经典物理学的方法，只是在其中加入了量子化的假定，然而量子化概念本身与经典物理学之间是不相容的。因此，旧量子论要作为一个完整的理论体系，其本身是不能自圆其说的。

5.2　光的波粒二象性及统计解释

17 世纪末以前，人们对光的观察和研究还只限于几何光学方面。从光的直线传播、反射定律和折射定律出发，对于光的本性问题提出了两种相反的学说——以牛顿为代表的微粒说和以惠更斯为代表的波动说。

微粒说认为，光是由光源发出的，等速直线运动的微粒流。微粒种类不同，颜色不同。在光反射和折射时，表现为刚性弹性球。

波动说认为光是在媒质中传播的一种波，光的颜色不同是由光的波长不同引起的。

微粒说和波动说都能解释当时已知的实验事实，但在解释折射现象时导出的折射率结论相反：微粒说的结论是光在媒质中的相对折射率正比于光在媒质中的传播速率；而波动说则得出光在媒质中的相对折射率反比于光在媒质中的传播速率。当时由于还不能准确测量光速，所以无法判断哪种说法是正确的。

随后光的干涉和衍射现象相继被发现，这些现象是波的典型性质，而微粒说无法解释。光速的精确测定证实了波动说对折射率的结论是正确的。光的偏振现象进一步说明光是一种横波。因此在 19 世纪末、20 世纪初的黑体辐射、光电效应和康普顿散射等现象发现以前，波动说占据了优势。

为了解释光在真空中传播的媒质问题，科学家提出了“以太”假说。“以太”被认为是一种弥漫于整个宇宙空间、渗透到一切物体之中且具有许多奇特性质的物质，而光则认为是以“以太”为媒质传播的弹性波。19 世纪 70 年代，麦克斯韦(J. C. Maxwell)建立了电磁场理论，预言了电磁波的存在。不久后赫兹通过实验发现了电磁波。麦克斯韦根据光速与电磁波速相同这一事实，提出光是一种电磁波，这就是光的电磁理论。根据麦克斯韦方程组和电磁波理论，光和电磁波无须依靠“以太”作为媒质传播，其媒质就是交替变化的电场和磁场本身。所谓“以太”是不存在的。

到了 19 世纪末，因为光的电磁波学说不能解释黑体辐射现象而碰到了很大的困难。为了解释这个现象，普朗克在 1900 年发表了他的量子论。接着爱因斯坦推广了普朗克的量子论，在 1905 年发表了他的光子学说，圆满地解释了光电效应，又在 1907 年在振子能量量子化的基础上解释了固体的比热容与温度的关系问题。根据他的意见，光的能量不是连续地分布在空间，而是集中在光子上。这个学说因为康普顿效应的发现再一次得到了实验证明。

光子学说提出以后，重新引起了波动说和微粒说的争论，并且问题比以前更尖锐化了。因为凡是与光的传播有关的各种现象，如衍射、干涉和偏振，必须用波动说来解释，凡是与光和实物相互作用有关的各种现象，如实物发射光(如原子光谱等)、吸收光(如光电效应、吸收光谱等)和散射光(如康普顿效应等)等现象，必须用光子学说来解释。不能用简单的波动说或微粒说来解释所有现象。因此，光既具有波动性的特点，又具有微粒性的特点，即光具有波粒二象性(wave particle duality)，它是波动性和微粒性的矛盾统一体。不连续的微粒性和连续的波动性是事物对立的两个方面，它们彼此互相联系，相互渗透，并在一定的条件下相互转化，这就是光的本性。

所谓波动和微粒，都是经典物理学的概念，不能原封不动地应用于微观世界。光既不是经典意义上的波，也不是经典意义上的微粒。光的波动性和微粒性的相互联系特别明显地表现

在以下三个式子中：$E=h\nu$，$p=h/\lambda$，$\rho=k|\Psi|^2$。

在以上三个式子中等号左边表示微粒的性质，即光子的能量 E、动量 p 和光子密度 ρ，等式右边表示波动的性质，即光波的频率 ν、波长 λ 和场强 Ψ。按照光的电磁波理论，光的强度正比于光波振幅的平方 $|\Psi|^2$；按照光子学说，光的强度正比于光子密度 ρ，所以 ρ 正比于 $|\Psi|^2$，令比例常数为 k，即得到 $\rho=k|\Psi|^2$。

1924 年，法国物理学家德布罗意提出，这种"二象性"并不特殊地只是一个光学现象，而是具有一般性的意义。他说："整个世纪以来，在光学上，比起波动的研究方法，是过于忽略了粒子的研究方法；在实物理论上，是否发生了相反的错误呢？是不是把粒子的图像想得太多，而忽略了波的图像？"从这样的思想出发，德布罗意假定波粒二象性的公式也可适用于电子等静止时质量不为零的粒子，也称为实物粒子，即实物粒子也具有波粒二象性。实物粒子的波长等于普朗克常数除以粒子的动量，即

$$\lambda=\frac{h}{p}=\frac{h}{mv}$$，这就是德布罗意关系式。

根据德布罗意假设，以速度为 1.0×10^{6} m/s 运动的电子的波长为 7.3×10^{-10} m。质量为 1.0×10^{-3} kg 的宏观物体，当以 1.0×10^{-2} m/s 的速度运动时，波长为 6.63×10^{-29} m，实物粒子波长太小，观察不到其波动性。只有微观粒子才可观测其波动性。实物粒子的波称为德布罗意波或实物波。德布罗意指出：可以用电子的晶体衍射实验证实物质波的存在。

1927 年美国科学家戴维逊(C. J. Davisson)和革末(I. H. Germer)的单晶电子衍射实验以及英国科学家汤普森的多晶体电子衍射实验(图 5-5)都证实了德布罗意关于物质波的假设。随后，实验发现质子、中子、原子和分子等都有衍射现象，且都符合德布罗意关系式。图 5-5(a)是多晶体电子衍射的示意图，发射出的电子射线穿过金多晶薄膜，投射到屏上，可以得到一系列的同心圆图像，这些同心圆叫作衍射环纹。图 5-5(b)是电子射线通过金多晶薄膜时的衍射环纹图样。

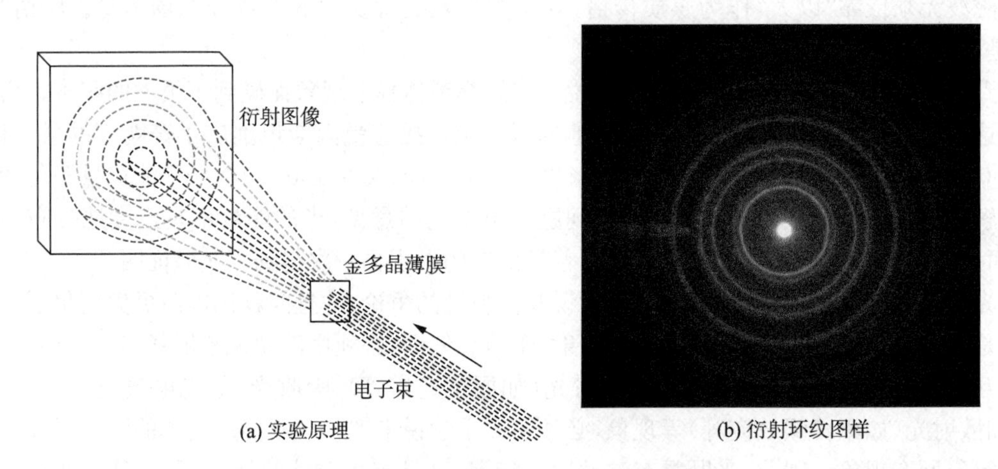

图 5-5 汤普森的多晶体电子衍射实验

下面就以多晶体电子衍射实验来进行讨论。从衍射环纹的半径和屏与金多晶薄膜间的距离计算衍射角 α，根据衍射角可用布拉格(Bragg)公式计算电子射线的波长 λ：

$$2d\sin\frac{\alpha}{2}=n\lambda$$

式中，d 是晶格间距，$n=1,2,3,\cdots$ 分别表示各同心圆，其中最小的同心圆 $n=1$，其次 $n=2$。

电子射线可从阴极射线管产生，并使之在电势差等于 V 的电场中加速到速度 v。获得的动能等于它在电场中降落的势能 eV，即：$eV=\frac{1}{2}mv^2$　因此 $v=\sqrt{\frac{2eV}{m}}$。

根据德布罗意关系式，可得电子波长 $\lambda=\frac{h}{p}=\frac{h}{mv}=\frac{h}{m^{\frac{1}{2}}\sqrt{2eV}}$。

若知道电势 V，就可以计算出电子射线的波长 λ。将根据衍射角算得的波长与通过德布罗意关系式算出的波长比较，两者一致。这样就从实验上证明了德布罗意关系式。

实物波的物理意义与机械波（水波、声波）及电磁波等不同，机械波是介质质点的振动，电磁波是电场和磁场的振动在空间传播的波，而实物波没有这种直接的物理意义。

那么实物波的本质是什么呢？有一种观点认为波动是粒子本身产生出来的，有一个电子就有一个波动。因此当一个电子通过晶体时，就应当在底片上显示出一个完整的衍射图形。而事实上，在底片上显示出来的仅仅是一个点，无衍射图形。另一种观点认为波是一群粒子组成的，衍射图形是由组成波的电子相互作用的结果。但是实验表明用很弱的电子流，让每个电子逐个地射出，经过足够长的时间，在底片上显示出了与较强的电子流在较短时间内电子衍射完全一致的衍射图形。这说明电子的波动性不是电子间相互作用的结果。

在电子衍射实验中若将加速后的电子一个一个地发射，发现各电子落到屏上的位置是不重合的，也就是说电子的运动是没有确定轨迹的，不服从经典力学物体的运动方程。当不断发射了很多电子以后，各电子在屏上形成的黑点构成了衍射图像，这说明大量粒子运动的统计结果是具有波动性的。当电子数不断增加时，所得衍射图像不变，只是颜色相对加深，这就说明波强度与落到屏上单位面积中的电子数成正比。

1926 年，波恩（M. Born）提出了实物波的统计解释。他认为在空间的任何一点上波的强度（振幅绝对值平方）和粒子在该位置出现的概率成正比。实物波的强度反映微粒出现的概率的大小，故可称概率波。

5.3　原子结构的玻尔理论

1. 原子行星模型

卢瑟福（E. Rutherford）组用 α 粒子轰击原子发现，α 粒子以一定概率散射在大角度方向上，每两万个 α 粒子约有一个 α 粒子返回，飞向发射源的方向，从而提出原子的行星模型。以这一模型计算散射微分截面，与实验符合得非常好。按照原子行星模型，原子中电子绕原子核运动，则电子在进行加速运动，因此会不断辐射能量$\left(\text{其功率为}\frac{2}{3}e^2a^2/c^3\text{，即}\frac{dE}{dt}=\frac{e^2a^2}{6\pi\varepsilon_0 c^3}\text{，}a\text{ 为加速度}\right)$。从而应该发生原子坍塌（$10^{-6}$s），但事实上没有出现这种现象，原子基态是出奇地稳定，没有辐射发生（因负电荷粒子加速）。经典理论在原子结构问题上也遇到不可克服的困难。

2. 原子结构的玻尔理论

1）氢元素的线光谱：

$$h\nu^{(n,m)}=13.6\text{eV}\left(\frac{1}{n^2}-\frac{1}{m^2}\right)\qquad n<m\text{（氢原子）}$$

$\left(类氢原子应为\frac{e^2}{8\pi\varepsilon_0 a}, a=\frac{4\pi\varepsilon_0\hbar^2}{\mu e^2 z^2}\right)$

为解释这些现象，玻尔(N. Bohr)提出三点假设。

(1) 原子仅能稳定地处于与分立能量($E_1, E_2, \cdots$)相对应的一系列定态中，不辐射能量。

(2) 原子从一个定态到另一个定态时，也就是电子从一个轨道跃迁到另一个轨道时，将吸收或发射电磁辐射，其辐射的能量等于两定态的能量差，其频率为

$$\nu=(E_m-E_n)/h$$

(3) 为了确定电子的轨道，即定态相应的分立能量，玻尔提出了量子化条件，即电子运动的角动量是量子化的，表示为

$$mvr=n\hbar \qquad n=1,2,\cdots\ (圆形轨道)$$

后来，索末菲尔德(Sommerfeld)推广了这一量子化条件，对于任何一种周期运动，有量子化条件

$$\oint P_i \mathrm{d}q_i = nh \qquad n=1,2,\cdots$$

式中，q_i 为广义坐标；P_i 为广义动量。

[例 5.1] 考虑一电子绕电荷为 Ze 的原子核在一平面中运动，求其可能的定态能量。

解：$H=\frac{1}{2m}\left(P_r^2+\frac{P_\varphi^2}{r^2}\right)-\frac{Ze^2}{4\pi\varepsilon_0 r}$，根据有心力下角动量守恒，有

$$P_\varphi=常数 \quad \left(\dot{P}_\varphi=\frac{\partial H}{\partial\varphi}=0\right)$$

$$\oint P_\varphi \mathrm{d}\varphi=n_\varphi h \qquad 所以\ P_\varphi=n_\varphi\hbar$$

$$由\ E=\frac{P_r^2}{2m}+\frac{P_\varphi^2}{2mr^2}-\frac{Ze^2}{4\pi\varepsilon_0 r}$$

$$得\quad P_r=\left(2mE-\frac{P_\varphi^2}{r^2}-\frac{2mZe^2}{4\pi\varepsilon_0 r}\right)^{1/2}$$

$$\oint P_r \mathrm{d}r=\oint\left(2mE-\frac{P_\varphi^2}{r^2}-\frac{2mZe^2}{4\pi\varepsilon_0 r}\right)^{1/2}\mathrm{d}r$$

$$=-2\pi P_\varphi+\frac{\pi Ze^2}{4\pi\varepsilon_0}\sqrt{\frac{2m}{-E}}$$

$$=n_r h$$

$$\frac{Ze^2}{4\pi\varepsilon_0\cdot 2}\sqrt{-\frac{2m}{E}}=(n_\varphi+n_r)\hbar=n\hbar \qquad n=1,2,\cdots 于是有$$

$$E_n=-\frac{Ze^2}{8\pi\varepsilon_0 an^2}, a=-\frac{4\pi\varepsilon_0\hbar^2}{mZe^2}$$

2) 玻尔理论的成就和局限性

玻尔理论第一次把光谱的事实纳入一个理论体系中，在原子核式模型的基础上进一步提出了一个动态的原子结构轮廓。这个理论指出经典物理的规律不能完全适用于原子内部，提出了微观体系特有的量子规律。这个理论承前启后，是原子物理学中的一个重要进展。

玻尔理论虽然有很大的成就，居重要地位，但也有很大的局限性。玻尔理论只能计算氢原

子和类氢原子的光谱频率。对于稍复杂一些的原子，不能算出其能级和光谱的频率，玻尔理论还不包括对光谱线强度的处理。

玻尔理论的问题在于理论结构本身。玻尔理论作了一些在经典规律中所没有的假设，如定态假设、频率假设等，但这一理论又是建立在经典力学基础之上的，引进量子条件又没有理论依据。该理论是经典理论和量子条件合并在一起的一个结构，缺乏逻辑的一致性，是半经典半量子的理论。

旧量子理论虽然在解释氢原子和类氢原子上取得了一定成功，但对多电子体系、半整数角动量等却无能为力，特别是人为假设（加速不辐射和量子化条件等）。因此，要求有新的基础来说明客观存在与经典物理学矛盾的事实。更完整、更准确，应用面更广的关于原子的理论是1925年发表的一个新的理论体系——量子力学。

> 1922年诺贝尔物理学奖授予丹麦哥本哈根的尼尔斯·玻尔(Niels Bohr,1885—1962年)，以表彰他在研究原子结构，特别是研究从原子发出的辐射所做的贡献。

5.4　微粒的波粒二象性

可以把实物粒子的波粒二象性理解为：具有波动性的微粒在空间的运动没有确定的轨迹，只有与其波强度大小成正比的概率分布规律。微观粒子的这种运动完全不服从经典力学的理论，所以在认识微观体系运动规律时，必须摆脱经典物理学的束缚，必须用量子力学的概念去理解。微观粒子的运动没有确定的轨迹，也就是说它在任一时刻的坐标和动量是不能同时准确确定的，这就是测不准原理。可以用电子束通过一个单缝的衍射实验来说明测不准原理。如图5-6所示，具有动量p的电子束，通过宽度为Δx的狭缝，在y方向与狭缝距离为l处放一屏幕，可在屏幕上得到如图所示的衍射强度分布曲线。

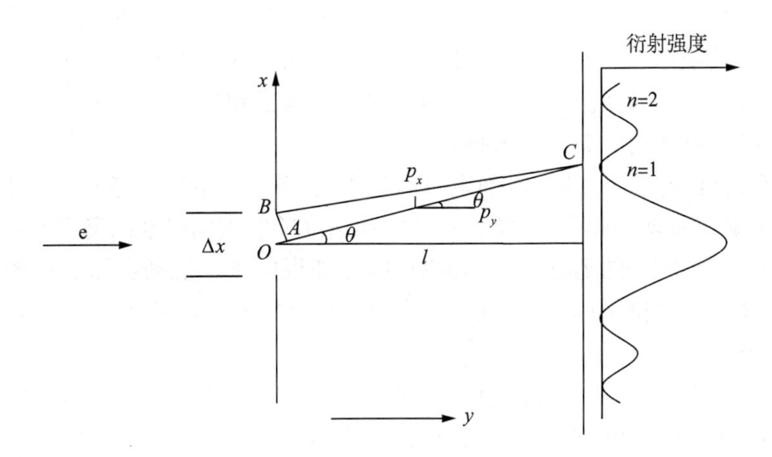

图5-6　电子束单缝衍射实验示意图

经典粒子直线运动，通过狭缝后，在屏幕上显示宽度为Δx的条状图案。具有波动性的电子，通过狭缝边缘和中心的两束电子波相互叠加，在到达屏幕处。在屏幕上，电子波在有的位置上是加强的(峰)，有的位置上是相互抵消的。根据光学原理，相消的条件是这两束光从狭缝

到达屏幕的光程差 AO 为波长 λ 的半整数倍，即

$$\Delta x/2\sin\theta \approx AO = n\lambda/2$$

考虑一级衍射($n=1$)的情况 $\sin\theta=\lambda/\Delta x$。

通过狭缝前，电子在 x 方向的动量 p_x 为零，通过狭缝后，电子在 x 方向的动量为 $p_x=p\sin\theta$，所以动量在 x 方向上的分量在通过狭缝前后的变化为 $\Delta p_x=p\sin\theta=\sin\theta\cdot h/\lambda$。结合式 $\sin\theta=\lambda/\Delta x$，可得 $\Delta x\cdot\Delta p_x=h$。

如果将 x 方向的讨论改为 y 或 z 方向，显然可得

$$\Delta y\cdot\Delta p_y=h,\quad \Delta z\cdot\Delta p_z=h \qquad \text{(称为测不准关系式)}$$

若考虑到 $n=2,3,\cdots$ 多级衍射时，则为 $\Delta x\cdot\Delta p_x\geqslant h$，$\Delta y\cdot\Delta p_y\geqslant h$，$\Delta z\cdot\Delta p_z\geqslant h$。

1927 年，海森堡(W. K. Heisenberg)通过严格的推导，得出了以下测不准关系式：

$$\Delta x\cdot\Delta p_x\geqslant\frac{h}{4\pi},\quad \Delta y\cdot\Delta p_y\geqslant\frac{h}{4\pi},\quad \Delta z\cdot\Delta p_z\geqslant\frac{h}{4\pi}$$

用能量 E 和时间 t 作为表示粒子状态的基本变量时，测不准关系则为 $\Delta E\cdot\Delta t\geqslant\frac{h}{4\pi}$。

测不准关系式表示通过狭缝时，电子的坐标的不确定度和相应动量的不确定度的乘积至少等于一个常数。也就是说，当某个微粒的坐标完全被确定时($\Delta x\to 0$)，它的相应动量不能完全被确定($\Delta p_x\to\infty$)，反之亦然。换言之，微观粒子在空间的运动，它的坐标和动量是不能同时被准确确定的，讨论微观粒子的运动轨迹毫无意义。由于微观粒子运动具有波粒二象性，因而不能同时准确确定某些成对物理量，如位置与动量、能量与时间等，这种现象也被称为不确定原理。

经典力学中用轨迹描述物体的运动，即用物体的坐标位置和运动速度(或动量)随时间的变化来描述物体的运动。因此需要能够同时准确确定物体的坐标和速度。经典力学只适用于描述宏观粒子的运动。那么宏观粒子和微观粒子有什么不同呢？下面我们来做一下简单比较。首先宏观粒子和微观粒子具有很多的共同点：都具有质量、能量和动量，服从能量守恒定律和动量守恒定律，都具有波粒二象性，都满足测不准关系式。它们的不同之处在于：宏观粒子波动性不明显，其坐标和速度可被同时准确测定，有确定的运动轨迹，可以用经典力学来描述。微观粒子波动性显著，受测不准关系式的限制，其坐标和速度不可能被同时准确测定，没有确定的运动轨迹，不能用经典力学来描述。

宏观和微观的区分是相对的。不确定原理起作用，粒子的运动轨迹无法描述的场合，就是微观领域。而不确定原理不起作用，粒子的坐标和速度能够被同时准确测定的场合，就是宏观领域(宏观粒子和微观粒子的划分也不是绝对的，比如说电子。运动在原子中的电子，受测不准关系式限制，属于微观粒子；而电视机显像管中电子枪发射的电子其运动轨迹就是可以控制的，属于宏观粒子)。

[**例 5.2**] 子弹(质量为 0.01 kg，速度为 1 000 m/s)和原子中的电子(质量为 9.1×10^{-31} kg，速度为 1 000 m/s)，当它们的速度不确定范围为其速度的 10%时，分别计算它们的位置的不确定范围并讨论计算结果。

解：对子弹

$$\Delta x\geqslant h/\Delta p_x=h/(m\Delta v_x)=\frac{6.63\times10^{-34}\ \mathrm{J\cdot s}}{0.01\ \mathrm{kg}\times1\ 000\ \mathrm{m/s}\cdot1\times10^{-1}}=6.63\times10^{-34}\ \mathrm{m}$$

对电子

$$\Delta x' \geqslant h/\Delta p_x' = h/(m'\Delta v_x') = \frac{6.63\times10^{-34}\ \text{J}\cdot\text{s}}{9.1\times10^{-31}\ \text{kg}\times1\ 000\ \text{m/s}\times1\times10^{-1}} = 7.27\times10^{-6}\ \text{m}$$

对子弹来说，Δx 相对于子弹半径很小，可以忽略，即子弹的坐标是可以被准确测定的；对电子来说，$\Delta x' = 7.27\times10^{-6}$ m，由于原子半径仅为 10^{-10} m 的数量级，所以 Δx 不可忽略，在原子中运动的电子坐标在其速度误差为 10%时是不能被准确测定的，电子的运动无法用经典力学中的轨迹（即速度和坐标）来描述，只能用量子力学来描述。而子弹的运动则可以用经典力学来描述。

习　　题

5.1　推导普朗克黑体辐射公式。

5.2　用辐射高温计测得炉壁小孔辐射出的射度（总辐射本领）为 22.8 $\text{W}\cdot\text{cm}^{-2}$，求炉内温度。

5.3　波长为 10^{-10} m 的 X 光光子的动量和能量各为多少？

5.4　计算下述粒子的德布罗意波的波长：

（1）质量为 10^{-10} kg，运动速度为 0.01 $\text{m}\cdot\text{s}^{-1}$ 的尘埃；

（2）动能为 100 eV 的中子；

（3）电子显微镜中，电子在 200 kV 电压下加速运动。

5.5　钠在火焰上燃烧，放出黄光，波长为 589.593 nm 与 588.996 nm（双线），试计算谱线的频率、波长及以 kJ/mol 为单位的能量。

5.6　金属钾的临阈频率为 $5.464\times10^{14}\ \text{s}^{-1}$，用它作光电池的负极，当用波长为 300 nm 的紫外光照射该电池时，发射的光电子的最大速度是多少？

5.7　分别用 λ 和 $\frac{3}{4}\lambda$ 的单色光照射同一金属，发出的光电子的最大初动能之比为 1∶2。以 h 表示普朗克常量，c 表示真空中的光速，则此金属板的逸出功是多少？

5.8　一个质量为 m 的粒子，约束在长度为 L 的一维线段上。试根据测不准关系估算这个粒子所具有的最小能量的值。

第6章　薛定谔方程和波函数

本章将以实验所揭示的波粒二象性为依据，通过简单的对比分析，建立量子力学的基本方程——薛定谔(E. Schrodinger)方程，并围绕薛定谔方程初步阐述波函数的含义和性质。然后把薛定谔方程应用到几个相对简单的力学体系中去，运用数理方程的方法求出力学体系中薛定谔方程的解，并阐明这些解的物理意义及应用。

6.1　薛定谔方程的建立

1924年，路易·德布罗意(L. de. Broglie)提出一个惊人的假设，每一种粒子都具有波粒二象性。电子也有这种性质。电子是一种波动，是电子波。电子的能量与动量决定了它的物质波的频率与波数。1927年，戴维森与革末用缓慢移动的电子射击镍晶体标靶。然后，测量反射的强度，测试结果与 X 射线根据布拉格定律(Bragg's law)计算的衍射图案相同。戴维森-革末的实验彻底证明了德布罗意假说。

1. 非相对论性的自由粒子波函数满足的微分方程

非相对论性的自由粒子波函数为平面波　$\phi(\boldsymbol{r},t)=A\mathrm{e}^{\frac{\mathrm{i}}{\hbar}(\boldsymbol{p}\cdot\boldsymbol{r}-Et)}$　(6-1)

对时间求偏微商：$$\frac{\partial\phi}{\partial t}=-\frac{\mathrm{i}E}{\hbar}A\mathrm{e}^{\frac{\mathrm{i}}{\hbar}(\boldsymbol{p}\cdot\boldsymbol{r}-Et)}=-\frac{\mathrm{i}E}{\hbar}\phi \tag{6-2}$$

对坐标求二次偏微商：$$\frac{\partial^2\phi}{\partial x^2}=-\frac{p_x^2}{\hbar^2}\phi \tag{6-3}$$

同理得：$$\frac{\partial^2\phi}{\partial y^2}=-\frac{p_y^2}{\hbar^2}\phi,\quad \frac{\partial^2\phi}{\partial z^2}=-\frac{p_z^2}{\hbar^2}\phi \tag{6-4}$$

将以上三式相加得：$$\frac{\partial^2\phi}{\partial^2 x}+\frac{\partial^2\phi}{\partial^2 y}+\frac{\partial^2\phi}{\partial^2 z}=\nabla^2\phi=-\frac{\boldsymbol{p}^2}{\hbar^2}\phi \tag{6-5}$$

利用自由粒子的能量和动量的关系，可得自由粒子波函数所满足的微分方程：

$$E=\frac{\boldsymbol{p}^2}{2m}$$

$$\frac{\partial\phi}{\partial t}=-\frac{\mathrm{i}\boldsymbol{p}^2}{2m\hbar}\phi=\frac{\mathrm{i}\hbar^2}{2m\hbar}\nabla^2\phi$$

$$\mathrm{i}\hbar\frac{\partial\phi}{\partial t}=-\frac{\hbar^2}{2m}\nabla^2\phi \tag{6-6}$$

上式中，劈形算符：$\nabla = \boldsymbol{i}\frac{\partial}{\partial x}+\boldsymbol{j}\frac{\partial}{\partial y}+\boldsymbol{k}\frac{\partial}{\partial z}$，$\nabla^2=\nabla\cdot\nabla=\frac{\partial^2}{\partial x^2}+\frac{\partial^2}{\partial y^2}+\frac{\partial^2}{\partial z^2}$　(6-7)

如存在势能 $U(r)$，则能量和动量的关系是：$E=\frac{\boldsymbol{p}^2}{2m}+U(\boldsymbol{r})$　(6-8)

自由粒子波函数应满足的微分方程是：

$$\mathrm{i}\hbar\frac{\partial\phi}{\partial t}=-\frac{\hbar^2}{2m}\nabla^2\phi+U(\boldsymbol{r})\phi \tag{6-9}$$

该方程称为薛定谔方程。

由建立过程可以看出，只需对能量动量关系进行如下代换：

$$E\rightarrow \mathrm{i}\hbar\frac{\partial}{\partial t},\ \boldsymbol{p}\rightarrow -\mathrm{i}\hbar\nabla$$

就可得到薛定谔方程。

2. 类比公式求得薛定谔方程

几何光学和波动光学这两种光学理论分别是建立在光的微粒说和光的波动说基础上的。早在 19 世纪，哈密顿根据几何光学中费马原理的数学表达式 $\delta n=\delta\int_A^B K\,\mathrm{d}s=0$ 和经典力学中哈密顿原理的数学表达式 $\delta s=\delta\int_A^B \mathrm{d}t=0$ 相似，曾经提出经典力学和几何光学存在着某种相似性。

薛定谔夜以继日地思考这些先进理论，既然粒子具有波粒二象性，那么应该会有一个反映这一特性的方程，能够正确地描述粒子的量子行为。薛定谔通过类比光谱公式成功地发现了可以描述微观粒子运动状态的方法——薛定谔方程。

在研究几何光学和波动光学的关系时，如果波长无限短，即在 $\lambda\rightarrow 0$ 的条件下，波动光学就会过渡到几何光学；在量子力学研究中，如果忽略量子效应，即在 $\hbar\rightarrow 0$ 的条件下，量子力学就会过渡成为经典力学。如果把几何光学与经典力学之间的相似性和波动光学与几何光学、量子力学与经典力学之间的过渡关系进行类比，则可得如图 6-1 所示的类比图。

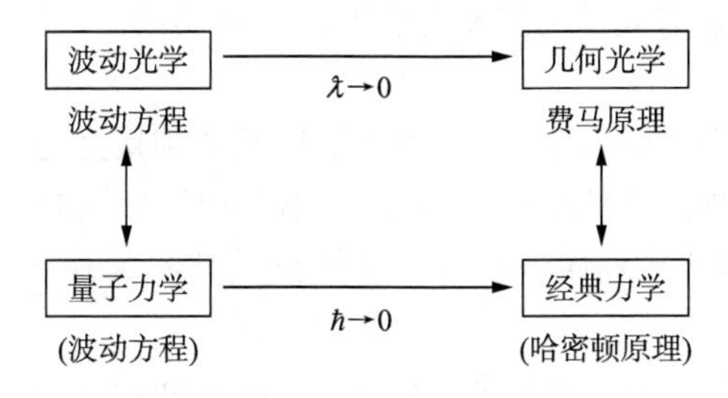

图 6-1　类比图

从类比图可以看出，量子力学的波动方程和波动光学的波动方程在数学表达式上是相似的。在波动光学中，光波的两个重要方程是

$$\nabla^2 f-\frac{1}{m^2}\frac{\partial^2 f}{\partial t^2}=0 \tag{6-10}$$

$$f=\Phi(\boldsymbol{r})\mathrm{e}^{-\mathrm{i}\omega t} \tag{6-11}$$

将方程(6-11)代入方程(6-10)，得　$\nabla^2\Phi+k^2\Phi=0$　(6-12)

其中波矢的大小 $k=\frac{\omega}{m}$。

同样,在量子力学中,波函数的表达式应与方程(6-11)相似,记为:

$$\Psi(\boldsymbol{r},t)=\Psi(\boldsymbol{r})\mathrm{e}^{-\mathrm{i}\omega t}=\Psi(\boldsymbol{r})\mathrm{e}^{-\mathrm{i}(E/\hbar)t} \tag{6-13}$$

如果能量不随时间变化,则波函数的空间部分 $\Psi(\boldsymbol{r})$所满足的波动方程也应与式(6-12)相似,记为

$$\nabla^2\Psi+k^2\Psi=0 \tag{6-14}$$

其中波矢的大小为 $k=\frac{P}{\hbar}=\frac{\sqrt{2m(E-U)}}{\hbar}$,代入式(6-14),得

$$\nabla^2\Psi+\frac{2m}{\hbar}(E-U)\Psi=0 \text{ 或}\left(-\frac{\hbar^2}{2m}\nabla^2+U\right)\Psi=E\Psi \tag{6-15}$$

式(6-15)是定态薛定谔方程。如果知道势能 $U(\boldsymbol{r})$的具体形式,通过解方程即可求出定态波函数 $\Psi(\boldsymbol{r})$和粒子的能量 E。

如果方程(6-15)两端同乘以 $\mathrm{e}^{-\mathrm{i}\omega(E/\hbar)t}$,则方程变为

$$E\Psi=\left(-\frac{\hbar^2}{2m}\nabla^2+U\right)\Psi \tag{6-16}$$

由式(6-13) 可得:$\mathrm{i}\hbar\frac{\partial\Psi}{\partial t}=E\Psi\mathrm{e}^{\mathrm{i}(E/\hbar)t}=E\Psi$

将上式代入式(6-16)左边,得 $\mathrm{i}\hbar\frac{\partial\Psi}{\partial t}=\left(-\frac{\hbar^2}{2m}\nabla^2+U\right)\Psi$ (6-17)

这就是薛定谔方程的一般形式。

由此可见,利用类比的方法可以建立起薛定谔方程,它与用自由粒子波函数微分的方法来建立方程所得的结果是一致的。通过逻辑思维对经典力学、几何力学、波动光学、量子力学的相似之处及过渡关系进行比较,得出量子力学的波动方程与光波的波动方程相似,以此作为基础而建立起薛定谔方程。需要注意的是,薛定谔方程是实验的综合,不是推导和证明出来的,薛定谔方程的正确性是靠它与大量实验相符合而得以证实的。

实验验证

薛定谔方程建立半个多世纪以来,一直为人们所承认和接受,并得到长远发展。那么其基本假设和由此而建立的方程的实验基础是什么?它经受住了一些什么样的实验检验呢?微观粒子的波粒二象性,即德布罗意物质波的革命性假设及其实验被证实是薛定谔方程的实验基础和理论基础。

十九世纪,物理学在对光的研究中首先发现了光的波动特性,在这方面有大量的实验事实可查,如杨氏双缝干涉实验、菲涅耳双棱镜干涉实验、牛顿环干涉实验、菲涅耳圆孔衍射实验等。

薛定谔方程的建立有着广泛的实验基础,但实验对方程的建立不是直接的,即方程不是大量实验结果的直接总结,因此方程还必须进一步接受实验检验。那么薛定谔方程建立之后它经受住了哪些实验检验呢?这里略举几例,如表 6-1 所示。

表 6-1　理论结果与实验结果的验证实例

方程的解	实验结果
谐振子零点能：$E_0=\frac{1}{2}h\nu$	存在(低温超流实验验证)
氢原子能量本征值：$E_n=\frac{ue^4}{2\hbar^2 n^2}, n=1,2,\cdots$	氢原子光谱的规律性已证实氢光谱具有分离的谱线
氢原子电离能：$-E_1=\frac{ue^4}{2\hbar^2}=13.61\ \mathrm{eV}$	$-E_1=13.6\ \mathrm{eV}$
里德伯常数：$R=\frac{\mu e^4}{4\pi}\hbar^3 c=10\ 973\ 731.1\ \mathrm{m^{-1}}$	$R=10\ 973\ 731\ \mathrm{m^{-1}}$

从薛定谔方程得到的结果与实验结果相符的事例还不止这些，但是从上述事例中，可充分看到薛定谔方程建立后，众多的实验结果为薛定谔方程的正确性提供了坚实的实验基础。

6.2　薛定谔方程的解——波函数的性质

用量子力学来解决定态实际问题时，首先要写出微观粒子系统的势能函数。然后，将它代入定态薛定谔方程中，通过求解，得到具体的定态波函数 Ψ。所求得的每一个解 Ψ 表示该微观粒子系统的某一种稳定状态，与这个解相对应的能量 E，就是该微观粒子系统在此稳定状态时的总能量。

现在来讨论薛定谔方程的解，考虑薛定谔波动方程：

$$\mathrm{i}\hbar\frac{\partial\Psi}{\partial t}=-\frac{\hbar^2}{2m}\nabla^2\Psi+U(\boldsymbol{r})\Psi \tag{6-18}$$

一般情况下 $U(\boldsymbol{r})$ 也可以是时间的函数，这里只讨论 $U(\boldsymbol{r})$ 与时间无关的情况。

如果 $U(\boldsymbol{r})$ 不含时间：薛定谔波动方程(6-18)可以用分离变量法进行求解。考虑方程的一种特解：

$$\Psi(\boldsymbol{r},t)=\Psi(\boldsymbol{r})f(t) \tag{6-19}$$

方程(6-18)的解可以表示成许多这种特解之和。将式(6-19)代入方程(6-18)中，并把方程两边用 $\Psi(\boldsymbol{r})f(t)$ 去除，得到

$$\frac{\mathrm{i}\hbar}{f}\frac{\mathrm{d}f}{\mathrm{d}t}=\frac{1}{\Psi}\left[-\frac{\hbar^2}{2m}\nabla^2\Psi+U(\boldsymbol{r})\Psi\right]$$

因为这个等式左边只是 t 的函数，右边只是 $\boldsymbol{r}$ 的函数，而 t 和 $\boldsymbol{r}$ 是相互独立的变量，所以只有当两边都等于同一常数时，等式才能被满足。以 E 表示这个常量，则由等式左边等于 E，有

$$\mathrm{i}\hbar\frac{\mathrm{d}f}{\mathrm{d}t}=Ef \tag{6-20}$$

由等式右边等于 E，有

$$-\frac{\hbar^2}{2m}\nabla^2\Psi+U(\boldsymbol{r})\Psi=E\Psi \tag{6-21}$$

方程(6-20)的解，可以直接得出：$f(t)=C\mathrm{e}^{-\frac{\mathrm{i}E}{\hbar}t}$

其中 C 为任意常数。将这结果代入式(6-19)中，并把常数 C 放到 $\Psi(\boldsymbol{r})$ 里面去，这样就得

到薛定谔方程(6－18)的特解为

$$\Psi(\boldsymbol{r},t)=\psi(\boldsymbol{r})\mathrm{e}^{-\frac{\mathrm{i}E}{\hbar}t} \tag{6-22}$$

这个波函数的角频率 $\omega=E/\hbar$是确定的。按照德布罗意关系,E 就是体系处于这个波函数所描写的状态时的能量。由此可见,体系处于式(6－22)所描写的状态时,能量具有确定值,所以这种状态称为定态,式(6－22)称为定态波函数。函数 $\Psi(\boldsymbol{r})$由方程(6－21)和在具体问题中波函数应满足的条件得出。方程(6－21)为定态薛定谔方程。函数 $\Psi(\boldsymbol{r})$也称为波函数,因为知道 $\Psi(\boldsymbol{r})$后,由式(6－22)就可以求出 $\Psi(\boldsymbol{r},t)$。

1. 薛定谔方程的物理含义

方程(6－18)是描述一个粒子在三维势场中的定态薛定谔方程。质量为 m 的粒子在势能为 $U(\boldsymbol{r})$的势场中运动时,有一组 ε_k 与粒子稳定态相对应。定态薛定谔方程的每一个解,即一组 $\Psi(\boldsymbol{r})$中的每一个,表示粒子的一个定态。这个解对应的常数 E 就是这个定态具有的能量,称为本征值,相应的函数叫作本征波函数。

所谓势场,就是粒子在其中会有势能的场,比如电场就是一个带电粒子的势场。所谓定态,就是假设波函数不随时间变化,其中,E 是粒子本身的能量,$U(\boldsymbol{r})$是描述势场的函数。假设不随时间变化,薛定谔方程有一个很好的性质,就是时间和空间是相互分立的,求出定态波函数的空间部分再乘以时间部分就得到完整的波函数了。

2. 波函数的性质

1) 概率波的表述

虽然任意给定的 E 都可以解出一个函数解,但只有满足一定条件的分立的 E 值才能给出有物理意义的波函数。波函数 $\Psi(\boldsymbol{r})$可以完全描述微观粒子某一种稳定状态。量子力学中的波函数所描述的是粒子在空间分布的概率波,而非经典波代表的实在物理量的波动。

1927 年波恩(Born)首先提出了波函数意义的统计解释:波函数在空间某点的强度$|\Psi(\boldsymbol{r},t)|^2$(振幅绝对值的平方)与此粒子在 t 时刻,在 $\boldsymbol{r}$ 处单位体积内出现的概率成正比。即描写粒子的波可以认为是概率波。

$\mathrm{d}w(x,y,z,t)=c|\phi(x,y,z,t)|^2\mathrm{d}\tau$,其中 $\mathrm{d}w(x,y,z,t)$表示:在 t 时刻,在 $\boldsymbol{r}$ 点的 $\mathrm{d}\tau=\mathrm{d}x\mathrm{d}y\mathrm{d}z$ 体积元内,找到由波函数 $\phi(\boldsymbol{r},t)$所描写的粒子的概率。其中 c 为比例系数。$\int_{\infty}|\Psi(\boldsymbol{r})|^2\mathrm{d}\tau=$有限值(平方可积)。

2) 态叠加原理

由于薛定谔方程是线性微分 Ψ 方程,所以任意几个解的线性组合还是薛定谔方程的解。波函数满足态叠加原理。

态叠加原理一般表述为:若 $\Psi_1,\Psi_2,\cdots,\Psi_n\cdots$是体系的一系列可能的状态,则这些态的线性叠加 $\Psi=C_1\Psi_1+C_2\Psi_2+\cdots+C_n\Psi_n+\cdots$(其中 $C_1,C_2,\cdots,C_n\cdots$为复常数),也是体系的一个可能状态。处于 Ψ 态的体系,部分处于 Ψ_1态,部分处于 Ψ_2态,…部分处于 Ψ_n态,…$\Psi(\boldsymbol{r})$与 $C\Psi(\boldsymbol{r})\mathrm{e}^{\mathrm{i}\alpha}$描述同一种运动状态,$\mathrm{e}^{\mathrm{i}\alpha}$称为相因子。

3) 粒子流密度和粒子数守恒定律

(1) 概率随时间的变化

概率:
$$\omega(\boldsymbol{r},t)=\Psi^*(\boldsymbol{r},t)\Psi(\boldsymbol{r},t)=|\Psi(\boldsymbol{r},t)|^2 \tag{6-23}$$

则：
$$\frac{\partial \omega}{\partial t}=\Psi^{*}\frac{\partial \Psi}{\partial t}+\frac{\partial \Psi^{*}}{\partial t}\Psi \tag{6-24}$$

$$\mathrm{i}\hbar\frac{\partial \Psi}{\partial t}=\left[-\frac{\hbar^{2}}{2m}\nabla^{2}+U(\boldsymbol{r})\right]\Psi$$

$$\frac{\partial \Psi}{\partial t}=\frac{\mathrm{i}\hbar}{2m}\nabla^{2}\Psi+\frac{1}{\mathrm{i}\hbar}U(\boldsymbol{r})\Psi \tag{6-25}$$

$$\frac{\partial \Psi^{*}}{\partial t}=-\frac{\mathrm{i}\hbar}{2m}\nabla^{2}\Psi^{*}-\frac{1}{\mathrm{i}\hbar}U(\boldsymbol{r})\Psi \tag{6-26}$$

将式(6-25)、式(16—26)代入式(6-24)有：

$$\frac{\partial \omega}{\partial t}=\frac{\mathrm{i}\hbar}{2m}(\Psi^{*}\nabla^{2}\Psi-\Psi\nabla^{2}\Psi^{*})=\frac{\mathrm{i}\hbar}{2m}\nabla\cdot(\Psi^{*}\nabla\Psi-\Psi\nabla\Psi^{*}) \tag{6-27}$$

令：
$$\boldsymbol{J}=\frac{\mathrm{i}\hbar}{2m}[\Psi\nabla\Psi^{*}-\Psi^{*}\nabla\Psi] \tag{6-28}$$

则式(6-27)可写成：
$$\frac{\partial \omega}{\partial t}+\nabla\cdot\boldsymbol{J}=0 \tag{6-29}$$

方程(6-29)具有连续性方程的形式。

为了说明式(6-29)和矢量 $\boldsymbol{J}$ 的意义，下面考察式(6-29)对空间任意的一个体积 V 的积分：

$$\int_{V}\frac{\partial \omega}{\partial t}\mathrm{d}\tau=\frac{\partial}{\partial t}\int_{V}\omega\mathrm{d}\tau=-\int_{V}\nabla\cdot\boldsymbol{J}\mathrm{d}\tau$$

由高斯定理：$\int_{V}\nabla\cdot\boldsymbol{A}\mathrm{d}\tau=\oint_{s}\boldsymbol{A}\cdot\mathrm{d}\boldsymbol{s}$ 可得到

$$\int_{V}\frac{\partial \tilde{\omega}}{\partial t}\mathrm{d}\tau=-\oint_{S}\boldsymbol{J}\cdot\mathrm{d}S=-\oint\boldsymbol{J}_{n}\mathrm{d}S \tag{6-30}$$

面积分是对包围体积 V 的封闭面 S 进行的，式(6-30)左边表示单位时间内体积 V 中概率的增加，右边是矢量 $\boldsymbol{J}$ 在体积 V 的边界 S 上法向分量的面积分，因而很自然地可以把 $\boldsymbol{J}$ 解释为概率流密度矢量。$\boldsymbol{J}_{n}$ 表示单位时间内流过 S 面上单位体积的概率。式(6-30)也说明单位时间内体积 V 中增加的概率，等于从体积 V 的边界 S 流进 V 的概率。

若 $\Psi|_{\infty}=0$，则：

$$\frac{\mathrm{d}}{\mathrm{d}t}\int_{\infty}\omega\mathrm{d}\tau=\frac{\mathrm{d}}{\mathrm{d}t}\int_{\infty}\Psi^{*}\Psi\mathrm{d}\tau=0 \tag{6-31}$$

若波函数 Ψ 是归一的，即 $\int_{\infty}\Psi^{*}\Psi\mathrm{d}\tau=1$，则有 $\frac{\partial \omega}{\partial t}=0$，即 Ψ 将保持归一的性质，且不随时间改变。

(2) 质量密度和质量流密度(守恒定律)

质量密度：
$$\omega_{m}=m\omega=m|\Psi(\boldsymbol{r},t)|^{2}$$

质量流密度：
$$\boldsymbol{J}_{m}=m\boldsymbol{J}=\frac{\mathrm{i}\hbar}{2}[\Psi\nabla\Psi^{*}-\Psi^{*}\nabla\Psi]$$

质量守恒定律：
$$\frac{\partial \omega_{m}}{\partial t}+\nabla\cdot\boldsymbol{J}_{m}=0 \tag{6-32}$$

电荷守恒定律：
$$\frac{\partial \omega_{\mathrm{e}}}{\partial t}+\nabla\cdot\boldsymbol{J}_{\mathrm{e}}=0$$

其中：$\omega_e = e\omega, \quad \boldsymbol{J}_e = e\boldsymbol{J}$

4）波函数的标准条件

波函数的标准条件为：单值、有限、连续。单值与有限，由波函数的统计含义所确定；连续，由概率的连续方程所确定。另外，一般情况下，还要求波函数的一阶导数也连续。

［例 6.1］ 如果粒子 1 处于 Ψ_1 态，粒子 2 处于 Ψ_2 态，那么由粒子 1 和粒子 2 组成的体系是否为 $\Psi_1+\Psi_2$ 态？

解：由粒子 1 和粒子 2 组成的 1+2 体系不是 $\Psi_1+\Psi_2$ 态。态叠加原理指的是同一体系自身状态的叠加，而复合体系 1+2 的最简单的态是 Ψ_1 和 Ψ_2 两者的积，即 $\Psi(\boldsymbol{r}_1,\boldsymbol{r}_2)=\Psi_1(\boldsymbol{r}_1)\Psi_2(\boldsymbol{r}_2)$。

在一般情况下，对于由 N 个粒子组成的体系，它的波函数可表示为

$$\Psi(\boldsymbol{r}_1,\boldsymbol{r}_2,\cdots,\boldsymbol{r}_N)$$

式中，$\boldsymbol{r}_1(x_1,y_1,z_1)$，$\boldsymbol{r}_2(x_2,y_2,z_2)$，$\cdots$，$\boldsymbol{r}_N(x_N,y_N,z_N)$ 分别表示各个粒子的空间坐标。这时有，

$$|\Psi(\boldsymbol{r}_1,\boldsymbol{r}_2,\cdots,\boldsymbol{r}_N)|^2\mathrm{d}^3\boldsymbol{r}_1\mathrm{d}^3\boldsymbol{r}_2\cdots\mathrm{d}^3\boldsymbol{r}_N$$

表示粒子 1 出现在 $(\boldsymbol{r}_1,\boldsymbol{r}_1+\mathrm{d}\boldsymbol{r}_1)$ 中，粒子 2 出现在 $(\boldsymbol{r}_2,\boldsymbol{r}_2+\mathrm{d}\boldsymbol{r}_2)$ 中，$\cdots$，粒子 N 出现在 $(\boldsymbol{r}_N,\boldsymbol{r}_N+\mathrm{d}\boldsymbol{r}_N)$ 中的概率。

［例 6.2］ 如果知道粒子分别以概率 1/3 和 2/3 处于能量为 E_1 和 E_2 的态 Ψ_1 和 Ψ_2，那么该粒子的态 Ψ 是否是 $\sqrt{1/3}\Psi_1+\sqrt{2/3}\Psi_2$？

解：该粒子的态不一定是 $\sqrt{1/3}\Psi_1+\sqrt{2/3}\Psi_2$。因为并不知道 Ψ_1 和 Ψ_2 之间的相位关系，所以只能写成

$$\Psi=\sqrt{1/3}\mathrm{e}^{\mathrm{i}\alpha_1}\Psi_1+\sqrt{2/3}\mathrm{e}^{\mathrm{i}\alpha_2}\Psi_2。$$

式中，α_1 和 α_2 是待定常数。相位差 $\alpha_1-\alpha_2$ 是一个具有物理意义的量。处于上述态 Ψ 下的粒子的空间概率密度分布为

$$\rho(\boldsymbol{r})=|\Psi|^2=\left|\sqrt{\frac{1}{3}}\mathrm{e}^{\mathrm{i}\alpha_1}\Psi_1(\boldsymbol{r})+\sqrt{\frac{2}{3}}\mathrm{e}^{\mathrm{i}\alpha_2}\Psi_2(\boldsymbol{r})\right|^2=\frac{1}{3}|\Psi_1(\boldsymbol{r})|^2+\frac{2}{3}|\Psi_2(\boldsymbol{r})|^2+\frac{\sqrt{2}}{3}\left[\mathrm{e}^{\mathrm{i}(\alpha_1-\alpha_2)}\Psi_1(\boldsymbol{r})\Psi_2^*(\boldsymbol{r})+\mathrm{e}^{-\mathrm{i}(\alpha_1-\alpha_2)}\Psi_1^*(\boldsymbol{r})\Psi_2(\boldsymbol{r})\right]$$

6.3 一维定态的薛定谔方程

6.3.1 一维无限深方势阱中的粒子

粒子在一种简单的外力场中做一维运动，如若求解定态薛定谔方程，即给定势函数 $U(x)$，求解能量和波函数（结构问题）。

势阱是一种简单的理论模型。自由电子在金属内部可以自由运动，但很难逸出金属表面。这种情况下，自由电子可以是处于以金属表面为边界的无限深方势阱中。在粗略地分析自由电子的运动（不考虑点阵离子的电场）时，就可以利用无限深方势阱模型。

1）势函数

$$U_p=\begin{cases}0 & (0<x<a)\\ \infty & (x\leqslant 0, x\geqslant a)\end{cases}$$

粒子在 $0<x<a$ 内自由运动，但不能到达 $x\leqslant 0, x\geqslant a$ 的区域。如金属内部自由电子的运动，如图 6-2 所示，可以考虑为一维无限深方势阱。

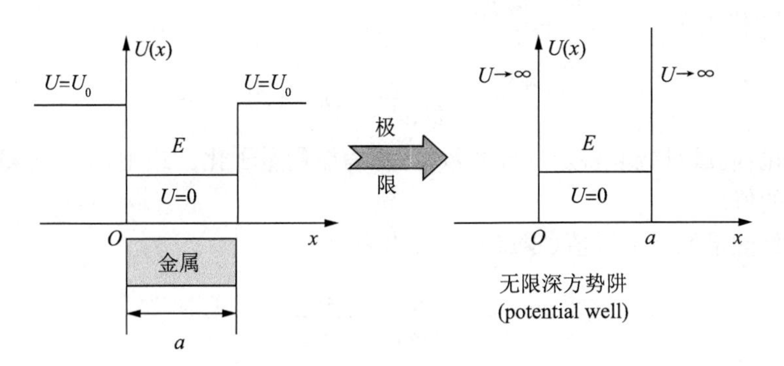

图 6-2　一维无限深方势阱

2) 定态薛定谔方程

因为势能 U 仅是坐标的函数，与时间无关，所以是定态问题。

势阱内 $U_p=0$，代入定态薛定谔方程

$$\frac{d^2\Psi(x)}{dx^2}+\frac{8m\pi^2}{h^2}(E-U_p)\Psi(x)=0$$

有

$$\frac{d^2\Psi(x)}{dx^2}+\frac{8m\pi^2}{h^2}E\Psi(x)=0$$

令

$$k^2=\frac{8m\pi^2E}{h^2}$$

则势阱内方程：
$$\frac{d^2\Psi(x)}{dx^2}+k^2\Psi(x)=0$$

3) 分区求通解

势阱外：$\Psi(x)=0$

势阱内：二阶常系数齐次线性微分方程的通解为

$$\Psi(x)=A\sin kx+B\cos kx$$

式中，A，B 为待定常数。

4) 由波函数标准条件，定具体解

由边界连续条件知：

当 $x=0$ 时，$\Psi(0)=0$，故只有 $B=0$，才能满足 $\Psi(0)=0$。

方程化简为
$$\Psi(x)=A\sin kx$$

当 $x=a$ 时，$\Psi(a)=0$，因为 $A\neq 0$，所以 $\sin ka=0$。

有：$ka=n\pi(k\neq 0)$，　则：$k=\frac{n\pi}{a}(n=1,2,3,\cdots)$

5) 将 $k=\frac{n\pi}{a}$ 代入波函数 $\Psi(x)=A\sin kx$

有 $$\Psi(x)=A\sin\frac{n\pi}{a}\quad(n=1,2,3,\cdots)$$

6) 将 $k=\frac{n\pi}{a}$ 代入 $k^2=\frac{8\pi mE}{h^2}=\frac{2mE}{\hbar^2}$

得 $$E=n^2\frac{h^2}{8ma^2}=\frac{n^2\hbar^2\pi^2}{2ma^2}\quad(n=1,2,3,\cdots)$$

能量量子化：能量只能取特定的分立数值，称为能量量子化。式中，n 称为量子数，表明能量只能取离散的值。

当 $n=1$ 时，能量取得最低值(零点能)，大小为

$$E_1=\frac{h^2}{8ma^2}=\frac{\hbar^2\pi^2}{2ma^2}$$

当 $n=2,3,\cdots$ 时，能量分别为 $4E_1,9E_1,\cdots$ 即 $E=n^2E_1$。从能量公式看出，势阱箱中粒子的能量随量子数 n 的变化取一些分立值 $E_1,E_2,E_3,\cdots$ 即能量是量子化的。两相邻能级的间隔

$$\Delta E_n=E_{n+1}-E_n=\frac{(n+1)^2h^2}{8ma^2}-\frac{n^2h^2}{8ma^2}=(2n+1)\frac{h^2}{8ma^2}$$

随着 a 的增大，能级间隔减小，$a\to\infty$ 时，能级间隔趋于零，即宏观系统能量是连续的。量子数最小为 $n=1$，此时的能级 E_1 所对应的是能级最低的状态，称为基态。$n\geqslant 2$ 时所对应的状态称为激发态。微观系统中，粒子基态能量不为零，因为势阱箱中势能 $U=0$，所以该能量为粒子的动能。只要势阱箱宽度 a 是有限值，粒子动能就恒大于零，该能量称为零点能，能量由一系列能级组成。

7) 波函数

(1) 波函数的空间部分

势阱内区域： $$\Psi_n(x)=A\sin\left(\frac{n\pi}{a}x\right)\quad(n=1,2,3,\cdots)$$

由归一化条件 $\int_{-\infty}^{\infty}|\Psi_n(x)|^2\mathrm{d}x=1$，有 $A^2\int_0^a\sin^2\left(\frac{n\pi}{a}x\right)\mathrm{d}x=1$，则：$A=\sqrt{\frac{2}{a}}$

于是，波函数(空间部分)$\Psi_n(x)=\sqrt{\frac{2}{a}}\sin\frac{n\pi}{a}x\quad(0<x<a,n=1,2,3,\cdots)$

这是以 $x=0$ 和 $x=a$ 为节点的一系列驻波解。

势阱外区域：$\Psi_n(x)=0$，这些波函数的空间部分称作能量本征函数。

(2) 全部波函数(包括空间、时间部分)

$$\Psi_n(x,t)=\Psi_n(x)f(t)=\sqrt{\frac{2}{a}}\sin\frac{n\pi}{a}x\cdot \mathrm{e}^{-\mathrm{i}\frac{1}{\hbar}E_nt}$$

8) 概率密度

$$\omega_n(x)=|\Psi_n(x)|^2=\frac{2}{a}\sin^2\left(\frac{n\pi}{a}x\right)\quad(n=1,2,3,\cdots)$$

图 6-3 是无限深势阱中，粒子在前三个能级的波函数和概率密度的分布情况，从图 6-3 中可见，粒子在势阱中各处的概率密度并不是均匀分布的。

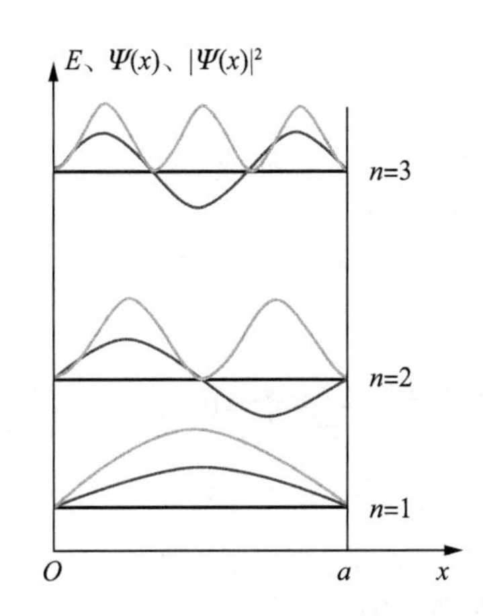

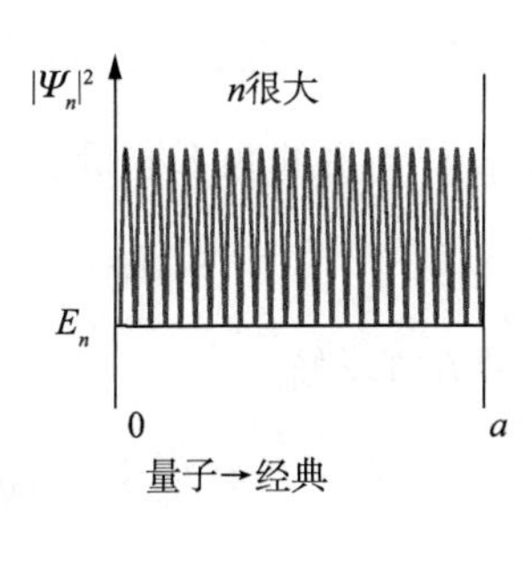

图 6 - 2　一维无限深势阱的粒子概率密度分布曲线

当量子数 $n=1$ 时，粒子在势阱中部(即 $x=\frac{a}{2}$ 附近)出现的概率最大，在两端出现的概率为零；随着 n 的增大，概率密度分布曲线的峰值个数逐渐增多，而高度减小，相邻峰值间的间距减小。当 n 很大时，能量变得很大，曲线将趋于平坦，即粒子在势阱中各处出现的概率相同。

通过对量子力学求解一维无限深势阱中自由粒子运动的结果的讨论，可以总结出如下 5 个特性。

(1) 无限深势阱中的粒子具有多种运动状态，各种状态具有不同的概率密度分布和不同的能量。

(2) 能量是量子化的，系统能量的不连续性是微观粒子的重要特性。

(3) 无限深势阱中粒子能量不为零，至少为 $\frac{h^2}{8ma^2}$，这个基态能量称为零点能。这说明即使体系达到绝对零度，这个能量仍然存在。由于粒子的势能为零，这个能量是粒子的动能，说明粒子总是在不停地运动。

(4) 无限深势阱中粒子的运动没有确定的轨迹，粒子在各处的概率密度是不均匀的，不同状态的概率密度分布也是不同的。粒子的运动具有波的性质。

(5) 由于波动性的存在，波函数可以为正值，可以为负值，也可以为零。波函数等于零的点称为节点，节点数为 $n-1$，各状态随着能量的增加，节点数增加。

这些特性，是经典物理学所不能解释的现象，统称为量子效应。量子效应是所有微观粒子受一定势能束缚的共同特征。当质量 m 不断增大，粒子受束缚空间范围不断增大时，量子效应也会消失，体系变为宏观体系。

[**例 6.3**]　试用下列 3 种方法计算宽为 a 的一维无限深势阱中质量为 m 的粒子的最小能量(零点能)：

(1) 德布罗意波的驻波条件；

(2) 测不准关系；

(3) 薛定谔方程。

解：(1) 要达到稳定状态，德布罗意波在势阱中应形成驻波，能量最小时驻波的波长为 $2a$，该势阱中粒子的动量为 $p=\frac{h}{\lambda}=\frac{h}{2a}$，能量为 $E=\frac{p^2}{2m}=\frac{h^2}{8ma^2}$。

(2) 由测不准关系知 $\Delta x=a$， $\Delta p=\frac{h}{\Delta x}=\frac{h}{a}$

取粒子的动量 p 与动量的测不准量 Δp 为同一数量级，即 $p\sim\Delta p$，

得粒子的能量 $E=\frac{p^2}{2m}\sim\frac{\Delta p^2}{2m}=\frac{h^2}{2ma^2}$

(3) 根据薛定谔方程求解

$$-\frac{\hbar^2}{2m}\frac{\mathrm{d}^2\Psi}{\mathrm{d}x^2}=E\Psi \text{ 即 } \frac{\mathrm{d}^2\Psi}{\mathrm{d}x^2}+\frac{2mE}{\hbar^2}\Psi=0$$

令 $\frac{2mE}{\hbar^2}=k^2$

原方程可写成： $\frac{\mathrm{d}^2\Psi}{\mathrm{d}x^2}+k^2\Psi=0$

方程的解为： $\Psi(x)=A\cos(kx+\varphi)$

由边界条件 $x=0,\Psi(0)=0$ 得：$\varphi=\pm\frac{\pi}{2}$

$$x=a,\Psi(a)=0 \quad \text{得}:ka=n\pi$$

由此得 $k=\frac{n\pi}{a}$，又因为 $k^2=\frac{2mE}{\hbar^2}$

因此$\frac{2mE}{\hbar^2}=\frac{n^2\pi^2}{a^2}$ 得 $E=\frac{n^2\pi^2\hbar^2}{2ma^2}=\frac{n^2h^2}{8ma^2}$

最小时 $n=1$ 得 $E_1=\frac{h^2}{8ma^2}$

[例 6.4] 一维无限深势阱中有 10 个电子，电子质量为 m，势阱宽度为 l。若忽略电子间的相互作用，应用量子物理的基本原理计算系统处于最低能量时，势阱中电子的最大能量。

解：本题讨论一维无限深势阱中的电子排布。电子波在无限深势阱中传播，由于两势阱壁的反射，形成稳定的驻波，可导出在势阱中的电子能量：

$$E=\frac{p^2}{2m}=\frac{n^2h^2}{8ml^2}$$

处于势阱中电子的状态是由电子的能态和电子的自旋态决定的。根据泡利不相容原理，每个能级上只能有自旋方向相反的两个电子，所以系统处于最低能量时，势阱中 10 个电子由最低能级开始依次逐级充填。显然，势阱中最大能量电子的量子数 $n=5$，得：$E_{\max}=E_5=n^2E_1=\frac{25h^2}{8ml^2}$。

[例 6.5] 势阱宽为$[0,a]$的一维无限深势阱中运动的粒子状态由波函数 $\Psi(x)=Ax(a-x)$ 描写。求归一化常数 A。

解：由归一化条件，$\int_0^a|\Psi(x)|^2\mathrm{d}x=1$，有 $A^2\int_0^a x^2(a-x)^2\mathrm{d}x=1$

积分得：$A^2\left(\frac{a^2}{3}x^3-\frac{2a}{4}x^4+\frac{1}{5}x^5\right)\Big|_0^a=1$，即 $A^2\frac{a^5}{30}=1$，所以，$A=\sqrt{\frac{30}{a^5}}$

关于宇称

(a) 空间反演算符 $\hat{P}$ 定义：将 $\boldsymbol{r}\rightarrow-\boldsymbol{r}$ 的操作叫空间反演算符。即：

$$\hat{P}\Psi(\boldsymbol{r},t)=\Psi(-\boldsymbol{r},t)$$

(b) 宇称定义：若 $\hat{P}\Psi(\boldsymbol{r},t)=\Psi(-\boldsymbol{r},t)=\pm\Psi(\boldsymbol{r},t)$，则称波函数 $\Psi(\boldsymbol{r},t)$ 具有宇称。若 $\Psi(-\boldsymbol{r},t)=\Psi(\boldsymbol{r},t)$ 称波函数具有正宇称（或偶宇称）；若 $\Psi(-\boldsymbol{r},t)=-\Psi(\boldsymbol{r},t)$ 称波函数具有负宇称（或奇宇称）。

在一维情况下，若一维势能是对称的，即 $V(x)=V(-x)$，宇称的奇偶性与波函数的奇偶性是一致的。

6.3.2　一维有限深方势阱中的粒子

一维方势阱（如图 6－4 所示）指的是在一维空间中运动的微观粒子，其势能在一定的区间内，为负值，而在此区间之外为零，即

$$U(x)=\begin{cases}0 & |x|<a/2\\ U_0 & |x|>a/2\end{cases} \tag{6-33}$$

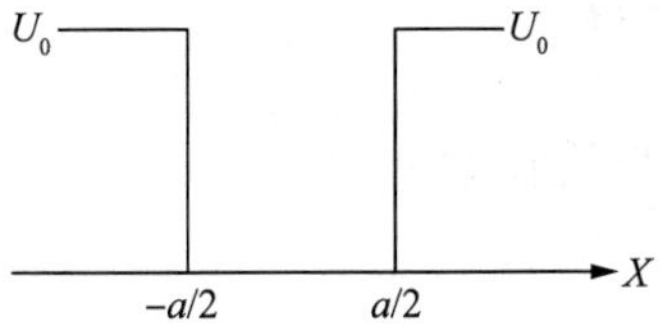

图 6－4　一维有限深势阱

式中，a 为势阱宽度；U_0 为势阱高度。

下面将分区间讨论在各个区间内的薛定谔方程的解。

1. 势阱外，即 $|x|>a/2$

在势阱外，即 $|x|>a/2$ 时，$U(x)=U_0$ 定态波动方程为

$$\frac{\mathrm{d}^2}{\mathrm{d}x^2}\Psi-\frac{2m}{\hbar^2}(U_0-E)\Psi=0 \tag{6-34}$$

令

$$\beta=\sqrt{2m(U_0-E)}/\hbar \tag{6-35}$$

则方程(6－34)有如下指数形式的解

$$\Psi\propto \mathrm{e}^{\pm\beta x}$$

考虑到束缚边界条件

$$|x|\to\infty,\Psi(x)\to 0$$

于是波函数应取如下形式

$$\Psi(x)=\begin{cases}A\mathrm{e}^{-\beta x} & x\geqslant a/2\\ B\mathrm{e}^{\beta x} & x\leqslant -a/2\end{cases} \tag{6-36}$$

式中，常数 A 和 B 待定；当 $U_0\to\infty$（无限深势阱），即 $\beta\to\infty$ 时则式(6－36)中 $\Psi=0$。

2. 势阱内，即 $|x|<a/2$

在势阱内，即 $|x|<a/2$ 时，$U(x)=0$ 薛定谔方程为

$$\frac{\mathrm{d}^2\Psi(x)}{\mathrm{d}x^2}+\frac{2mE}{\hbar^2}\Psi(x)=0 \tag{6-37}$$

令

$$k=\sqrt{2mE}/\hbar \tag{6-38}$$

则方程(6－37)有如下形式的解

$$\sin kx, \cos kx \text{ 或 } e^{\pm ikx}$$

但考虑到势阱具有空间的反射不变性 $U(-x)=U(x)$，则必有确定的宇称，因此只能取 $\sin kx, \cos kx$ 形式。下面分别进行讨论。

1) 偶宇称态

$$\Psi(x)=\cos kx \quad |x|\leqslant a/2 \tag{6-39}$$

由连续性可知

$$(\ln \cos kx)'|_{x=a/2}=(\ln e^{-\beta x})'|_{x=a/2} \tag{6-40}$$

解得

$$\frac{\sin kx}{\cos kx}\cdot k=-\frac{e^{-\beta x}}{e^{-\beta x}}\cdot\beta \tag{6-41}$$

显然有

$$k\tan\left(\frac{ka}{2}\right)=\beta \tag{6-42}$$

令

$$\varepsilon=ka/2, \eta=\beta a/2 \tag{6-43}$$

$$\varepsilon\tan\varepsilon=\eta \tag{6-44}$$

此外按照方程(6-37)、式(6-39)与式(6-43)，得到 ε 与 η 满足的超越代数方程为

$$\varepsilon^2+\eta^2=\frac{mU_0a^2}{2\hbar^2} \tag{6-45}$$

2) 奇宇称态

$$\Psi(x)=\sin kx(|x|<a/2) \tag{6-46}$$

与偶宇称类似，利用 $(\ln\Psi)'$ 的连续条件有

$$(\ln \sin kx)'|_{x=a/2}=(\ln e^{-\beta x})'|_{x=a/2} \tag{6-47}$$

可求得：

$$-k\cot(ka/2)=\beta \tag{6-48}$$

同理，令：

$$\varepsilon=ka/2, \eta=\beta a/2 \tag{6-49}$$

代入式(6-48)有：

$$-\varepsilon\cot\varepsilon=\eta \tag{6-50}$$

将式(6-50)与方程(6-45)联立，可确定参数 ε 和 η，从而确定能量本征值。在一维有限深势阱下，无论 U_0a^2 的值多小，方程(6-44)和方程(6-45)至少有一个根，换言之至少存在一个束缚态(基态)，其宇称为偶。

当 U_0a^2 增大，使得

$$\varepsilon^2+\eta^2=\frac{mU_0a^2}{2\hbar^2}\geqslant\pi^2 \tag{6-51}$$

则将出现偶宇称第一激发态。当 U_0a^2 继续增大，还将依次出现更高的激发能级。

但奇宇称与上述情况不一样。只在下述情况下才可能出现最低的奇宇称能级。

$$\varepsilon^2+\eta^2=\frac{mU_0a^2}{2\hbar^2}\geqslant\frac{\pi^2}{4} \tag{6-52}$$

$$U_0a^2\geqslant\pi^2\hbar^2/2m \tag{6-53}$$

6.3.3 一维势垒

设一定能量E的粒子沿x轴正方向射向方势垒，若$E<U_0$，则按经典力学理论，它必将全部在$x=0$处返回，不能进入势垒，现在来看看量子力学会给出什么结果。一维方势垒问题，如图6-5所示。

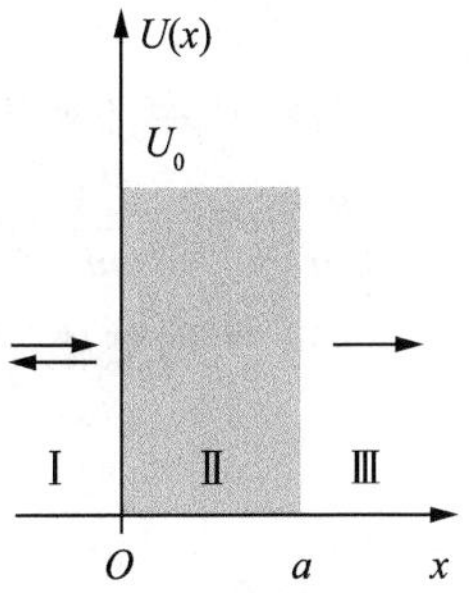

图6-5 一维方势垒

势能：
$$U_x=\begin{cases}U_0, & 0<x<a\\ 0, & x>a, x<0\end{cases}$$

1. 粒子的定态波函数（先讨论$E>U_0$）的情形

Ⅰ：
$$-\frac{\hbar^2}{2u}\frac{\mathrm{d}^2\Psi_1}{\mathrm{d}x^2}=E\Psi_1 \quad x<0 \tag{6-54}$$

Ⅱ：
$$-\frac{\hbar^2}{2u}\frac{\mathrm{d}^2\Psi_2}{\mathrm{d}x^2}+U_0\Psi_2=E\Psi_2 \quad 0<x<a \tag{6-55}$$

Ⅲ：
$$-\frac{\hbar^2}{2u}\frac{\mathrm{d}^2\Psi_3}{\mathrm{d}x^2}=E\Psi_3 \quad x>a \tag{6-56}$$

令：
$$k_1^2=\frac{2uE}{\hbar^2}, k_2^2=\frac{2u(E-V_0)}{\hbar^2} \tag{6-57}$$

则式(6-54)、式(6-55)和(6-56)可化为：

Ⅰ：
$$\Psi_1''+k_1^2\Psi_1=0 \quad x<0 \tag{6-58}$$

Ⅱ：
$$\Psi_2''+k_2^2\Psi_2=0 \quad 0<x<a \tag{6-59}$$

Ⅲ：
$$\Psi_3''+k_1^2\Psi_3=0 \quad x>a \tag{6-60}$$

方程(6-58)，方程(6-59)，方程(6-60)的通解分别为：

$$\Psi_1=A\mathrm{e}^{\mathrm{i}k_1x}+A'\mathrm{e}^{-\mathrm{i}k_1x} \quad x<0 \tag{6-61}$$

$$\Psi_2=B\mathrm{e}^{\mathrm{i}k_2x}+B'\mathrm{e}^{-\mathrm{i}k_2x} \quad 0<x<a \tag{6-62}$$

$$\Psi_3=C\mathrm{e}^{\mathrm{i}k_1x}+C'\mathrm{e}^{-\mathrm{i}k_1x} \quad x>a \tag{6-63}$$

用时间因子乘以上面三个式子，可以得出Ψ_1,Ψ_2,Ψ_3，其中，第一项表示向右传播的平面波，第二项表示为向左传播的平面波。在$x>a$的区域，当粒子从左向右透过方势垒时，不会再反射，因而Ⅲ中应当没有向左传播的波，也就是说$C'=0$。

下面利用波函数及其一阶微商在$x=0$和$x=a$处连续的条件来确定波函数中的其他系数。

由：
$$\Psi_1(0)=\Psi_2(0):A+A'=B+B'$$
$$\Psi_1'(0)=\Psi_2'(0):k_1A-\mathrm{i}k_1A'=\mathrm{i}k_2B-\mathrm{i}k_2B'$$
$$\Psi_2(a)=\Psi_3(a):B\mathrm{e}^{\mathrm{i}k_2a}+B'\mathrm{e}^{-\mathrm{i}k_2a}=C\mathrm{e}^{\mathrm{i}k_1a}$$
$$\Psi_2'(a)=\Psi_3'(a):\mathrm{i}k_2B\mathrm{e}^{\mathrm{i}k_2a}-\mathrm{i}k_2B'\mathrm{e}^{-\mathrm{i}k_2a}=\mathrm{i}k_1C\mathrm{e}^{\mathrm{i}k_1a}$$

可见，五个任意常数A,A',B,B',C满足四个独立方程，由这一组方程可以解得：

$$A'=\frac{2\mathrm{i}(k_1^2-k_2^2)\sin k_2a}{(k_1+k_2)^2\mathrm{e}^{-\mathrm{i}k_2a}-(k_1-k_2)^2\mathrm{e}^{\mathrm{i}k_2a}}A \tag{6-64}$$

$$C=\frac{4k_1k_2\mathrm{e}^{-\mathrm{i}k_1a}}{(k_1+k_2)^2\mathrm{e}^{-\mathrm{i}k_2a}-(k_1-k_2)^2\mathrm{e}^{\mathrm{i}k_2a}}A \tag{6-65}$$

式(6-64)和式(6-65)给出了透射波振幅和反射波振幅与入射波振幅之间的关系。

2. 概率流密度、透射系数、反射系数

1) 概率流密度

入射波：
$$\boldsymbol{J}=\frac{\mathrm{i}\hbar}{2m}[\Psi\nabla\Psi^*-\Psi^*\nabla\Psi]$$

(注：概率流密度还可写成概率密度与粒子速度的承继，对于动量和能量确定的粒子，即 $\boldsymbol{J}=\frac{\boldsymbol{p}}{2m}|\Psi|^2=\frac{\hbar\boldsymbol{k}}{m}|\Psi|^2$。)

(1) 入射波概率流密度：($\Psi_{入}=A\mathrm{e}^{\mathrm{i}k_1x}$)

$$J=\frac{\hbar k_1}{m}|A|^2$$

(2) 透射波概率流密度：($\Psi_{透}=C\mathrm{e}^{\mathrm{i}k_1x}$)

$$J_D=\frac{\hbar k_1}{m}|C|^2$$

(3) 反射波概率流密度：($\Psi_{反}=A'\mathrm{e}^{-\mathrm{i}k_1x}$)

$$J_R=\frac{\hbar k_1}{m}|A'|^2$$

2) 透射系数

$$D=\frac{J_D}{J}=\frac{|C|^2}{|A|^2}=\frac{4k_1^2k_2^2}{(k_1^2-k_2^2)^2\sin^2k_2a+4k_1^2k_2^2} \tag{6-66}$$

3) 反射系数

$$R=\left|\frac{J_R}{J}\right|=\frac{|A'|^2}{|A|^2}=\frac{(k_1^2-k_2^2)\sin^2k_2a}{(k_1^2-k_2^2)^2\sin^2k_2a+4k_1^2k_2^2}=1-D \tag{6-67}$$

由以上两式可见，D 和 R 都小于 1，D 与 R 之和等于 1。这说明入射粒子一部分贯穿到 $x>a$ 的区域，另一部分被势垒反射回去。下面讨论 $E<U_0$ 的情形。这时 k_2 是虚数。

令：$k_2=\mathrm{i}k_3$，则 k_3 是实数

$$k_3=\left[\frac{2\mu(U_0-E)}{\hbar^2}\right]^{\frac{1}{2}}$$

把 k_2 换成 $\mathrm{i}k_3$，前面的计算仍然成立。经过简单计算后，式(6-64)可改写成：

$$C=\frac{2\mathrm{i}k_1k_3\mathrm{e}^{-\mathrm{i}k_1a}}{(k_1^2-k_3^2)^2\mathrm{sh}k_3a+2\mathrm{i}k_1k_3\mathrm{ch}k_3a}A$$

式中，sh 和 ch 依次是双曲正弦函数和双曲余弦函数，其值为

$$\mathrm{sh}x=\frac{\mathrm{e}^x-\mathrm{e}^{-x}}{2}\quad \mathrm{ch}x=\frac{\mathrm{e}^x+\mathrm{e}^{-x}}{2}$$

透射系数的公式(6-66)可改写为：

$$D=\frac{4k_1^2k_3^2}{(k_1^2+k_3^2)^2\mathrm{sh}k_3a+4k_1^2k_3^2}$$

如果粒子能量比势垒高度小很多，即 $E \ll U_0$，同时势垒高度 a 满足 $k_3 a \gg 1$，则 $e^{k_3 a} \gg e^{-k_3 a}$，此时 $\mathrm{sh} k_3 a \approx \frac{e^{k_3 a}}{2}$，于是

$$D=\frac{4}{\frac{1}{4}\left(\frac{k_1}{k_3}+\frac{k_3}{k_1}\right)e^{2k_3 a}+4}$$

因为 k_1 和 k_3 为同数量级，$k_3 a \gg 1$ 时，$e^{2k_3 a} \gg 4$[或 $\left(\frac{k_1}{k_3}+\frac{k_3}{k_1}\right)$ 为恒大于 1 的数值]，所以当 $k_3 a$ 足够大时，$D \approx D_0 e^{-2k_3 a}=D_0 e^{-\frac{2}{\hbar}\sqrt{2\mu(U_0-E)}a}$，其中 $D_0=\frac{16k_1^2 k_3^2}{(k_1^2+k_2^2)^2}$。

上式给出了 $E \ll U_0$ 时，粒子透过方势垒的概率。对于任意形状的势垒，可以把上式加以推广，写成 $D=D_0 e^{-\frac{2}{\hbar}\int_{x_1}^{x_2}\sqrt{2\mu(U_0-E)}\mathrm{d}x}$。

3. 讨论

1) 当 $\beta a \gg 1$ 时

$$\mathrm{sh}^2 \beta a=\left(\frac{e^{\beta a}-e^{-\beta a}}{2}\right)^2 \approx \frac{1}{4}e^{2\beta a}$$

透射系数则变为：

$$T \approx \frac{4k^2\beta^2}{(k^2+\beta^2)^2\frac{1}{4}e^{2\beta a}+4k^2\beta^2}=\frac{4}{\frac{1}{4}\left(\frac{k}{\beta}+\frac{\beta}{k}\right)^2 e^{2\beta a}+4}$$

当 $k \approx \beta$(同一数量级)时，$\beta_a \gg 1$，$e^{2\beta a} \gg 4$，

于是：

$$T \approx \frac{16}{\left(\frac{k}{\beta}+\frac{\beta}{k}\right)^2}e^{-2\beta a}=T_0 e^{-\frac{2a}{\hbar}\sqrt{2m(V_0-E)}} \tag{6-68}$$

其中：$T_0=16\frac{E(V_0-E)}{V_0^2}$，粗略估计，认为 $k \approx \beta$(相当于 $E \approx V_0/2$)，则 $T_0=4$ 是一常数。

2) 任意形状的势垒

可把任意形状的势垒分割成许多小势垒，这些小势垒可以近似用方势垒处理。对每一个小方势垒，透射系数为

$$T=T_0 e^{-\frac{2}{\hbar}\sqrt{2m(V(x)-E)}\mathrm{d}x} \tag{6-69}$$

则由 a 到 b 贯穿势垒 $V(x)$ 的透射系数等于贯穿这些小方势垒透射系数之积，即

$$T=T_0 e^{-\frac{2}{\hbar}\int_a^b\sqrt{2m(V(x)-E)}\mathrm{d}x} \tag{6-70}$$

此式的推导是不太严格的，但该式与严格推导的结果一致。

4. 微观粒子和宏观粒子经势垒散射的讨论

(1) 若 $E>U_0$，宏观粒子完全穿透势垒，无反射，而微观粒子既有穿透的可能，又有反射

的可能。

(2) 若 $E<U_0$,宏观粒子完全被反射,不能穿透势垒,而微观粒子既有反射的可能,又有透射的可能。这种粒子在能量小于势垒高度时,仍能贯穿势垒的现象称为隧道效应(tunneling effect)。

按经典理论,隧道效应是无法理解的,因为当粒子进入势垒内部时,$E<U_0$,而经典粒子的总能量 E 又等于动能与势能的和,因此粒子的动能将小于零。动量[$p=\sqrt{2m(E-U_0)}$]将是虚数,这在经典理论里是不允许的。但按照量子力学的概念,由于微观粒子具有波动性,只要势垒高度有限,在势垒后面(图 6-6)粒子可以以一定的概率出现。如图 6-6 所示,可见 $x>0$ 区($E<U_0$)粒子出现概率不等于 0(和经典理论不同),且 U_0 越大、x 越大其概率越小。

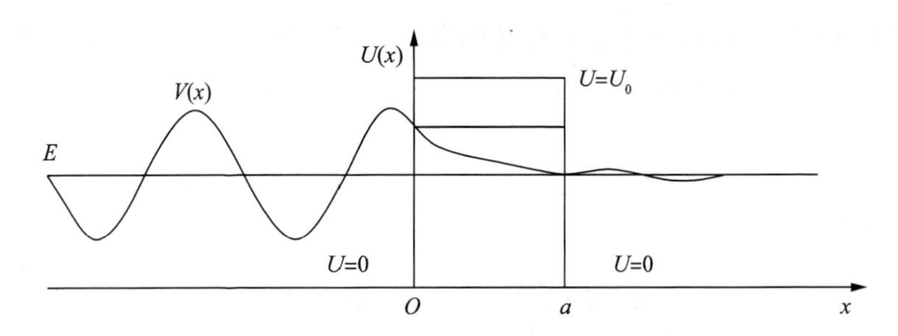

图 6-6 方势垒的粒子运动的示意图

电子逸出金属表面的模型解释如下。

量子解释:电子透入势垒,在金属表面形成一层电子气。

经典解释:电子不能进入 E(总能量)$<U$ 的区域(因动能小于 0)。

*阅读材料

隧道效应的应用——扫描隧道显微镜(STM)

扫描隧道显微镜(Scannins Tunneling Microscope,STM):1986 年荣获诺贝尔奖的扫描隧道穿显微镜利用了隧道效应。

扫描隧道显微镜是 20 世纪 80 年代初发展起来的一种显微镜,其分辨本领是目前各种显微镜中最高的:横向分辨本领为 0.1～0.2 nm(1 nm$=10^{-9}$ m),深度分辨本领为 0.01 nm。通过它可以清晰地看到排列在物质表面的直径大约为 10^{-10} m 的单个原子(或分子)。扫描隧道显微镜的观察条件要求不高,可以在大气、真空中的各种温度下进行工作。在扫描隧道显微镜发明之前,对原子级的微观世界的观察往往带有一定的破坏性,例如用场离子显微镜对样品进行研究时,被观测的样品表面要受到很大的电场力极容易受损。由于扫描隧道显微镜进行的是无损探测,被探测的样品不会受到高能辐射等的作用,因而,已被使用在尖端科学的许多领域。

扫描隧道显微镜在进行与物质表面电子行为有关的物理、化学性质的观察研究时,是很有效的工具,正在微电子学(例如研究由几十个原子组成的电路)、材料科学(例如晶体中原子级的缺陷)、生命科学(例如研究单个蛋白分子或 DNA 分子)等许多领域的研究中发挥着重要的作用,具有广阔的应用前景。国际科学界公认,扫描隧道显微镜是 20 世纪 80 年代世界科技成就之一。

扫描隧道显微镜是 1982 年由美国 IBM 公司设在瑞士苏黎世的实验室里的两位科学家

葛·宾尼(Gerd Binning)和海·罗雷尔(Hein-rich Rohrer)发明的。这个发明使人类实现了直接看到原子的愿望。由于对科学做出的杰出贡献,葛·宾尼和海·罗雷尔获得了1986年度诺贝尔物理学奖。

对于直径的数量级为10^{-10} m的粒子,用一般的显微镜是看不见的,即使用场离子显微镜也只能看到粒子的位置。而用扫描隧道显微镜拍摄的照片上,石墨原子清晰可见。那么,扫描隧道显微镜是怎样对物质进行观察的呢?

(1) 扫描隧道显微镜的工作原理

扫描隧道显微镜的工作原理与通常光学显微放大的原理截然不同。它是应用量子力学的隧道效应来观察物质的原子(或分子)的。

当两个导体之间有一个绝缘体时,如果在这两个导体之间加一定的电压,一般是不会形成电流的。这是因为,虽然两个导体间有电压,各具有一定的电势,但它们之间的绝缘体阻碍电子的运动,导体中的自由电子不能穿过绝缘体运动到另一个导体上,也就不能形成电流,即在两个导体之间存在势垒。经典物理学认为,只有电压增大到能把绝缘层击穿,也就是势垒被击穿时,电子才会通过绝缘体。

量子力学认为,微观粒子在空间的运动是按一定的概率密度分布的。根据量子力学的计算知道,如果势垒厚度小到只有几个10^{-10} m时,电子可能穿过势垒,即从势垒的这一边到达势垒的另一边,形成电流。也就是说,在势垒相当窄的情况下,这一侧的电子可能在势垒上打通一条道路,穿过势垒到达势垒的另一侧,形成电流。在势垒相当窄的情况下,电子能穿过势垒的现象,在量子力学中叫作隧道效应,这样形成的电流叫作隧道电流。

隧道电流的大小由电子穿透厚度为Z的势垒的概率的大小决定。用扫描隧道显微镜探测时,隧道电流的强度对探针针尖与样品表面之间的距离非常敏感,这个距离每减小1×10^{-10} m,隧道电流就增加一个数量级。也就是说,当探针针尖与样品靠得距离很近时,会在探针针尖与被测样品之间的绝缘层中形成隧道电流。绝缘层薄,形成隧道电流的机会多,否则形成隧道电流的机会少。由于得到的隧道电流的大小可以直接反映样品表面的凸凹情况,因此记录了隧道电流的大小也就记录了样品表面的情况。

(2) 扫描隧道显微镜的工作过程

扫描隧道显微镜与一般的光学显微镜不同,它没有一般光学显微镜的光学器件,主要由四部分组成:扫描隧道显微镜主体、电子反馈系统、计算机控制系统、显示终端。其主体的主要部分是极细的探针针尖;电子反馈系统主要用来产生隧道电流、控制隧道电流和控制针尖在样品表面的扫描;计算机控制系统用来控制全部系统的运转和收集、存储得到的显微图像资料,并对原始图像进行处理;显示终端为计算机屏幕或记录纸,用来显示处理后的资料。

如图6-7所示,用隧道效应观察样品表面的微结构。扫描隧道显微镜工作时,探针针尖A和被研究的样品B的表面是两个电极,使样品表面与探针针尖非常接近(一般小于10^{-9} m),并给两个电极加上一定的电压,形成外加电场,以在样品和探针针尖之间形成隧道电流。在用扫描隧道显微镜对样品表面进行观测时,通过电子反馈电路控制隧道电流的大小,探针针尖在计算机控制下对样品表面扫描,同时可以在计算机屏幕或记录纸上记录下扫描样品表面原子排列的图像。

探针针尖在样品表面上进行扫描有两种方式:恒电流方式和恒高度方式。扫描时,一般沿着平面坐标的XY两个方向做二维扫描。如果用恒电流扫描方式就要用电路来控制隧道电流

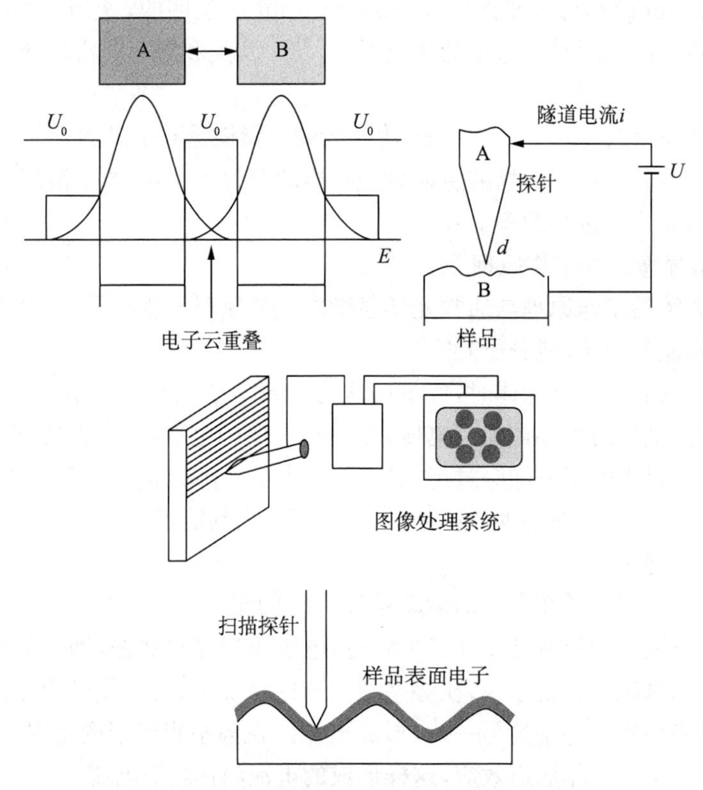

图 6-7 用隧道效应观察样品表面的微结构

的大小不变，于是探针针尖就会随样品表面的高低起伏运动，从而反映出样品表面的高度信息。由此可见，用扫描隧道显微镜获得的是样品表面的三维立体信息。如果采用恒高度扫描方式，扫描时要保持针尖的绝对高度不变，由于样品表面由原子(分子)构成呈凸凹不平状，使得扫描过程中探针针尖与样品的局部区域的距离是变化的，因而隧道电流的大小也发生变化。通过计算机把这种变化的隧道电流电信号转换为图像信号，就可以在它的终端显示出来。

把扫描隧道显微镜的工作过程总结为：利用探针针尖扫描样品，通过隧道电流获取信息，经计算机处理得到图像。

要看到原子，必须达到原子级的分辨率。各种光学显微镜中都有光学透镜，进行观察时都要受到光的衍射等影响而产生像差，根本不能达到原子级的分辨率。而扫描隧道显微镜的中心装置仅仅是作为电极的针尖，根本没有一般显微镜的光学透镜。不用透镜观察物体，也不用光或其他辐射进行聚焦，从而杜绝了光的衍射现象对像的清晰度的干扰。

为了达到原子级的分辨率，扫描隧道显微镜的探针针尖必须是原子的。如果针尖有多个原子，样品表面与探针针尖之间同时产生多道隧道电流，仪器采集到的隧道电流为所有隧道电流的平均值，而不是一个原子的隧道电流。另外，如果探针针尖较粗，在对样品扫描时，就不能随样品表面原子的细微起伏而上下运动，不能根据探针针尖对样品进行精细的扫描，也就不能测出样品表面的原子排列。因此，探针针尖是否只有一个原子，是扫描隧道显微镜达到原子级分辨率的一个关键。制备扫描隧道显微镜的探针针尖，一般采用电化学腐蚀的方法。实验时，还要用其他技巧帮助形成单原子针尖。

6.4　线性谐振子

1. 谐振子的势能

取自然平衡位置为坐标原点，并选取原点为势能零点，则一维谐振子的势能 U 可表示为

$$U(x)=\frac{1}{2}\mu\omega^2 x_2 \tag{6-71}$$

如图6-8所示，当 $x\to\pm\infty$ 时，势能 $U\to\infty$，可见谐振子的势能曲线亦为无限深势阱，只不过不是方势阱而已，所以粒子只能作有限的运动，即处于束缚态。

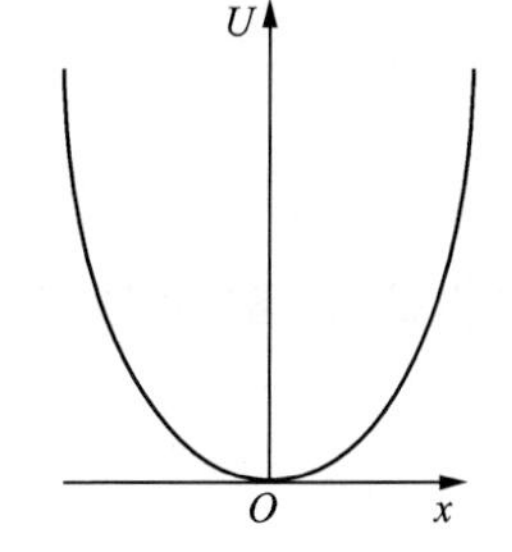

图6-8　一维谐振子的势能

2. 方程、能级和波函数

定态薛定谔方程：$-\frac{\hbar^2}{2\mu}\frac{d^2\Psi}{dx^2}+\frac{1}{2}\mu\omega^2 x^2\Psi=E\Psi$　(6-72)

既然粒子处于束缚态，则要求波函数满足条件

$$\Psi\xrightarrow{x\to\pm\infty}0 \tag{6-73}$$

下面来求式(6-72)满足边值条件(6-73)的解。

先将方程(6-72)简化，引进量纲为1的参数

$$\xi=\alpha x\quad \alpha=\sqrt{\frac{\mu\omega}{\hbar}} \tag{6-74}$$

和

$$\lambda=\frac{2E}{\hbar\omega} \tag{6-75}$$

则方程(6-72)变成：

$$\frac{d^2\Psi}{d\xi^2}+[\lambda-\xi^2]\Psi=0 \tag{6-76}$$

首先粗略分析一下 $\xi\to\pm\infty$ 时解的渐近行为，当 ξ 很大时，λ 与 ξ 相比可以忽略，方程(6-76)可以近似表示为：

$$\frac{d^2\Psi}{d\xi^2}-\xi^2\Psi=0 \tag{6-77}$$

不难证明，当 $\xi\to\pm\infty$ 时，方程(6-77)的渐近解为：$\Psi=e^{\pm\xi^2/2}$。

其中 $\Psi=e^{\xi^2/2}$ 不满足式(6-73)的边值条件，故只能取：$\Psi=e^{-\xi^2/2}$。

在渐近解形式的启发下，令方程(6-76)的精确解为

$$\Psi=e^{\xi^2/2}H(\xi) \tag{6-78}$$

将它代入方程(6-76)得：

$$\frac{d^2H}{d\xi^2}-2\xi\frac{dH}{d\xi}+(\lambda-1)H=0 \tag{6-79}$$

这就是厄密方程，解为 $H(\xi)$，利用微分方程的幂级数解法，从而得 Ψ。但是，不是方程

(6-78)所有形式的解都能使 Ψ 满足边值条件(6-73)，只有当

$$\lambda-1=2n \quad (n=0,1,2,3,\cdots) \tag{6-80}$$

方程(6-79)才能满足要求，此时，方程的解为厄密多项式，$H(\xi)$的封闭形式为：

$$H_n(\xi)=(-1)^n e^{\xi^2}\frac{d^n}{d\xi^n}e^{-\xi^2} \tag{6-81}$$

它是 ξ 的 n 次多项式，如：

$$H_0=1$$
$$H_1=2\xi$$
$$H_2=4\xi^2-2$$
$$H_3=8\xi^3-12\xi$$

由式(6-81)可以得出 $H_n(\xi)$满足下列递推关系：

$$\frac{dH_n}{d_\xi}=2nH_{n-1}(\xi)$$
$$H_{n+1}-2\xi H_n+2nH_{n-1}=0$$

基于厄密多项式的递推关系可以导出谐振子波函数 $\Psi(x)$的递推关系：

$$x\Psi_n(x)=\frac{1}{\alpha}\left[\sqrt{\frac{n}{2}}\Psi_{n-1}(x)+\sqrt{\frac{n+1}{2}}\Psi_{n+1}(x)\right]$$

$$x^2\Psi_n(x)=\frac{1}{2\alpha^2}\left[\sqrt{n(n-1)}\Psi_{n-2}(x)+(2n+1)\Psi_n(x)+\sqrt{(n+1)(n+2)}\Psi_{n+2}(x)\right]$$

$$\frac{d}{dx}\Psi_n(x)=\alpha\left[\sqrt{\frac{n}{2}}\Psi_{n-1}(x)-\sqrt{\frac{n+1}{2}}\Psi_{n+1}(x)\right]$$

$$\frac{d^2}{dx^2}\Psi_n(x)=\frac{\alpha^2}{2}\left[\sqrt{n(n-1)}\Psi_{n-2}(x)-(2n+1)\Psi_n(x)+\sqrt{(n+1)(n+2)}\Psi_{n+2}(x)\right]$$

由式(6-75)和式(6-80)可得一维谐振子的能量，可能取值为：

$$E_n=\left(n+\frac{1}{2}\right)\hbar\omega \quad (n=0,1,2,3,\cdots)$$

与之相对应的波函数为： $\Psi_n(x)=N_n e^{-x^2\alpha^2/2}H_n(\alpha x)$

归一化因子为： $N_n=\sqrt{\dfrac{\alpha}{n!\ 2^n\sqrt{\pi}}}$

当振动量子数为 0 时，谐振子的最低能量 $E_0=\frac{1}{2}\hbar\omega$，称为振动零点能。可见振动零点能是不为零的，这就是说即使在绝对零度时，粒子仍然处于振动中。

最低的三个振动能级上的谐振子波函数为

$$\phi_0(x)=\sqrt{\frac{a}{\sqrt{\pi}}}e^{-\frac{1}{2}a^2x^2}$$

$$\phi_1(x)=\sqrt{\frac{2a}{\sqrt{\pi}}}axe^{-\frac{1}{2}a^2x^2}$$

$$\phi_2(x)=\sqrt{\frac{a}{2\sqrt{\pi}}}(2a^2x^2-1)\mathrm{e}^{-\frac{1}{2}a^2x^2}$$

3. 线性谐振子问题的讨论

(1) 关于波函数：

$$\Psi=\mathrm{e}^{-\xi^2/2}H_n(\xi)$$

上式中，$H_n(\xi)$的最高次项是$(2\xi)^n$，所以：

当 n 为偶数时，厄密多项式只含 ξ 的偶次项；

当 n 为奇数时，厄密多项式只含 ξ 的奇次项。

正交性：

$$\int_{-\infty}^{+\infty}\Psi_m(x)\Psi_n(x)\mathrm{d}x=\delta_{mn}$$

(2)

$$\Psi_n(x)=\sqrt{\frac{\alpha}{2^n n!\sqrt{\pi}}}\mathrm{e}^{-\alpha^2x^2/2}H_n(\alpha x)$$

由于

$$H_n(-\xi)=(-1)^nH_n(\xi)$$

因此谐振子的波函数 $\Psi(x)$满足

$$\Psi_n(-x)=(-1)^n\Psi_n(x)$$

n 的奇偶性决定了 $\Psi_n(x)$的奇偶性。一维谐振子波函数的宇称是$(-1)^n$。

(3) 一个谐振子能级只对应一个本征函数，即一个状态，所以能级是非简并的。值得注意的是，基态能量 $E_0=\frac{1}{2}\hbar\omega$，称为零点能。这与无穷深势阱中的粒子的基态能量不为零相似，是微观粒子波粒二象性的表现，能量为零的“静止的”波是没有意义的，零点能是量子效应。

(4) 以基态为例

在经典情形下，粒子将被限制在$|a_x|<1$ 范围中运动。这是因为振子在这一点($|a_x|=1$)处，其势能 $V(x)=\frac{1}{2}u\omega^2x^2=\frac{1}{2}\hbar\omega=E_0$，即势能等于总能量，动能为零，粒子被限制在阱内。

量子情况与此不同。对于基态，其概率密度是：$\bar{\omega}_0(x)=|\Psi_0(x)|^2=N_0^2\mathrm{e}^{-\xi^2}$。分析上式可知：一方面，表明在 $\xi=0$ 处找到粒子的概率最大；另一方面，在$|\xi|\geqslant1$ 处，即在阱外找到粒子的概率不为零，与经典情况完全不同。

对量子力学，粒子出现在空间某一范围的概率由波函数振幅的平方对该范围积分的值给出。对于基态波函数，粒子出现在 $a_x>1$ 区域中的概率是 $\int_1^{\infty}\mathrm{e}^{-\xi^2}\mathrm{d}\xi/\int_0^{\infty}\mathrm{e}^{-\xi^2}\mathrm{d}\xi=0.16$。

这些结果说明，对于基态，经典结果和量子结果有很大的区别。

(5) 由于因子 $\mathrm{e}^{-\frac{1}{2}\alpha^2x^2}$ 无节点，因此 $\Psi_n(x)$的节点数和 $H_n(\alpha x)$的节点数相同，分析波函数可知量子力学的谐振子波函数 $\Psi_n(x)$有 n 个节点，在节点处找到粒子的概率为零。而经典力学的谐振子在$[-a,a]$每一点上都能找到粒子，没有节点。

[例 6.6] 求一维谐振子处在激发态时概率最大的位置。

解：

$$\Psi(x)=\sqrt{\frac{\alpha}{2\sqrt{\pi}}}\cdot2\alpha x\mathrm{e}^{-\frac{1}{2}\alpha^2x^2}$$

$$\omega_1(x)=|\Psi_1(x)|^2=4\alpha^2\cdot\frac{\alpha}{2\sqrt{\pi}}\cdot x^2\mathrm{e}^{-\alpha^2x^2}=\frac{2\alpha^3}{\sqrt{\pi}}\cdot x^2\mathrm{e}^{-\alpha^2x^2}$$

$$\frac{\mathrm{d}\omega_1(x)}{\mathrm{d}x}=\frac{2\alpha^3}{\sqrt{\pi}}(2x-2\alpha^2x^3)\mathrm{e}^{-\alpha^2x^2}$$

令$\frac{\mathrm{d}\omega_1(x)}{\mathrm{d}x}=0$，得 $x=0$ 或 $x=\pm\frac{1}{\alpha}$ 或 $x=\pm\infty$

由 $\omega_1(x)$ 的表达式可知，当 $x=0$ 或 $x=\pm\infty$ 时，$\omega_1(x)=0$。显然不是最大概率的位置。

而

$$\frac{\mathrm{d}^2\omega_1(x)}{\mathrm{d}x^2}=\frac{2\alpha^3}{\sqrt{\pi}}[(2-6\alpha^2x^2)-2\alpha^2x(2x-2\alpha^2x^3)]\mathrm{e}^{-\alpha^2x^2}$$

$$=\frac{4\alpha^3}{\sqrt{\pi}}(1-5\alpha^2x^2-2\alpha^4x^4)\mathrm{e}^{-\alpha^2x^2}$$

$$\left.\frac{\mathrm{d}^2\omega_1(x)}{\mathrm{d}x^2}\right|_{x=\pm\frac{1}{2}}=-2\times\frac{4\alpha^3}{\sqrt{\pi}}\frac{1}{\mathrm{e}}<0$$

可见 $x=\pm\frac{1}{\alpha}=\pm\sqrt{\frac{\hbar}{\mu\omega}}$ 是所求概率最大的位置。

[例 6.7] 在时间 $t=0$ 时，一维线性谐振子处于用下列归一化的波函数所描写的状态。

$$\Psi(x,0)=\sqrt{\frac{1}{3}}\varphi_0(x)+C\varphi_2(x)+\sqrt{\frac{2}{5}}\varphi_3(x)$$

式中，$\phi_n(x)$ 为第 n 个时间无关的本征函数。

(1) 求 C 的值。

(2) 该振子能量的可能值、概率及平均能量 $\overline{E}$。

(3) 写出 $t>0$ 时的波函数。

解：(1) $\Psi(x,0)=\sum\limits_{n}C_n\varphi_n(x)$，$\Psi(x,0)$ 归一化，$\sum\limits_{n}|C_n|^2=1$，

$$\frac{1}{3}+|C|^2+\frac{2}{5}=1,|C|^2=\frac{4}{15}，取\ C=\sqrt{\frac{4}{15}}$$

(2) 由 $E_n=\hbar\omega\left(n+\frac{1}{2}\right)$ 得

$$E_0=\frac{1}{2}\hbar\omega,W_0=\frac{1}{3};E_2=\frac{5}{2}\hbar\omega,W_2=\frac{4}{15};E_3=\frac{7}{2}\hbar\omega,W_3=\frac{2}{5};$$

$$\overline{E}=\sum_{n}|C_n|^2E_n=\frac{1}{3}E_0+\frac{4}{15}E_2+\frac{2}{5}E_3=\frac{67}{30}\hbar\omega$$

(3) $t>0$ 时，$\Psi_n(x,t)=\varphi_n(x)\mathrm{e}^{-\frac{\mathrm{i}}{\hbar}E_nt}$

所以 $\Psi(x,t)=\sum\limits_{n}C_n\varphi_n(x)\mathrm{e}^{-\frac{\mathrm{i}}{\hbar}E_nt}=\sqrt{\frac{1}{3}}\varphi_0\mathrm{e}^{-\frac{\mathrm{i}}{\hbar}E_0t}+\sqrt{\frac{4}{15}}\varphi_2\mathrm{e}^{-\frac{\mathrm{i}}{\hbar}E_2t}+\sqrt{\frac{2}{5}}\varphi_3\mathrm{e}^{-\frac{\mathrm{i}}{\hbar}E_3t}$

*阅读材料

一维周期场

设空间周期为 $l=a+b$，考虑到势场 $U(x)$ 的周期性条件：$U(x+nl)=U(x)$，n 为任意整数，则在晶格周期势场中运动粒子的薛定谔方程为 $-\frac{\hbar^2}{2m}\frac{\mathrm{d}^2\Psi}{\mathrm{d}x^2}+U(x)\Psi(x)=E\Psi(x)$。显然，$\Psi(x),\Psi(x+l),\cdots,\Psi(x+nl)$ 都满足上述薛定谔方程，并且具有同一本征值 E，从而可以得

到：$\Psi(x+l)=c\Psi(x)$，$\Psi(x+2l)=c^2\Psi(x)$，…，$\Psi(x+nl)=c^n\Psi(x)$，式中，c 为常数。

由波函数的有界性知，当 $n\to\infty$ 时，若 c 为实数，必使 $\Psi(x+nl)\to\infty$，所以，c 必为复相因子。令 $c=e^{i\varphi}$，则 $\Psi(x+l)=e^{i\varphi}\Psi(x)$，$\Psi^*(x+l)=e^{-i\varphi}\Psi^*(x)$，$|\Psi(x+l)|^2=|\Psi(x)|^2$，所以，粒子在空间呈现的概率也是周期性的。在某一个周期 $-b<x<a$ 内，定态薛定谔方程为

$$\frac{d^2\Psi}{dx^2}+\frac{2m}{\hbar^2}(E-U_0)\Psi=0\quad(-b<x<0)$$

$$\frac{d^2\Psi}{dx^2}+\frac{2m}{\hbar^2}E\Psi=0\quad(0<x<a)$$

下面就 $E>U_0$ 和 $E<U_0$ 两种情况分别进行讨论。

1. $E>U_0$ 时

令
$$\alpha^2=\frac{2mE}{\hbar^2},\quad \beta^2=\frac{2m(E-U_0)}{\hbar^2}$$

则方程的解为：
$$\Psi(x)=Ae^{i\beta x}+Be^{-i\beta x}\qquad(-b<x<0)$$
$$\Psi(x)=Ce^{i\alpha x}+De^{-i\alpha x}\qquad(0<x<a)$$

同理，下一个周期 $a<x<a+l$ 中的解为：

$$\Psi(x)=e^{i\varphi}\left[Ae^{i\beta(x-l)}+Be^{-i\beta(x-l)}\right]\quad(a<x<l)$$
$$\Psi(x)=e^{i\varphi}\left[Ce^{i\alpha(x-l)}+De^{-i\alpha(x-l)}\right]\quad(l<x<a+l)$$

由在 $x=a$ 处的连续性条件，可得

$$Ce^{i\alpha a}+De^{-i\alpha a}=e^{i\varphi}(Ae^{-i\beta b}+Be^{i\beta b})$$
$$\alpha(Ce^{i\alpha a}-De^{-i\alpha a})=\beta e^{i\varphi}(Ae^{-i\beta b}-Be^{i\beta b})$$

由在 $x=0$ 处的连续性条件，可得

$$A+B=C+D,\quad \beta(A-B)=\alpha(C-D)$$

稍加整理，有
$$\begin{cases}A+B-C-D=0\\ \beta A-\beta B-\alpha C+\alpha D=0\\ e^{i(\varphi-\beta b)}A+e^{i(\varphi+\beta b)}B-e^{-i\alpha a}C-e^{i\alpha a}D=0\\ \beta e^{i(\varphi-\beta b)}A-\beta e^{i(\varphi+\beta b)}B-\alpha e^{-i\alpha a}C+\alpha e^{i\alpha a}D=0\end{cases}$$

A,B,C,D 具有非零解的条件是其系数行列式为零，即

$$\begin{vmatrix}1 & 1 & -1 & -1\\ \beta & -\beta & -\alpha & \alpha\\ e^{i(\varphi-\beta b)} & e^{i(\varphi+\beta b)} & -e^{i\alpha a} & -e^{i\alpha a}\\ \beta e^{i(\varphi-\beta b)} & -\beta e^{i(\varphi+\beta b)} & -\alpha e^{i\alpha a} & \alpha e^{-i\alpha a}\end{vmatrix}=0$$

展开并整理，再除以 $4\alpha\beta$ 得：

$$1-e^{i\varphi}(2\cos\alpha a\cos\beta b-\frac{\alpha}{\beta}\sin\alpha a\sin\beta b-\frac{\beta}{\alpha}\sin\alpha a\sin\beta b)+e^{i2\varphi}=0$$

所以
$$e^{i\varphi}\left(e^{i\varphi}+e^{-i\varphi}-2\cos\alpha a\cos\beta b-\frac{\alpha^2+\beta^2}{2\alpha\beta}\sin\alpha a\sin\beta b\right)=0$$

于是
$$\cos\varphi=\cos\alpha a\cos\beta b-\frac{\alpha^2+\beta^2}{2\alpha\beta}\sin\alpha a\sin\beta b$$

上式为超越方程，为简单起见只讨论 $E-U_0\ll 1$ 的极限情形，此时，有

$$\alpha^2+\beta^2=\frac{2m}{\hbar^2}(2E-U_0)$$

$$\alpha\beta=\frac{2m}{\hbar^2}\sqrt{E(E-U_0)}$$

则：
$$\frac{\alpha^2+\beta^2}{2\alpha\beta}=\frac{2m}{\hbar^2}(2E-U_0)\times\frac{\hbar^2}{4m\sqrt{E(E-U_0)}}=\frac{2E-U_0}{2\sqrt{E(E-U_0)}}$$

$$\approx\frac{E}{2\sqrt{E(E-U_0)}}=\frac{1}{2}\sqrt{\frac{E}{E-U_0}}\gg1$$

同时有：
$$\beta b=\sqrt{\frac{2m}{\hbar^2}(E-U_0)}\cdot b\ll1,\quad \cos\beta b\approx1,\sin\beta b\approx\beta b$$

所以，
$$\cos\varphi=\cos\alpha a-\frac{1}{2}\sqrt{\frac{E}{E-U_0}}\beta b\sin\alpha a\cos\alpha a-\frac{\alpha a\beta b}{2}\sqrt{\frac{E}{E-U_0}}\frac{\sin\alpha a}{\alpha a}$$

由于
$$\alpha\beta=\frac{2m}{\hbar^2}\sqrt{E(E-U_0)}$$

则
$$\cos\varphi=\cos\alpha a-\frac{abm}{\hbar^2}E\frac{\sin\alpha a}{\alpha a}=\cos\alpha a-r\frac{\sin\alpha a}{\alpha a}$$

这里
$$r=\frac{abm}{\hbar^2}E,\quad -1\leqslant\cos\varphi\leqslant1,\quad -1\leqslant\cos\alpha a-\gamma\frac{\sin\alpha a}{\alpha a}\leqslant1$$

只有当 $\cos\alpha a-r\dfrac{\sin\alpha a}{\alpha a}$ 的值在 1 与 −1 之间时对应的 αa 值才是允许的能量取值。这样一来，其能量被分割成一段一段的带状结构，如图 6－9 所示。在带状结构内能量可连续取值，叫作能带，而在能带之间不能取值，叫作禁带。

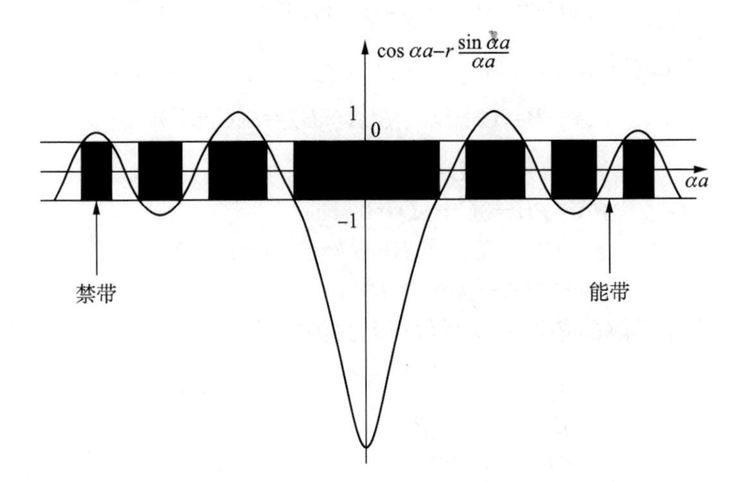

图 6－9　$E>U_0$，能量的分布情况

2. $E<U_0$ 时

在 $E<U_0$ 时，β 为虚数，令 $\beta=\mathrm{i}\rho,\rho^2=\frac{2m}{\hbar^2}(U_0-E)$

利用
$$\sin\mathrm{i}x=\mathrm{i}\sinh x,\quad \cos\mathrm{i}x=\cosh x,$$

有
$$\cos\varphi=\cos\alpha a\cosh\rho b+\frac{\rho^2-\alpha^2}{2\mathrm{i}\alpha\rho}\mathrm{i}\sin\alpha a\sinh\rho b$$

此时取 $E\ll U_0$ 的极限，得：$\rho b\ll1,\quad \rho^2-\alpha^2=\frac{2m}{\hbar^2}(U_0-2E)\approx\frac{2mU_0}{\hbar^2}$

$$\alpha\rho=\frac{2m}{\hbar^2}\sqrt{E(U_0-E)}\approx\frac{2m}{\hbar^2}\sqrt{EU_0},\frac{\rho^2-\alpha^2}{\alpha\rho}=\frac{U_0-2E}{\sqrt{E(U_0-E)}}\approx\sqrt{\frac{U_0-E}{E}}\approx\sqrt{\frac{U_0}{E}}$$

设 $\rho b\ll 1$，则有 $\cosh\rho b\approx 1$，$\sinh\rho b\approx\rho b$，

$$\cos\varphi=\cos\alpha a+\frac{1}{2}\sqrt{\frac{U_0-E}{E}}\sin\alpha a\frac{\rho b\alpha a}{\alpha a}=\cos\alpha a+\delta\frac{\sin\alpha a}{\alpha a}$$

式中，
$$\delta=\frac{abm}{\hbar^2}\sqrt{(U_0-E)(U_0-2E)}\approx\frac{abmU_0}{\hbar^2}\gg 1$$

由图6-10可见，只有当 $\cos\alpha a+\delta\dfrac{\sin\alpha a}{\alpha a}$ 的值在 -1 与 1 之间时，对应的 αa 值才是允许的能量取值，和 $E>U_0$ 相似。

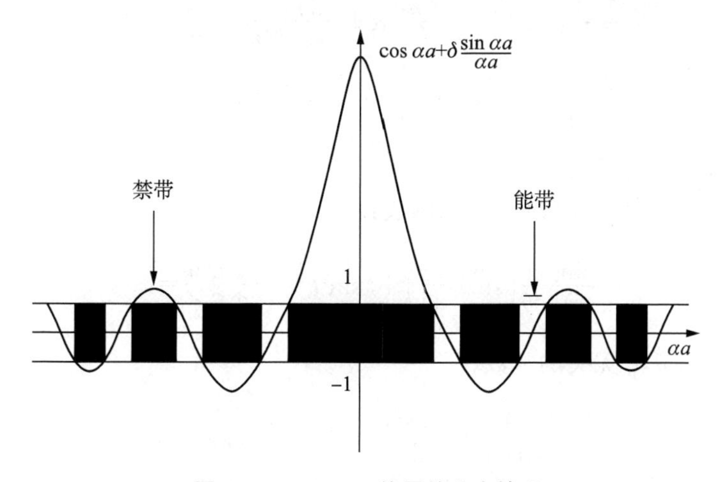

图6-10　$E<U_0$，能量的分布情况

由此可见，无论是 $E>U_0$，还是 $E<U_0$，只要是在周期场中运动，粒子的能量都是带状结构，也叫作能带结构。

6.5　氢原子

1. 氢原子的波函数

氢原子及类氢原子是单核单电子体系，假定核处于质心不动，在玻恩-奥本海默(Born-Oppenheimer)近似下电子运动的薛定谔方程为

$$\left[-\frac{\hbar^2}{2m}\nabla^2-\frac{e^2}{4\pi\varepsilon_0\boldsymbol{r}}\right]\Psi(\boldsymbol{r})=E\Psi(\boldsymbol{r})$$

氢原子问题是球对称问题，通常采用球坐标系：

$$x=r\sin\theta\cos\varphi,y=r\sin\theta\sin\varphi,z=r\cos\theta$$

$$\nabla^2=\frac{1}{r^2}\frac{\partial}{\partial r}\left(r^2\frac{\partial}{\partial r}\right)+\frac{1}{r^2\sin\theta}\frac{\partial}{\partial\theta}\left(\sin\theta\frac{\partial}{\partial\theta}\right)+\frac{1}{r^2\sin^2\theta}\frac{\partial^2}{\partial\varphi^2}$$

氢原子在球坐标下的定态薛定谔方程为：

$$-\frac{\hbar^2}{2m}\left[\frac{1}{r^2}\frac{\partial}{\partial r}\left(r^2\frac{\partial}{\partial r}\right)+\frac{1}{r^2\sin\theta}\frac{\partial}{\partial\theta}\left(\sin\theta\frac{\partial}{\partial\theta}\right)+\frac{1}{r^2\sin^2\theta}\frac{\partial^2}{\partial\varphi^2}\right]\Psi-\frac{e^2}{4\pi\varepsilon_0}r\Psi=E\Psi$$

$$\Psi=\Psi(r,\theta,\varphi)$$

1) 分离变量法求解

(1) 令 $\Psi(r,\theta,\varphi)=R(r)Y(\theta,\varphi)$

代入方程，并用 $r^2/R(r)Y(\theta,\varphi)$ 同乘两边：

$$\frac{1}{R}\frac{\mathrm{d}}{\mathrm{d}r}\left(r^2\frac{\mathrm{d}R}{\mathrm{d}r}\right)+\frac{2mE}{\hbar^2}r^2+\frac{2me^2}{4\pi\varepsilon_0\hbar^2 r}r^2=-\frac{1}{Y}\left[\frac{1}{\sin\theta}\frac{\partial}{\partial\theta}\left(\sin\theta\frac{\partial Y}{\partial\theta}\right)+\frac{1}{\sin^2\theta}\frac{\partial^2 Y}{\partial\varphi^2}\right]=\lambda$$

式中，λ 是一个与 r,θ,φ 无关的常数。

径向方程：
$$\frac{1}{r^2}\frac{\mathrm{d}}{\mathrm{d}r}\left(r^2\frac{\mathrm{d}R}{\mathrm{d}r}\right)+\frac{2mE}{\hbar^2}R+\frac{2me^2}{4\pi\varepsilon_0\hbar^2 r}R-\frac{\lambda}{r^2}R=0$$

角方程：
$$\frac{1}{\sin\theta}\frac{\partial}{\partial\theta}\left(\sin\theta\frac{\partial Y}{\partial\theta}\right)+\frac{1}{\sin^2\theta}\frac{\partial^2 Y}{\partial\varphi^2}=-\lambda Y$$

(2) 令 $Y(\theta,\varphi)=\Theta(\theta)\Phi(\varphi)$

代入方程，并用 $\sin^2\theta/\Theta(\theta)\Phi(\varphi)$ 同乘两边：

$$\frac{\sin\theta}{\Theta}\frac{\mathrm{d}}{\mathrm{d}\theta}\left(\sin\theta\frac{\mathrm{d}\Theta}{\mathrm{d}\theta}\right)+\lambda\sin^2\theta=-\frac{1}{\Phi}\frac{\mathrm{d}^2\Phi}{\partial\varphi^2}=\nu$$

其中 ν 是一个与 θ,φ 无关的常数。

$$\frac{1}{\sin\theta}\frac{\mathrm{d}}{\mathrm{d}\theta}\left(\sin\theta\frac{\mathrm{d}\Theta}{\mathrm{d}\theta}\right)+\left(\lambda-\frac{\nu}{\sin^2\theta}\right)\Theta=0$$

$$\frac{\mathrm{d}^2\Phi}{\partial\varphi^2}+\nu\Phi=0$$

2) Φ、Θ、R 三方程的解

(1) Φ 方程的解

$$\frac{\mathrm{d}^2\Phi}{\partial\varphi^2}+\nu\Phi=0 \quad 令\ \nu=m^2，则\frac{\mathrm{d}^2\Phi}{\partial\varphi^2}+m^2\Phi=0$$

方程的解为：
$$\Phi(\varphi)=A\mathrm{e}^{im\varphi}$$

波函数单值：
$$\Phi(\varphi)=\Phi(\varphi+2\pi)$$

$$A\mathrm{e}^{im\varphi}=A\mathrm{e}^{\mathrm{i}(m+2\pi)\varphi}=A\mathrm{e}^{im\varphi}\mathrm{e}^{im2\pi}$$

$$\mathrm{e}^{im2\pi}=\cos 2m\pi+\mathrm{i}\sin 2m\pi=1$$

有
$$m=0,\pm1,\pm2,\pm3,\cdots$$

波函数归一化：

$$\int_0^{2\pi}\Phi^*\Phi\mathrm{d}\varphi=\int_0^{2\pi}A^2\mathrm{d}\varphi=2\pi A^2=1 \text{ 所以 } A=\frac{1}{\sqrt{2\pi}}$$

$$\Phi(\varphi)=\frac{1}{\sqrt{2\pi}}\mathrm{e}^{im\varphi}\quad m=0,\pm1,\pm2,\pm3,\cdots$$

(2) Θ 方程的解

$$\frac{1}{\sin\theta}\frac{\mathrm{d}}{\mathrm{d}\theta}\left(\sin\theta\frac{\mathrm{d}\Theta}{\mathrm{d}\theta}\right)+\left(\lambda-\frac{m^2}{\sin^2\theta}\right)\Theta=0\text{(勒让德方程)}$$

求解过程中发现,为了得到符合波函数标准条件的解,必须对 λ 和 m 加以限制:

$$\lambda=l(l+1)\quad l=0,1,2,3,\cdots\text{且 } l\geqslant|m|,\quad m=0,\pm1,\pm2,\pm3,\cdots$$

方程的解为关联勒让德多项式:

$$\Theta_{lm}(\theta)=B_{lm}P_l^{|m|}(\cos\theta)\quad l=0,1,2,3,\cdots\quad m=0,\pm1,\pm2,\pm3,\cdots$$

$$B_{lm}=\sqrt{\frac{(l-|m|)!\ (2l+1)}{2(l+|m|)!}}$$

$$P_l^{|m|}(x)=\frac{1}{2^l l!}(1-x^2)^{\frac{|m|}{2}}\frac{\mathrm{d}^{l+|m|}}{\mathrm{d}x^{l+|m|}}(x^2-1)^l,x=\cos\theta$$

若 $$l=0,m=0,B_{00}=\frac{1}{\sqrt{2}},P_0^0=1,\Theta_{00}=\frac{1}{\sqrt{2}}$$

若 $$l=1,m=0,B_{10}=\sqrt{\frac{3}{2}},P_1^0=\cos\theta,\Theta_{10}=\sqrt{\frac{3}{2}}\cos\theta$$

若 $$l=1,m=\pm1,B_{1\pm1}=\sqrt{\frac{3}{4}},P_1^1=\sin\theta,\Theta_{1\pm1}=\sqrt{\frac{3}{4}}\sin\theta$$

若 $$l=2,m=0,B_{20}=\sqrt{\frac{5}{2}},P_2^0=\frac{1}{2}(3\cos^2\theta-1),\Theta_{20}=\sqrt{\frac{5}{8}}(3\cos^2\theta-1)$$

若 $$l=2,m=\pm1,B_{2\pm1}=\sqrt{\frac{5}{12}},P_2^1=\sin\theta\cos\theta,\Theta_{2\pm1}=\sqrt{\frac{15}{4}}\sin\theta\cos\theta$$

若 $$l=2,m=\pm2,B_{2\pm2}=\sqrt{\frac{5}{48}},P_2^2=3\sin^2\theta,\Theta_{2\pm2}=\sqrt{\frac{15}{16}}\sin^2\theta$$

(3) R 方程的解

$$\frac{1}{r^2}\frac{\mathrm{d}}{\mathrm{d}r}\left(r^2\frac{\mathrm{d}R}{\mathrm{d}r}\right)+\left[\frac{2m}{\hbar^2}\left(E+\frac{\mathrm{e}^2}{4\pi\varepsilon_0 r}\right)-\frac{l(l+1)}{r^2}\right]R=0\text{(拉盖尔方程)}$$

方程的解为拉盖尔多项式

$$R_{nl}(\rho)=C_{nl}\rho^l\mathrm{e}^{-\frac{\rho}{2}}L_{n+1}^{2l+1}(\rho),\quad\rho=\frac{2r}{na_0}$$

$$L_{n+l}^{2l+1}(\rho)=\sum_{k=0}^{n-l-1}(-1)^{k+1}\frac{[(n+l)!]^2\rho^k}{(n-l-1-k)!\ (2l+1+k)!\ k!}$$

$$C_{nl}=-\sqrt{\left(\frac{2}{na_0}\right)^3\frac{(n-l-1)!}{2n[(n+l)!]^3}}$$

$$n=1,2,3,\cdots\qquad l=0,1,2,\cdots,n-1$$

$$a_1=\frac{4\pi\varepsilon_0\hbar^2}{me^2}\text{(玻尔半径)}$$

若 $$n=1,l=0,C_{10}=-\sqrt{\left(\frac{2}{a_1}\right)^3\frac{1}{2}},L_1^1(\rho)=-1$$

$$R_{10}=\frac{2}{a_1^{3/2}}e^{-\frac{r}{a_1}}$$

若 $$n=2,l=0,C_{20}=-\frac{1}{4\sqrt{2}a_1^{3/2}},L_2^1(\rho)=2\rho-4$$

$$R_{20}=\frac{1}{2\sqrt{2}a_1^{3/2}}e^{-\frac{r}{2a_1}}\left[2-\frac{r}{a_1}\right]$$

若 $$n=2,l=1,C_{21}=-\frac{1}{12\sqrt{6}a_1^{3/2}},L_3^3(\rho)=-6$$

$$R_{21}=\frac{1}{2\sqrt{6}a_1^{3/2}}\frac{r}{a_1}e^{-\frac{r}{2a_1}}$$

只要给出了 n、l 的一对具体的数值，就可以得到一个满足标准条件的解。

氢原子的波函数

$$\Psi_{n,l,m}(r,\theta,\varphi)=R_{n,l}(r)\Theta_{l,m}(\theta)\Phi_m(\varphi)\quad n=1,2,3,\cdots$$
$$l=0,1,2,\cdots,n-1,m=0,\pm1,\pm2,\pm3,\cdots,\pm l$$

对应一组量子数 n,l,m，就能给出波函数 $\Psi_{n,l,m}(r,\theta,\varphi)$ 的一个具体形式，因此 n,l,m 确定了原子的状态。

2. 能量、角动量

1）主量子数 n 与能量量子化

当 $E<0$ 时， $$E_n=-\frac{1}{(4\pi\varepsilon_0)^2}\frac{me^4}{2\hbar^2n^2}\quad n=1,2,3,\cdots$$

主量子数 n 以整数跳跃取值，不连续，是量子化的体现。能量是量子化的，自然得出。当 $E>0$ 时，E 取任何值都能使 $R_{n,l}(r)$ 满足标准条件的解。所以正值的能量是连续的，相当于自由电子与 H^+ 离子结合为原子时释放的能量。

主量子数决定了电子状态的能量，基态时 $n=1$。

$$E_1=-2.178\times10^{-8}\ \text{J}=-13.595\ \text{eV}$$
$$E_n=-13.595\times\frac{1}{n^2}\ \text{eV}\quad n=1,2,3,\cdots$$

能级简并度 电子的能级 E_n 只与主量子数 n 有关，而波函数 Ψ_{nlm} 却与三个量子数 n,l,m 有关，因此能级 E_n 是简并的（$n=1$ 除外）。给定 n,l 可能取 $0,1,2,\cdots,n-1$ 共 n 个；给定 l,m 可取 $0,\pm1,\pm2,\cdots,\pm l$ 共 $(2l+1)$ 个。因此，对应于第 n 个能级 E_n 的波函数就有 $\sum_{l=0}^{n-1}(2l+1)=\frac{1+[2(n-1)+1]}{2}n=n^2$（个），也就是说，电子的第 n 个能级是 n^2 度简并的。

2）角量子数 l 和角动量角子化

$$L=\sqrt{l(l+1)}\hbar\quad l=0,1,2,\cdots,n-1$$

角动量是量子化的，自然得出。

旧量子论：$p\varphi=n_\varphi\hbar,n_\varphi=1,2,\cdots,n$。当角动量很大时，$l\approx l+1$，$L\approx(l+1)\hbar$，二者一致，所

以玻尔理论给出了近似的结果。

3）磁量子数 m_l 和空间量子化

$$L_z=m_l\hbar, m_l=0,\pm1,\pm2,\cdots,\pm l\quad(2l+1\text{个})$$

角动量在外场方向的分量也是量子化的，即空间取向量子化，如图6－11所示，L_z 的空间取向。

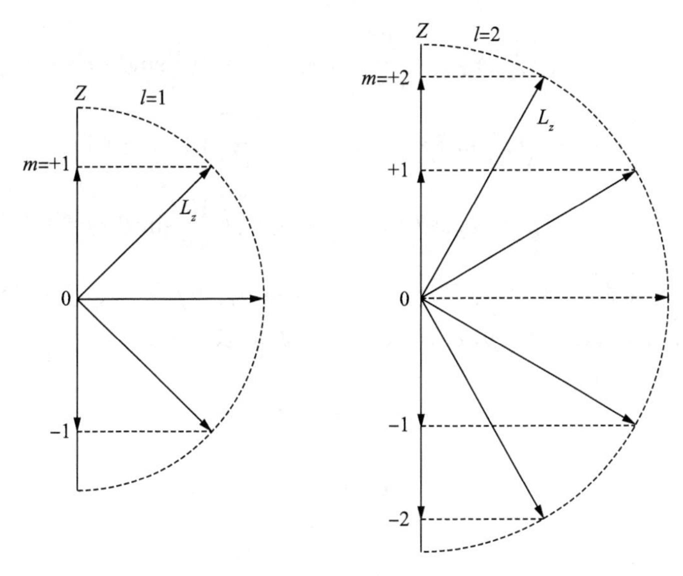

图6－11　L_z 的空间取向

由于薛定谔方程是非相对论的，没有导出自旋量子数 s 和自旋磁量子数 m_s。

由此可见，上式中量子数 l 决定了电子的角动量大小，故称角量子数。原子的角动量和原子的磁矩有关，只要有角动量也就有磁矩。其关系为：

$$\boldsymbol{\mu}=-\frac{\mathrm{e}}{2m_{\mathrm{e}}c}\boldsymbol{M},\mu_z=-\frac{\mathrm{e}}{2m_{\mathrm{e}}c}M_z$$

$$|\mu|=-\frac{\mathrm{e}}{2m_{\mathrm{e}}c}\sqrt{l(L+1)}\frac{h}{2\pi}=\sqrt{l(l+1)}-\frac{eh}{4m_{\mathrm{e}}c}=\sqrt{l(l+1)\beta}$$

$$\mu_z=-\frac{\mathrm{e}}{2m_{\mathrm{e}}c}m\frac{h}{2\pi}=-m\beta$$

式中，$\beta=\frac{\mathrm{e}h}{4m_{\mathrm{e}}c}=9.27\times10^{-21}$ J/K，称为波尔磁子。

3. 电子的概率分布

$$\omega_{nlm}(r,\theta,\varphi)=|\Psi_{nlm}(r,\theta,\varphi)|^2=R_{nl}^2(r)\Theta_{lm}^2(\theta)|\Phi_m(\varphi)|^2$$

式中，$|\Phi_m(\varphi)|^2$ 代表概率随角度 φ 的分布；$\Theta_{lm}^2(\theta)$ 代表概率随角度 θ 的分布；$R_{nl}^2(r)$ 代表概率随矢径 r 的分布。

因此，在 r,θ,φ 附近、$\mathrm{d}V$ 内找到电子的概率为：

$$\omega_{nlm}(r,\theta,\varphi)\mathrm{d}V=R_{nl}^2(r)\Theta_{lm}^2(\theta)|\Phi_m(\varphi)|^2\mathrm{d}V$$

在球坐标中　$$\mathrm{d}V=r^2\sin\theta\mathrm{d}r\mathrm{d}\theta\mathrm{d}\varphi$$

归一化：

$$\iiint \omega_{nlm}(r,\theta,\varphi)\mathrm{d}V = \int_0^{\infty} R_{nl}^2 r^2 \mathrm{d}r \int_0^{\pi} \Theta_{lm}^2 \sin\theta \mathrm{d}\theta \int_0^{2\pi} \Phi_m \Phi_m^* \mathrm{d}\varphi = 1$$

$$\int_0^{\infty} R_{nl}^2(r) r^2 \mathrm{d}r = 1, \int_0^{\pi} \Theta_{lm}^2 \sin\theta \mathrm{d}\theta = 1, \int_0^{2\pi} \Phi_m \Phi_m^* \mathrm{d}\varphi = 1$$

角函数(球谐函数)：常用的球谐函数表示为 $Y_{l,m}(\theta,\varphi)$。

$$Y_{0,0}=\sqrt{\frac{1}{4\pi}}, Y_{1,0}=\sqrt{\frac{3}{4\pi}}\cos\theta, Y_{1,1}=\sqrt{\frac{3}{8\pi}}\sin\theta \cdot \mathrm{e}^{\mathrm{i}\varphi}$$

$$Y_{1,-1}=\sqrt{\frac{3}{8\pi}}\sin\theta \cdot \mathrm{e}^{-\mathrm{i}\varphi}, Y_{2,0}=\sqrt{\frac{5}{16\pi}}(3\cos^2\theta-1)$$

$$Y_{2,\pm1}=\sqrt{\frac{5}{8\pi}}\sin\theta\cos\theta \cdot \mathrm{e}^{\pm\mathrm{i}\varphi}, Y_{2,\pm2}=\sqrt{\frac{15}{32\pi}}\sin^2\theta \cdot \mathrm{e}^{\pm2\mathrm{i}\varphi}$$

应用光谱学的习惯表示，将 $l=0,1,2,3,\cdots$ 状态化为：$s,p,d,f,\cdots$，而每一个 l 相对应有 $2l+1$ 个独立状态，用 $x,y,z,z^2,xy,xz,yz,x^2-y^2$ 等加以区别。

$$s=Y_{0,0}=\sqrt{\frac{1}{4\pi}}$$

$$p_x=\frac{1}{\sqrt{2}}(Y_{1,1}+Y_{1,-1})=\sqrt{\frac{3}{4\pi}}\sin\theta\cos\varphi$$

$$p_y=\frac{1}{\mathrm{i}\sqrt{2}}(Y_{1,1}-Y_{1,-1})=\sqrt{\frac{3}{4\pi}}\sin\theta\sin\varphi$$

$$p_z=Y_{1,0}=\sqrt{\frac{3}{4\pi}}\cos\theta$$

$$d_{z^2}=Y_{2,0}=\sqrt{\frac{5}{16\pi}}(3\cos^2\theta-1)$$

$$d_{xy}=\frac{1}{\mathrm{i}\sqrt{2}}(Y_{2,2}-Y_{2,-2})=\sqrt{\frac{15}{16\pi}}\sin^2\theta\sin2\varphi$$

$$d_{xz}=\frac{1}{\sqrt{2}}(Y_{2,1}+Y_{2,-1})=\sqrt{\frac{5}{16\pi}}\sin2\theta\cos\varphi$$

$$d_{yz}=\frac{1}{\mathrm{i}\sqrt{2}}(Y_{2,1}+Y_{2,-1})=\sqrt{\frac{5}{16\pi}}\sin2\theta\sin\varphi$$

$$d_{x^2-y^2}=\frac{1}{\sqrt{2}}(Y_{2,2}+Y_{2,-2})=\sqrt{\frac{15}{16\pi}}\sin^2\theta\cos2\varphi$$

1）概率随 φ 角的分布

$\Phi_m(\varphi)\Phi_m^*(\varphi)=\frac{1}{2\pi}$——概率密度的分布绕 z 轴旋转对称。

2）角向分布概率

$\omega_{lm}(\theta,\varphi)\mathrm{d}\Omega=\omega_{lm}(\theta)\mathrm{d}\Omega=\frac{1}{2\pi}|\Theta(\theta)|^2\mathrm{d}\Omega$，$\mathrm{d}\Omega=\sin\theta\mathrm{d}\theta\mathrm{d}\varphi$ 为角度 $\theta\sim\theta+\mathrm{d}\theta$，$\varphi\sim\varphi+\mathrm{d}\varphi$ 之间的圆锥体的立体角，Θ_{lm} 由 l、m 的值决定，对给定的 l、m，它有确定的值。对不同的 l、m，Θ_{lm}

不同，如图 6－12 所示。

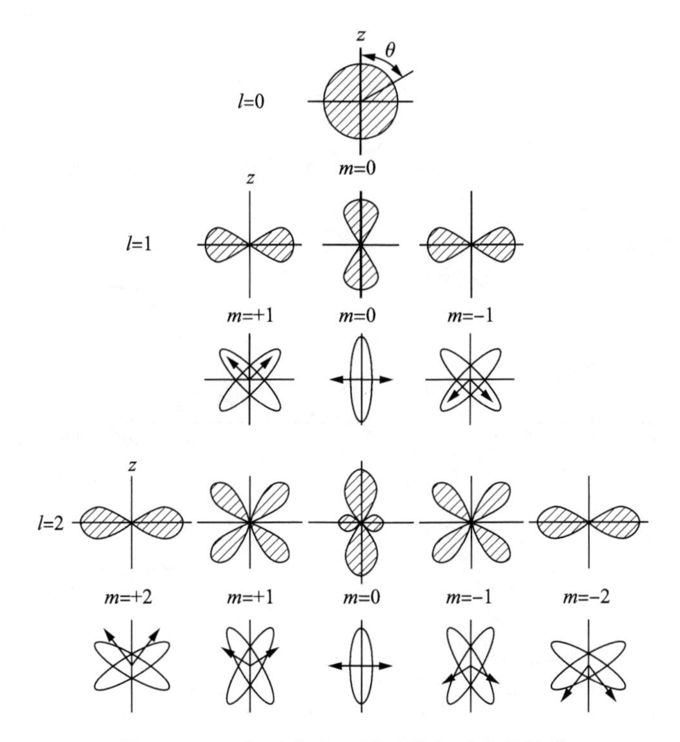

图 6－12　$\Theta^2(\theta)$作为 θ 的函数和对应的轨道

［**例 6.8**］　求 s 电子和 p 电子的角分布。

解：对 s 电子，$l=0, m_l=0, \Theta_{00}(\theta)=\dfrac{1}{\sqrt{2}}, \omega_{00}(\theta)=\dfrac{1}{2\pi}|\Theta_{00}(\theta)|^2=\dfrac{1}{4\pi}$，呈球对称分布(如图 6－12 所示)。

对 p 电子，$l=1, m_l=\pm1, \Theta_{1\pm1}(\theta)=\dfrac{\sqrt{3}}{2}\sin\theta, \omega_{1\pm1}(\theta,\varphi)=\dfrac{1}{2\pi}|\Theta_{1\pm1}(\theta)|^2=\dfrac{3}{8\pi}\sin^2\theta$，在 $\theta=\dfrac{\pi}{2}$ 的方向有极大值，在 $\theta=0$ 的方向概率为零，故呈水平的哑铃型概率分布，如图 6－12 所示。

对 p 电子，$l=1, m_l=0, \Theta_{10}(\theta)=\dfrac{\sqrt{6}}{2}\cos\theta, \omega_{10}(\theta,\varphi)=\dfrac{1}{2\pi}|\Theta_{10}(\theta)|^2=\dfrac{3}{4\pi}\cos^2\theta$，在 $\theta=\dfrac{\pi}{2}$ 的方向概率为零，在 $\theta=0$ 的方向有极大值，故呈竖直的哑铃型概率分布(如图 6－12 所示)。

3) 电子的径向分布概率

在 r,θ,φ 附近、$\mathrm{d}V$ 内找到电子的概率为：

$$\begin{aligned}\omega_{nlm}(r,\theta,\varphi)\mathrm{d}V&=R_{nl}^2(r)\Theta_{lm}^2(\theta)|\Phi_m(\varphi)|^2\mathrm{d}V\\&=R_{nl}^2(r)\Theta_{lm}^2(\theta)|\Phi_m(\varphi)|^2r^2\sin\theta\mathrm{d}r\mathrm{d}\theta\mathrm{d}\varphi\end{aligned}$$

$$\omega_{nl}(r)\mathrm{d}r=R_{nl}^2r^2\mathrm{d}r\int_0^{2\pi}\int_0^{\pi}\Theta_{lm}^2\ |\ \Phi_m\ |^2\sin\theta\mathrm{d}\theta\mathrm{d}\varphi=R_{nl}^2r^2\mathrm{d}r$$

上式即为在离核 $r\sim r+\mathrm{d}r$ 处的球形壳层内发现电子的概率。

对于不同的 n 和 l，$\omega_{nl}(r)$不同，如图 6－13 所示。

若　$$n=1, l=0, \omega_{10}(r)=R_{10}^2(r)r^2=\frac{4}{a_0^3}r^2\mathrm{e}^{-\frac{2r}{a_0}}$$

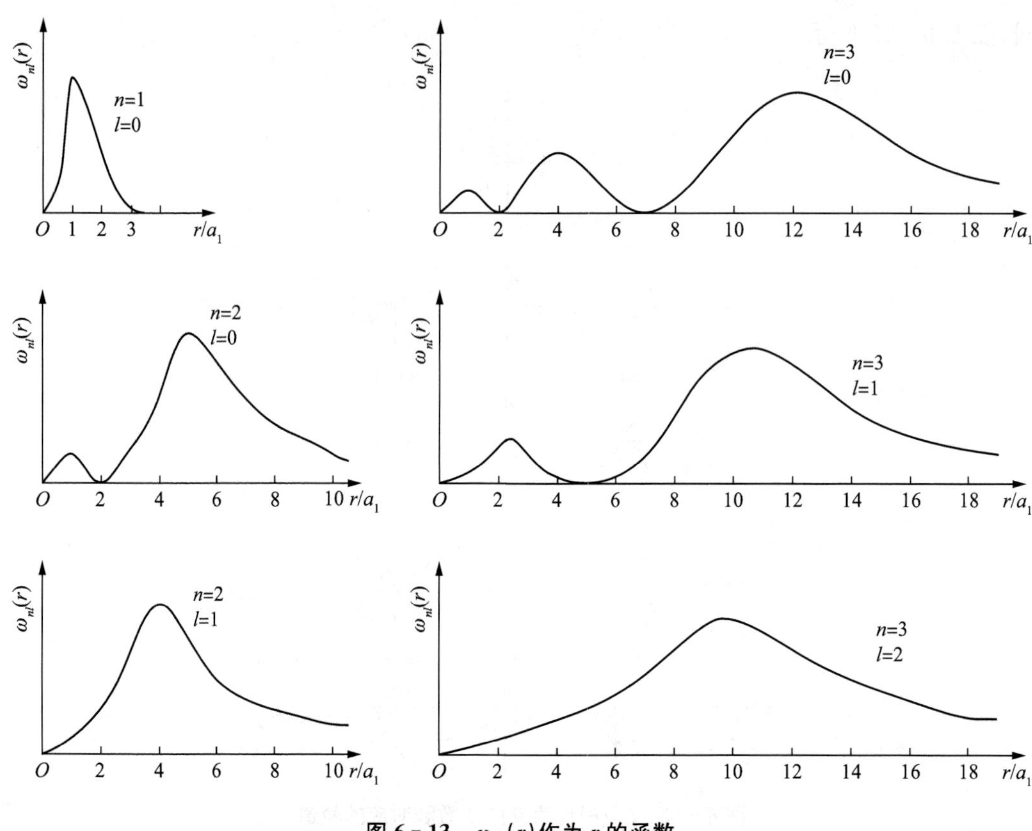

图 6-13 $\omega_{nl}(r)$作为 r 的函数

$$\frac{\mathrm{d}\omega_{10}(r)}{\mathrm{d}r}=\frac{4}{a_1^3}\left(2r-\frac{2r^2}{a_1}\right)\mathrm{e}^{-\frac{2r}{a_1}}=0 \text{ 得 } r=a_1$$

$\omega_{10}(r)$在 $r=a_1$ 处有极大值。

若

$$n=2,l=1,\omega_{21}(r)=R_{21}^2(r)r^2=\frac{r^4}{24a_1^5}\mathrm{e}^{-\frac{r}{a_1}}$$

$$\frac{\mathrm{d}\omega_{21}(r)}{\mathrm{d}r}=\frac{1}{24a_1^5}\left(4r^3-\frac{r^4}{a_1}\right)\mathrm{e}^{-\frac{r}{a_1}}=0 \text{ 得 } r=4a_1$$

$\omega_{21}(r)$在 $r=4a_1$ 处有极大值。

［例 6.9］ 设氢原子处于以下状态：

$$\Psi(r,\theta,\varphi)=\frac{1}{2}R_{21}(r)Y_{10}(\theta,\varphi)-\frac{\sqrt{3}}{2}R_{21}(r)Y_{1-1}(\theta,\varphi)$$

求氢原子能量、角动量平方、角动量 z 分量的可能值及这些可能值出现的概率。

解：在此能量中，氢原子能量有确定值，为

$$E_2=-\frac{\mu e_s^2}{2\hbar^2 n^2}=-\frac{\mu e_s^2}{8\hbar^2}\qquad(n=2)$$

角动量平方有确定值为

$$L^2=l(l+1)\hbar^2=2\hbar^2\qquad(l=1)$$

角动量 z 分量的可能值为

$$L_{z1}=0, L_{z2}=-\hbar$$

其相应的概率分别为$\frac{1}{4}$，$\frac{3}{4}$。

[例 6.10]　一粒子在硬壁球形空腔中运动，势能为

$$U(r)=\begin{cases}\infty & r\geqslant a \\ 0 & r<a\end{cases}$$

求粒子的能级和定态函数。

解:据题意，在 $r\geqslant a$ 的区域，$U(r)=\infty$，所以粒子不可能运动到这一区域，即在这一区域粒子的波函数为 $\Psi=0(r\geqslant a)$。

由于在 $r<a$ 的区域内，$U(r)=0$，只求角动量为零的情况，即 $l=0$，这时在各个方向发现粒子的概率是相同的。即粒子的概率分布与角度 θ、φ 无关，是各向同性的，因此，粒子的波函数只与 r 有关，而与 θ、φ 无关。设波函数为 $\Psi(r)$，则粒子的能量的本征方程为

$$-\frac{\hbar^2}{2\mu}\frac{1}{r}\frac{\mathrm{d}}{\mathrm{d}r}\left(r^2\frac{\mathrm{d}\Psi}{\mathrm{d}r}\right)=E\Psi$$

令 $U(r)=rE\Psi, k^2=\frac{2\mu E}{\hbar^2}$得

$$\frac{\mathrm{d}^2u}{\mathrm{d}r^2}+k^2u=0$$

其通解为

$$u(r)=A\cos kr+B\sin kr$$

所以

$$-\Psi(r)=\frac{A}{r}\cos kr+\frac{B}{r}\sin kr$$

由波函数的有限性条件知，$\Psi(0)=$有限值，则

$$A=0$$

所以

$$\Psi(r)=\frac{B}{r}\sin kr$$

由波函数的连续性条件，有

$$\Psi(a)=0 \text{ 即} \frac{B}{a}\sin ka=0$$

$$\text{因为 } B\neq 0 \quad \text{所以 } ka=n\pi \quad (n=1,2,\cdots)$$

$$k=\frac{n\pi}{a}$$

从而有

$$E_n=\frac{n^2\pi^2\hbar^2}{2\mu a^2}$$

$$\Psi(r)=\frac{B}{r}\sin\frac{n\pi}{a}r$$

其中 B 为归一化，由归一化条件得

$$1=\int_0^{\pi}\mathrm{d}\theta=\int_0^{\pi}\mathrm{d}\varphi=\int_0^{a}|\Psi(r)|^2r^2\sin\theta\mathrm{d}r$$
$$=4\pi\cdot\int_0^{a}B^2\sin^2\frac{n\pi}{a}r\,\mathrm{d}r=2\pi aB^2$$

解得 $$B=\sqrt{\frac{1}{2\pi a}}$$

所以　归一化的波函数为

$$\Psi(r)=\sqrt{\frac{1}{2\pi a}}\frac{\sin\frac{n\pi}{a}r}{r}$$

*阅读材料

两体问题化为单体问题

两个质量分别为 m_1 和 m_2 的粒子，相互作用 $V(\boldsymbol{r}_1-\boldsymbol{r}_2)$ 只依赖于相对距离。该二粒子体系的能量本征方程为：

$$\left[-\frac{\hbar^2}{2m_1}\nabla_1^2-\frac{\hbar^2}{2m_2}\nabla_2^2+V(|\boldsymbol{r}_1-\boldsymbol{r}_2|)\right]\Psi(\boldsymbol{r}_1,\boldsymbol{r}_2)=E_{\mathrm{T}}\Psi(\boldsymbol{r}_1,\boldsymbol{r}_2)\qquad(\mathrm{Y6-1})$$

式中，E_{T} 为体系的总能量。引入质心坐标 $\boldsymbol{R}$ 和相对坐标 $\boldsymbol{r}$，且满足

$$\boldsymbol{R}=\frac{m_1\boldsymbol{r}_1+m_2\boldsymbol{r}_2}{m_1+m_2},\quad \boldsymbol{r}=\boldsymbol{r}_1-\boldsymbol{r}_2$$

可以证明 $$\frac{1}{m_1}\nabla_1^2+\frac{1}{m_2}\nabla_2^2=\frac{1}{M}\nabla_R^2+\frac{1}{\mu}\nabla^2$$

式中，$M=m_1+m_2$ 为体系的总质量；$\mu=\frac{m_1m_2}{m_1+m_2}$ 为约化质量或折合质量。

$$\nabla_R^2=\frac{\partial^2}{\partial x^2}+\frac{\partial^2}{\partial y^2}+\frac{\partial^2}{\partial z^2},\quad \nabla^2=\frac{\partial^2}{\partial x^2}+\frac{\partial^2}{\partial y^2}+\frac{\partial^2}{\partial z^2}$$

将对两个粒子坐标的微商变换成对相对坐标和质心坐标的微商。

二粒子体系的能量本征方程(Y6 - 1)化为：

$$\left[-\frac{\hbar^2}{2M}\nabla_R^2-\frac{\hbar^2}{2\mu}\nabla^2+V(r)\right]\Psi=E_{\mathrm{T}}\Psi\qquad(\mathrm{Y6-2})$$

此方程可分离变量，令： $$\Psi=\phi(\boldsymbol{R})\Psi(\boldsymbol{r})$$

代入式(Y6 - 2)，得 $$-\frac{\hbar^2}{2M}\nabla_R^2\phi(\boldsymbol{R})=E_{\mathrm{C}}\phi(\boldsymbol{R})\qquad(\mathrm{Y6-3})$$

$$\left[-\frac{\hbar^2}{2u}\nabla^2+V(\boldsymbol{r})\right]\Psi(\boldsymbol{r})=E\Psi(\boldsymbol{r}),\quad E=E_{\mathrm{T}}-E_{\mathrm{C}}\qquad(\mathrm{Y6-4})$$

式(Y6 - 3)描述质心运动，是能量为 E_{C} 的自由粒子的能量本征方程，E_{C} 是质心运动能量，即质心按能量为 E_{C} 的自由粒子的方式运动，$\phi(x,y,z)$ 就是平面波。此方程没有提供与体系内部状态有关的任何信息。式(Y6 - 4)描述相对运动，E 是相对运动能量。可以看出式(Y6 - 4)与氢原子能量本征方程形式上相同，只不过应把 m 理解为约化质量，E 理解为相对运动能量。

习　题

6.1　体系处于$\Psi(x,t)$态，概率密度为$\rho(x,t)$，概率流密度为$J(x,t)$，证明：$\frac{\partial\rho}{\partial t}=-\frac{\partial J}{\partial x}$。

6.2　设粒子在宽度为a的一维无限深势阱中运动，若其状态由波函数$\Psi=\frac{4}{\sqrt{a}}\sin\frac{\pi x}{a}\cos^2\frac{\pi x}{a}$描述，求粒子能量的可能取值和相应的概率。

6.3　一粒子在一维势场$U(x)=\begin{cases}\infty & x<0\\ 0 & 0\leqslant x\leqslant a\\ \infty & x>a\end{cases}$中运动，求粒子的能级和对应的波函数。

6.4　一粒子在一维势阱中$U(x)=\begin{cases}U_0>0 & |x|>a\\ 0 & |x|\leqslant a\end{cases}$运动，求束缚态$(0<E<U_0)$的能级所满足的方程。

6.5　质量为μ的粒子沿x轴正方向射向如下势垒：

$$U(x)=\begin{cases}V_0 & x>0\\ 0 & x<0\end{cases}$$

若$V_0>0,E>0$，求在$x=0$处的反射系数和透射系数。

6.6　一电荷为q的一维线性谐振子受恒定弱电场ε作用，电场沿x轴正方向，其势场为：$V(x)=\frac{1}{2}m\omega^2x^2-q\varepsilon x$ $\left(F=q\varepsilon, V=-\int F\mathrm{d}x=-q\varepsilon x\text{，若做正功，则电势下降}\right)$，求能量本征值和本征函数。

6.7　试证明$\Psi(x)=\sqrt{\frac{\alpha}{3\sqrt{\pi}}}\mathrm{e}^{-\frac{1}{2}\alpha^2x^2}(2\alpha^3x^3-3\alpha x)$是线性谐振子的波函数，并求此波函数对应的能量。

6.8　求基态微观线性谐振子在经典界限外被发现的概率。

6.9　设粒子在下列势阱中运动：

$$V(x)=\begin{cases}\infty & x<0\\ \frac{1}{2}m\omega^2x^2 & x>0\end{cases}$$

求粒子能级。

6.10　设氢原子处在如下状态：

$$\Psi(r,\theta,\varphi)=\frac{\sqrt{5}}{3}R_{21}(r)Y_{1,0}(\theta,\varphi)-\frac{1}{2}R_{31}(r)Y_{1,1}(\theta,\varphi)+\frac{\sqrt{3}}{3}R_{21}(r)Y_{1,-1}(\theta,\varphi)$$

试求氢原子能量、角动量平方、角动量z分量的可能值及这些可能值出现的概率。

6.11　基态氢原子中电子的波函数为$\Psi(r)=C\mathrm{e}^{-\frac{r}{a}}$，式中，$C$代表归一化因子，$a=0.53\times10^{-10}$ m，为玻尔半径。试求：

(1) 求归一化因子C；

(2) 求电子出现在球壳$r\sim r+\mathrm{d}r$中的概率；

(3) 求电子出现在(θ,ϕ)方向立体角元$\mathrm{d}\Omega$中的概率。

6.12　对于氢原子基态，求电子处于经典禁区$(r>2a)$的概率。

6.13　一个质量为m的粒子在球方势阱$V(r)=\begin{cases}0 & r\leqslant a\\ \infty & r>a\end{cases}$中运动，其中$a$为球的半径，求粒子的能量本征值和本征函数。

第7章 量子力学中的数学表示

微观粒子具有波粒二象性，所以微观粒子状态的描述方式与经典粒子不同，需要用波函数来描述。量子力学中微观粒子力学量(如坐标、动量、角动量、能量等)的性质也不同于经典粒子的力学量。经典粒子在任何状态下的力学量都有确定值，而微观粒子由于波粒二象性，坐标和动量不能同时有确定值，这种差别的存在，必须采用新的方式来表示微观粒子的力学量——算符。即微观粒子体系的状态用波函数描述，力学量则用作用在波函数的算符表示。

本章将讨论力学量怎样用算符来表示，以及引入算符后，量子力学中的一般规律所取得形式以及用矩阵的方法描述量子力学轮廓。

7.1 表示力学量的算符

1. 算符

1) 定义

算符是指作用在一个函数上得出另一个函数的运算符号。

通俗地说，算符就是一种运算符号。通常用上方加“∧”的字母来表示算符，例如：$\hat{F}$，$\hat{P}$，$\frac{\mathrm{d}}{\mathrm{d}x}$，$\sqrt{\ }$，$x$，3，$\mathrm{i}\hbar$等，它们都称为算符。

2) 算符的作用

算符作用在一个函数 u 上，使之变成另一个新的函数 v，例如：$\hat{F}u=v$，$\frac{\mathrm{d}u}{\mathrm{d}x}=v$，$\frac{\mathrm{d}}{\mathrm{d}x}$是微商算符。又如 x 是一个算符，它对函数 u 的作用是与 u 相乘，即 $xu=ux$。还有$\sqrt{\ }$也是一个算符，把它作用在函数 u 上则有$\sqrt{u}=v$，即$\sqrt{\ }$是一个开平方的运算符号。可见，算符并不神秘，x，3，-1 等都可以看作是算符。

2. 算符的运算规则

1) 算符相等

如果 $\hat{P}u=\hat{Q}u$，则 $\hat{P}=\hat{Q}$。

其中 u 为任意函数。注意：这里 u 必须是任意函数，如果上式只满足某一个特定的函数，就不能说算符 $\hat{P}$ 和 $\hat{Q}$ 相等。例如$\frac{\mathrm{d}}{\mathrm{d}x}(x^2)=2x$，$\frac{2}{x}(x^2)=2x$，但$\frac{\mathrm{d}}{\mathrm{d}x}\neq\frac{2}{x}$。

2) 算符相加

若 $\hat{F}u=\hat{P}u+\hat{Q}u$,则 $\hat{F}=\hat{P}+\hat{Q}$。

如果把算符 $\hat{F}$ 作用在任意函数 u 上,所得到的结果和算符 $\hat{P}$、$\hat{Q}$ 分别作用在 u 上而得到的两个新函数 $\hat{P}u$ 和 $\hat{Q}u$ 之和相等,则算符 $\hat{F}$ 等于算符 $\hat{P}$ 与 $\hat{Q}$ 之和。

算符 $\hat{A}$ 与 $\hat{B}$ 满足:

$$\hat{A}+\hat{B}=\hat{B}+\hat{A} \quad (满足加法交换律)$$

$$\hat{A}+(\hat{B}+\hat{C})=(\hat{A}+\hat{B})+\hat{C} \quad (满足加法结合律)$$

3) 算符相乘

若 $\hat{P}\hat{Q}u=\hat{F}u$,则 $\hat{P}\hat{Q}=\hat{F}$。

例如:$\frac{\partial^2}{\partial x\partial y}=\frac{\partial}{\partial x}\cdot\frac{\partial}{\partial y}$,又如 $\hat{P}=x,\hat{Q}=\frac{\mathrm{d}}{\mathrm{d}x},\hat{P}\hat{Q}=x\frac{\mathrm{d}}{\mathrm{d}x}$。

如果同一算符 $\hat{P}$ 连续作用 n 次,则写作 $\hat{P}^n$,例如:$\hat{P}^3u=\hat{P}[\hat{P}(\hat{P}u)]$。

4) 算符的对易关系

如果
$$\hat{P}\hat{Q}-\hat{Q}\hat{P}\begin{cases}=0 & \hat{P}\text{ 与 }\hat{Q}\text{ 对易}\\ \neq 0 & \hat{P}\text{ 与 }\hat{Q}\text{ 不对易}\end{cases}$$

注意:一般来说,算符之积并不一定满足对易律,即一般地 $\hat{P}\hat{Q}\neq\hat{Q}\hat{P}$。

例如:x 与 $\frac{\mathrm{d}}{\mathrm{d}x}$ 就不对易,即 $x\frac{\mathrm{d}}{\mathrm{d}x}\neq\frac{\mathrm{d}}{\mathrm{d}x}x$,因为 $x\frac{\mathrm{d}}{\mathrm{d}x}u\neq\frac{\mathrm{d}}{\mathrm{d}x}(xu)$。

但是,在某些情况下,算符之积满足对易律,例如:x 和 $\frac{\partial}{\partial y}$ 是对易的,即

$$x\frac{\partial}{\partial y}u=\frac{\partial}{\partial y}xu=x\frac{\partial u}{\partial y}$$

另外,如果算符 $\hat{A}$ 和 $\hat{B}$ 对易,$\hat{B}$ 和 $\hat{C}$ 对易,则 $\hat{A}$ 和 $\hat{C}$ 不一定对易,例如:x 和 $\frac{\mathrm{d}}{\mathrm{d}y}$ 对易,$\frac{\mathrm{d}}{\mathrm{d}y}$ 和 $\frac{\mathrm{d}}{\mathrm{d}x}$ 对易,但 x 和 $\frac{\mathrm{d}}{\mathrm{d}x}$ 不对易。

有了这些规定,就可以像普通代数中那样对算符进行加、减和乘积运算了,但是必须记住有一点是与代数运算不同的,即不能随便改变各因子的次序(因为两个算符不一定对易),例如:

$$(\hat{A}-\hat{B})(\hat{A}+\hat{B})=\hat{A}^2-\hat{B}\hat{A}+\hat{A}\hat{B}-\hat{B}^2$$

除非已经知道 $\hat{A}$ 与 $\hat{B}$ 对易,否则不能轻易地把上式写成等于 $\hat{A}^2-\hat{B}^2$。

3. 线性算符

若 $\hat{Q}(c_1u_1+c_2u_2)=c_1\hat{Q}u_1+c_2\hat{Q}u_2$,则称 $\hat{Q}$ 为线性算符,其中 u_1,u_2 为两个任意函数,c_1,c_2 是常数(复数)。

显然,x,∇^2,积分运算 $\int\mathrm{d}x$ 都是线性算符,但平方根算符"$\sqrt{\ }$"则不是线性算符。因为 $\sqrt{c_1u_1+c_2u_2}\neq c_1\sqrt{u_1}+c_2\sqrt{u_2}$。

另外，取复共轭也不是线性算符，以后可以看到，在量子力学中描述力学量的算符都是线性算符。

4. 厄米算符

波函数 Ψ 的复共轭记为 Ψ^*，即

$$\Psi=u+\mathrm{i}\nu,\Psi^*=u-\mathrm{i}\nu(u,\nu\text{ 为实数})$$

如果对于任意两个函数 Ψ 和 ϕ，算符 $\hat{F}$ 满足下列等式：

$$\int \mathrm{d}\tau\Psi^*\hat{F}\phi=\int \mathrm{d}\tau(\hat{F}\Psi)^*\phi \tag{7-1}$$

则称 $\hat{F}$ 为厄米算符，式中 $\mathrm{d}\tau$ 代表积分范围是所有变量变化的整个区域，且 Ψ 和 ϕ 是平方可积的，即当变量 $x\to\pm\infty$ 时，它们要足够快地趋向于 0。

补充：两个厄米算符之和仍为厄米算符，但两个厄米算符之积却不一定是厄米算符，除非两者可以对易。坐标算符和动量算符都是厄米算符，$\frac{\mathrm{d}}{\mathrm{d}x}$不是厄米算符。

另：波函数的标积，定义为：$(\Psi,\phi)=\int\Psi^*\phi\mathrm{d}\tau$。

5. 算符的本征值和本征函数

如果算符 $\hat{F}$ 作用在一个波函数 Ψ，结果等于这个函数 Ψ 乘以一个常数 λ，即

$$\hat{F}\Psi=\lambda\Psi \tag{7-2}$$

则称 λ 为 $\hat{F}$ 的本征值，Ψ 为属于 λ 的本征函数，式(7-2)叫作本征方程。本征方程的物理意义：如果算符 $\hat{F}$ 表示力学量，那么当体系处于 $\hat{F}$ 的本征态 Ψ 时，力学量有确定值，这个值就是 $\hat{F}$ 在 Ψ 态中的本征值。

6. 力学量的算符表示

1) 几个例子：[Ψ 表示为坐标的函数时，$\Psi=\Psi(x,y,z,t)$]

动量算符 $\boldsymbol{p}$：$\hat{\boldsymbol{p}}=\mathrm{i}\hbar\nabla$

能量算符 E：$\tilde{H}=-\frac{\hbar^2}{2m}\nabla^2+U(\boldsymbol{r})$

坐标算符 $\boldsymbol{r}$：$x\to\hat{x}$，$y\to\hat{y}$，$z\to\hat{z}$（可写成等式）

2) 基本力学量算符：动量和坐标算符

$$\hat{P}_x=-\mathrm{i}\hbar\frac{\partial}{\partial x},\hat{P}_y=-\mathrm{i}\hbar\frac{\partial}{\partial y},\hat{P}_z=-\mathrm{i}\hbar\frac{\partial}{\partial z}$$

$$\hat{\boldsymbol{r}}=\boldsymbol{r},\hat{x}=x,\hat{y}=y,\hat{z}=z$$

3) 其他力学量算符（如果该力学量在经典力学中有相应的力学量）由基本力学量相对应的算符所构成，即：如果量子力学中的力学量 $\hat{F}$ 在经典力学中有相应的力学量，则表示这个力学量的算符 $\hat{F}$ 由经典表示式 $\boldsymbol{F}=(\boldsymbol{r},\boldsymbol{p})$中 $\boldsymbol{p}$ 换为算符 $\hat{p}$ 而得出，即：

$$\boldsymbol{F}=\hat{F}(\hat{\boldsymbol{r}},\hat{\boldsymbol{p}})=\hat{F}(\boldsymbol{r},-\mathrm{i}\hbar\nabla)$$

例如：$E=\frac{p^2}{2m}+U(\boldsymbol{r})$，　　则 $E=\widetilde{H}=-\frac{\hbar^2}{2m}\nabla^2+U(\boldsymbol{r})$

又如：$\boldsymbol{L}=\boldsymbol{r}\times\boldsymbol{p}$，则：　$\boldsymbol{L}=\hat{\boldsymbol{r}}\times\hat{\boldsymbol{p}}=\boldsymbol{r}\times(\mathrm{i}\hbar\nabla)=-\mathrm{i}\hbar\boldsymbol{r}\times\nabla$

注：量子力学中表示力学量的算符都是厄米算符，为什么？

因为：所有力学量的数值都是实数，既然表示力学量的算符的本征值是这个力学量的可能值，那么表示力学量的算符，它的本征值必须是实数，而厄米算符就具有这个性质。

［例 7.1］　求证：厄米算符的本征值是实数

证明：设 $\hat{F}$ 为厄米算符，λ 为 $\hat{F}$ 的本征值，Ψ 表示所属的本征函数，即 $\hat{F}\Psi=\lambda\Psi$。

因为：

$$\int \mathrm{d}\tau\Psi^*\hat{F}\phi=\int \mathrm{d}\tau(\hat{F}\Psi)^*\phi\ (\hat{F}\ \text{为厄米算符})$$

取 $\phi=\Psi$，则有：

$$\int \mathrm{d}\tau\Psi^*\hat{F}\Psi=\int \mathrm{d}\tau(\hat{F}\Psi)^*\Psi$$

$$\lambda\int \mathrm{d}\tau\Psi^*\Psi=\lambda^*\int \mathrm{d}\tau\Psi^*\Psi$$

$$\lambda=\lambda^*$$

即 λ 是实数。

7.2　动量算符和角动量算符

1. 动量算符

动量算符的本征值方程是：

$$-\mathrm{i}\hbar\nabla\Psi_{\boldsymbol{p}}(\boldsymbol{r})=\boldsymbol{p}\Psi_{\boldsymbol{p}}(\boldsymbol{r})\tag{7-3}$$

式中，$\boldsymbol{p}$ 是动量算符的本征值，$\Psi_p(\boldsymbol{r})$为相应的本征函数，式(7－3)的三个分量方程是：

$$\begin{cases}-\mathrm{i}\hbar\frac{\partial}{\partial x}\Psi_{\boldsymbol{p}}(\boldsymbol{r})=p_x\Psi_{\boldsymbol{p}}(\boldsymbol{r})\\-\mathrm{i}\hbar\frac{\partial}{\partial y}\Psi_{\boldsymbol{p}}(\boldsymbol{r})=p_y\Psi_{\boldsymbol{p}}(\boldsymbol{r})\\-\mathrm{i}\hbar\frac{\partial}{\partial z}\Psi_{\boldsymbol{p}}(\boldsymbol{r})=p_z\Psi_{\boldsymbol{p}}(\boldsymbol{r})\end{cases}\tag{7-4}$$

它们的解是：

$$\Psi_{\boldsymbol{P}}(\boldsymbol{r})=c\mathrm{e}^{\frac{\mathrm{i}}{\hbar}\boldsymbol{P}\cdot\boldsymbol{r}}\tag{7-5}$$

式中，c 是归一化常数，为了确定 c 的数值，计算积分：

$$\int_{-\infty}^{\infty}\Psi_{\boldsymbol{p}'}^*(\boldsymbol{r})\Psi_{\boldsymbol{p}}(\boldsymbol{r})\mathrm{d}\tau=c^2\int_{-\infty}^{\infty}\int_{-\infty}^{\infty}\int_{-\infty}^{\infty}\exp\frac{\mathrm{i}}{\hbar}[(p_x-p_x')x+(p_y-p_y')y+(p_z-p_z')z]\mathrm{d}x\mathrm{d}y\mathrm{d}z$$

因为：

$$\int_{-\infty}^{\infty}\exp\left[\frac{i}{\hbar}(p_x-p_x')x\right]\mathrm{d}x=2\pi\hbar\,\delta(p_x-p_x')$$

式中 $\delta(p_x-p_x')$是以 p_x-p_x'为变量的 δ 函数，所以有：

$$\int_{-\infty}^{\infty}\Psi_{p'}^{*}(\boldsymbol{r})\Psi_{p}(\boldsymbol{r})\mathrm{d}\tau=|c|^{2}\int_{-\infty}^{\infty}\mathrm{e}^{\frac{\mathrm{i}}{\hbar}(\boldsymbol{p}-\boldsymbol{p}')\cdot\boldsymbol{r}}\mathrm{d}\tau=|c|^{2}(2\pi\hbar)^{3}\delta(\boldsymbol{p}-\boldsymbol{p}')$$

因此，如果取 $c^2=(2\pi\hbar)^{-\frac{3}{2}}$，则 $\Psi_p(\boldsymbol{r})$ 归一化为 δ 函数：

$$\int_{-\infty}^{\infty}\Psi_{p'}^{*}(\boldsymbol{r})\Psi_{p}(\boldsymbol{r})\mathrm{d}\tau=|\delta(\boldsymbol{p}-\boldsymbol{p}') \tag{7-6}$$

$$\Psi_{p}(\boldsymbol{r})=(2\pi\hbar)^{-\frac{3}{2}}\mathrm{e}^{\frac{\mathrm{i}}{\hbar}\boldsymbol{p}\cdot\boldsymbol{r}} \tag{7-7}$$

$\Psi_p(\boldsymbol{r})$ 不是如 $\int\Psi^*\Psi\mathrm{d}\tau=1$ 所要求的归一化为 1，而是归一化为 δ 函数，这是由于 $\Psi_p(\boldsymbol{r})$ 所属的本征值组成连续谱的缘故。

2. 箱归一化

箱归一化方法主要是将动量的连续本征值变为分立本征值进行的计算。设粒子被限制在一个正方形箱中，箱子的边长为 L，取箱子的中心作为坐标原点，显然，波函数在两个相对的箱壁上对应的点具有相同的值。波函数所满足的这种边界条件称为周期性边界条件，加上这个条件后，动量的本征值就由连续谱变为分立谱。根据这一条件，在点 $\left(\frac{L}{2},y,z\right)$ 和点 $\left(-\frac{L}{2},y,z\right)$ 处，Ψ_p 的值应相同，即：

$$c\mathrm{e}^{\frac{\mathrm{i}}{\hbar}\left[p_x\frac{L}{2}+p_yy+p_zz\right]}=c\mathrm{e}^{\frac{\mathrm{i}}{\hbar}\left[p_x\frac{-L}{2}+p_yy+p_zz\right]}$$

或

$$\mathrm{e}^{\frac{\mathrm{i}}{\hbar}[p_xL]}=1$$

这个方程的解是：

$$\frac{1}{\hbar}p_xL=2\pi n_x\quad(n_x=0,\pm1,\pm2,\cdots) \tag{7-8}$$

这样有：

$$p_x=\frac{2\pi\hbar n_x}{L} \tag{7-9}$$

同理：

$$p_y=\frac{2\pi\hbar n_y}{L} \tag{7-10}$$

$$p_z=\frac{2\pi\hbar n_z}{L} \tag{7-11}$$

$$(n_y,n_z=0,\pm1,\pm2,\cdots)$$

从以上三式可以看出两个相邻本征值的间隔与 L 成反比，当 $L\to\infty$ 时，本征值谱由分立谱变为连续谱。再加上周期性边界条件后，动量本征函数可以归一化为 1，归一化常数是 $c=L^{-\frac{3}{2}}$。

因而：

$$\Psi_{p}(\boldsymbol{r})=\left(\frac{1}{L}\right)^{\frac{3}{2}}\mathrm{e}^{\frac{\mathrm{i}}{\hbar}\boldsymbol{p}\cdot\boldsymbol{r}} \tag{7-12}$$

这是因为：

$$\iint_{-L/2}^{L/2}\int\Psi_{p}^{*}\Psi_{p}\mathrm{d}\tau=c^{2}\iint_{-L/2}^{L/2}\int\mathrm{d}\tau=c^{2}L^{3}=1$$

像这样地将粒子限制在三维箱中，再加上周期性边界条件的归一化方法，称为箱归一化。$\Psi_p(\boldsymbol{r})$ 乘以时间因子 $\mathrm{e}^{-\frac{\mathrm{i}Et}{\hbar}}$ 就是自由粒子的波函数，在它所描写的态中，粒子的动量有确定值 $\boldsymbol{p}$，这个确定值就是动量算符 $\hat{p}$ 在这个态中的本征值。

3. 角动量算符

角动量 $\boldsymbol{L}=\boldsymbol{r}\times\boldsymbol{p}$，由力学量的算符表示得：

$$\begin{cases}\hat{\boldsymbol{L}}=\hat{\boldsymbol{r}}\times\hat{\boldsymbol{p}}=\boldsymbol{r}\times(-\mathrm{i}\hbar\nabla)=\boldsymbol{r}\times\hat{\boldsymbol{p}}\\ L_x=y\hat{P}_z-z\hat{P}_y=-\mathrm{i}\hbar\left(y\dfrac{\partial}{\partial z}-z\dfrac{\partial}{\partial y}\right)\\ L_y=z\hat{P}_x-x\hat{P}_z=-\mathrm{i}\hbar\left(z\dfrac{\partial}{\partial x}-x\dfrac{\partial}{\partial z}\right)\\ L_z=x\hat{P}_y-y\hat{P}_x=-\mathrm{i}\hbar\left(x\dfrac{\partial}{\partial y}-y\dfrac{\partial}{\partial x}\right)\end{cases}\tag{7-13}$$

角动量平方算符是：$\hat{L}^2=\hat{L}_x^2+\hat{L}_y^2+\hat{L}_z^2$

$$=-\hbar^2\left[\left(y\frac{\partial}{\partial z}-z\frac{\partial}{\partial y}\right)^2+\left(z\frac{\partial}{\partial x}-x\frac{\partial}{\partial z}\right)^2+\left(x\frac{\partial}{\partial y}-y\frac{\partial}{\partial x}\right)^2\right]\tag{7-14}$$

直角坐标与球坐标之间的变换关系是：

$$\begin{cases}x=r\sin\theta\cos\phi\\ y=r\sin\theta\sin\phi\\ z=r\cos\theta\end{cases}\quad\begin{cases}r^2=x^2+y^2+z^2\\ \cos\theta=\dfrac{z}{r}\\ \tan\phi=\dfrac{y}{x}\end{cases}\tag{7-15}$$

对于任意函数 $f(r,\theta,\phi)$（其中 r,θ,ϕ 都是 x,y,z 的函数）有：

$$\frac{\partial f}{\partial x_i}=\frac{\partial f}{\partial r}\frac{\partial r}{\partial x_i}+\frac{\partial f}{\partial\theta}\frac{\partial\theta}{\partial x_i}+\frac{\partial f}{\partial\phi}\frac{\partial\phi}{\partial x_i}\quad(i=1,2,3)$$

其中：$x_1,x_2,x_3=x,y,z$

或：

$$\begin{cases}\dfrac{\partial}{\partial x}=\dfrac{\partial}{\partial r}\dfrac{\partial r}{\partial x}+\dfrac{\partial}{\partial\theta}\dfrac{\partial\theta}{\partial x}+\dfrac{\partial}{\partial\phi}\dfrac{\partial\phi}{\partial x}\\ \dfrac{\partial}{\partial y}=\dfrac{\partial}{\partial r}\dfrac{\partial r}{\partial y}+\dfrac{\partial}{\partial\theta}\dfrac{\partial\theta}{\partial y}+\dfrac{\partial}{\partial\phi}\dfrac{\partial\phi}{\partial y}\\ \dfrac{\partial}{\partial z}=\dfrac{\partial}{\partial r}\dfrac{\partial r}{\partial z}+\dfrac{\partial}{\partial\theta}\dfrac{\partial\theta}{\partial z}+\dfrac{\partial}{\partial\phi}\dfrac{\partial\phi}{\partial z}\end{cases}\tag{7-16}$$

将式(7-15)两边分别对 x,y,z 求偏导得：

$$\begin{cases}\dfrac{\partial r}{\partial x}=\sin\theta\cos\phi\\ \dfrac{\partial r}{\partial y}=\sin\theta\sin\phi\\ \dfrac{\partial r}{\partial z}=\cos\theta\end{cases}\quad\left(\text{如 }2r\frac{\partial r}{\partial x}=2x\right)\tag{7-17}$$

$$\begin{cases}\dfrac{\partial\theta}{\partial x}=\dfrac{1}{r}\cos\theta\cos\phi\\ \dfrac{\partial\theta}{\partial y}=\dfrac{1}{r}\cos\theta\sin\phi\\ \dfrac{\partial\theta}{\partial z}=-\dfrac{1}{r}\sin\theta\end{cases}\tag{7-18}$$

$$\begin{cases}\dfrac{\partial\phi}{\partial x}=-\dfrac{1}{r}\dfrac{\sin\phi}{\sin\theta}\\ \dfrac{\partial\phi}{\partial y}=\dfrac{1}{r}\dfrac{\cos\phi}{\sin\theta}\\ \dfrac{\partial\phi}{\partial z}=0\end{cases}\tag{7-19}$$

将上面结果代回式(7－15)得：

$$\begin{cases}\dfrac{\partial}{\partial x}=\sin\theta\cos\phi\dfrac{\partial}{\partial r}+\dfrac{1}{r}\cos\theta\cos\phi\dfrac{\partial}{\partial\theta}-\dfrac{1}{r}\dfrac{\sin\phi}{\sin\theta}\dfrac{\partial}{\partial\phi}\\ \dfrac{\partial}{\partial y}=\sin\theta\sin\phi\dfrac{\partial}{\partial r}+\dfrac{1}{r}\cos\theta\sin\phi\dfrac{\partial}{\partial\theta}+\dfrac{1}{r}\dfrac{\cos\phi}{\sin\theta}\dfrac{\partial}{\partial\phi}\\ \dfrac{\partial}{\partial z}=\cos\theta\dfrac{\partial}{\partial r}-\dfrac{1}{r}\sin\theta\dfrac{\partial}{\partial\theta}+0\end{cases}\tag{7-20}$$

则角动量算符在球坐标中的表达式为：

$$\begin{cases}\hat{L}_x=\mathrm{i}\hbar\left(\sin\phi\dfrac{\partial}{\partial\theta}+\cot\theta\cos\phi\dfrac{\partial}{\partial\phi}\right)\\ \hat{L}_y=\mathrm{i}\hbar\left(\cos\phi\dfrac{\partial}{\partial\theta}-\cot\theta\sin\phi\dfrac{\partial}{\partial\phi}\right)\\ \hat{L}_z=-\mathrm{i}\hbar\dfrac{\partial}{\partial\phi}\end{cases}\tag{7-21}$$

$$\hat{L}^2=-\mathrm{i}\hbar\left[\frac{1}{\sin\theta}\frac{\partial}{\partial\theta}\left(\sin\theta\frac{\partial}{\partial\theta}\right)+\frac{1}{\sin^2\theta}\frac{\partial^2}{\partial\phi^2}\right]\tag{7-22}$$

$\hat{L}^2$ 本征方程为：　　$\hat{L}^2Y(\theta,\phi)=L^2Y(\theta,\phi)$

或

$$-\mathrm{i}\hbar\left[\frac{1}{\sin\theta}\frac{\partial}{\partial\theta}\left(\sin\theta\frac{\partial}{\partial\theta}\right)+\frac{1}{\sin^2\theta}\frac{\partial^2}{\partial\phi^2}\right]Y(\theta,\phi)=\lambda\hbar^2Y(\theta,\phi)\tag{7-23}$$

式中,$Y(\theta,\phi)$是 $\hat{L}^2$ 算符的本征函数,属于本征值 $\lambda\hbar^2$。

由以上的结果知 $\hat{L}^2$ 的本征值是 $l(l+1)\hbar^2$,所属本征函数是 $Y(\theta,\phi)$：

$$\hat{L}^2Y_{l,m}(\theta,\phi)=l(l+1)\hbar^2Y_{l,m}(\theta,\phi)$$

因为 l 表征角动量的大小,所以 l 称为角量子数,m 则称为磁量子数,且对于一个 l 值,m 可取$(2l+1)$个值,因此 $\hat{L}^2$ 算符的本征值是$(2l+1)$度简并的。

L_z 的本征方程：　　$\hat{L}_zY_{l,m}(\theta,\phi)=L_zY_{l,m}(\theta,\phi)$

$$\hat{L}_zY_{l,m}(\theta,\phi)=m\hbar Y_{l,m}(\theta,\phi)$$

$$\hat{L}_z=m\hbar\quad(m=0,\pm1,\pm2,\cdots)$$

补充：　　$\hat{L}_z\Phi(\phi)=L_z\Phi(\phi)$,或：$-\mathrm{i}\hbar\dfrac{\partial}{\partial\phi}\Phi(\phi)=L_z\Phi(\phi)$

解之得：　　$\Phi(\phi)=c\mathrm{e}^{\frac{\mathrm{i}L_z\phi}{\hbar}}$

式中 c 为归一化常数。

(1) 波函数有限条件：要求 L_z 为实数。

(2) 波函数单值条件：要求当 ϕ 转过 2π 回到原位时波函数相等。即：

$$\Phi(\phi)=\Phi(\phi+2\pi) \text{即} ce^{\frac{iL_z\phi}{\hbar}}=ce^{\frac{iL_z(\phi+2\pi)}{\hbar}}$$

$$e^{\frac{iL_z 2\pi}{\hbar}}=\cos\left(\frac{2\pi L_z}{\hbar}\right)+i\sin\left(\frac{2\pi L_z}{\hbar}\right)=1$$

于是：

$$\frac{2\pi L_z}{\hbar}=2\pi m$$

$$L_z=m\hbar \quad (m=0,\pm1,\pm2,\cdots)$$

由归一化条件得：

$$c=\frac{1}{\sqrt{2\pi}}$$

所以：

$$\Phi_m(\phi)=\frac{1}{\sqrt{2\pi}}e^{im\phi}$$

7.3　厄米算符的本征值与本征函数

1. 厄米算符的平均值

定理 7.1：体系任何状态 Ψ 下，其厄米算符的平均值必为实数。

逆定理：在任何状态下，平均值均为实数的算符必为厄米算符。

推论：设 $\hat{A}$ 为厄米算符，则在任意状态 Ψ 下有

$$\overline{A}=\int d\tau\Psi^*\hat{A}\Psi=\int d\tau(\hat{A}\Psi)^*\Psi$$

$$\overline{A^2}=\int d\tau\Psi^*\hat{A}^2\Psi=\int d\tau(\hat{A}\Psi)^*\hat{A}\Psi\geqslant 0$$

2. 厄米算符的本征方程

(1) 涨落

涨落定义为 $\overline{(\Delta A)^2}=\overline{(\hat{A}-\overline{A})^2}$

(2) 力学量的本征方程

若体系处于一种特殊状态，在此状态下测量 A 所得结果是唯一确定的，即：

$$\overline{(\Delta A)^2}=0$$

则称这种状态为力学量 A 的本征态。

$$(\hat{A}-\overline{A})\Psi=0 \text{ 或 } \hat{A}\Psi=\text{常数}\times\Psi$$

可把常数记为 A_n，把状态记为 Ψ_n，于是得：

$$\hat{A}\Psi_n=A_n\Psi_n \tag{7-24}$$

式中，A_n，Ψ_n 分别称为算符 $\hat{A}$ 的本征值和相应的本征态。式(7-24)即算符 $\hat{A}$ 的本征方程。

定理 7.2：厄米算符的本征值必为实数。

3. 量子力学中的力学量用线性厄米算符表示

(1) 表示力学量的算符必为线性算符。

(2) 表示力学量的算符必为厄米算符。

$$\int_{-\infty}^{\infty} \Psi^* x\phi \mathrm{d}x = \int_{-\infty}^{\infty} (x\Psi)^* \phi \mathrm{d}x \quad (x\text{ 为实数})$$

$$\int_{-\infty}^{\infty} \Psi^* \hat{p}_x\phi \mathrm{d}x = \int_{-\infty}^{\infty} (\hat{p}_x\Psi)^* \phi \mathrm{d}x$$

综上所述:表示力学量的算符必为线性厄米算符,但线性厄米算符不一定是力学量算符。

(3) 力学量算符和力学量之间的关系

测量力学量 A 时所有可能出现的值,都对应于线性厄米算符 $\hat{A}$ 的本征值 A_n(即测量值是本征值之一),该本征值由力学量算符 $\hat{A}$ 的本征方程确定。

$$\hat{A}\Psi_n = A_n\Psi_n \quad (n=1,2,\cdots)$$

当体系处于 $\hat{A}$ 的本征态 Ψ_n时,每次测量所得结果都是完全确定的,即 A_n。

4. 厄米算符的本征函数的正交性

1) 正交性的定义

如果两函数 Ψ_1和 Ψ_2满足关系式 $\int \Psi_1^* \Psi_2 \mathrm{d}\tau = 0$,则称 Ψ_1和 Ψ_2相互正交。

2) **定理 7.3**:厄米算符属于不同本征值的本征函数彼此正交。

$$\int (\hat{A}\Psi_m)^* \Psi_n \mathrm{d}\tau = A_m \int \Psi_m^* \Psi_n \mathrm{d}\tau$$

$$\int (\hat{A}\Psi_m)^* \Psi_n \mathrm{d}\tau = \int \Psi_m^* \hat{A}\Psi_n \mathrm{d}\tau = A_n \int \Psi_m^* \Psi_n \mathrm{d}\tau$$

3) 分立谱、连续谱正交归一表示式

(1) 分立谱正交归一条件分别为:

$$\int \Psi_n^* \Psi_n \mathrm{d}\tau = 1 \quad (\text{归一化条件})$$

$$\int \Psi_m^* \Psi_n \mathrm{d}\tau = 0 \quad (m\neq n) \quad (\text{正交性})$$

引用 δ_{mn}称为克朗内克(Kronecker)符号,它具有如下性质:

$$\delta_{mn} = \begin{cases} 0 & m\neq n \\ 1 & m=n \end{cases}$$

合写为

$$\int \Psi_m^* \Psi_n \mathrm{d}\tau = \delta_{mn}$$

(2) 连续谱正交归一条件表示为:

$$\int \Psi_\lambda^* \Psi_{\lambda'} \mathrm{d}\tau = \delta(\lambda - \lambda')$$

(3) 正交归一系

满足上式的函数系 Ψ_n 或 Ψ_λ 称为正交归一(函数)系。

4) 简并情况

如果 $\hat{A}$ 的本征值 A_n 是 f_n 度简并的,则属于本征值 A_n 的本征态有 f_n 个:$\Psi_{n\alpha}$,$\alpha=1,2,\cdots,f_n$。

满足本征方程:

$$\hat{A}\Psi_{n\alpha}=A_n\Psi_{n\alpha}\quad(\alpha=1,2,\cdots,f_n)$$

一般说来,这些函数并不一定正交。但是可以证明由这 f_n 个函数可以线性组合成 f_n 个独立的新函数,它们仍属于本征值 A_n 且满足正交归一化条件。

算符 $\hat{A}$ 本征值 A_n 简并的本质是:当 A_n 确定后还不能得到唯一的确定状态,要想得到唯一的确定状态还得寻找另外一个或几个力学量算符,$\hat{A}$ 算符与这些算符两两对易,其本征值与 A_n 一起共同确定状态。

综合上述讨论可得如下结论:既然厄米算符本征函数总可以取为正交归一化的,所以以后凡是提到厄米算符的本征函数时,都是正交归一化的,即组成正交归一系。

5. 实例

1) 动量本征函数组成正交归一系

$$\int\Psi_{p}^{*}(\boldsymbol{r})\Psi_{p}(\boldsymbol{r})\mathrm{d}\boldsymbol{r}=\delta(\boldsymbol{p}-\boldsymbol{p}')$$

当 $\boldsymbol{p}\neq\boldsymbol{p}'$ 时,
$$\int\Psi_{p}^{*}(\boldsymbol{r})\Psi_{p}(\boldsymbol{r})\mathrm{d}\boldsymbol{r}=0$$

即属于动量算符不同本征值的两个本征函数 $\Psi_{p'}$ 与 Ψ_p 相互正交。这是所有厄米算符的本征函数所共有的。

2) 线性谐振子能量本征函数组成正交归一系

线性谐振子的能量本征函数

$$\Psi_n=N_n\mathrm{e}^{-\frac{1}{2}\alpha^2x^2}H_n(\alpha x)$$

组成正交归一系:
$$\int_{-\infty}^{\infty}\Psi_n^{*}\Psi_{n'}\mathrm{d}x=\delta_{nn'}$$

3) 角动量本征函数组成正交归一系

(1) $\hat{L}_z$ 本征函数

角动量算符 $\hat{L}_z$ 的本征函数为:

$$\Phi_m(\phi)=\frac{1}{\sqrt{2\pi}}\mathrm{e}^{\mathrm{i}m\phi}\quad(m=0,\pm1,\pm2,\cdots)$$

组成正交归一系:
$$\int_0^{2\pi}\Psi_n^{*}(\phi)\Psi_m(\phi)\mathrm{d}\phi=\delta_{mn'}$$

(2) $\hat{L}^2$ 本征函数

角动量平方算符 $\hat{L}^2$ 属于本征值 $l(l+1)\hbar^2$ 的本征函数 Y_{lm} 为:

$$Y_{l,m}(\theta,\phi)=N_mP_l^{|m|}(\cos\theta)\mathrm{e}^{\mathrm{i}m\phi}$$

组成正交归一系：

$$\int_0^{\pi}\int_0^{2\pi} Y_{l,m}^*(\theta,\phi)Y_{l',m'}(\theta,\phi)\sin\theta\mathrm{d}\theta\mathrm{d}\phi = \delta_{l,l'}\delta_{m,m'}$$

7.4 算符与力学量的关系

1. 力学量的可能值及其概率

1）力学量算符本征函数组成完备系

（1）函数的完备性

有一组函数 $\Psi_n(x)(n=1,2,\cdots)$，如果任意函数 $\Psi(x)$ 可以按这组函数展开：

$$\Psi = \sum_n a_n\Psi_n$$

则称这组函数 $\Psi_n(x)$ 是完备的。

（2）力学量算符的本征函数组成完备系

若力学量算符 $\hat{A}$

$$\hat{A}\Psi_n = A_n\Psi_n$$

则任意函数 $\Psi(x)$ 可按 $\Psi_n(x)$ 展开：

$$\Psi = \sum_n a_n\Psi_n \tag{7-25}$$

量子力学认为：一切力学量算符的本征函数都组成完备系。

2）力学量的可能值和相应概率

$$\hat{A}\Psi_n = A_n\Psi_n \quad (n=1,2,\cdots)$$

由于 $\Psi_n(x)$ 组成完备系，所以体系在任一状态 $\Psi(x)$ 可按下式展开：

$$\Psi = \sum_n a_n\Psi_n$$

展开系数 a_n 与 x 无关。

$$a_n = \int \Psi_n^*(x)\Psi(x)\mathrm{d}x \text{（证明略）}$$

$|a_n|^2$ 具有概率的意义，a_n 称为概率振幅。我们知道 $|\Psi(x)|^2$ 表示在 x 点找到粒子的概率密度，$|c(\boldsymbol{p})|^2$ 表示粒子具有动量 $\boldsymbol{p}$ 的概率，那么同样，$|a_n|^2$ 表示 A 取 A_n 的概率。

讨论：$\Psi(x)$ 是坐标空间的波函数；$c(p)$ 是动量空间的波函数；$\{a_n\}$ 则是 A 空间的波函数，三者完全等价。

证明：当 $\Psi(x)$ 已归一时，$c(p)$ 也是归一的，同样 a_n 也是归一的。

量子力学基本假定：任何力学量算符 A 的本征函数 $\Psi_n(x)$ 组成正交归一完备系，在任意已归一态 $\Psi(x)$ 中测量力学量 A 得到本征值 A_n 的概率等于 $\Psi(x)$ 按 $\Psi_n(x)$ 展开式 $\Psi = \sum_n a_n\Psi_n$ 中对应本征函数 $\Psi_n(x)$ 系数 a_n 的 $|a_n|^2$。

分析：(1) 根据态叠加原理：$\Psi_1 \to |a_1|^2, \Psi_2 \to |a_2|^2, \cdots, \Psi_n \to |a_n|^2$

(2) 根据前面的假设：$\Psi_1 \to A_1, \Psi_2 \to A_2, \cdots, \Psi_n \to A_n$

(3) $A_1 \to |a_1|^2, A_2 \to |a_2|^2, \cdots, A_n \to |a_n|^2$

3）力学量有确定值的条件

推论：当体系处于 $\Psi(x)$ 态时，测量力学量 A 具有确定值的充要条件是 $\Psi(x)$ 必须是算符 $\hat{A}$ 的一个本征态。

2. 力学量的平均值

在任一态 $\Psi(x)$ 中测量某力学量 A 的平均值可写为：

$$\overline{A} \sum_n |a_n|^2 A_n$$

此式等价于之前的平均值公式 $\overline{A}=\int \Psi^*(x)\hat{A}\Psi(x)\mathrm{d}x$（证明略）。

这两种求平均值的公式都要求波函数是已归一化的，如果波函数未归一化，则

$$\overline{A}=\frac{\sum_n |a_n|^2 A_n}{\sum_n |a_n|^2}, \quad \overline{A}=\frac{\int \Psi^*(x)\hat{A}\Psi(x)\mathrm{d}x}{\int \Psi^*(x)\Psi(x)\mathrm{d}x}$$

3. 分立谱和连续谱的情况

分立谱	连续谱
$\int \Psi_m^* \Psi_n \mathrm{d}\tau = \delta_{mn}$	$\int \Psi_{\lambda'}^* \Psi_\lambda \mathrm{d}\tau = \delta(\lambda' - \lambda)$
$\Psi = \sum_n a_n \Psi_n$	$\Psi = \int a_\lambda \Psi_\lambda \mathrm{d}\lambda$
$a_n = \int \Psi_n^* \Psi \mathrm{d}\tau$	$a_\lambda = \int \Psi_\lambda^* \Psi \mathrm{d}\tau$
$A_n : \omega_n = \lvert a_n \rvert^2$	$\lambda \sim \lambda + \mathrm{d}\lambda$
$\omega(\lambda)\mathrm{d}\lambda = \lvert a_\lambda \rvert^2 \mathrm{d}\lambda$	$\overline{A} = \int \lambda \lvert a_\lambda \rvert^2 \mathrm{d}\lambda$
$\overline{A} = \sum_n A_n \lvert a_n \rvert^2$	$\overline{A} = \int \Psi^* \hat{A} \Psi \mathrm{d}\tau$

[例 7.2] 设粒子在宽度为 a 的一维无限深势阱中运动，若其状态由波函数 $\Psi=\frac{4}{\sqrt{a}}\sin\frac{\pi x}{a}\cdot\cos^2\frac{\pi x}{a}$ 描述，求粒子能量的可能取值及其平均值。

解：

$$\Psi=\frac{4}{\sqrt{a}}\sin\frac{\pi x}{a}\cos^2\frac{\pi x}{a}=\frac{1}{\sqrt{2}}[\Psi_1(x)+\Psi_3(x)]$$

$$a_1=\frac{1}{\sqrt{2}}, \quad a_3=\frac{1}{\sqrt{2}}, \quad a_n=0(n\neq 1,3)$$

$$\sum_n |a_n|^2=1$$

E 的可能取值：

$$E_1=\frac{\pi^2\hbar^2}{2ma^2}, \quad E_3=\frac{9\pi^2\hbar^2}{2ma^2}$$

$$\overline{E}=\sum_n E_n|a_n|^2=\frac{1}{2}\times\frac{\pi^2\hbar^2}{2ma^2}+\frac{1}{2}\times\frac{9\pi^2\hbar^2}{2ma^2}=\frac{5\pi^2\hbar^2}{2ma^2}$$

［例 7.3］ 线性谐振子在初始时刻处于下面归一化状态：

$$\Psi(x,0)=\sqrt{\frac{1}{5}}\Psi_0+\sqrt{\frac{1}{2}}\Psi_2+\alpha_5\Psi_5$$

式中，$\Psi_n(x)$表示谐振子第 n 个定态波函数，求：

(1) $t=0$ 时刻谐振子能量的可能取值及其平均值；

(2) $t=t$ 时刻谐振子能量的可能取值及其平均值。

解：(1) $t=0$ 时， $a_0=\sqrt{\frac{1}{5}}$， $a_2=\sqrt{\frac{1}{2}}$， $a_5=\sqrt{\frac{3}{10}}$

能量 E 可能值： $E_0=\frac{1}{2}\hbar\omega$， $E_2=\frac{5}{2}\hbar\omega$， $E_5=\frac{11}{2}\hbar\omega$

$$\overline{E}=\sum_n E_n|a_n|^2=3\hbar\omega$$

(2) $t=t$ 时刻谐振子能量的可能取值及平均值与 $t=0$ 时刻相同。

7.5 两力学量同时有确定值的条件及测不准关系

1. 两力学量同时有确定值的条件

在 Ψ 态中测量力学量 A 和 B 时，如果同时具有确定值，那么 Ψ 必是两力学量共同本征函数。

2. 两算符对易的物理含义

定理 7.4：若两个力学量算符有一组共同完备的本征函数系，则两算符对易。

逆定理：如果两个力学量算符对易，则此两算符有组成完备系的共同的本征函数。

定理 7.5：一组力学量算符具有共同完备本征函数系的充要条件是这组算符两两对易。

如动量算符：$\hat{p}_x,\hat{p}_y,\hat{p}_z$两两对易，共同完备本征函数系：$\Psi_{\boldsymbol{p}}(\boldsymbol{r})=\frac{1}{(2\pi\hbar)^{3/2}}e^{\frac{i}{\hbar}\boldsymbol{p}\cdot\boldsymbol{r}}$，同量有确定值：$p_x,p_y,p_z$。

定轴转子：$\hat{H}=\frac{\hat{L}_z^2}{2I}$，$\hat{L}_z$ 相互对易，共同完备本征函数系：$\Phi_m(\phi)=\frac{1}{\sqrt{2\pi}}e^{im\phi}$，同量有确定值：$E_m=\frac{m^2\hbar^2}{2I}$，$m\hbar(m=0,\pm1,\cdots)$。

定间转子：$\hat{H}=\frac{\hat{L}^2}{2I}$，$\hat{L}_z$，$\hat{L}^2$，$\hat{L}_z$两两对易，共同完备本征函数系：$Y_{l,m}(\theta,\phi)(l=0,1,\cdots;m=0,\pm1,\cdots,\pm l)$，同量有确定值：$E_m=\frac{l(l+1)\hbar^2}{2I}$，$l(l+1)\hbar^2$，$m\hbar$，$l(l+1)\hbar^2$，$m\hbar$。

小结：两个力学量同时有确定值的条件为：

(1) $[\hat{A},\hat{B}]=0$；

(2) 体系恰好处在其共同本征态上。

3. 力学量完全集合

(1) 定义：为完全确定状态所需要的一组两两对易的力学量算符的最小(数目)集合称为力学量完全集。

设有一组彼此对易，且函数独立的厄米算符 $\hat{A}(\hat{A}_1,\hat{A}_2,\cdots)$，它们的共同本征函数记为 Ψ_k，k 是一组量子数的笼统记号。设给定 k 之后就能够确定体系的一个可能状态，则称($\hat{A}_1$，$\hat{A}_2$，…)构成体系的一组力学量完全集。

如三维空间中自由粒子，完全确定其状态需要三个两两对易的力学量：$\hat{p}_x,\hat{p}_y,\hat{p}_z$。而一维谐振子，只需要一个力学量就可完全确定其状态：$\hat{H}$。

(2) 力学量完全集中力学量的个数并不一定等于自由度的数目。一般说来，力学量完全集中力学量的个数≥体系的自由度数目。

(3) 体系的任何态都可以用包含 $\hat{H}$ 在内的一组力学量完全集的共同本征态来展开。

4. 测不准(不确定度)关系

不确定度：测量值 A_n 与平均值 $\overline{A}$ 的偏差的大小。

1) 测不准关系

$$\sqrt{\overline{(\Delta A)^2}\cdot\overline{(\Delta B)^2}}\geqslant\frac{1}{2}\left|\overline{[\hat{A},\hat{B}]}\right| \tag{7-26}$$

其中均方偏差

$$\overline{(\Delta A)^2}=\overline{(\hat{A}-\overline{A})^2}=\overline{A^2}-\overline{A}^2$$

或简记为

$$\Delta A\cdot\Delta B\geqslant\frac{1}{2}\left|\overline{[\hat{A},\hat{B}]}\right| \tag{7-27}$$

这就是任意两个力学量 A 与 B 在任意量子态下的涨落必须满足的关系式，即不确定度关系。

由式(7-27)可以看出，若两个力学量 A 与 B 不对易，则一般说来 ΔA 与 ΔB 不能同时为零，即 A 与 B 不能同时测定，或者说它们不能有共同本征态。反之，若两个厄米算符 $\hat{A}$ 与 $\hat{B}$ 对易，则可以找出这样的态，使 $\Delta A=0$ 与 $\Delta B=0$ 同时满足，即可以找出它们的共同本征态。

2) 坐标和动量的测不准关系

(1) 测不准关系

$$[x,\hat{p}_x]=\mathrm{i}\hbar$$

$$\sqrt{\overline{(\Delta x)^2}\cdot\overline{(\Delta p_x)^2}}\geqslant\frac{\hbar}{2}$$

简记之：
$$\Delta x\cdot\Delta p_x\geqslant\frac{\hbar}{2}$$

表明：坐标与动量的均方偏差不能同时为零，其一个越小，另一个就越大。即 Δx 与 Δp_x 不能同时为零，x 的均方偏差越小，则与它共轭的动量 p_x 的均方偏差越大。x 有确定值，$\Delta x=0$，$\Delta p_x\rightarrow\infty$。

(2) 利用测不准关系可求线性谐振子的零点能 $E_0=\frac{1}{2}\hbar\omega$。

3) 角动量的测不准关系

因为 $$[\hat{l}_x,\hat{l}_y]=\mathrm{i}\hbar\hat{l}_z$$

所以 $$\overline{(\Delta\hat{l}_x)^2}\cdot\overline{(\Delta\hat{l}_y)^2}\geqslant\frac{\hbar^2}{4}\overline{l}_z^2$$

当体系处于 $\hat{l}_z$ 本征态 Y_{lm} 时，

$$\overline{l}_z=m\hbar$$

$$\overline{(\Delta l_x)^2}\cdot\overline{(\Delta l_y)^2}\geqslant\frac{\hbar^2}{4}(m\hbar)^2=\frac{1}{4}m^2\hbar^4$$

当 Y_{lm} 为 Y_{00} 时，$m=0$ $\left(Y_{00}=\frac{1}{\sqrt{4\pi}}\right)$，$\overline{(\Delta l_x)^2}\cdot\overline{(\Delta l_y)^2}\geqslant0$，同时有确定的本征值 l_x、l_y。

[例 7.4] 利用测不准关系证明，在 $\hat{l}_z$ 本征态 Y_{lm} 下，$\overline{l}_x=\overline{l}_y=0$；在 $\hat{\boldsymbol{l}}^2$，$\hat{l}_z$ 共同本征态 Y_{lm} 下，求测不准关系 $\overline{(\Delta l_x)^2}\cdot\overline{(\Delta l_y)^2}$。

解：如果把测不准关系应用于角动量的分量之间，则由 $[\hat{L}_x,\hat{L}_y]=\mathrm{i}\hbar\hat{L}_z$，得：

$$\overline{(\Delta L_x)^2}\cdot\overline{(\Delta L_y)^2}\geqslant\frac{\hbar^2}{4}\overline{L}_z^2$$

在 $\hat{L}_z$ 的本征态中有：$\overline{L}_z=m\hbar$，则得：$\overline{(\Delta L_x)^2}\cdot\overline{(\Delta L_y)^2}\geqslant\frac{m^2\hbar^2}{4}$

若粒子被束缚在半径为 r 的球内，则常用近似关系式 $r\cdot p\sim\hbar$ 来估算粒子动量的大小和功能的大小。

综上所述，量子力学中的力学量用相应的线性厄米算符来表达，其含义包括下列几方面：

(1) 实验上观测 A 的可能值，必为算符 $\hat{A}$ 的某一本征值；

(2) 在量子态 Ψ 之下，力学量 A 的平均值由式 $\overline{A}=(\Psi,\hat{A}\Psi)$ 确定；

(3) 力学量之间的关系通过相应的算符之间的关系反映出来。

7.6 力学量随时间的演化

1. 力学量平均值随时间的变化

在波函数 Ψ 所描写的态中，力学量 A 的平均值为

$$\overline{A}(t)=\int\Psi^*(x,t)\hat{A}\Psi(x,t)\mathrm{d}\tau \tag{7-28}$$

因为 Ψ 是时间的函数，$\hat{A}$ 也可能显含时间，所以 $\overline{A}$ 通常是时间 t 的函数。为了求出 $\overline{A}$ 随时间的变化，式(7-28)两边对 t 求导

$$\frac{\mathrm{d}\overline{A}}{\mathrm{d}t}=\int\Psi^*\frac{\partial\hat{A}}{\partial t}\Psi\mathrm{d}x+\int\frac{\partial\Psi^*}{\partial t}\hat{A}\Psi\mathrm{d}x+\int\Psi^*\hat{A}\frac{\partial\Psi}{\partial t}\mathrm{d}x \tag{7-29}$$

由薛定谔方程　$i\hbar\frac{\partial\Psi}{\partial t}=\hat{H}\Psi$ 得 $\frac{\partial\Psi}{\partial t}=\frac{1}{i\hbar}\hat{H}\Psi$

所以
$$\frac{\partial\Psi^*}{\partial t}=-\frac{1}{i\hbar}(\hat{H}\Psi)^*$$

$$\frac{d\overline{A}}{dt}=\int\Psi^*\frac{\partial\hat{A}}{\partial t}\Psi dx-\frac{1}{i\hbar}\int(\hat{H}\Psi)^*\hat{A}\Psi dx+\int\Psi^*\hat{A}\left(\frac{1}{i\hbar}\hat{H}\Psi\right)dx$$
$$=\int\Psi^*\frac{\partial\hat{A}}{\partial t}\Psi dx+\frac{1}{i\hbar}\left(\int\Psi^*\hat{A}\hat{H}\Psi dx-\int\Psi^*\hat{H}\hat{A}\Psi\right)dx$$

因为 $\hat{H}$ 是厄米算符

所以
$$上式=\int\Psi^*\frac{\partial\hat{A}}{\partial t}\Psi dx+\frac{1}{i\hbar}\int\Psi^*(\hat{A}\hat{H}-\hat{H}\hat{A})\Psi dx$$

得
$$\frac{d\overline{A}}{dt}=\overline{\frac{\partial\hat{A}}{\partial t}}+\frac{1}{i\hbar}\overline{[\hat{A},\hat{H}]}\tag{7-30}$$

这就是力学量平均值随时间变化的公式。

若 $\hat{A}$ 不显含 t，即 $\frac{\partial\hat{A}}{\partial t}=0$，则有

$$\frac{d\overline{A}}{dt}=\frac{1}{i\hbar}\overline{[\hat{A},\hat{H}]}\tag{7-31}$$

2. 守恒量

如果 $\hat{A}$ 既不显含时间，又与 $\hat{H}$ 对易（$[\hat{A},\hat{H}]=0$），则由式(7-31)有

$$\frac{d}{dt}\overline{A}=0\tag{7-32}$$

即这种力学量在任何态 Ψ 之下的平均值都不随时间改变。

证明：在任意态 Ψ 下 $\hat{A}$ 的概率分布也不随时间改变。

概括起来讲，对于 Hamilton（哈密顿）量 $\hat{H}$ 不含时间的量子体系，如果力学量 $\hat{A}$ 与 $\hat{H}$ 对易，则无论体系处于什么状态（定态或非定态），$\hat{A}$ 的平均值及其测量的概率分布均不随时间改变，所以把 $\hat{A}$ 称为量子体系的一个守恒量。即 $\hat{A}$ 的平均值不随时间改变，我们称满足式(7-32)的力学量 $\hat{A}$ 为运动恒量或守恒量。

守恒量有两个特点：

(1) 在任意态 $\Psi(t)$ 之下的平均值都不随时间改变；

(2) 在任意态 $\Psi(t)$ 下 $\hat{A}$ 的概率分布不随时间改变。

应当强调，量子力学中的守恒量的概念与经典力学中守恒量概念不尽相同。这实质上是不确定度关系的反映。

(1) 与经典力学守恒量不同，量子体系的守恒量并不一定取确定值，即体系的状态并不一定就是某个守恒量的本征态。一个体系在某时刻 t 是否处于某守恒量的本征态，要根据初始条件决定。若在初始时刻（$t=0$），守恒量 $\hat{A}$ 具有确定值，则以后任何时刻它都具有确定值，即体系将保持在 $\hat{A}$ 的同一个本征态。由于守恒量具有此特点，它的量子数称为好量子数。但

是，若初始时刻 $\hat{A}$ 并不具有确定值（这与经典力学不同），即 $\Psi(0)$并非 $\hat{A}$ 的本征态，则以后的状态也不是 $\hat{A}$ 的本征态，即 $\hat{A}$ 也不会具有确定值，但概率分布仍不随时间改变，其平均值也不随时间改变。

（2）量子体系的各守恒量并不一定都可以同时取确定值。例如中心力场中的粒子，l 的三个分量都守恒，但由于 $\hat{l}_x,\hat{l}_y,\hat{l}_z$不对易，一般说来它们并不能同时取确定值（角动量 $l=0$ 的态除外）。

3. 举例

（1）自由粒子动量守恒

自由粒子的哈密顿算符 $\hat{H}=\dfrac{\boldsymbol{p}^2}{2\mu}$，

$$\frac{\mathrm{d}\bar{p}}{\mathrm{d}t}=\frac{1}{\mathrm{i}\hbar}[\hat{p},\hat{H}]=0$$

所以自由粒子的动量是守恒量。

（2）粒子在中心力场中运动：角动量守恒

$$\hat{H}=-\frac{\hbar^2}{2mr^2}\frac{\partial}{\partial r}\left(r^2\frac{\partial}{\partial r}\right)+\frac{\hat{\boldsymbol{l}}^2}{2mr^2}+V(r)=\frac{\hat{p}_r^2}{2m}+\frac{\hat{\boldsymbol{l}}^2}{2mr^2}+V(r)$$

式中，$\hat{\boldsymbol{l}}^2,\hat{l}_x,\hat{l}_y,\hat{l}_z$皆不显含时间，又$[\hat{H},\hat{\boldsymbol{l}}^2]=0,[\hat{H},\hat{l}_\alpha]=0\quad(\alpha=x,y,z)$，

所以粒子在中心力场中运动时，角动量平方和角动量分量（$\hat{\boldsymbol{l}}^2,\hat{l}_x,\hat{l}_y,\hat{l}_z$）都是守恒量。

（3）哈密顿不显含时间的体系能量守恒。

7.7 量子力学的矩阵形式

7.7.1 量子态的不同表象

态的表象：量子力学中态和力学量的具体表示方式。

研究表象的意义：根据不同问题选择不同表象，还可以进行表象变换。

1. 坐标表象波函数 $\Psi(x,t)$

（1）$\Psi(x,t)$——表示体系在坐标表象下的波函数。

（2）$|\Psi(x,t)|^2\mathrm{d}x$——表示体系处在 $\Psi(x,t)$所描述的态中，在 $x\to x+\mathrm{d}x$ 范围内找到粒子的概率，也就是说，当体系处在 $\Psi(x,t)$所描述的态中时，测量坐标 x 这个力学量所得值在 $x\to x+\mathrm{d}x$ 范围内的概率。

（3）$\int|\Psi(x,t)|^2\mathrm{d}x=1$

（4）动量为 p_x'的自由粒子的本征函数为：

$$\Psi_{p'}(x)=\frac{1}{(2\pi\hbar)^{1/2}}\mathrm{e}^{\frac{\mathrm{i}}{\hbar}p'x}$$

（5）x 在坐标表象中对应于本征值 x' 的本征函数 $\delta(x-x')$，即 $x\delta(x-x')=x'\delta(x-x')$。

2. 动量表象波函数

动量本征函数：$\Psi_p(x)=\frac{1}{(2\pi\hbar)^{1/2}}e^{\frac{i}{\hbar}px}$组成完备系，任一状态 Ψ 可按其展开为

$$\Psi(x,t)=\int c(p,t)\Psi_p(x)\mathrm{d}p \tag{7-33}$$

展开系数为

$$c(p,t)=\int \Psi_p^*(x)\Psi(x,t)\mathrm{d}x \tag{7-34}$$

$\Psi(x,t)$与 $c(p,t)$互为 Fourier(傅里叶)变换，一一对应关系，所不同的是变量不同。$c(p,t)$和 $\Psi(x,t)$被认为描述同一个状态，$\Psi(x,t)$是这个状态在坐标表象中的波函数，$c(p,t)$是同一个状态在动量表象中的波函数。

(1) $c(p,t)$——状态波函数。

(2) $|c(p,t)|^2\mathrm{d}p$ 表示体系处在 $c(p,t)$所描述的态中测量动量这个力学量 p 所得结果在 $p\to p+\mathrm{d}p$ 范围内的概率。

(3) $\int|c(p,t)|^2\mathrm{d}p=1$

命题：假设 $\Psi(x,t)$是归一化波函数，则 $c(p,t)$也是归一化波函数(在第1章中已经证明)。

(4) p_x'的本征函数(具有确定动量 p_x'的自由粒子的态)

若 $\Psi(x,t)$描写的态是具有确定动量 p'的自由粒子态，即：

$$\Psi_{p'}(x)=\frac{1}{(2\pi\hbar)^{1/2}}e^{\frac{i}{\hbar}p'x}$$

则相应动量表象中的波函数为：

$$c(p,t)=\int \Psi_p^*(x)\Psi(x,t)\mathrm{d}x=e^{-\frac{i}{\hbar}E_{p'}t}\delta(p-p')$$

所以，在动量表象中，具有确定动量 p'的粒子的波函数是以动量 p 为变量的 δ 函数。换言之，动量本征函数在自身表象中是一个 δ 函数。

3. 力学量表象

问题：在任一力学量 F 表象中，$\Psi(x,t)$所描写的态又该如何表示呢？

1) 分立谱的情况

设算符 $\hat{F}$ 的本征值为：$F_1,F_2,\cdots,F_n,\cdots$

相应本征函数为：$\Psi_1(x),\Psi_2(x),\cdots,\Psi_n(x),\cdots$

将 $\Psi(x,t)$按 $\hat{F}$ 的本征函数展开：

$$\Psi(x,t)=\sum_n a_n(t)u_n(x)$$

$$a_n(t)=\int u_n^*(x)\Psi(x,t)\mathrm{d}x$$

若 $\Psi(x,t)$，$u_n(x)$都是归一化的，则 $a_n(t)$也是归一化的(在第3章中已经证明)。

由此可知，$|a_n|^2$表示在 $\Psi(x,t)$所描述的状态中测量 F 为 F_n的概率。展开系数组成的数

列$\{a_1(t),a_2(t),\cdots,a_n(t),\cdots\}$与$\Psi(x,t)$是一一对应关系，$\{a_n(t)\}$与$\Psi(x,t)$描述体系的同一个态，$\Psi(x,t)$是这一状态在坐标表象中的表示，而数列$\{a_n(t)\}$是这一状态在$F$表象中的表示，可以把数列$\{a_n(t)\}$写成列矩阵的形式，用$\Psi_F$标记。

(1) 体系态
$$\Psi_F=\begin{pmatrix} a_1(t) \\ a_2(t) \\ \vdots \\ a_n(t) \\ \vdots \end{pmatrix}$$

列矩阵为$\Psi(x,t)$所描写的态在F表象中的表示，并把矩阵Ψ_F称为$\Psi(x,t)$所描写的状态在F表象中的波函数。

Ψ_F的共轭矩阵是一个行矩阵，用Ψ_F^+标记：

$$\Psi_F^+=(a_1^*(t)\quad a_2^*(t)\quad \cdots\quad a_n^*(t)\quad \cdots)$$

(2) $|a_n|^2$表示在$\Psi(x,t)$所描述的状态中测量F为F_n的概率。

(3) 若$\Psi(x,t)$已归一化，则$\sum\limits_n |a_n(t)|^2=1$。若用矩阵表示，则

$$\Psi_F^+\Psi_F=(a_1^*(t)\quad a_2^*(t)\quad \cdots\quad a_n^*(t)\quad \cdots)\begin{pmatrix} a_1(t) \\ a_2(t) \\ \vdots \\ a_n(t) \\ \vdots \end{pmatrix}=\sum_n a_n^*(t)a_n(t)=1$$

(4) 本征值为$F_{n'}$的本征函数：

$$\Psi_F=\begin{pmatrix} 0 \\ 0 \\ \vdots \\ 1 \\ \vdots \end{pmatrix}(\text{第 } n' \text{为 } 1\text{，其余为 } 0)$$

2) 连续谱的情况

$$\Psi_F=\begin{pmatrix} a_1(t) \\ a_2(t) \\ \vdots \\ a_n(t) \\ \vdots \end{pmatrix}$$

$\Psi_F=(a_f(t))$表示连续矩阵[一般用$a_f(t)$表示即可]。

(1) $\Psi(x,t)$类似分立谱，可以用$a_f(t)$表示。

(2) $|\Psi(x,t)|^2\mathrm{d}x\sim|a_n(t)|^2\sim|a_f(t)|^2\mathrm{d}f$在$\Psi_q$所描述的态中，测量力学量$f$，所得结果为$f\to f+\mathrm{d}f$的概率。

(3) $\Psi(x,t)$已归一化，即：$\int|\Psi(x,t)|^2\mathrm{d}x=1\sim\sum\limits_n|a_n(t)|^2=1\sim\int|a_f(t)|^2\mathrm{d}f=1$。

综上所述，量子力学中体系的同一状态可以用不同力学量表象中的波函数来描写。所取表象不同，波函数的形式也不同。可以根据处理问题的需要选用适当的表象以方便求解。下面举例说明。

［例7.5］ 分别在坐标表象、动量表象、能量表象中写出一维无限深势阱中基态粒子的波函数。

解：(1) 坐标表象

基态粒子的波函数

$$\Psi(x)=\begin{cases}0 & x\leqslant 0, x\geqslant a\\ \sqrt{\dfrac{2}{a}}\sin\dfrac{\pi x}{a} & 0\leqslant x\leqslant a\end{cases}$$

(2) 动量表象

因为：动量基态波函数

$$\Psi_p(x)=\frac{1}{\sqrt{2\pi\hbar}}\mathrm{e}^{-\mathrm{i}px/\hbar}$$

$$\Psi(x,t)=\int C(p,t)\Psi_p(x)\mathrm{d}p$$

$$C(p,t)=\int\Psi_p^*(x)\Psi(x,t)\mathrm{d}x$$

$$=\sqrt{\frac{1}{2\pi\hbar}}\int \mathrm{e}^{\frac{-\mathrm{i}px}{\hbar}}\Psi_p(x)\mathrm{d}x=2\sqrt{(\pi a\hbar^3)}\frac{\mathrm{e}^{\frac{-\mathrm{i}pa}{\hbar}}\cos\dfrac{pa}{2\hbar}}{\pi^2\hbar^2-p^2a^2}$$

p 在$(-\infty,+\infty)$范围内变化

(3) 能量表象

$$C_n=\int\Psi_n^*\Psi_l\mathrm{d}x=\delta_{n,l}\quad(n=1,2,3,\cdots)$$

用矩阵表示为：

$$\Psi=\begin{pmatrix}1\\0\\0\\\cdots\\\cdots\end{pmatrix}$$

可见，同一状态的波函数在不同的表象中的具体表象不一样，正如同一矢量在不同的坐标表象中的具体表示不同一样。

4. 希耳伯特(Hilbert)空间

同一个态在不同表象中有不同的表述方式。

量子力学中，态的表象这一概念与几何学中选取不同的坐标系来表示同一矢量的概念十分相似。在量子力学中，可以建立一个n维(n可以是无穷大)空间，把波函数Ψ看成是这个空间中的一个矢量，称为态矢量。选取一个特定力学量F表象，相当于选取特定的坐标系。该坐标系是以力学量F的本征函数系$u_1(x),u_2(x),\cdots u_n(x),\cdots$为基矢，态矢量在各基矢上的分量则为展开系数$(a_1(t),a_2(t),\cdots,a_n(t),\cdots)$，在$F$表象中态矢量可用这一组分量来表示。

$$\Psi(x,t)=\sum_n a_n(t)u_n(x)=a_1(t)u_1(x)+a_2(t)u_2(x)+\cdots+a_n(t)u_n(x)+\cdots$$

F表象的基矢有无限多个，所以态矢量所在的空间是一个无限维的抽象的函数空间，称为希耳伯特(Hilbert)空间。

7.7.2 力学量算符的矩阵表示

1. 矩阵定义及其运算法则

1）矩阵的定义

$$A=\begin{pmatrix} A_{11} & A_{12} & \cdots & A_{1M} \\ A_{21} & A_{22} & \cdots & A_{2M} \\ \cdots & \cdots & \cdots & \cdots \\ A_{N1} & A_{N2} & \cdots & A_{NM} \end{pmatrix}$$

矩阵 A 为 $N\times M$ 矩阵，其中 A_{nm} 为矩阵元（第 n 行第 m 列元素，$n=1,2,\cdots,N;m=1,2,\cdots,M$）。

方阵：行数与列数相等的矩阵（$N=M$）。

2）两矩阵相等

$A=B,A_{nm}=B_{nm}$（行列数相等）。

3）两矩阵相加

$C=A+B,C_{nm}=A_{nm}+B_{nm}$（行列数相等）。

4）两矩阵相乘

$$C=AB,\quad C_{nm}\sum_{l}A_{nl}B_{lm}$$

$A_{N\times l}B_{l\times M}=C_{N\times M}$（一个 l 列的矩阵 A 与一个 l 行的矩阵 B 相乘）

$$(A)(B)=(C)\quad A_{2\times 2}B_{2\times 3}=C_{2\times 3}$$

$$\begin{pmatrix} A_{11} & A_{12} \\ A_{21} & A_{22} \end{pmatrix}\begin{pmatrix} B_{11} & B_{12} & B_{13} \\ B_{21} & B_{22} & B_{23} \end{pmatrix}=\begin{pmatrix} C_{11} & C_{12} & C_{13} \\ C_{21} & C_{22} & C_{23} \end{pmatrix}$$

$$C_{11}=A_{11}B_{11}+A_{12}B_{21}$$

$$C_{23}=A_{21}B_{13}+A_{22}B_{23}$$

$$\begin{pmatrix} A_{11} & A_{12} \\ A_{21} & A_{22} \end{pmatrix}\begin{pmatrix} B_{11} & B_{12} & B_{13} \\ B_{21} & B_{22} & B_{23} \end{pmatrix}=\begin{pmatrix} A_{11}B_{11}+A_{12}B_{21} & A_{11}B_{12}+A_{12}B_{22} & A_{11}B_{13}+A_{12}B_{23} \\ A_{21}B_{11}+A_{22}B_{21} & A_{21}B_{12}+A_{22}B_{22} & A_{21}B_{13}+A_{22}B_{23} \end{pmatrix}$$

$AB\neq BA$，称 A、B 矩阵相互不对易；$AB=BA$，称 A、B 矩阵相互对易。

5）对角矩阵

$$A_{nm}=A_n\delta_{nm}=\begin{cases} A_n & (m=n) \\ 0 & (m\neq n) \end{cases}$$

除对角元外其余为 0。

如：四阶对角矩阵

$$A=\begin{pmatrix} A_1 & 0 & 0 & 0 \\ 0 & A_2 & 0 & 0 \\ 0 & 0 & A_3 & 0 \\ 0 & 0 & 0 & A_4 \end{pmatrix}$$

6）单位矩阵

$A_{nm}=\delta_{nm}$ 如四阶单位矩阵 $I=\begin{pmatrix}1&0&0&0\\0&1&0&0\\0&0&1&0\\0&0&0&1\end{pmatrix}$

单位矩阵与任何矩阵 A 的乘积仍为 A，$IA=A$，并且与任何矩阵都是可对易的，即 $IA=AI$。

7）转置矩阵

把矩阵 A 的行和列互相调换，所得出的新矩阵称为 A 的转置矩阵 $\widetilde{A}$。

$$\widetilde{A}\rightarrow\widetilde{A}_{mn}=A_{nm}\quad m\text{ 列 }n\text{ 行}\rightarrow n\text{ 列 }m\text{ 行}$$

$$A=\begin{pmatrix}A_{11}&A_{12}&A_{13}\\A_{21}&A_{22}&A_{23}\end{pmatrix}\rightarrow\widetilde{A}=\begin{pmatrix}A_{11}&A_{21}\\A_{12}&A_{22}\\A_{13}&A_{23}\end{pmatrix}A^{+}=\begin{pmatrix}A_{11}^{*}&A_{21}^{*}\\A_{12}^{*}&A_{22}^{*}\\A_{13}^{*}&A_{23}^{*}\end{pmatrix}$$

共轭矩阵 A^{+}：$A^{+}\rightarrow(A^{+})_{mn}=(\widetilde{A}_{mn})^{*}=A_{nm}^{*}$，$m$ 列 n 行→n 列 m 行，转成共轭复数。

8）厄米矩阵

如果 $A^{+}=A$，即一个矩阵 A 和它的共轭矩阵相等，则称 A 矩阵为厄米矩阵。

例如，$A=\begin{pmatrix}0&-\mathrm{i}\\\mathrm{i}&0\end{pmatrix}$，则 $A^{+}=\begin{pmatrix}0^{*}&-\mathrm{i}^{*}\\(-\mathrm{i})^{*}&0^{*}\end{pmatrix}=\begin{pmatrix}0&-\mathrm{i}\\\mathrm{i}&0\end{pmatrix}=A$

$$(AB)^{+}=B^{+}A^{+},\quad(ABCD)^{+}=D^{+}C^{+}B^{+}A^{+}$$

2. F 表象中的算符矩阵表示

设量子态 Ψ 经过算符 $\hat{L}$ 运算后变成另一个态 ϕ，即

$$\phi=\hat{L}\Psi$$

1）分立谱的情况

在以力学量完全集 F 的本征态 Ψ_k 为基矢的表象（F 表象）中，上式表示成

$$\sum_k b_k\Psi_k=\sum_k a_k\hat{L}\Psi_k\tag{7-35}$$

以 $\Psi_j^{*}(x)$ 左乘上式两边并对 x 积分，积分范围是 x 变化的整个区域，得

$$b_k=\sum_k\int\Psi_j^{*}\hat{L}\Psi_k\mathrm{d}x\cdot a_k=\sum_k\hat{L}_{jk}a_k\tag{7-36}$$

式中，$\hat{L}_{jk}=(\Psi_j,\hat{L}\Psi_k)$。将式(7－36)表示成矩阵的形式则为

$$\begin{pmatrix}b_1\\b_2\\\vdots\\b_n\\\vdots\end{pmatrix}=\begin{pmatrix}L_{11}&L_{12}&\cdots&L_{1m}&\cdots\\L_{21}&L_{22}&\cdots&L_{2m}&\cdots\\\vdots&\vdots&\vdots&\vdots&\vdots\\L_{n1}&L_{n2}&\cdots&L_{nm}&\cdots\\\vdots&\vdots&\vdots&\vdots&\vdots\end{pmatrix}\begin{pmatrix}a_1\\a_2\\\vdots\\a_n\\\vdots\end{pmatrix}\tag{7-37}$$

式(7－37)即式(7－36)在 F 表象中的矩阵表示，左边的一列矩阵和右边的一列矩阵分别

是波函数 ϕ 和波函数 Ψ 在 F 表象中的矩阵表示，而矩阵 (L_{jk}) 即算符 $\hat{L}$ 在 F 表象中的表示。它的第 n 列元素为：

$$\begin{pmatrix} L_{1n} \\ L_{2n} \\ \vdots \end{pmatrix} = \begin{pmatrix} (\Psi_1, \hat{L}\Psi_n) \\ (\Psi_2, \hat{L}\Psi_n) \\ \vdots \end{pmatrix}$$

用 L_F 表示这个矩阵，ϕ_F 表示左边的列矩阵，Ψ_F 表示右边的列矩阵，则矩阵(7-36)表示为

$$\phi_F = L_F \Psi_F$$

讨论：F 表象中力学量算符 $\hat{L}$ 的性质。

(1) 力学量算符在自身表象中的形式

若 $\hat{L} = \hat{F}$，则

$$F_{nm} = \int u_n^* \hat{F} u_m \mathrm{d}x = \int u_n^* F_m u_m \mathrm{d}x = F_m \int u_n^* u_m \mathrm{d}x = F_m \delta_{nm}$$

$$F = \begin{pmatrix} F_1 & 0 & \cdots & \cdots & \cdots \\ 0 & F_2 & \cdots & \cdots & \cdots \\ \cdots & \cdots & \cdots & \cdots & \cdots \\ 0 & 0 & \cdots & F_n & \cdots \\ \cdots & \cdots & \cdots & \cdots & \cdots \end{pmatrix}$$

结论：算符在自身表象中是一对角矩阵，对角元素就是算符的本征值。

(2) 力学量算符用厄米矩阵表示

$$L_{nm} = \int u_n^* \hat{L} u_m \mathrm{d}x = \left[\int u_n (\hat{L} u_m)^* \mathrm{d}x\right]^* = \left[\int u_m^* \hat{L} u_n \mathrm{d}x\right]^* = L_{mn}^* = \widetilde{L_{nm}^*} = (L^+)_{nm}$$

即 L 矩阵的第 m 列第 n 行的矩阵元等于第 n 列第 m 行矩阵元的共轭复数，这就是厄米矩阵。用 L^+ 表示矩阵 L 的共轭矩阵，$L = L^+$——其对角矩阵元为实数，所以厄米算符的矩阵表示是厄米矩阵。

2) 连续谱的情况

只有连续本征值

如果 F 只有连续本征值 f，上面的讨论仍然适用，只需将 u,a,b 的角标从可数的 n,m 换成连续变化的 f，求和换成积分，如下所示。

分立谱			连续谱	
u_n^*	u_m	$\rightarrow$	u_f^*	u_f
a_n	b_m	$\rightarrow$	a_f	b_f
$\sum_n$		$\rightarrow$	$\int \mathrm{d}f$	

算符 L 在 F 表象仍是一个矩阵，矩阵元由下式确定：

$$L_{ff'} = \int u_f^*(x) \hat{L} u_{f'}(x) \mathrm{d}x$$

矩阵元 $L_{ff'}$ 中的第一个角标 f 表示矩阵的行数，第二个角标 f' 表示矩阵的列数。但是，由

于本征值 f' 和 f 可连续取值，所以由 $L_{ff'}$ 组成的矩阵是行列不再可数的连续矩阵，可以标记为：$L=(L_{ff'})$。

3. 举例

[例 7.6] 求一维线性谐振子的坐标算符 $\hat{x}$，动量算符 $\hat{p}$ 及哈密顿算符 $\hat{H}$ 在能量表象中的矩阵表示。

解：
$$\hat{H}=\frac{\hat{p}^2}{2m}+\frac{1}{2}m\omega^2x^2,\quad \alpha=\sqrt{m\omega/\hbar},\quad E=\left(n+\frac{1}{2}\hbar\omega\right)$$

利用一维谐振子波函数的递推关系

$$x\Psi_n=\frac{1}{\alpha}\left[\sqrt{\frac{n}{2}}\Psi_{n-1}+\sqrt{\frac{n+1}{2}}\Psi_{n+1}\right]$$
$$\frac{\mathrm{d}}{\mathrm{d}x}\Psi_n=\alpha\left[\sqrt{\frac{n}{2}}\Psi_{n-1}-\sqrt{\frac{n+1}{2}}\Psi_{n+1}\right]$$

所以

$$x_{mn}=(\Psi_m,x\Psi_n)=\frac{1}{\alpha}\left[\sqrt{\frac{n+1}{2}}\delta_{m,n+1}+\sqrt{\frac{n}{2}}\delta_{m,n-1}\right]$$
$$p_{mn}=\left(\Psi_m,-\mathrm{i}\hbar\frac{\mathrm{d}}{\mathrm{d}x}\Psi_n\right)=\mathrm{i}\hbar\alpha\left[\sqrt{\frac{n+1}{2}}\delta_{m,n+1}-\sqrt{\frac{n}{2}}\delta_{m,n-1}\right]$$

注意：这里的 m、n 都是由 0 开始取值。这样

$$(x_{mn})=\frac{1}{\alpha}\begin{pmatrix}0 & 1/\sqrt{2} & 0 & 0 & \cdots\\ 1/\sqrt{2} & 0 & 1 & 0 & \cdots\\ 0 & 1 & 0 & \sqrt{3/2} & \cdots\\ 0 & 0 & \sqrt{3/2} & 0 & \cdots\\ \cdots & \cdots & \cdots & \cdots & \cdots\end{pmatrix}$$

$$(p_{mn})=\mathrm{i}\hbar\alpha\begin{pmatrix}0 & -1/\sqrt{2} & 0 & 0 & \cdots\\ 1/\sqrt{2} & 0 & -1 & 0 & \cdots\\ 0 & 1 & 0 & -\sqrt{3/2} & \cdots\\ 0 & 0 & \sqrt{3/2} & 0 & \cdots\\ \cdots & \cdots & \cdots & \cdots & \cdots\end{pmatrix}$$

而

$$H_{mn}=(\Psi_m,\hat{H}\Psi_n)=E_n\delta_{mn}=\left(n+\frac{1}{2}\right)\hbar\omega\delta_{mn}$$

所以

$$(H_{mn})=\hbar\omega\begin{pmatrix}1/2 & 0 & 0 & 0 & \cdots\\ 0 & 3/2 & 0 & 0 & \cdots\\ 0 & 0 & 5/2 & 0 & \cdots\\ 0 & 0 & 0 & 7/2 & \cdots\\ \cdots & \cdots & \cdots & \cdots & \cdots\end{pmatrix}$$ 是一个对角矩阵。

7.7.3 量子力学公式的矩阵表示

1. Schrödinger 方程

$$\mathrm{i}\hbar\frac{\partial}{\partial t}\Psi=\hat{H}\Psi \tag{7-38}$$

在 F 表象中，$\Psi(t)$表示为

$$\Psi(t)=\sum_k a_k\Psi_k \tag{7-39}$$

按力学量算符 F 的本征函数展开。把式(7-39)代入式(7-38)，得

$$\mathrm{i}\hbar\frac{\partial}{\partial t}\sum_k a_k\Psi_k=\hat{H}\sum_k a_k\Psi_k$$

左乘 Ψ_j(取标积)，得——左乘 Ψ_j^* 对 x 整个空间积分

$$\mathrm{i}\hbar\frac{\partial}{\partial t}a_j=\sum_k H_{jk}a_k \tag{7-40a}$$

或表示为

$$\mathrm{i}\hbar\begin{pmatrix}a_1\\a_2\\\cdots\\\cdots\\\cdots\end{pmatrix}=\begin{pmatrix}H_{11}&H_{12}&\cdots\\H_{21}&H_{22}&\cdots\\\cdots&\cdots&\cdots\\\cdots&\cdots&\cdots\\\cdots&\cdots&\cdots\end{pmatrix}\begin{pmatrix}a_1\\a_2\\\cdots\\\cdots\\\cdots\end{pmatrix} \tag{7-40b}$$

此即 F 表象中的 Schrödinger 方程。

2. 平均值公式

在量子态 Ψ 下，力学量 L 的平均值为

$$\begin{aligned}\overline{L}&=(\Psi,\hat{L}\Psi)=\left(\sum_k a_k\Psi_k,\hat{L}\sum_j a_j\Psi_j\right)=\sum_{kj}a_k^*(\Psi_k,\hat{L}\Psi_j)a_j=\sum_{kj}a_k^*L_{kj}a_j\\&=(a_1^*\quad a_2^*\quad\cdots)\begin{pmatrix}L_{11}&L_{12}&\cdots\\L_{21}&L_{22}&\cdots\\\vdots&\vdots&\vdots\end{pmatrix}\begin{pmatrix}a_1\\a_2\\\vdots\end{pmatrix}\end{aligned} \tag{7-41}$$

此即平均值的矩阵形式。

特例：若 $\hat{L}=\hat{F}$，则 $L_{jk}=(\Psi_j,\hat{L}\Psi_k)=(\Psi_j,L_k\Psi_k)=L_k(\Psi_j,\Psi_k)=L_k\delta_{kj}$(对角矩阵)，则在 Ψ 态下，$\overline{L}=\sum_{kj}a_k^*L_{kj}a_j=\sum_{kj}a_k^*L_k\delta_{kj}a_j=\sum_k|a_k|^2L_k$。假定 Ψ 已归一化，即 $\sum_k|a_k|^2=1$，则 $|a_k|^2$ 表示在 Ψ 态下测量 L 得到 L_k 值的概率。

3. 本征值方程

算符 $\hat{L}$ 的本征方程为

$$\hat{L}\Psi=L'\Psi$$

用 $\Psi=\sum_k a_k\Psi_k$ 代入，得

$$\hat{L}\sum_k a_k\Psi_k = L'\sum_k a_k\Psi_k$$

左乘 Ψ_j，(取标积)，得——左乘 Ψ_j^* 对 x 整个空间积分

$$\sum_k (L_{jk}-L'\delta_{jk})a_k = 0 \tag{7-42}$$

此即 $\hat{L}$ 的本征方程在 F 表象中的矩阵形式。

$$\begin{pmatrix} L_{11}-L' & L_{12} & L_{13} & \cdots \\ L_{21} & L_{22}-L' & L_{23} & \cdots \\ L_{31} & L_{32} & L_{33}-L' & \cdots \\ \cdots & \cdots & \cdots & \cdots \\ \cdots & \cdots & \cdots & \cdots \\ \cdots & \cdots & \cdots & \cdots \end{pmatrix}\begin{pmatrix} a_1 \\ a_2 \\ a_3 \\ \cdots \\ \cdots \\ \cdots \end{pmatrix}=0 \tag{7-43}$$

它是 $a_k(k=0,1,2,\cdots)$满足的线性齐次方程组，有非平庸解的条件为(此方程组有非零解的条件是其系数行列式等于零)

$$\det|L_{jk}-L'\delta_{jk}|=0$$

明显得出

$$\begin{vmatrix} L_{11}-L' & L_{12} & L_{13} & \cdots \\ L_{21} & L_{22}-L' & L_{23} & \cdots \\ L_{31} & L_{32} & L_{33}-L' & \cdots \\ \cdots & \cdots & \cdots & \cdots \\ \cdots & \cdots & \cdots & \cdots \\ \cdots & \cdots & \cdots & \cdots \end{vmatrix}=0 \tag{7-44}$$

式(7-44)称为久期方程(从天体力学的微扰论中借用来的术语)。设表象空间维数为 N，则上式是 L'的 N 次幂代数方程。对于可观测量，L_{jk} 为厄米矩阵($L_{jk}^*=L_{kj}$)，可以证明，上列方程必有 N 个实根，记为 $L_j'(j=0,1,2,\cdots,N)$。分别用 L_j'代入式(7-44)，可求出相应的解 $a_k^{(j)}$ $(k=0,1,2,\cdots,N)$，表示成列矢为

$$\begin{pmatrix} a_1^{(j)} \\ a_2^{(j)} \\ \vdots \\ a_N^{(j)} \end{pmatrix} \quad (j=0,1,2,\cdots,N)$$

它就是与本征值 L_j'相应的本征态在 F 表象中的表示。

给定算符如何求本征值与本征函数：①先求用矩阵表示的本征方程；②代入久期方程求得本征值的解；③本征值代入本征方程求本征函数。

4. 举例

[例 7.7] 已知在正交归一化基底$\{u_1,u_2,u_3\}$所张开的三维空间中，体系能量算符 $\hat{H}$ 的

表示矩阵为：$\hat{H}=\begin{bmatrix}2\hbar\omega & 0 & 0\\ 0 & 0 & \hbar\omega\\ 0 & \hbar\omega & 0\end{bmatrix}$。求能量的本征值和本征态。

解：在以$\{u_1,u_2,u_3\}$为基底的表象上，$\hat{H}$ 的本征方程为

$$\begin{bmatrix}2\hbar\omega & 0 & 0\\ 0 & 0 & \hbar\omega\\ 0 & \hbar\omega & 0\end{bmatrix}\begin{bmatrix}C_1\\ C_2\\ C_3\end{bmatrix}=E\begin{bmatrix}C_1\\ C_2\\ C_3\end{bmatrix}$$

久期方程为
$$\begin{vmatrix}2\hbar\omega-E & 0 & 0\\ 0 & -E & \hbar\omega\\ 0 & \hbar\omega & -E\end{vmatrix}=0$$

解得能量本征值 $E_1=2\hbar\omega, E_2=\hbar\omega, E_3=-\hbar\omega$ 分别代入本征方程并利用归一化条件可得到相应本征波函数

$$E_1=2\hbar\omega \quad \Phi_1=\begin{bmatrix}1\\ 0\\ 0\end{bmatrix}$$

$$E_2=\hbar\omega \quad \Phi_2=\frac{1}{\sqrt{2}}\begin{bmatrix}0\\ 1\\ 1\end{bmatrix}$$

$$E_3=-\hbar\omega \quad \Phi_3=\frac{1}{\sqrt{2}}\begin{bmatrix}0\\ 1\\ -1\end{bmatrix}$$

习　　题

7.1 如果算符 $\hat{\alpha}$、$\hat{\beta}$ 满足条件 $\hat{\alpha}\hat{\beta}-\hat{\beta}\hat{\alpha}=1$，

求证：(1) $\hat{\alpha}\hat{\beta}^2-\hat{\beta}^2\hat{\alpha}=2\hat{\beta}$；

(2) $\hat{\alpha}\hat{\beta}^3-\hat{\beta}^3\hat{\alpha}=3\hat{\beta}^2$；

(3) $\hat{\alpha}\hat{\beta}^n-\hat{\beta}^n\hat{\alpha}=n\hat{\beta}^{n-1}$。

7.1 求：(1) $\hat{L}_x x-x\hat{L}_x$；

(2) $\hat{L}_y x-x\hat{L}_y$；

(3) $\hat{L}_z x-x\hat{L}_z$。

并由此推出 $\hat{L}_x,\hat{L}_y,\hat{L}_z$分别与 y,z 的对易关系。

7.3 一维运动的粒子处在

$$\Psi(x)=\begin{cases}Axe^{-\lambda x} & 当\ x\geqslant 0\\ 0 & 当\ x\leqslant 0\end{cases} \quad (\lambda>0)$$

求$\overline{(\Delta x)^2}\cdot\overline{(\Delta p)^2}$。

7.4 利用测不准关系估计谐振子的基态能量。

7.5 利用测不准关系估计氢原子基态能量。

7.6 设粒子处于 $Y_{lm}(\theta,\varphi)$状态，求$\overline{\Delta L_x^2}$，$\overline{\Delta L_y^2}$。

7.7 求在动量表象中角动量 L_x 的矩阵元和 L_x^2 的矩阵元。

7.8 设体系处于 $\Psi=c_1Y_{11}+c_2Y_{20}$态，求：

(1) $\hat{l}_z$的可能测值及其平均值。

(2) $\hat{l}^2$ 的可能测值及相应的概率。

(3) $\hat{l}_x$，$\hat{l}_y$的可能测值。

7.9 设粒子处在宽度为 a 的无限深势阱中，求能量表象中粒子坐标和动量的矩阵表示。

7.10 设体系处在某一状态，在该状态中测量力学量 $\hat{L}^2$ 得到的值是 $2\hbar^2$，测量力学量 $\hat{L}_z$得到的值是$-\hbar$，求测量力学量 $\hat{L}_x$和$\hat{L}_y$可能得到的值。

7.11 如果体系的哈密顿算符不显含时间，证明对于具有分立能谱的状态，动量的平均值为零。

7.12 设线性谐振子处于 $\Psi(x)=\frac{1}{2}\Psi_0(x)-\frac{3}{2}\Psi_1(x)$描述状态，则在该态中，能量可能取哪些值？概率各是多少？能量的平均值是多少？

7.13 求动量算符 $\hat{p}_x$在一维谐振子势的能量表象中的矩阵表示。

7.14 一维谐振子处于基态 $\Psi_0(x)$态，求该态中：

(1) 势能的平均值 $\overline{U}=\frac{1}{2}m\omega^2\overline{x}^2$；

(2) 动能的平均值 $\overline{T}=\frac{\overline{p}^2}{2m}$；

(3) 动量的概率分布。

7.15 氢原子处于 $\Psi(r)=\frac{1}{\sqrt{\pi a_0^3}}\mathrm{e}^{-\frac{r}{a_0}}$态，求：

(1) r 的平均值；

(2) $-\frac{\mathrm{e}^2}{r}$的平均值；

(3) 概率最大的半径；

(4) 动能平均值。

7.16 线性谐振子在初始时刻处于下面归一化状态：

$$\Psi(x,0)=\sqrt{\frac{1}{5}}\Psi_0+\sqrt{\frac{1}{2}}\Psi_2+a_5\Psi_5$$

式中，$\Psi_n(x)$表示谐振子第 n 个定态波函数，求：

(1) 系数 a_5；

(2) 写出 t 时刻的波函数；

(3) $t=0$ 时刻谐振子能量的可能取值及其相应概率，并求其平均值；

$t=t$ 时刻谐振子能量的可能取值及其相应概率，并求其平均值。

7.17 $t=0$ 时，粒子处于态

$$\Psi(x)=A[\sin^2kx+\frac{1}{2}\cos kx]$$

求此时粒子平均能量和平均动能。

7.18 试求角动量平方算符 L^2，当函数为 $Y(\theta,\phi)=A(\cos\theta+\alpha\sin\theta\cos\phi)$时的本征值。

7.19 求解自由一维粒子的能量本征方程。

7.20 求 $\hat{p}_x=-\mathrm{i}\hbar\frac{\mathrm{d}}{\mathrm{d}x}$的本征方程。

第8章 量子力学的近似方法

第 6 章和第 7 章分别介绍了量子力学的基本理论，使用这些理论解决了一些简单的问题。如一维无限深势阱问题、线性谐振子问题、势垒贯穿问题、氢原子问题等，这些问题都给出了精确解析解。然而，对于大量的实际问题，薛定谔方程能有精确解的情况很少。因此，用量子力学求问题近似解的方法就显得特别重要。

近似解问题分为两类

(1) 体系的哈密顿量不是时间的显函数——定态问题；

(2) 体系的哈密顿显含时间——状态之间的跃迁问题。

微扰论是从简单问题的精确解出发来求较复杂问题的近似解。一般分为两大类：一类是体系的哈密顿算符是时间的显函数的情况 $\hat{H}=\hat{H}(\hat{\boldsymbol{r}},\hat{\boldsymbol{p}},t)$，这叫作含时微扰，可以用来解释有关跃迁的问题；另一类是体系的哈密顿算符不是时间的显函数，$\hat{H}=\hat{H}(\hat{\boldsymbol{r}},\hat{\boldsymbol{p}})$，这叫作定态微扰，用来决定体系的定态能级和相应的波函数至所需要的精确度。本章分别介绍定态微扰理论和含时微扰论及其应用。

8.1 非简并定态微扰理论

本节讨论的是 $\hat{H}$ 与 t 无关的情况，设 $\hat{H}=\hat{H}(\hat{\boldsymbol{r}},\hat{\boldsymbol{p}})$，要求其本征值和本征函数 $\hat{H}\Psi=E\Psi$ 一般没有解析解，为解决这问题，将 $\hat{H}$ 表示为

$$\hat{H}=\hat{H}_0+\hat{H}' \tag{8-1}$$

式中，$\hat{H}_0$ 很接近 $\hat{H}$，且有解析解；而 $\hat{H}_1$ 是小量，为易于表达其大小的量级，不妨令

$$\hat{H}(\lambda)=\hat{H}_0+\lambda\hat{H}_1 \quad \hat{H}(\lambda)\xrightarrow{\lambda\to 0}\hat{H}_0 \tag{8-2}$$

设 $\hat{H}_0$ 的本征值和本征函数分别为 E_k^0，Ψ_k^0，

$$\hat{H}_0\Psi_k^0=E_k^0\Psi_k^0 \tag{8-3}$$

Ψ_k^0 构成一正交，归一完备组，$\int\Psi_k^*\Psi_m\mathrm{d}\tau=\delta_{nm}=\begin{cases}0 & k\neq m\\ 1 & k=m\end{cases}$。

现求解 $$\hat{H}\Psi_k=E_k\Psi_k$$

即

$$(\hat{H}_0+\lambda\hat{H}_1)\Psi_k=E_k\Psi_k \tag{8-4}$$

E_k，Ψ_k 是通过逐级逼近来求精确解的，即将 E_k，Ψ_k 对 λ 展开。由于涉及 λ 的项较少，因此，E_k 应接近 E_k^0，Ψ_k 接近 Ψ_k^0。所以，应从 E_k^0，Ψ_k^0 出发求 E_k，Ψ_k。当 $\lambda\to0$，即 $\hat{H}_1\to0$，$\Psi_k\to\Psi_k^0$，$E_k\to E_k^0$。非简并微扰论就是处理的那一条能级是非简并的(或即使有简并，但相应的简并态并不影响处理的结果)。写出 Ψ_k，E_k 对 λ 展开式：

$$\left.\begin{aligned}\Psi_k&=\Psi_k^0+\lambda\Psi_k^{(1)}+\lambda^2\Psi_k^{(2)}+\cdots\\E_k&=E_k^0+\lambda E_k^{(1)}+\lambda^2E_k^{(2)}+\cdots\end{aligned}\right\} \tag{8-5}$$

将式(8-5)代入式(8-4)得

$$\begin{aligned}&(\hat{H}_0+\lambda\hat{H}_1)(\Psi_k^0+\lambda\Psi_k^{(1)}+\lambda^2\Psi_k^{(2)}+\cdots)\\&=(E_k^0+\lambda E_k^{(1)}+\lambda^2E_k^{(2)}+\cdots)(\Psi_k^0+\lambda\Psi_k^{(1)}+\lambda^2\Psi_k^{(2)}+\cdots)\end{aligned}$$

于是有

λ^0：
$$\hat{H}_0\Psi_k^0=E_k^0\Psi_k^0 \tag{8-6}$$

λ^1：
$$\hat{H}_0\Psi_k^{(1)}+\hat{H}_1\Psi_k^0=E_k^0\Psi_k^{(1)}+E_k^{(1)}\Psi_k^0 \tag{8-7}$$

λ^2：
$$\hat{H}_0\Psi_k^{(2)}+\hat{H}_1\Psi_k^{(1)}=E_k^0\Psi_k^{(2)}+E_k^{(1)}\Psi_k^{(1)}+E_k^{(2)}\Psi_k^{(2)} \tag{8-8}$$

1. 一级微扰近似

$$\hat{H}_0\Psi_k^{(1)}+\hat{H}_1\Psi_k^0=E_k^0\Psi_k^{(1)}+E_k^{(1)}\Psi_k^0 \tag{8-9}$$

1) 以 Ψ_k^0 标积

$$E_k^{(1)}=\int\Psi_k^{0*}\hat{H}_1\Psi_k^0\mathrm{d}\tau$$

为解 λ 的一级方程，$\Psi_k^{(1)}$ 要用 $\hat{H}_0$ 的本征函数展开：$\Psi_k^{(1)}=\sum\limits_i{}'a_i^0\Psi_i^0$，其中右边求和号上角加一撇表示求和时不包括 $i\neq k$ 的项。

2) 以 Ψ_i^{0*} 标积

$$E_i^0a_{ik}^{(1)}+\int\Psi_i^{0*}\hat{H}_1\Psi_k^0\mathrm{d}\tau=E_k^0a_{ik}^{(1)}$$

$$a_{ik}^{(1)}=\frac{\int\Psi_i^{0*}\hat{H}_1\Psi_k^0\mathrm{d}\tau}{E_k^0-E_i^0}=\frac{(\hat{H}_1)_{ik}}{E_k^0-E_i^0}$$

因此，在一级近似下

$$E_k=E_k^0+\lambda E_k^{(1)}=E_k^0+\lambda\int\Psi_k^{0*}\hat{H}_1\Psi_k^0\mathrm{d}\tau$$

$$\Psi_k=\Psi_k^0+\lambda\Psi_k^{(1)}=\Psi_k^0+\lambda\sum_i{}'\frac{\int\Psi_i^{0*}\hat{H}_1\Psi_k^0\mathrm{d}\tau}{E_k^0-E_i^0}\Psi_i^0 \tag{8-10}$$

(归一化，准至一级)

所以，在 E_k^0 这条能级为非简并时，其能量的一级修正恰等于微扰 $\hat{H}_1$ 在无微扰状态 Ψ_k^0 的平均值。

2. 二级微扰近似

当微扰较大时，或一级微扰为零时，二级微扰就变得重要了，由 λ^2 项得

$$\hat{H}_0\Psi_k^{(2)}+\hat{H}_1\Psi_k^{(1)}=E_k^0\Psi_k^{(2)}+E_k^{(1)}\Psi_k^{(1)}+E_k^{(2)}\Psi_k^{(2)} \tag{8-11}$$

令：$\Psi_k^{(2)}=\sum\limits_i{}' a_{ik}^{(2)}\Psi_i^0$，其中右边求和号上角加一撇表示求和时不包括 $i\neq k$ 的项。

$$\hat{H}_0\sum_i{}' a_{ik}^{(2)}\Psi_i^0+\hat{H}_1\sum_i{}' a_{ik}^{(1)}\Psi_i^0=E_k^0\sum_i{}' a_{ik}^{(2)}\Psi_i^0+E_k^1\sum_i{}' a_{ik}^{(1)}\Psi_i^0+E_k^{(2)}\Psi_k^0$$

以 Ψ_k^{0*} 进行标积，得

$$E_k^{(2)}=\sum_i{}'(\hat{H}_1)_{ki}a_{ik}^{(1)}=\sum_i{}'\frac{(\hat{H}_1)_{ki}(\hat{H}_1)_{ik}}{E_k^0-E_i^0}=\sum_i{}'\frac{|(\hat{H}_1)_{ik}|^2}{E_k^0-E_i^0} \tag{8-12}$$

其中：
$$(\hat{H}_1)_{ik}=\int\Psi_k^{0*}\hat{H}_1\Psi_i^0\,\mathrm{d}\tau$$

以 Ψ_j^{0*} $(j\neq k)$进行标积，得

$$(E_k^0-E_j^0)a_{jk}^{(2)}=\sum_i{}'\int\Psi_j^{0*}\hat{H}_1\Psi_i^0\,\mathrm{d}\tau\frac{\int\Psi_i^{0*}\hat{H}_1\Psi_k^0\,\mathrm{d}\tau}{E_k^0-E_i^0}-\int\Psi_k^{0*}\hat{H}_1\Psi_k^0\,\mathrm{d}\tau\frac{\int\Psi_i^{0*}\hat{H}_1\Psi_k^0\,\mathrm{d}\tau}{E_k^0-E_i^0}$$

$$a_{jk}^{(2)}=\frac{1}{(E_k^0-E_j^0)}\left(\sum_i{}'\int\Psi_j^{0*}\hat{H}_1\Psi_i^0\,\mathrm{d}\tau\frac{\int\Psi_i^{0*}\hat{H}_1\Psi_k^0\,\mathrm{d}\tau}{E_k^0-E_i^0}-\int\Psi_k^{0*}\hat{H}_1\Psi_k^0\,\mathrm{d}\tau\frac{\int\Psi_i^{0*}\hat{H}_1\Psi_k^0\,\mathrm{d}\tau}{E_k^0-E_i^0}\right)$$

$$=\frac{1}{(E_k^0-E_j^0)}\left[\sum_i{}'(\hat{H}_1)_{ji}\frac{(\hat{H}_1)_{ik}}{E_k^0-E_i^0}-\frac{(\hat{H}_1)_{kk}(\hat{H}_1)_{ik}}{E_k^0-E_i^0}\right]$$

准至二级的能量和波函数

$$E_k=E_k^0+\lambda E_k^1+\lambda^2E_k^{(2)}=E_k^0+\lambda(\hat{H}_1)_{kk}+\lambda^2\sum_i{}'(\hat{H}_1)_{ki}a_{ik}^{(1)}=E_k^0+\lambda(\hat{H}_1)_{kk}+\lambda^2\sum_i{}'\frac{|(\hat{H}_1)_{ik}|^2}{E_k^0-E_i^0}$$

$$\Psi_k=\Psi_k^0+\lambda\Psi_k^{(1)}+\lambda^2\Psi_k^{(2)}$$

$$=\Psi_k^0+\lambda\sum_i{}'\Psi_i^0\frac{(\hat{H}_1)_{ik}}{E_k^0-E_i^0}+\lambda^2\sum_j{}'\frac{\Psi_j^0}{(E_k^0-E_j^0)}\sum_i{}'\left[\frac{(\hat{H}_1)_{ji}(\hat{H}_1)_{ik}}{E_k^0-E_i^0}-\frac{(\hat{H}_1)_{jk}(\hat{H}_1)_{kk}}{E_k^0-E_j^0}\right] \tag{8-13}$$

显然，要使近似解逼近真实解，就要恰当选取 $\hat{H}_0$，$\hat{H}_1$，而且要求 $\left|\frac{(\hat{H}_1)_{ik}}{E_k^0-E_i^0}\right|\ll1$，这样取一级近似才可以满足精度要求。

由微扰的能量二级修正公式可以看出，对于基态 $E_k^0<E_i^0$，即 $E_k^0-E_i^0<0$，所以，二级微扰是负的，使能级下降。

[例 8.1] 考虑一个粒子在位势：

$$V(x)=\begin{cases}\frac{1}{2}m\omega^2x^2 & |x|\leqslant a\\ \frac{1}{2}m\omega^2a^2 & |x|>a\end{cases}$$

试用微扰理论求粒子的定态能量。

解：

$$\hat{H}=\begin{cases}\dfrac{P_x^2}{2m}+\dfrac{1}{2}m\omega^2x^2 & |x|\leqslant a\\ \dfrac{P_x^2}{2m}+\dfrac{1}{2}m\omega^2a^2 & |x|>a\end{cases}$$

$$\hat{H}=\hat{H}_0+\hat{H}_1$$

$$\hat{H}_0=\frac{1}{2}P_x^2+\frac{1}{2}m\omega^2x^2$$

$$\hat{H}_1=\begin{cases}0 & |x|\leqslant a\\ -\dfrac{1}{2}m\omega^2(x^2-a^2) & |x|>a\end{cases}$$

所以 $$E_n^1=\int_{-\infty}^{\infty}\varphi_n^{0*}(\hat{H}_1)\varphi_n^0\mathrm{d}x=-\frac{1}{2}m\omega^2\cdot 2\int_a^{\infty}(x^2-a^2)u_n^2\mathrm{d}x$$

准至一级修正的能量为

$$E_n=\left(n+\frac{1}{2}\right)\hbar\omega-\frac{1}{2}m\omega^2\cdot 2\int_a^{\infty}(x^2-a^2)|u_n|^2\mathrm{d}x$$

(1) 微扰论的应用限度：如 E 准到一级，可以看出，E_n 完全是分立能级。但事实上，当 $E>\frac{1}{2}m\omega^2a^2$ 时，粒子是自由的，因此是连续的，可取任何值。而要其比较精确，必须有：

$$E_n\ll\frac{1}{2}m\omega^2a^2$$

即 $$\left(n+\frac{1}{2}\right)\hbar\omega\ll\frac{1}{2}m\omega^2a^2$$

(2) 经典力学和量子力学的差别：经典粒子不能运动到 $|x|>\sqrt{\frac{2E}{m\omega^2}}$ 之外区域，而量子力学中，粒子有一定概率在 $|x|>\sqrt{\frac{2E}{m\omega^2}}$ 区域中，这是由于 $\frac{1}{2}m\omega^2x^2\geqslant V(x)$。

[例 8.2] 已知一个 μ^- 在核(Ze，Z 为核的电荷数)库仑场中运动

$$\hat{H}_0=\frac{\hat{p}^2}{2m}-\frac{Ze^2}{4\pi\varepsilon_0 r}$$

相应能量为 $E_n^0=-\frac{Ze^2}{8\pi\varepsilon_0 a\hbar^2}$，$a_0=\frac{\hbar^2}{me^2}$。当原子核发生 β^- 衰变后，该 μ^- 在 $(Z+1)$ 的库仑场中运动，这时 μ^- 的哈密顿量为 $\hat{H}=\frac{\hat{p}^2}{2m}-\frac{(Z+1)e^2}{4\pi\varepsilon_0 r}$，试用微扰论求衰变后 μ^- 原子的能级。

解：

$$\hat{H}=\frac{\hat{p}^2}{2m}-\frac{(Z+1)e^2}{4\pi\varepsilon_0 r}=\hat{H}_0-\frac{e^2}{4\pi\varepsilon_0 r}$$

因为一级微扰论的能量修正 $E_k^1=(\hat{H}_1)_{kk}$，即

$$E_{nlm}^{(1)}=\frac{1}{Z}\cdot 2E_n=\frac{1}{Z}\left[-\frac{(Ze)^2}{4\pi\varepsilon_0 an^2}\right]=-\frac{Ze^2}{4\pi\varepsilon_0 a_0 n^2}$$

于是 μ^- 原子的能级 E_n 为 $E_n=E_n^{(0)}+E_n^{(1)}=-\frac{Z^2e^2}{8\pi\varepsilon_0 a_0 n^2}-\frac{Ze^2}{4\pi\varepsilon_0 a_0 n^2}=-\frac{Z(Z+2)e^2}{8\pi\varepsilon_0 a_0 n^2}$

事实上，这一问题是可以精确求解的，得

$$E_n=-\frac{(Z+1)^2e^2}{8\pi\varepsilon_0 a_0 n^2}$$

近似解与精确解的差为 $\Delta E=\frac{e^2}{8\pi\varepsilon_0 a_0 n^2}$。

由此可见：Z 越大，微扰的精确性越大，到一级就很精确，所以低级近似就可以达到较精确的程度。

3. 非简并定态微扰论的适用条件

在非简并情况下，受扰动体系的能量和态矢量分别由下式给出：

$$E_k=E_k^0+\lambda E_k^1+\lambda^2E_k^{(2)}=E_k^0+\lambda(\hat{H}_1)_{kk}+\lambda^2\sum_i{}'(\hat{H}_1)_{ki}a_{ik}^{(1)}$$

$$=E_k^0+\lambda(\hat{H}_1)_{kk}+\lambda^2\sum_i{}'\frac{|(\hat{H}_1)_{ik}|^2}{E_k^0-E_i^0} \tag{8-14}$$

$$\Psi_k=\Psi_k^0+\lambda\Psi_k^{(1)}+\lambda^2\Psi_k^{(2)}$$

$$=\Psi_k^0+\lambda\sum_i{}'\Psi_i^0\frac{(\hat{H}_1)_{ik}}{E_k^0-E_i^0}+\lambda^2\sum_j{}'\frac{\Psi_j^0}{(E_k^0-E_j^0)}\sum_i{}'\left[\frac{(\hat{H}_1)_{ji}(\hat{H}_1)_{ik}}{E_k^0-E_i^0}-\frac{(\hat{H}_1)_{jk}(\hat{H}_1)_{kk}}{E_k^0-E_j^0}\right] \tag{8-15}$$

欲使两式有意义，则要求二级数收敛。由于不知道级数的一般项，无法判断级数的收敛性，只能要求级数已知项中，后项远小于前项。由此得到微扰理论适用条件是：

$$\left|\frac{H'_{ik}}{E_k^{(0)}-E_i^{(0)}}\right|\ll 1\quad (E_k^{(0)}\neq E_i^{(0)})$$

这就是本节开始时提到的关于 $\hat{H}'$ 很小的明确表示式。当这一条件被满足时，由上式计算得到的一级修正通常可给出相当精确的结果。

微扰适用条件表明：

(1) $H'_{ik}=\int\Psi_i^{0*}\hat{H}'\Psi_k^0\mathrm{d}\tau$ 要小，即微扰矩阵元要小。

(2) $E_k^{(0)}-E_i^{(0)}$ 要大，即能级间距要宽。例如，库仑场中体系的能级与量子数 n 的平方成反比，当 n 增大时，能级间的距离很小，这时微扰理论就不适用了，因此微扰理论只适用于计算低能级($n\alpha$)的修正。

利用微扰论解决定态问题必须注意的事项：

(1) $\hat{H}$ 不显含时间 t，属于定态问题；

(2) $\hat{H}$ 能写成 $\hat{H}=\hat{H}_0+\hat{H}'$，而且 $\hat{H}_0$ 的本征值和本征函数是已知或容易求得的，$\hat{H}'$ 必须尽可能地小(为微小量)，$\hat{H}_0$ 应该把 $\hat{H}$ 中的大部分包含进去。

(3) 考虑体系未受微扰时所处能级的简并度。

讨论：

(1) 在一阶近似下：

$$\Psi_k=\Psi_k^{(0)}+\lambda\Psi_k^{(1)}=\Psi_k^{(0)}+\lambda\sum_i{}'\frac{\int\Psi_i^{(0)*}\hat{H}_1\Psi_k^{(0)}\mathrm{d}\tau}{E_k^{(0)}-E_i^{(0)}}\Psi_i^{(0)}$$

表明扰动态 Ψ_k 可以看成是未扰动态 $\Psi_k^{(0)}$ 的线性叠加。

(2) 展开系数$\frac{H'_{nk}}{E_k^{(0)}-E_n^{(0)}}$表明第$n$ 个未扰动态 $\Psi_n^{(0)}$ 对第k 个扰动态 Ψ_k 的贡献有多大。展开系数反比于扰动前状态间的能量间隔，所以能量最接近的态 $\Psi_n^{(0)}$ 混合得也越强。因此态的一阶修正无须计算无限多项。

(3) 由 $E_k=E_k^{(0)}+E_k^{(1)}=E_k^{(0)}+H'_{kk}$ 可知，扰动后体系能量是由扰动前第 k 态能量 $E_k^{(0)}$ 加上微扰 Hamilton 量 $\hat{H}'$在未微扰态 $\Psi_k^{(0)}$ 中的平均值组成的。该值可能是正或负，引起原来能级上移或下移。

(4) 对满足适用条件

$$\left|\frac{H'_{nk}}{E_k^{(0)}-E_n^{(0)}}\right|\ll 1\quad(E_k^{(0)}\neq E_n^{(0)})$$

的微扰问题，通常只求一阶微扰其精度就足够了。如果一级能量修正 $H'_{kk}=0$，就需要求二级修正，态矢求到一级修正即可。

8.2　简并态微扰理论*

前一节讨论了 $\hat{H}_0$ 的能量本征值无简并的情况。但在很多束缚态问题中，能级往往是简并的。本节将讨论怎么用微扰法处理简并情况下的体系能量本征值问题。

假设不考虑微扰时，体系处于某简并能级 E_k^0，即

$$E^{(0)}=E_k^{(0)}\tag{8-16}$$

与非简并态不同的是，此时零级波函数不能完全确定，但其一般形式必为

$$\Psi^{(0)}=\sum_{\mu=1}^{f_k}a_\mu\Psi_{k\mu}^0\tag{8-17}$$

设 $\Psi_{k\mu}^{(0)}$ 是归一化的，且相互正交。将式(8-16)、式(8-17)代入式(8-4)，得

$$(\hat{H}_0-E^{(0)})\Psi^{(1)}=(E^{(1)}-\hat{H}')\Psi^{(0)}\tag{8-18}$$

$$(\hat{H}_0-E^{(0)})\Psi^{(1)}=(E^{(1)}-\hat{H}')\Psi^{(0)}=(E^{(1)}-\hat{H}')\sum_{\mu=1}^{f_k}a_\mu\Psi_{k\mu}^0$$

左乘 $\Psi_{k\mu'}^{*(0)}$，(取标积)，考虑到式(8-16)的约定，得

$$\int\Psi_{k\mu''}^{*(0)}(\hat{H}_0-E_k^{(0)})\Psi^{(1)}\mathrm{d}\tau=\int\Psi_{k\mu'}^{*(0)}(E^{(1)}-\hat{H}')\sum_{\mu=1}^{f_k}a_\mu\Psi_{k\mu}^0\mathrm{d}\tau$$

$$\sum_{\mu=1}^{f_k}(H''_{\mu'\mu}-E^{(1)}\delta_{\mu'\mu})a_\mu=0\tag{8-19}$$

式中，$\mu',\mu=1,2,\cdots,f_k$。以 a_μ 为未知量的线性齐次方程组，写成矩阵形式

$$\begin{pmatrix} H'_{11}-E^{(1)} & H'_{12} & \cdots & H'_{1k} \\ H'_{21} & H'_{22}-E^{(1)} & \cdots & H'_{2k} \\ \cdots & \cdots & \cdots & \cdots \\ H'_{f_k1} & H'_{f_k2} & \cdots & H'_{f_kf_k}-E^{(1)} \end{pmatrix} \begin{pmatrix} a_1 \\ a_2 \\ \cdots \\ a_{f_k} \end{pmatrix} = 0 \tag{8-20}$$

$$H'_{\mu'\mu} = \int \Psi_{k\mu'}^{(0)} \hat{H}' \Psi_{k\mu}^{(0)} \mathrm{d}\tau$$

通过久期方程求 $E^{(1)}$。

这是一个以系数 a_μ 为未知量的齐次方程组，方程组有非零解的条件是其系数行列式等于零。

$$\det|H'_{\mu'\mu} - E^{(1)}\delta_{\mu'\mu}| = 0 \tag{8-21}$$

即

$$\begin{vmatrix} H'_{11}-E^{(1)} & H'_{12} & \cdots & H'_{1k} \\ H'_{21} & H'_{22}-E^{(1)} & \cdots & H'_{2k} \\ \cdots & \cdots & \cdots & \cdots \\ H'_{f_k1} & H'_{f_k2} & \cdots & H'_{f_kf_k}-E^{(1)} \end{vmatrix} = 0 \tag{8-22}$$

上式是 $E^{(1)}$ 的 f_k 次幂方程。根据 $\hat{H}'$ 的厄米性，方程(8-22)必然有 f_k 个实根，记为 $E_{k\alpha}^{(1)}$，$\alpha=1,2,\cdots,f_k$，分别把每一个根 $E_{k\alpha}^{(1)}$ 代入方程(8-20)，即可求得相应的解，记为 $a_{\alpha\mu}$，$\mu=1,2,\cdots,f_k$。于是得出新的零级波函数

$$\Psi_{k\alpha}^{(0)} = \sum_{\mu=1}^{f_k} a_{\alpha\mu} \Psi_{k\mu}^{(0)} \tag{8-23}$$

它相应的准确到一级微扰修正的能量为

$$E_k = E_k^{(0)} + E_{k\alpha}^{(1)} \tag{8-24}$$

如 f_k 个根 $E_{k\alpha}^{(1)}$ 无重根，则原来的 f_k 重简并能级 $E_k^{(0)}$ 将完全解除简并，分裂为 f_k 条。所对应的波函数和能量本征值由式(8-23)和式(8-24)给出。但如 $E_{k\alpha}^{(1)}$ 有部分重根，则能级简并未完全解除。凡未完全解除简并的能量本征值，相应的零级波函数仍是不确定的。

(1) $E_{k\alpha}^{(1)}$ 都不等，简并完全消除，能级完全分裂；

(2) $E_{k\alpha}^{(1)}$ 部分相等，简并部分消除，能级部分分裂；

(3) $E_{k\alpha}^{(1)}$ 都相等，简并完全不消除，能级完全不分裂。

对于第(2)和第(3)种，必须进一步考虑能量的二级、三级修正，才有可能使能级完全分裂开来。一般情况下，求到能量的一级近似和波函数的零级近似就可以了。

[例 8.3] 将刚体转子置于外电场中，能级发生移动的现象称为斯塔克效应(Stark effect)。若角动量为 $\hat{L}$，转动惯量为 I、电偶极矩为 $\boldsymbol{d}$ 的空间转子处于均匀电场 $\boldsymbol{\varepsilon}$ 中，设电场较小，试用微扰法求空间转子的基态能量。

解：转子的角动量为 $\hat{L}$，电偶极矩为 $\boldsymbol{d}$，当置于均匀外电场中

$$\hat{H} = \hat{H}_0 + \hat{H}_1 = \frac{L^2}{2I} - \boldsymbol{d}\cdot\boldsymbol{\varepsilon} = \frac{L^2}{2I} - d\varepsilon\cos\theta \quad (\text{取电场方向为 } z)$$

显然 $\hat{H}_0 Y_{lm}=E_l^0 Y_{lm}=\frac{l(l+1)\hbar^2}{2I}Y_{lm}$（有 $2l+1$ 重简并），

由于 $\hat{H}_1=-d\varepsilon\cos\theta$ 而 $\hat{L}_z=-\mathrm{i}\hbar\frac{\partial}{\partial\varphi}$

所以
$$[\hat{L}_z,\hat{H}_1]=0$$

因此，$\hat{H}_1 Y_{lm}$ 运算到 $\hat{L}_z$ 的本征态上，不改变其本征值

$$\hat{L}_z\hat{H}_1 Y_{lm}=\hat{H}_1\hat{L}_z Y_{lm}=m\hbar\hat{H}_1 Y_{lm}$$

所以，$\hat{H}_1 Y_{lm}$ 也是 $\hat{L}_z$ 的本征态，本征值仍为 $m\hbar$。由递推关系

$$\cos\theta Y_{lm}(\theta,\varphi)=a_{lm}Y_{l+1m}+a_{l-1m}Y_{l-1m}$$

而
$$a_{lm}=\sqrt{\frac{(l+1)^2-m^2}{(2l+1)(2l+3)}}$$

所以
$$\int Y_{l'm'}^*\cos\theta Y_{lm}\mathrm{d}\Omega=(a_{lm}\delta_{l'l+1}+a_{l-1m}\delta_{l'l-1})\delta_{m'm}$$

因此尽管每一条能级 $E_l^0=\frac{l(l+1)\hbar^2}{2I}$ 有 $2l+1$ 重简并。但是，对某一态 Y_{lm} 有相互作用的是那些同 m 但不同 l 的能级。所以，如考虑未微扰的能级态为 Y_{lm}，则只需要在所有不同 l 但同 m 的状态 $Y_{l'm}$ 中来考虑。这样尽管能级是简并的，但就一个态而言，可看作“没有简并”的态，其他的态对它没有任何影响（在微扰下），从而可用非简并微扰论来处理。

$$E_{lm}^1=-d\varepsilon\int Y_{lm}^*\cos\theta Y_{lm}\mathrm{d}\Omega=0$$

$$\begin{aligned}
E_{lm}^2&=\sum_{l'm'}{}'\frac{|(\hat{H}_1)_{l'm'lm}|}{E_l^0-E_{l'}^0}\\
&=\frac{2I}{\hbar^2}d^2\varepsilon^2\sum_{l'}{}'\frac{\frac{(l+1)^2-m^2}{(2l+1)(2l+3)}\delta_{l'l+1}+\frac{l^2-m^2}{(2l-1)(2l+1)}\delta_{l'l-1}}{l(l+1)-l'(l'+1)}\\
&=\frac{d^2\varepsilon^2}{2E_l^0}\cdot\frac{l(l+1)-3m^2}{(2l-1)(2l+3)}
\end{aligned}$$

所以
$$E_{lm}=E_l^0\left[1+\left(\frac{d\cdot\varepsilon}{E_l^0}\right)^2\frac{l(l+1)-3m^2}{2(2l-1)(2l+3)}\right]$$

由此可看出，简并部分解除（同 l 不同 $|m|$ 的能量不同，但 $\pm m$ 相同）。lm 和 $(l-m)$ 态仍简并，即 $2l+1$ 重简并变成了 $l+1$ 重简并（$m=0$ 不简并，而其他的为二重简并）。

简并的解除，实际上是 $\hat{H}_0$ 的对称性被破坏。如没有完全解除，那实际上对称性没有完全被破坏。

8.3　含时微扰论

前面几节中的讨论，都只限于定态问题。所研究的对象是定态薛定谔方程的近似解。即使是外界的微扰，也不随时间变化而改变，因而体系的能量是守恒的。当然，这只是实际情况中的一种理想情况，因为即使外界加于体系的是个等于常数的微扰，但由于加入微扰总是从某

个时刻开始，微扰对于体系的作用也总有一定的时间，因此严格说来，它总是与时间有关的。比方说，要讨论原子在外来作用下从一个量子态跃迁到另一个量子态的情况，外来作用不管多弱，作用的时间也不管多长多短，虽然原来未受外来作用时的原子处于定态，但加入微扰后，总是一个含时间的问题。因此，有必要将讨论推广到含时间的情况。

另外，必须指出，对于处理量子跃迁，玻尔理论并非一个完美无缺的理论。诚然，按照玻尔量子说，可以计算电子在原子中的自发跃迁或受激跃迁后所发出的光谱线的波长或频率。但是它不能给出谱线宽度。因为玻尔理论不能算出电子从一个量子态跃迁到另一个量子态的跃迁概率。要处理可以看成是微扰的外来作用下的各种量子跃迁问题，必须讨论含时间的微扰理论。

设体系的哈密顿量可分成 H_0 和 H' 两部分，H_0 为无微扰部分，其本征值和本征函数已经得出；H' 为微扰部分，它是时间 t 的函数，它们满足的薛定谔方程分别是

$$\mathrm{i}\hbar\frac{\partial\varphi}{\partial t}=H\varphi \tag{8-25}$$

$$H=H_0+H'(t) \tag{8-26}$$

$$H_0\phi_n=\varepsilon_n\phi_n \tag{8-27}$$

H_0 的定态波函数是 $\phi_n=\phi_n(x)\mathrm{e}^{-\frac{\mathrm{i}}{\hbar}\varepsilon_n t}$。将 H 的本征态 φ 按 ϕ_n 展开：

$$\varphi=\sum_n a_n(t)\phi_n \tag{8-28}$$

并代入薛定谔方程(8-25)，得

$$\mathrm{i}\hbar\sum_n\phi_n\frac{\mathrm{d}a_n(t)}{\mathrm{d}t}+\mathrm{i}\hbar\sum_n a_n(t)\frac{\partial\phi_n}{\partial t}=\sum_n a_n(t)H_0\phi_n+\sum a_n(t)H'\phi_n \tag{8-29}$$

以 ϕ_m^* 左乘式(8-29)两端并对全空间积分，利用公式

$$\mathrm{i}\hbar\frac{\partial\phi_n}{\partial t}=H_0\phi_n \tag{8-30}$$

及本征函数系 $\{\phi_n\}$ 的正交性，得

$$\mathrm{i}\hbar\frac{\mathrm{d}a_m(t)}{\mathrm{d}t}=\sum_n a_n(t)\int\phi_m^*H'\phi_n\mathrm{d}\tau=\sum_n a_n(t)H'_{mn}\mathrm{e}^{\mathrm{i}\omega_{mn}t} \tag{8-31}$$

式中

$$H'_{mn}=\int\phi_m^*H'\phi_n\mathrm{d}\tau \tag{8-32}$$

$$\omega_{mn}=\frac{1}{\hbar}(\varepsilon_m-\varepsilon_n) \tag{8-33}$$

ω_{mn} 是从能级 ε_n 跃迁到 ε_m 的玻尔频率。公式(8-31)其实就是在 H_0 表象中的薛定谔方程，不管 $H'(t)$ 是否为微扰，它都成立。但若 $H'(t)$ 是微扰，它可通过逐步逼近的方法求解。式(8-31)中的 $a_m(t)$，是体系在 t 时刻的波函数，若体系在 $t=0$ 时的初态是 H_0 的第 k 个本征态，即

$$a_n(0)=\delta_{nk} \tag{8-34}$$

加入微扰 H'后，由式(8－31)得

$$\mathrm{i}\hbar\frac{\mathrm{d}a_m(t)}{\mathrm{d}t}=\sum_n a_n(0)H'_{mn}\mathrm{e}^{\mathrm{i}\omega_{mn}t}=\sum_n \delta_{nk}H'_{mn}\mathrm{e}^{\mathrm{i}\omega_{mn}t}=H'_{mk}\mathrm{e}^{\mathrm{i}\omega_{mn}t} \tag{8-35}$$

在一级近似下，它的解是

$$a_m(t)=\frac{1}{\mathrm{i}\hbar}\int_0^t H'_{mk}\mathrm{e}^{\mathrm{i}\omega_{mk}t'}\mathrm{d}t' \tag{8-36}$$

$a_m(t)$表示体系在 t 时刻的波函数。由于在 $t=0$ 时，体系处在 ϕ_k 态，因此$|a_m(t)|^2$ 表示体系从 $t=0$ 时的 ϕ_k 态到$t=t$ 时跃迁 ϕ_m 的概率。通常 $a_m(t)$称为跃迁概率振幅，$|a_m(t)|^2$ 称为跃迁概率，记作 $W_{k\to m}$：

$$W_{k\to m}=|a_m(t)|^2=\frac{1}{\hbar^2}\left|\int_0^t H'_{mk}\mathrm{e}^{\mathrm{i}\omega_{mk}t'}\mathrm{d}t'\right|^2 \tag{8-37}$$

如果要求高级近似，可将 a_n 按小参量λ 展开

$$a_n=a_n^{(0)}+\lambda a_n^{(1)}+\lambda^2a_n^{(2)}+\cdots \tag{8-38}$$

将式(8－38)代入式(8－31)，得

$$\mathrm{i}\hbar\left\{\frac{\mathrm{d}a_m^{(0)}}{\mathrm{d}t}+\lambda\frac{\mathrm{d}a_m^{(1)}}{\mathrm{d}t}+\lambda^2\frac{\mathrm{d}a_m^{(2)}}{\mathrm{d}t^2}+\cdots\right\}=\sum_n(a_n^{(0)}+\lambda a_n^{(1)}+\cdots)\lambda H'_{mn}\mathrm{e}^{\mathrm{i}\omega t}_{mn} \tag{8-39}$$

它的各级近似是：

λ^0：
$$\mathrm{i}\hbar\frac{\mathrm{d}a_m^{(0)}}{\mathrm{d}t}=0 \tag{8-40}$$

λ^1：
$$\mathrm{i}\hbar\frac{\mathrm{d}a_m^{(0)}}{\mathrm{d}t}=\sum_n H'_{mn}a_n^{(0)}\mathrm{e}^{\mathrm{i}\omega t}_{mn} \tag{8-41}$$

λ^{l+1}：
$$\mathrm{i}\hbar\frac{\mathrm{d}a_m^{(l+1)}}{\mathrm{d}t}=\sum_n H'_{mn}a_n^{(l)}\mathrm{e}^{\mathrm{i}\omega t}_{mn} \tag{8-42}$$

式(8－40)表示，在无微扰时，$a_m^{(0)}$ 不随时间改变而改变。它由无微扰体系的初态决定。式(8－41)正是式(8－35)，由它算出的跃迁概率由式(8－37)表示。而式(8－42)则表明，要求出 $a_m(t)$的$(l+1)$级近似解，必须先给出 $a_n^{(l)}$，同理，要求出 $a_n^{(l)}$，先要给出 $a_n^{(l-1)}$，依次类推。因此式(8－40)～式(8－42)构成了一个逐步逼近的方程组，可以根据所要求的近似程度，逐级求解。

一般说来，在跃迁过程中，初态不同于末态，但不等于说初态能量一定不同于末态能量。特别对于有简并的情况，初态能量有可能等于末态能量，这时有 $\omega_{mn}=0$，式(8－35)变为

$$W_{k\to m}=\frac{1}{\hbar^2}\left|\int_0^t H'_{mk}\mathrm{d}t'\right|^2 \tag{8-43}$$

单位时间的跃迁概率称为跃迁速率。跃迁速率 $\bar{\omega}_{k\to m}=\frac{\mathrm{d}W_{k\to m}}{\mathrm{d}t}$表示跃迁过程的快慢。

8.4 微扰引起的跃迁概率

1. 常微扰下的跃迁率

假定微扰 H'是个常数，并且只在$(0,t)$时间间隔中起作用，则体系在 $t'=0$ 时处在 Φ_k 态，

在 $t'=t$ 时跃迁到 Φ_m 态的概率振幅是

$$a_m(t)=\frac{1}{\mathrm{i}\hbar}\int_0^t H'_{mk}\mathrm{e}^{\mathrm{i}\omega_{mk}t'}\mathrm{d}t'=-\frac{H'_{mk}\mathrm{e}^{(\mathrm{i}\omega_{mn}t-1)}}{\hbar\omega_{mk}} \tag{8-44}$$

$$|a_m(t)|^2=\frac{|H'_{mk}|^2}{\hbar^2\omega_{mk}^2}(\mathrm{e}^{\mathrm{i}\omega_{mk}t}-1)(\mathrm{e}^{-\mathrm{i}\omega_{mk}t}-1)=\frac{2|H'_{mk}|^2}{\hbar^2\omega_{mk}^2}[1-\cos\omega_{mk}t]$$

$$=\frac{4|H'_{mk}|^2}{\hbar^2}\frac{\sin^2\dfrac{\omega_{mk}t}{2}}{\omega_{mk}^2} \tag{8-45}$$

为进一步化简式(8-45),可以用 δ 函数的公式

$$\lim_{t\to\infty}\frac{\sin^2 xt}{\pi t x^2}=\delta(x) \tag{8-46}$$

易于证实式(8-46),当 $x\neq 0$ 时,$\lim\limits_{t\to\infty}\frac{\sin^2 xt}{\pi t x^2}=0$;当 $x=0$ 时,$\frac{\sin xt}{xt}\to 1$ 因此有

$$\lim_{t\to\infty}\frac{\sin^2 xt}{\pi t x^2}=\lim_{t\to\infty}\frac{t}{\pi}\frac{\sin^2 xt}{(xt)^2}=\lim_{t\to\infty}\frac{t}{\pi}\to\infty$$

积分有

$$\int_{-\infty}^{\infty}\frac{\sin^2 xt}{\pi t x^2}\mathrm{d}x=\frac{1}{\pi}\int_{-\infty}^{\infty}\frac{\sin^2 u}{u^2}\mathrm{d}u=1\quad(u=xt)$$

利用式(8-46),当 $t\to\infty$ 时,可将式(8-45)化为

$$W_{k\to m}=\lim_{t\to\infty}|a_m(t)|^2=\frac{1}{\hbar^2}|H'_{mk}|^2\pi t\delta\left(\frac{\omega_{mk}}{2}\right)=2\pi t\delta(\omega_{mk})\frac{|H'_{mk}|^2}{\hbar^2} \tag{8-47}$$

式(8-47)中的最后一步曾利用公式 $\delta(ax)=\frac{1}{|a|}\delta(x)$。跃迁速率是

$$w_{k\to m}=\frac{\mathrm{d}W_{k\to m}}{\mathrm{d}t}=\frac{2\pi}{\hbar^2}|H'_{mk}|^2\delta(\omega_{mk})=\frac{2\pi}{\hbar}|H'_{mk}|^2\delta(\varepsilon_m-\varepsilon_k) \tag{8-48}$$

式(8-47)及式(8-48)表明,对于常微扰,经过足够长时间后,它的跃迁速率与时间无关。而且跃迁过程满足能量守恒,只在初态能量与末态能量相等时,跃迁概率才不为零。

应该指出,对于实际问题,由于自由度一般不止一个,因此能级总有简并。能量相同并不意味着只有一个状态。特别是,如果跃迁的末态是散射态,比如粒子的发射,电离等,它相应的能谱是连续谱。应该讨论的实际情况是,从能量为 ε_k 的 k 态到能量处在 $\varepsilon_m\sim\varepsilon_m+\Delta\varepsilon_m$ 所有状态的跃迁概率。为此,假定末态的态密度是 $\rho(\varepsilon_m,\beta)$,其中 β 表示除能量外的其他守恒量,则在能量间隔 $\mathrm{d}\varepsilon_m$,简并态态间隔 $\mathrm{d}\beta$ 的态密度是 $\rho(\varepsilon_m,\beta)\mathrm{d}\varepsilon_m\mathrm{d}\beta$,相应的跃迁概率是

$$W=\frac{2t\pi}{\hbar^2}\int_{\Delta\varepsilon_m\Delta\beta}|H'_{mk}|^2\rho(\varepsilon_m,\beta)\delta(\omega_{mk})\mathrm{d}\varepsilon_m\mathrm{d}\beta$$

$$=\frac{2t\pi}{\hbar}\int_{\Delta\varepsilon_m\Delta\beta}|H'_{mk}|^2\rho(\varepsilon_m,\beta)\delta(\omega_{mk})\mathrm{d}\varepsilon_{mk}\mathrm{d}\beta \tag{8-49}$$

不失普遍性,选 $\Delta\beta=1$ 且 $\Delta\varepsilon_m$ 足够小时,式(8-49)近似为

$$W \approx \frac{2\pi t}{\hbar} |H'_{mk}|^2 \rho(\varepsilon_m, \beta) \tag{8-50}$$

$$w \approx \frac{\mathrm{d}W}{\mathrm{d}t} \approx \frac{2\pi}{\hbar} |H'_{mk}|^2 \rho(\varepsilon_m, \beta) \tag{8-51}$$

式(8－51)称为费米黄金规则。它对讨论粒子的跃迁具有特别重要的意义。式(8－51)中态密度的具体形式取决于体系末态的具体情况。如果末态是自由粒子的动量本征函数,采用箱归一化后:

$$\phi_m(\boldsymbol{r}) = L^{-3/2} \exp\left(\frac{i}{\hbar} \boldsymbol{p} \cdot \boldsymbol{r}\right) \tag{8-52}$$

动量的本征值是

$$p_x = \frac{2\pi \hbar n_x}{L} \quad p_y = \frac{2\pi \hbar n_y}{L} \quad p_z = \frac{2\pi \hbar n_z}{L}$$
$$(n_x, n_y, n_z = 0, \pm 1, \pm 2, \cdots) \tag{8-53}$$

因此动量在 $p_x \to p_x + \mathrm{d}p_x, p_y \to p_y + \mathrm{d}p_y, p_z \to p_z + \mathrm{d}p_z$ 范围内态的数目是

$$\left(\frac{L}{2\pi\hbar}\right)^3 \mathrm{d}p_x \mathrm{d}p_y \mathrm{d}p_z \tag{8-54}$$

换成球坐标,再注意到 $\varepsilon_m = p^2/2m$,则在能量间隔 $\varepsilon_m \to \varepsilon_m + \mathrm{d}\varepsilon_m$,角度在 $\theta \to \theta + \mathrm{d}\theta, \varphi \to \varphi + \mathrm{d}\varphi$ 间的状态数是

$$\rho(\varepsilon_m)\mathrm{d}\varepsilon_m = \left(\frac{L}{2\pi\hbar}\right)^3 p^2 \mathrm{d}p \sin\theta \mathrm{d}\theta \mathrm{d}\varphi = \left(\frac{L}{2\pi\hbar}\right)^3 mp \sin\theta \mathrm{d}\theta \mathrm{d}\varphi \mathrm{d}\varepsilon_m$$

即态密度为

$$\rho(\varepsilon_m) = \left(\frac{L}{2\pi\hbar}\right)^3 mp \sin\theta \mathrm{d}\theta \mathrm{d}\varphi \tag{8-55}$$

2. 周期性微扰下的跃迁率

另一种更切合实际的情况是外界微扰随时间作周期性变化,由此得出的结果可直接应用于讨论光的吸收和发射。记微扰为

$$\hat{H}(t) = \hat{A}\cos\omega t = \frac{\hat{A}}{2}(e^{i\omega t} + e^{-i\omega t}) = \hat{F}(e^{i\omega t} + e^{-i\omega t}) \tag{8-56}$$

式中,$\hat{F} = \frac{\hat{A}}{2}$,是与时间无关的算符;$\omega$ 是周期性微扰的角频率。无微扰体系的薛定谔方程是

$$H_0 \phi_k = \varepsilon_k \varphi_k \tag{8-57}$$

由式(8－55)得

$$a_m(t) = \frac{1}{i\hbar}\int H'_{mk} e^{i\omega_{mk}t'} \mathrm{d}t' = \frac{-F_{mk}}{\hbar}\left[\frac{e^{i(\omega_{mk}+\omega)t} - 1}{\omega_{mk} + \omega} + \frac{e^{i(\omega_{mk}-\omega)t} - 1}{\omega_{mk} - \omega}\right] \tag{8-58}$$

式中

$$F_{mk} = \int \phi_m^* \hat{F} \phi_k \mathrm{d}\tau$$

跃迁概率是：

$$W_{k\to m}=\frac{|F_{mk}|^2}{\hbar^2}\left|\frac{1-e^{i(\omega_{mk}+\omega)t}}{\omega_{mk}+\omega}+\frac{1-e^{i(\omega_{mk}-\omega)t}}{\omega_{mk}-\omega}\right|^2=\frac{|F_{mk}|^2}{\hbar^2}|B_+ +B_-|^2 \tag{8-59}$$

式中

$$B_+=\frac{1-e^{i(\omega_{mk}+\omega)t}}{\omega_{mk}+\omega}=-ie^{i(\omega_{mk}+\omega)t/2}\frac{\sin(\omega_{mk}+\omega)t/2}{(\omega_{mk}+\omega)/2} \tag{8-60}$$

$$B_-=\frac{1-e^{i(\omega_{mk}-\omega)t}}{\omega_{mk}-\omega}=-ie^{i(\omega_{mk}-\omega)t/2}\frac{\sin(\omega_{mk}-\omega)t/2}{(\omega_{mk}-\omega)/2} \tag{8-61}$$

由式(8-59)～式(8-61)可见，当 $\omega=\omega_{mk}$ 时，B_- 的分母为零，因而当 ω 接近于 ω_{mk} 时，B_- 的贡献很大。同理，当 $\omega=-\omega_{mk}$ 时，B_+ 的分母为零，当 ω 接近于 $-\omega_{mk}$ 时，B_+ 的贡献很大。这表明，B_- 项在 $\omega=\omega_{mk}$ 时达到共振，B_+ 在 $\omega=-\omega_{mk}$ 时达到反共振。另一方面，注意到函数 $\sin^2(\omega_{mk}t/2)/(\omega_{mk}/2)^2$ 在 $\omega_{mk}=0$ 时有主极大值，在 $\omega_{mk}=\pm2\pi/t$ 时为零，而次极大的峰值远低于主极大的峰值，如图 8-1 所示。

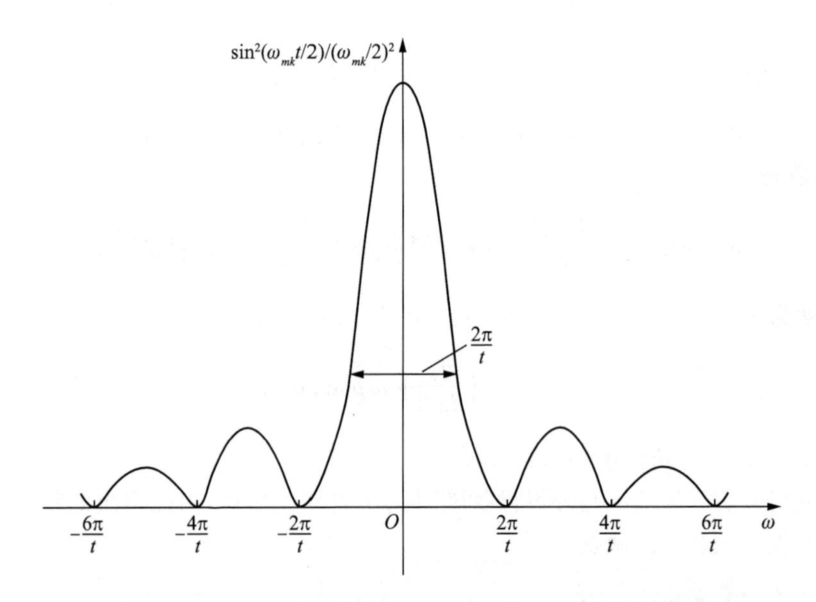

图 8-1 当 $t\to\infty$ 时，函数 $\sin^2(\omega_{mk}t/2)/(\omega_{mk}/2)^2$ 趋于 δ 函数

从图 8-1 中进一步看出，当 $t\to\infty$ 时，函数 $\sin^2(\omega_{mk}t/2)/(\omega_{mk}/2)^2$ 趋于 δ 函数，这时所有次极大值消失，整个函数只在 $\omega_{mk}=0$ 时变成无穷大，而其他各处均为零。容易看出，满足式(8-59)的 $W_{k\to m}$ 具有下述性质：

(1) 当 $|\omega-\omega_{mk}|\ll|\omega_{mk}|$ 时，起主要作用的是 B_-，可略去 B_+。当 $|\omega+\omega_{mk}|\ll|\omega_{mk}|$ 时，起主要作用的是 B_+，可略去 B_-。在 $|\omega\pm\omega_{mk}|\ll|\omega_{mk}|$ 外的其他区域，$W_{k\to m}$ 近似为零。

(2) 在共振区 $|\omega-\omega_{mk}|\ll|\omega_{mk}|$ 和反共振区 $|\omega+\omega_{mk}|\ll|\omega_{mk}|$ 中，$W_{k\to m}$ 可近似表示为

$$W_{k\to m}=\frac{|F_{mk}|^2}{\hbar^2}\frac{4\sin^2\frac{1}{2}(\omega_{mk}\pm\omega)t}{(\omega_{mk}\pm\omega)^2} \tag{8-62}$$

当 $t\to\infty$ 时，

$$W=\frac{|F_{mk}|^2}{\hbar^2}\pi t\delta\left(\frac{\omega_{mk}\pm\omega}{2}\right)=\frac{2\pi t}{\hbar^2}|F_{mk}|^2\delta(\omega_{mk}\pm\omega)$$

$$=\frac{2\pi t}{\hbar^2}|F_{mk}|^2\delta(\varepsilon_m-\varepsilon_k\pm\hbar\omega) \tag{8-63}$$

单位时间内体系由 Φ_k 态跃迁到 Φ_m 态的概率为

$$w_{k\to m}=\frac{\mathrm{d}W_{k\to m}}{\mathrm{d}t}=\frac{2\pi}{\hbar}|F_{mk}|^2\delta(\varepsilon_m-\varepsilon_k\pm\hbar\omega) \tag{8-64a}$$

由式(8-63)可见，跃迁过程满足能量守恒。当且仅当周期性微扰的频率满足 $\varepsilon_m-\varepsilon_k=\pm\hbar\omega$ 时，才能发生跃迁。而且，当微扰作用的时间足够长时，跃迁速率与时间无关。

当 $\varepsilon_k>\varepsilon_m$ 时，

$$w_{k\to m}=\frac{W_{k\to m}}{t}=\frac{2\pi}{\hbar}|F_{mk}|^2\delta(\varepsilon_m-\varepsilon_k+\hbar\omega) \tag{8-64b}$$

即仅当 $\varepsilon_m=\varepsilon_k-\hbar\omega$ 时，跃迁概率才不为零，体系由 Φ_k 态跃迁到 Φ_m 态，发射能量$\hbar\omega$。

当 $\varepsilon_k<\varepsilon_m$ 时，

$$w_{k\to m}=\frac{W_{k\to m}}{t}=\frac{2\pi}{\hbar}|F_{mk}|^2\delta(\varepsilon_m-\varepsilon_k-\hbar\omega) \tag{8-64c}$$

只有当 $\varepsilon_m=\varepsilon_k+\hbar\omega$ 时，跃迁概率才不为零，跃迁过程中，体系吸收能量$\hbar\omega$。

在式(8-63)中，将 m 和 k 对调，即得体系由 Φ_m 态跃迁到 Φ_k 态的概率，因为 F 是厄米算符，$|F_{mk}|^2=|F_{km}|^2$，所以

$$W_{m\to k}=W_{k\to m}$$

即体系由 Φ_m 态跃迁到 Φ_k 态的概率与由 Φ_k 态跃迁到 Φ_m 态的概率相等。

(3) 由式(8-63)还可得出

$$W_{k\to m}=W_{m\to k} \tag{8-65}$$

但它们的物理意义不同：$W_{k\to m}$ 表示从 k 态跃迁至 m 态的概率；$W_{m\to k}$ 则相反。当 $\varepsilon_k>\varepsilon_m$ 时，$W_{k\to m}=\frac{2\pi}{\hbar}|F_{mk}|^2\delta(\varepsilon_m-\varepsilon_k+\hbar\omega)$，表示粒子从 ε_k 能级跃迁到 ε_m 放出能量$\hbar\varepsilon$。当 $\varepsilon_k<\varepsilon_m$ 时，$W_{k\to m}=\frac{2\pi}{\hbar}|F_{mk}|^2\delta(\varepsilon_m-\varepsilon_k-\hbar\omega)$ 表示在 ε_k 能级中的粒子，由于吸收了能量$\hbar\omega$，而跃迁到 ε_m 能级。

(4) 比较式(8-47)及式(8-63)可见，当周期性微扰的频率 $\omega\to 0$ 时，式(8-63)过渡到式(8-47)。这个结果当然是非常自然的，因为当 $\omega\to 0$ 时，周期性微扰过渡到常微扰。

3. 非周期性微扰的跃迁概率

若在时间间隔$(0,T)$中加入非周期性微扰 $H'(t)$，将 $H'(t)$作傅里叶展开：

$$H'(t)=\int_{-\infty}^{\infty}H'(\omega)\mathrm{e}^{-\mathrm{i}\omega t}\mathrm{d}\omega \tag{8-66}$$

$$H'(\omega)=\frac{1}{2\pi}\int_{-\infty}^{\infty}H'(t)\mathrm{e}^{\mathrm{i}\omega t}\mathrm{d}t=\frac{1}{2\pi}\int_{0}^{T}H'(t)\mathrm{e}^{\mathrm{i}\omega t}\mathrm{d}t \tag{8-67}$$

跃迁概率振幅是

$$a_m = \frac{1}{\mathrm{i}\hbar}\int_0^T H'_{mk}(t)\mathrm{e}^{\mathrm{i}\omega_{mk}t}\mathrm{d}t = \frac{1}{\mathrm{i}\hbar}\int_0^T \mathrm{d}t\mathrm{e}^{\mathrm{i}\omega_{mk}t}\int_{-\infty}^{\infty}\mathrm{d}\omega H'_{mk}(\omega)\mathrm{e}^{-\mathrm{i}\omega t}$$

$$= \frac{1}{\mathrm{i}\hbar}\int_{-\infty}^{\infty}\mathrm{d}\omega H'_{mk}(\omega)\delta(\omega_{mk}-\omega)\cdot 2\pi = \frac{2\pi}{\mathrm{i}\hbar}H'_{mk}(\omega_{mk}) \tag{8-68}$$

从 k 态到 m 态的跃迁概率是

$$W_{k\to m} = \frac{4\pi^2}{\hbar^2}|H'_{mk}(\omega_{mk})|^2 \tag{8-69}$$

式(8-69)表明，外来微扰 H' 虽然是非周期性的，但能引起从 k 态到 m 态跃迁的只是那些频率 $\omega=\omega_{mk}$，能引起共振或反共振的傅里叶分量，$H'(t)$ 中的其他傅里叶分量，由于跃迁过程中能量守恒的限制，对跃迁无贡献。

*阅读材料

光的发射和吸收

原子对光的发射和吸收是原子体系与光相互作用所产生的现象，彻底地用量子理论解释这类现象属于量子电动力学的范围，已超出本书范围。这里采用较简单的方式讨论，即用量子力学处理原子体系，而光波则仍然用经典理论中的电磁波描写。这样的讨论只能解释吸收与受激发射，而不能说明自发发射，为了把自发发射也包括在讨论中，在进行量子力学讨论之前，先介绍爱因斯坦关于发射系数和吸收系数的一般讨论。

(1) 爱因斯坦的发射和吸收系数

爱因斯坦在 1917 年建立了以旧量子论为基础的光的发射和吸收理论。

设某原子体系的能级按由小到大的次序排列为：

$$\varepsilon_1 < \varepsilon_2 < \cdots < \varepsilon_k < \cdots < \varepsilon_m < \cdots$$

原子由较高能级到较低能级的跃迁可以分为两种：一种是在不受外界影响的情况下体系由高能级 ε_m 跃迁到低能级 ε_k，这种跃迁称为自发(发射)跃迁；另一种是体系在外界(例如辐射场)作用下由高能级 ε_m 跃迁到低能级 ε_k，这种跃迁称为受激(发射)跃迁。在这两种跃迁中，都有能量 $\hbar\omega_{mk}=\varepsilon_m-\varepsilon_k$ 从原子中发射出来。原子由较低能级 ε_k 到较高能级 ε_m 的跃迁，只有从外界得到相应的能量 $\varepsilon_m-\varepsilon_k$ 的情况下(例如吸收能量为 $\hbar\omega_{mk}$ 的光子)才能发生。为了描述原子在 ε_m 和 ε_k 两能级间的跃迁概率，爱因斯坦引入了以下三个系数。

自发发射系数 A_{mk}：它表示原子在单位时间内由高能级 ε_m 自发跃迁到低能级 ε_k 的概率。

受激发射系数 B_{mk}：设作用于原子的光波在 $\omega\to\omega+\mathrm{d}\omega$ 频率范围内的能量密度是 $I(\omega)\mathrm{d}\omega$，则在单位时间内原子由高能级 ε_m 受激跃迁到低能级 ε_k，并发射出能量为 $\hbar\omega_{mk}$ 的光子的概率是 $B_{mk}I(\omega_{mk})$。

吸收系数 B_{km}：设作用于原子的光波在 $\omega\to\omega+\mathrm{d}\omega$ 频率范围内的能量密度是 $I(\omega)\mathrm{d}\omega$，则在单位时间内原子由低能级 ε_k 跃迁到高能级 ε_m，并吸收能量为 $\hbar\omega_{mk}$ 的光子的概率是 $B_{km}I(\omega_{km})$。

爱因斯坦利用热力学的平衡条件建立了 A_{mk}，B_{mk} 和 B_{km} 之间的关系。在光波作用下，单位时间内体系从高能级 ε_m 跃迁到低能级 ε_k 的概率是 $A_{mk}+B_{mk}I(\omega_{mk})$，从低能级 ε_k 跃迁到高能级 ε_m 的概率是 $B_{km}I(\omega_{km})$。设处于 ε_k 和 ε_m 能级的原子数分别是 N_k 和 N_m，当这些原子与电磁辐射在绝对温度 T 下处于平衡时，必须满足下列条件：

$$N_m[A_{mk}+B_{mk}I(\omega_{mk})]=N_kB_{km}I(\omega_{mk}) \tag{Y8-1}$$

根据麦克斯韦—玻耳兹曼分布率，在某个温度下 N_k 和 N_m 分别是

$$N_k=C(T)\exp(-\varepsilon_k/kT)$$
$$N_m=C(T)\exp(-\varepsilon_m/kT)$$

由此有

$$\frac{N_k}{N_m}=\exp\left(-\frac{\varepsilon_k-\varepsilon_m}{kT}\right)=\exp(\hbar\omega_{mk}/kT) \tag{Y8-2}$$

由式(Y8-1)解出

$$I(\omega_{mk})=\frac{A_{mk}}{\frac{N_k}{N_m}B_{km}-B_{mk}}=\frac{A_{mk}}{B_{mk}\exp(\hbar\omega_{mk}/kT)-B_{mk}}$$
$$=\frac{A_{mk}}{B_{km}}\frac{1}{\exp(\hbar\omega_{mk}/kT)-B_{mk}/B_{km}} \tag{Y8-3}$$

下面把上式和热平衡时黑体辐射的普朗克公式比较得出三个系数之间的关系。普朗克公式为

$$\rho(\nu)=\frac{8\pi h\nu^3}{c^3}\frac{1}{\exp(h\nu/kT)-1} \tag{Y8-4}$$

实际上 $\rho(\nu)\mathrm{d}\nu$ 和 $I(\omega)\mathrm{d}\omega$ 是同一能量密度的两种写法，所以考虑到 $\mathrm{d}\omega=2\pi\mathrm{d}\nu$ 有

$$\rho(\nu)=2\pi I(\omega) \tag{Y8-5}$$

$$\frac{A_{mk}}{B_{km}}\frac{1}{\exp(\hbar\omega/kT)-B_{mk}/B_{km}}=\frac{4h\nu_{mk}^3}{c^3}\frac{1}{\exp(h\nu_{mk}/kT)-1}$$

注意到$\hbar\omega_{mk}=h\nu_{mk}$，比较上式两边，有

$$B_{mk}=B_{km} \tag{Y8-6}$$

$$A_{mk}=\frac{4h\nu_{mk}^3}{c^3}B_{km}=\frac{\hbar\omega_{mk}^3}{c^3\pi^2}B_{mk} \tag{Y8-7}$$

式(Y8-6)是上节用量子力学已经得到的结果，即由 ε_m 能级跃迁到 ε_k 能级的概率与由 ε_k 能级跃迁到 ε_m 能级的概率相等。式(Y8-7)可以从受激发射系数 B_{mk} 得出自发发射系数 A_{mk}。

(2) 用微扰理论计算发射和吸收系数

现在来讨论光的发射和吸收的量子力学理论，即用量子力学方法来讨论原子体系在光波的作用下状态改变的情况。在讨论中，光波以经典理论中的电磁波来描写，这样可以求得受激发射系数 B_{mk}，再利用式(Y8-7)求得自发发射系数 A_{mk}。由于这个理论中没有考虑电磁场的量子化，A_{mk} 不能直接被推导出来。

当光波照射到原子上，光波中的电场和磁场都对原子中的电子有作用，但是电场的作用是主要的。在电场中，电子的能量是 $U_E=e\boldsymbol{E}\cdot\boldsymbol{r}$；磁场对电子有作用是由于电子在原子中运动时具有磁矩 $\boldsymbol{M}$，因而电子在磁场中的能量是 $U_B=-\boldsymbol{M}\cdot\boldsymbol{B}$。比较这两种能量的大小，$U_E$ 的数量级是 eEa_0，磁矩的大小是

$$M_z = -\frac{e}{2\mu c}L_z \quad (\text{CGS 单位})$$

因为 L_z 的量级是$\hbar$,$U_B \approx \frac{e\hbar}{\mu c}B$。考虑到 $E \approx B$(CGS 单位),所以

$$\frac{U_B}{U_E} \approx \frac{e\hbar B}{\mu c}/eEa_0 = \frac{e_s^2}{\hbar c} = \alpha = \frac{1}{137}$$

式中,α 是精细结构常数。由此可见和电场相比较,磁场对原子中电子的作用可以略去。可以只考虑光波中电场的作用。

首先考虑沿 z 轴传播的平面单色偏振光,它的电场是

$$E_x = E_0 \cos\left(\frac{2\pi z}{\lambda} - \omega t\right) \quad E_y = E_z = 0 \tag{Y8-8}$$

由于光波的波长远大于原子的线度,可以忽略 z 变化。取作用在原子上的电场为

$$E_x = E_0 \cos(\omega t) \tag{Y8-9}$$

电子在电场中的势能为

$$H' = exE_x$$

这个能量远小于电子在原子中的势能,因而可以看作微扰,写成

$$H' = \frac{eE_x x}{2}(e^{i\omega t} + e^{-i\omega t}) \tag{Y8-10}$$

所以

$$\hat{F} = \frac{1}{2}eE_0 x \tag{Y8-11}$$

代入 $w_{k\to m} = \frac{W_{k\to m}}{t} = \frac{2\pi}{\hbar}|F_{mk}|^2\delta(\varepsilon_m - \varepsilon_k - \hbar\omega)$式中,得到单位时间内原子有 Φ_k 态跃迁到 Φ_m 态的概率为

$$\begin{aligned} w_{k\to m} &= \frac{\pi e^2 E_0^2}{2\hbar}|x_{mk}|^2\delta(\varepsilon_m - \varepsilon_k - \hbar\omega) \\ &= \frac{\pi e^2 E_0^2}{2\hbar^2}|x_{mk}|^2\delta(\omega_{mk} - \omega) \end{aligned} \tag{Y8-12}$$

光波的能量密度是

$$I = \frac{1}{8\pi}E_0^2 \quad (\text{CGS})$$

于是

$$w_{k\to m} = \frac{4\pi^2 e_s^2}{\hbar^2}I \cdot |x_{mk}|^2\delta(\omega_{mk} - \omega) \tag{Y8-13}$$

实际的光源发出的光,频率都是在一定范围内连续分布的,通常把频率在 $\omega \to \omega + d\omega$ 之间的能量密度用 $I(\omega)d\omega$ 表示。用 $I(\omega)d\omega$ 替代式(Y8-13)中的 I,并对频率积分,即得到在频率

连续分布的入射光作用下，原子在单位时间内由 Φ_k 态跃迁到 Φ_m 态的概率为：

$$
\begin{aligned}
w_{k\to m} &= \frac{4\pi^2 e_s^2}{\hbar^2} |x_{mk}|^2 \int I(\omega)\delta(\omega_{mk}-\omega)\,\mathrm{d}\omega \\
&= \frac{4\pi^2 e_s^2}{\hbar^2} |x_{mk}|^2 I(\omega_{mk})
\end{aligned} \tag{Y8-14}
$$

在上面推导中，假设了光波中各种频率的分波都是沿 x 方向的。如果入射光各向同性，且偏振是无规则的，则原子体系在单位时间内由 Φ_k 态跃迁到 Φ_m 态的概率，应该对所有偏振方向求平均值

$$
\begin{aligned}
w_{k\to m} &= \frac{4\pi^2 e_s^2}{\hbar^2} I(\omega_{mk}) \frac{1}{3}\left[|x_{mk}|^2+|y_{mk}|^2+|z_{mk}|^2\right] \\
&= \frac{4\pi^2 e_s^2}{3\hbar^2} I(\omega_{mk}) |\boldsymbol{r}_{mk}|^2
\end{aligned}
$$

根据前面的讨论，这个概率也等于 $B_{mk}I(\omega_{mk})$，所以有

$$
B_{mk} = \frac{4\pi^2 e_s^2}{3\hbar^2} |\boldsymbol{r}_{mk}|^2 \tag{Y8-15}
$$

上式是略去光波中磁场的作用并将电场近似表示为式(Y8－9)后得到的。由于电子在这个电场中的势能有电子的电偶极矩 $e\boldsymbol{r}$，这样讨论的跃迁称为偶极跃迁，这种近似称为偶极近似。

其他两个爱因斯坦概率系数可以求出为

$$
B_{km} = B_{mk} = \frac{4\pi^2 e_s^2}{3\hbar^2} |\boldsymbol{r}_{mk}|^2 \tag{Y8-16}
$$

$$
A_{mk} = \frac{\hbar\omega_{mk}^3}{c^3\pi^2} B_{mk} = \frac{4e_s^2\omega_{mk}^3}{3\hbar c^3} |\boldsymbol{r}_{mk}|^2 \tag{Y8-17}
$$

由式(Y8－3)，当体系与辐射场处于热平衡时，自发发射系数与受激发射系数之比是

$$
\frac{A_{mk}}{B_{mk}I(\omega_{mk})} = \exp(\hbar\omega_{mk}/kT) - 1 \tag{Y8-18}
$$

对于可见光辐射，原子的受激发射系数远小于自发发射系数，因此发射光谱中可见光区的谱线是由自发跃迁而来。

A_{mk} 是单位时间内原子由受激态 Φ_m 自发跃迁到较低能态 Φ_k 的自发发射系数，在跃迁中，原子发射能量为 $\hbar\omega_{mk}$ 的光子，由此可知，单位时间内原子发射的能量为

$$
\frac{\mathrm{d}E}{\mathrm{d}t} = \hbar\omega_{mk} A_{mk} = \frac{4e_s^2\omega_{mk}^4}{3c^3} |\boldsymbol{r}_{mk}|^2 \tag{Y8-19}
$$

设处于受激态 Φ_m 的原子数为 N_m，则频率为 ω_{mk} 的总辐射强度是

$$
J_{mk} = N_m \frac{4e_s^2\omega_{mk}^4}{3c^3} |\boldsymbol{r}_{mk}|^2 \tag{Y8-20}
$$

这 N_m 原子中在时间 $\mathrm{d}t$ 内自发跃迁到低能态 Φ_k 的数目为

$$
\mathrm{d}N_m = -A_{mk}N_m\,\mathrm{d}t
$$

积分得到 N_m 随时间变化的规律为

$$N_m = N_m^{(0)} \exp(-A_{mk} t) = N_m^0 \exp(-t/\tau_{mk})$$

$\tau_{mk} = 1/A_{mk}$ 是原子由受激态 Φ_m 自发跃迁到较低能态 Φ_k 的平均寿命。原子处于 Φ_m 态的平均寿命是

$$\tau_m = \frac{1}{\sum_k A_{mk}}$$

求和是对所有能量比 Φ_m 态低的能态求和。

(3) 选择定则

已经知道原子在光波的作用下，由 Φ_k 态跃迁到 Φ_m 态的概率与 $|\boldsymbol{r}_{mk}|^2$ 成正比，因此当矩阵元 $|\boldsymbol{r}_{mk}|=0$ 时，在上节所取得近似内，这种跃迁就不能实现，称这种不能实现的跃迁为禁戒跃迁。要实现 Φ_k 态到 Φ_m 态的跃迁，必须满足 $|\boldsymbol{r}_{mk}| \neq 0$ 的条件。由这个条件可以得出光谱线的选择定则。

设原子中的电子在中心力场中运动，电子的波函数可以写为

$$\Psi_{nlm}(r,\theta,\varphi) = C_{lm} R_{nl}(r) P_l^{|m|}(\cos\theta) \mathrm{e}^{\mathrm{i}m\varphi} \tag{Y8-21}$$

现在用这个波函数来计算 $\boldsymbol{r}_{mk}$ 的三个分量 x_{mk}, y_{mk}, z_{mk}，求出它们不为零的条件。

先计算 z_{mk}。设初态的量子数为 n, l, m；末态量子数为 n', l', m'。因为 $z = r\cos\theta$，所以

$$\begin{aligned} z_{n'l'm',nlm} &= \int \Psi_{n'l'm'}^* r\cos\theta \Psi_{nlm} \\ &= C_{l'm'} C_{lm} \int R_{n'l'}(r) R_{nl}(r) r^3 \,\mathrm{d}r \int_0^\pi P_{l'}^{|m'|}(\cos\theta) P_l^{|m|}(\cos\theta) \cos\theta \sin\theta \,\mathrm{d}\theta \int_0^{2\pi} \mathrm{e}^{\mathrm{i}(m-m')\varphi} \mathrm{d}\varphi \end{aligned} \tag{Y8-22}$$

对 φ 积分得到

$$\int_0^{2\pi} \mathrm{e}^{\mathrm{i}(m-m')\varphi} \mathrm{d}\varphi = \begin{cases} 0 & m' \neq m \\ 2\pi & m' = m \end{cases} \tag{Y8-23}$$

对 θ 的积分不为零的条件，可以利用缔合勒让德函数所满足的递推公式

$$\cos\theta P_l^{|m|}(\cos\theta) = \frac{l+|m|}{2l+1} P_{l-1}^{|m|}(\cos\theta) + \frac{l-|m|}{2l+1} P_{l+1}^{m}(\cos\theta)$$

将上式代入积分，并只考虑 $m'=m$ 的情况，由缔合勒让德函数的正交性可以直接得出积分不为零的条件是 $l'=l\pm1$，所以矩阵元 $z_{n'l'm',nml}$ 不为零的条件是

$$m' = m \quad l' = l \pm 1 \tag{Y8-24}$$

为了求出 $x_{n'l'm',nml}$ 和 $y_{n'l'm',nml}$ 不同时为零的条件，引进两个新变量

$$\eta = x - \mathrm{i}y = r\sin\theta \mathrm{e}^{-\mathrm{i}\varphi}, \quad \eta^+ = x + \mathrm{i}y = r\sin\theta \mathrm{e}^{\mathrm{i}\varphi}$$

显然，$x_{n'l'm',nml}$ 和 $y_{n'l'm',nml}$ 不同时为零的条件与 η, η^+ 的矩阵元不同时为零的条件是相同的。

$$\begin{aligned} \eta_{n'l'm',nlm} &= \int \Psi_{n'l'm'}^* \eta \Psi_{nlm} \\ &= C_{l'm'} C_{lm} \int R_{n'l'}(r) R_{nl}(r) r^3 \,\mathrm{d}r \int_0^\pi P_{l'}^{|m'|}(\cos\theta) P_l^{|m|}(\cos\theta) \sin^2\theta \,\mathrm{d}\theta \int_0^{2\pi} \mathrm{e}^{\mathrm{i}(m-m'-1)\varphi} \mathrm{d}\varphi \end{aligned} \tag{Y8-25}$$

$$\eta^{+}_{n'l'm',nlm}=\int\Psi^{*}_{n'l'm'}\eta^{+}\Psi_{nlm}$$

$$=C_{l'm'}C_{lm}\int R_{n'l'}(r)R_{nl}(r)r^{3}\mathrm{d}r\int_{0}^{\pi}P_{l'}^{|m'|}(\cos\theta)P_{l}^{|m|}(\cos\theta)\sin^{2}\theta\mathrm{d}\theta\int_{0}^{2\pi}\mathrm{e}^{\mathrm{i}(m-m'+1)\varphi}\mathrm{d}\varphi \quad (\text{Y8-26})$$

对 φ 积分，前者仅当 $m'=m-1$ 时不为零，后者仅当 $m'=m+1$ 时不为零。利用公式

$$\sin\theta P_{l}^{|m|}(\cos\theta)=\frac{1}{2l+1}[P_{l+1}^{|m|+1}(\cos\theta)-P_{l-1}^{|m|+1}(\cos\theta)]$$

$$=\frac{(l+|m|)(l+|m|-1)}{2l+1}P_{l-1}^{|m|-1}(\cos\theta)-\frac{(l-|m|+1)(l-|m|+2)}{2l+1}P_{l+1}^{|m|-1}(\cos\theta)$$

和缔合勒让德函数的正交性，可以求出对 θ 积分不为零的条件是 $l'=l\pm1$，所以 η,η^{+} 的矩阵元不同时为零的条件是

$$m'=m\pm1 \quad l'=l\pm1 \qquad (\text{Y8-27})$$

综合式(Y8 - 24)和式(Y8 - 27)，得到 $\boldsymbol{r}_{n'l'm',nlm}$ 不为零的条件是

$$\Delta l=l'-l=\pm1 \quad \Delta m=m'-m=0,\pm1 \qquad (\text{Y8-28})$$

这就是角量子数和磁量子数的选择定则。由于对 r 的积分在 n,n' 取任何数值时均不为零，所以对总量子数 n 没有选择定则。

如果跃迁概率为零，则需要计算比偶极近似更高的高级近似。如果在任何近似中跃迁概率均为零，则这种跃迁称为严格禁戒跃迁。

习　　题

8.1　如果类氢原子的核不是点电荷，而是半径为 r_0、电荷均匀分布的小球，计算这种效应对类氢原子基态能量的一级修正。

8.2　在无限深的一维方势阱$(0<x<d)$中，求附加 $w(x)=w_0\left(x-\frac{d}{2}\right)^2$ 的微小微扰势的一级微扰能量。

8.3　设一体系未受微扰作用时有两个能级：E_{01} 及 E_{02}，现在受到微扰 $\hat{H}$ 的作用，微扰矩阵元为 $H'_{12}=H'_{21}=a$，$H'_{11}=H'_{22}=b$；a、b 都是实数。用微扰公式求能量至二级修正值。

8.4　转动惯量为 I、电偶极矩为 $\boldsymbol{D}$ 的空间转子处在均匀电场在 $\boldsymbol{\xi}$ 中，如果电场较小，用微扰法求转子基态能量的二级修正。

8.5　一电荷为 e 的线性谐振子受恒定弱电场 ε 作用。设电场 ε 沿 x 方向，用微扰法求能量至一级修正。

8.6　一维无限深势阱$(0<x<a)$中的粒子，受到微扰 H' 作用，

$$H'(x)=\begin{cases}2\lambda x/a & 0<x<a/2\\ 2\lambda(1-x/a) & a/2<x<a\end{cases}$$

求基态能量的一级修正。

8.7　设非简谐振子的 Hamilton 量表示为 $H=H_0+H'$，其中

$$H_0=-\frac{\hbar^2}{2u}\frac{\mathrm{d}^2}{\mathrm{d}x^2}+\frac{1}{2}u\omega^2x^2 \quad H'=\beta x^3(\beta\text{ 为实常数})。$$

用微扰论求其能量本征值(准到二级近似)。

8.8　具有电荷为 q 的离子，在其平衡位置附近做一维简谐振动，在光的照射下发生跃迁。设入射光的能量为 $I(\omega)$。其波长较长，求原来处于基态的离子，单位时间内跃迁到第一激发态的概率。

第9章 自旋与全同粒子

非相对论量子力学在解释许多实验现象上获得了成功，如原子的能级结构、谱线频率、谱线强度等，但进一步的实验事实发现，还有许多现象需要进一步解释，如光谱线在磁场中的分裂、光谱线的精细结构等，原有的量子理论无法解释这些新的实验现象。这说明微观粒子还有一些特性有待进一步认识，即电子存在自旋，将引入一个新的自由度——自旋，它是粒子固有的。当然，自旋是狄拉克(Dirac)电子的相对论性理论的自然结果。

本章从实验事实引入自旋的存在，再把自旋引入量子力学理论，讨论自旋的粒子态函数和自旋角动量的性质，然后叙述的多粒子体系的特性——全同粒子。

9.1 电子自旋存在的实验事实

1. 施特恩—格拉赫(Stern-Gerlach)实验(1922年)

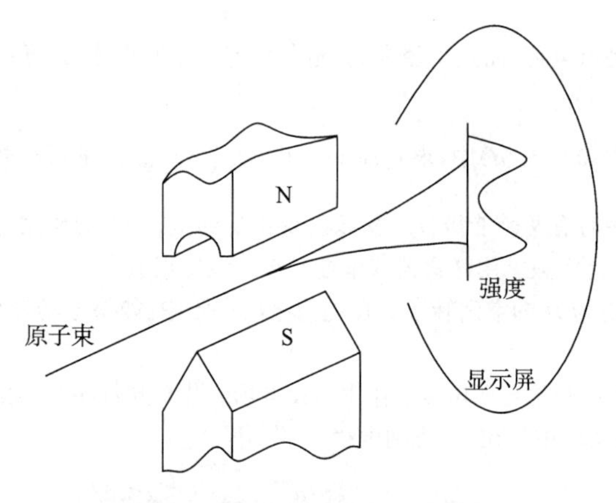

图9-1 Stern-Gerlach实验

如图9-1所示，当一狭窄的原子束通过非均匀磁场NS时，如果原子无磁矩，它将在显示屏上显示不偏转；而当原子具有磁矩μ_S，原子束在显示屏上显示偏转，它在磁场中的附加能量为

$$U=-\boldsymbol{\mu}\cdot\boldsymbol{B}=-\mu B\cos\alpha \tag{9-1}$$

如果经过的路径上，磁场在z方向上有梯度，即不均匀，则受力

$$\boldsymbol{F}=-\nabla \boldsymbol{U}=\mu\cos\alpha\,\frac{\mathrm{d}\boldsymbol{B}}{\mathrm{d}z} \tag{9-2}$$

从经典观点看 $\cos\alpha$ 取值($-1\leqslant\cos\alpha\leqslant 1$)。因此,不同原子(磁矩取向不同)受力不同,取值为 $-\mu\frac{\mathrm{d}B}{\mathrm{d}z}\leqslant F\leqslant\mu\frac{\mathrm{d}B}{\mathrm{d}z}$,所以原子分裂成一个带。

但 Stern-Gerlach 发现,当一束处于基态的银原子通过这样的场时,仅发现分裂成两束,即仅两条轨道(两个态)。而人们知道,银原子($Z=47$)基态 $l=0$,所以没有轨道磁矩,而分成两个状态(两个轨道),表明存在磁矩,而该磁矩在任何方向上的投影仅取两个值。该磁矩既然不是由于轨道运动产生的,那么,只能是电子本身的(核磁矩可忽略),称此磁矩为内禀磁矩 μ_S,也可称为自旋磁矩,而与之相联系的角动量称为电子自旋,它是电子的一个新物理量,也是一个新的动力学变量。

2. 电子自旋存在的其他证据

(1) 碱金属光谱的双线结构

钠原子光谱中有一谱线,波长为 5.893×10^{-7} m,但精细测量发现,实际上,这是由两条谱线组成。

$$D_1=5.895\ 93\times10^{-7}\ \mathrm{m};D_2=5.889\ 95\times10^{-7}\ \mathrm{m}$$

这一事实,从电子仅具有三个自由度是无法解释的。

(2) 反常塞曼效应(Anomalous Zeeman effect)

原子序数为奇数的原子,其多重态是偶数,在弱磁场中分裂的光谱线条数为偶数(如钠 D_1 和 D_2 的 2 条光谱线,在弱磁场中分裂为 4 条和 6 条)。这种现象称为反常塞曼效应。不引入电子自旋也是不能解释的。

(3) 在弱磁场中,能级分裂出的多重态的相邻能级间距,并不一定为 $\frac{e\hbar}{2m}\boldsymbol{B}$,而是 $g_D\frac{e\hbar}{2m}\boldsymbol{B}$。对于不同能级,$g_D$ 可能不同,而不是简单为 1(g_D 称为 Lande′g 因子)。

3. 假设

根据这一系列实验事实,G. Uhlenbeck(乌伦贝克)和 S. Goudsmit(古德斯密特)提出以下假设:

(1) 电子具有自旋 $\boldsymbol{S}$,并且有自旋磁矩 $\boldsymbol{\mu}_S$,它们的关系为

$$\boldsymbol{\mu}_S=-\frac{e}{m_{\mathrm{e}}}\boldsymbol{S} \tag{9-3}$$

(2) 电子自旋在任何方向上的测量值仅取两个值 $\pm\frac{\hbar}{2}$,所以

$$\mu_z=\mp\frac{e\hbar}{2m_{\mathrm{e}}},\quad \frac{\mu_z}{s_z}=-\frac{e}{m_{\mathrm{e}}} \tag{9-4}$$

以 $\frac{e}{2m_{\mathrm{e}}}$ 为单位,则 $g_S=-2$(而 $g_l=-1$),所以自旋的回磁比为 $g_S=-2$。

现在很清楚,电子自旋的存在可由 Dirac 提出的电子相对论性理论自然得到。考虑到辐射修正

$$g_S=-2\left(1+\frac{\alpha}{2\pi}+\cdots\right)=-2.0023192$$

在 Stern-Gerlach 实验中得到了直接证实。

小结：

(1) Stern-Gerlach 实验证明了自旋磁矩的存在。

(2) G. Uhlenbeck(乌伦贝克)和 S. Goudsmit(古德斯密特)提出了自旋的假设。

每个电子具有自旋角动量 $\boldsymbol{S}$(电子本身固有的，而不是自转产生的)，它在空间任何方向上的投影只能取两个数值：$S_z=\pm\frac{\hbar}{2}$。

每个电子具有自旋磁矩 $\boldsymbol{\mu}_S$，它和自旋角动量 $\boldsymbol{S}$ 的关系是 $\boldsymbol{\mu}_S=\frac{e}{mc}\boldsymbol{S}$

式中 e 是电子的电荷；m 是电子的质量。

自旋磁矩 $\boldsymbol{\mu}_S$ 在空间任意方向上的投影只能取两个数值：

$$\mu_{Sz}=\pm\frac{e\hbar}{2mc}=\pm\mu_B, \qquad \mu_B=\frac{e\hbar}{2mc}\text{为玻尔磁子}$$

$$\frac{\mu_{Sz}}{S_z}=-\frac{e}{mc},\frac{\mu_{lz}}{l_z}=-\frac{e}{2mc} \tag{9-5}$$

考虑第 7 章轨道角动量算符 $\hat{\boldsymbol{L}}$ 的情况，表 9-1 列出了电子自旋角动量 $\hat{\boldsymbol{S}}$ 与轨道角动量 $\hat{\boldsymbol{L}}$ 的类比。

表 9-1 电子自旋角动量 $\hat{S}$ 与轨道角动量 $\hat{L}$ 的类比

电子	**S**	**L**
(1)	无经典对应量	有经典对应量
(2)	$S_z=\pm\frac{\hbar}{2}$	$L^2=l(l+1)\hbar^2, l_z=m\hbar$
(3)	$\frac{\mu_{Sz}}{S_z}=-\frac{e}{mc}$	$\frac{\mu_{lz}}{l_z}=-\frac{e}{2mc}$ 回转磁比率

9.2 电子自旋态与自旋算符

1. 自旋算符

通常的力学量都可以表示为坐标和动量的函数 $\hat{F}=\hat{F}(\hat{\boldsymbol{r}},\hat{\boldsymbol{p}})$，而自旋角动量则与电子的坐标和动量无关，它是电子内部状态的表征，是描写电子状态的第四个自由度(第四个变量)。与其他力学量一样，自旋角动量也是用一个算符描写的，记为 $\boldsymbol{S}$。自旋属于角动量，满足同样的角动量算符对易关系 $\hat{\boldsymbol{S}}\times\hat{\boldsymbol{S}}=\mathrm{i}\hbar\hat{\boldsymbol{S}}$。

轨道角动量 $\hat{\boldsymbol{L}}$	自旋角动量 $\boldsymbol{S}$
$\hat{\boldsymbol{L}}\times\hat{\boldsymbol{L}}=\mathrm{i}\hbar\hat{\boldsymbol{L}}$	$\hat{\boldsymbol{S}}\times\hat{\boldsymbol{S}}=\mathrm{i}\hbar\hat{\boldsymbol{S}}$
$[\hat{L}_x,\hat{L}_y]=\mathrm{i}\hbar\hat{L}_z$	$[\hat{S}_x,\hat{S}_y]=\mathrm{i}\hbar\hat{S}_z$

$$[\hat{L}_y,\hat{L}_z]=\mathrm{i}\hbar\hat{L}_x \qquad [\hat{S}_y,\hat{S}_z]=\mathrm{i}\hbar\hat{S}_x$$
$$[\hat{L}_z,\hat{L}_x]=\mathrm{i}\hbar\hat{L}_y \qquad [\hat{S}_z,\hat{S}_x]=\mathrm{i}\hbar\hat{S}_y$$
$$[\hat{L}^2,\hat{L}_i]=0 \qquad [\hat{S}^2,\hat{S}_i]=0$$

由于自旋角动量算符 $\hat{S}$ 在空间任意方向上的投影只能取$\pm\hbar/2$两个值，所以

(1) $\hat{S}_x$，$\hat{S}_y$，$\hat{S}_z$三个算符的本征值都有两个$\pm\frac{\hbar}{2}$；

(2) 它们本征值的平方都是 $S_x^2=S_y^2=S_z^2=\frac{\hbar^2}{4}$；

(3) $\hat{S}^2$ 的本征值为：$\hat{S}^2=\hat{S}_x^2+\hat{S}_y^2+\hat{S}_z^2=\frac{3\hbar^2}{4}$。

依照 $\boldsymbol{l}^2=l(l+1)\hbar^2,l=0,1,2,\cdots$

$$S^2=S(S+1)\hbar^2=\frac{3}{4}\hbar^2 \quad 得出\ S=\frac{1}{2}$$

S 称为自旋量子数，只有一个数值 1/2(为恒量)，l 为角量子数，可取各种各样的值 $l_z=mh$ $(m=0,\pm1,\pm2,\cdots)$。

$$S_z=\pm\frac{1}{2}\hbar=m_s\hbar,得出\ m_S=\pm\frac{1}{2}$$

m_S为自旋磁量子数$\pm1/2$。

2. 含自旋的状态波函数

电子的含自旋的波函数为 $\Psi=\Psi(\boldsymbol{r},S_z)$。

由于 S_z 只取$\pm\hbar/2$两个值，所以上式可写为两个分量

$$\begin{cases}\Psi_1(\boldsymbol{r})=\Psi\left(\boldsymbol{r},\frac{\hbar}{2}\right)\\ \Psi_2(\boldsymbol{r})=\Psi\left(\boldsymbol{r},-\frac{\hbar}{2}\right)\end{cases} \tag{9-6}$$

写成列矩阵

$$\Psi(\boldsymbol{r},S_z)=\begin{pmatrix}\Psi\left(\boldsymbol{r},\frac{\hbar}{2}\right)\\ \Psi\left(\boldsymbol{r},-\frac{\hbar}{2}\right)\end{pmatrix} \tag{9-7}$$

规定列矩阵第一行对应于 $S_z=\hbar/2$，第二行对应于 $S_z=-\hbar/2$。

若已知电子处于 $S_z=\hbar/2$ 或 $S_z=-\hbar/2$ 的自旋态，则波函数分别为

$$\phi_{\frac{1}{2}}=\begin{pmatrix}\Psi\left(\boldsymbol{r},\frac{\hbar}{2}\right)\\ 0\end{pmatrix},\quad \phi_{-\frac{1}{2}}=\begin{pmatrix}0\\ \left(\boldsymbol{r},-\frac{\hbar}{2}\right)\end{pmatrix} \tag{9-8}$$

3. 自旋算符的矩阵表示与 Pauli 矩阵

1) $\hat{S}_z$ 的矩阵形式

在 $\hat{S}^2-\hat{S}_z$ 表象中，$\hat{S}_z$ 的矩阵形式

$$\hat{S}_z=\frac{\hbar}{2}\begin{pmatrix}1 & 0\\0 & -1\end{pmatrix} \tag{9-9}$$

$\hat{S}_z$ 的矩阵为对角矩阵，对角矩阵元是其本征值$\pm\hbar/2$。

2) Pauli 算符

(1) Pauli 算符的引进

令
$$\hat{\boldsymbol{S}}=\frac{\hbar}{2}\hat{\boldsymbol{\sigma}}$$

分量形式：

$$\begin{cases}\hat{S}_x=\dfrac{\hbar}{2}\hat{\sigma}_x\\ \hat{S}_y=\dfrac{\hbar}{2}\hat{\sigma}_y\\ \hat{S}_z=\dfrac{\hbar}{2}\hat{\sigma}_z\end{cases} \tag{9-10}$$

对易关系：
$$\hat{\boldsymbol{S}}\times\hat{\boldsymbol{S}}=\mathrm{i}\,\hbar\hat{\boldsymbol{S}}\Rightarrow\hat{\boldsymbol{\sigma}}\times\hat{\boldsymbol{\sigma}}=2\mathrm{i}\hat{\boldsymbol{\sigma}}$$

分量形式：
$$[\hat{\sigma}_x,\hat{\sigma}_y]=2\mathrm{i}\hat{\sigma}_z,[\hat{\sigma}_y,\hat{\sigma}_z]=2\mathrm{i}\hat{\sigma}_x,[\hat{\sigma}_z,\hat{\sigma}_x]=2\mathrm{i}\hat{\sigma}_y$$

所以$[\hat{\sigma}_\alpha,\hat{\sigma}_\beta]=2\mathrm{i}\varepsilon_{\alpha\beta\gamma}\hat{\sigma}_r$

因为 S_x,S_y,S_z 的本征值都是$\pm\hbar/2$，所以 $\hat{\sigma}_x,\hat{\sigma}_y,\hat{\sigma}_z$的本征值都是$\pm1$；$\sigma_x^2,\sigma_y^2,\sigma_z^2$ 的本征值都是 1，即：

$$\sigma_x^2=\sigma_y^2=\sigma_z^2=1$$

(2) 反对易关系

基于σ的对易关系，可以证明σ各分量之间满足反对易关系：

$\hat{\sigma}_x\hat{\sigma}_y+\hat{\sigma}_y\hat{\sigma}_x=0$	反对易	$[\hat{\sigma}_x,\hat{\sigma}_y]_+=0$
$\hat{\sigma}_y\hat{\sigma}_z+\hat{\sigma}_z\hat{\sigma}_y=0$	反对易	$[\hat{\sigma}_y,\hat{\sigma}_z]_+=0$
$\hat{\sigma}_z\hat{\sigma}_x+\hat{\sigma}_x\hat{\sigma}_z=0$	反对易	$[\hat{\sigma}_z,\hat{\sigma}_x]_+=0$

(3) $\hat{\sigma}_x\hat{\sigma}_y\hat{\sigma}_z=\mathrm{i}$

(4) Pauli 算符的矩阵形式

根据定义

$$\frac{\hbar}{2}\hat{\sigma}_z=\hat{\boldsymbol{S}}_z=\frac{\hbar}{2}\begin{pmatrix}1 & 0\\0 & -1\end{pmatrix}\text{得出 }\hat{\sigma}_z=\begin{pmatrix}1 & 0\\0 & -1\end{pmatrix}$$

其他两个分量，令 $\hat{\sigma}_x=\begin{pmatrix}a & b\\c & d\end{pmatrix}$

利用反对易关系 $\hat{\sigma}_z\hat{\sigma}_x=-\hat{\sigma}_x\hat{\sigma}_z$，得

$$\begin{pmatrix}0 & 1\\1 & 0\end{pmatrix}\begin{pmatrix}a & b\\c & d\end{pmatrix}=-\begin{pmatrix}a & b\\c & d\end{pmatrix}\begin{pmatrix}0 & 1\\1 & 0\end{pmatrix}\text{得到}\begin{pmatrix}a & b\\-c & -d\end{pmatrix}=\begin{pmatrix}-a & b\\-c & d\end{pmatrix}\text{解得}\begin{cases}a=0\\d=0\end{cases}$$

$\hat{\sigma}_x$简化为：
$$\hat{\sigma}_x=\begin{pmatrix}0 & b\\c & 0\end{pmatrix}$$

由力学量算符厄米性

$$\hat{\sigma}_x^+=\hat{\sigma}_x \text{得到} \begin{pmatrix} 0 & b \\ c & 0 \end{pmatrix}^+ = \begin{pmatrix} 0 & c^* \\ b^* & 0 \end{pmatrix}$$

得：$b=c^*$ 或 $c=b^*$，$\hat{\sigma}_x=\begin{pmatrix} 0 & c^* \\ c & 0 \end{pmatrix}$，

$$\sigma_x^2=\begin{pmatrix} 0 & c^* \\ c & 0 \end{pmatrix}\begin{pmatrix} 0 & c^* \\ c & 0 \end{pmatrix}=I=\begin{pmatrix} |c|^2 & 0 \\ 0 & |c|^2 \end{pmatrix} \text{即} |c|^2=1$$

令：$c=e^{i\alpha}$（α 为实数），则

$$\hat{\sigma}_x=\begin{pmatrix} 0 & e^{-i\alpha} \\ e^{i\alpha} & 0 \end{pmatrix}$$

求 $\hat{\sigma}_y$ 的矩阵形式，由 $i\hat{\sigma}_y=\hat{\sigma}_z\hat{\sigma}_x \Rightarrow \hat{\sigma}_y=-i\hat{\sigma}_z\hat{\sigma}_x$ 出发

写成矩阵形式，得

$$\hat{\sigma}_y=-i\begin{pmatrix} 0 & 1 \\ 1 & 0 \end{pmatrix}\begin{pmatrix} 0 & e^{-i\alpha} \\ e^{i\alpha} & 0 \end{pmatrix}=\begin{pmatrix} 0 & e^{i(\alpha-\pi)} \\ e^{-i(\alpha-\pi)} & 0 \end{pmatrix}$$

这里有一个相位不定性，习惯上取 $\alpha=0$，于是得到 Pauli 算符的矩阵形式为：

$$\hat{\sigma}_x=\begin{pmatrix} 0 & 1 \\ 1 & 0 \end{pmatrix}，\quad \hat{\sigma}_y=\begin{pmatrix} 0 & -i \\ i & 0 \end{pmatrix}，\quad \hat{\sigma}_z=\begin{pmatrix} 1 & 0 \\ 0 & -1 \end{pmatrix} \tag{9-12}$$

从自旋算符与 Pauli 矩阵的关系自然得到自旋算符的矩阵

$$\hat{S}_x=\frac{\hbar}{2}\begin{pmatrix} 0 & 1 \\ 1 & 0 \end{pmatrix}，\quad \hat{S}_y=\frac{\hbar}{2}\begin{pmatrix} 0 & -i \\ i & 0 \end{pmatrix}，\quad \hat{S}_z=\frac{\hbar}{2}\begin{pmatrix} 1 & 0 \\ 0 & -1 \end{pmatrix} \tag{9-13}$$

4. 含自旋波函数的归一化和概率密度

1）归一化

电子波函数表示成

$$\Psi(\boldsymbol{r},S_z)=\begin{pmatrix} \Psi\left(\boldsymbol{r},\frac{\hbar}{2}\right) \\ \Psi\left(\boldsymbol{r},-\frac{\hbar}{2}\right) \end{pmatrix} \tag{9-14}$$

矩阵形式后，波函数归一化时必须同时对自旋求和和对空间坐标积分

$$\sum_{S_z=\pm\frac{\hbar}{2}}\int \left|\Psi(\boldsymbol{r},S_z)\right|^2 d^3r=\int \left(\Psi^*\left(\boldsymbol{r},\frac{\hbar}{2}\right) \quad \Psi^*\left(\boldsymbol{r},-\frac{\hbar}{2}\right)\right)\begin{pmatrix} \Psi\left(\boldsymbol{r},\frac{\hbar}{2}\right) \\ \Psi\left(\boldsymbol{r},-\frac{\hbar}{2}\right) \end{pmatrix} d\tau$$

$$=\int \left[\left|\Psi\left(\boldsymbol{r},\frac{\hbar}{2}\right)\right|^2+\left|\Psi\left(\boldsymbol{r},-\frac{\hbar}{2}\right)\right|^2\right] d\tau=1 \tag{9-15}$$

2）概率密度

$$\rho(\boldsymbol{r},S_z)=\Psi^{+}(\boldsymbol{r},S_z)\Psi(\boldsymbol{r},S_z)=\left|\Psi\left(\boldsymbol{r},\frac{\hbar}{2}\right)\right|^2+\left|\Psi\left(\boldsymbol{r},-\frac{\hbar}{2}\right)\right|^2=\rho_1\left(\boldsymbol{r},\frac{\hbar}{2}\right)+\rho_2\left(\boldsymbol{r},-\frac{\hbar}{2}\right) \tag{9-16}$$

式(9－16)表示电子位置在 r 处的概率密度(在 r 点附近单位体积内找到电子的概率)。其中 $\left|\Psi\left(\boldsymbol{r},\frac{\hbar}{2}\right)\right|^2$ 表示电子自旋向上($S_z=\hbar/2$)，位置在 r 处的概率密度；$\left|\Psi\left(\boldsymbol{r},-\frac{\hbar}{2}\right)\right|^2$ 表示电子自旋向下($S_z=-\hbar/2$)，位置在 r 处的概率密度。

即在全空间找到 $S_z=\hbar/2$ 的电子的概率：$\int\left|\Psi\left(\boldsymbol{r},\frac{\hbar}{2}\right)\right|^2\mathrm{d}r$；

在全空间找到 $S_z=-\hbar/2$ 的电子的概率：$\int\left|\Psi\left(\boldsymbol{r},-\frac{\hbar}{2}\right)\right|^2\mathrm{d}r$。

5. 自旋波函数

电子波函数为

$$\Psi(\boldsymbol{r},S_z)=\begin{pmatrix}\Psi\left(\boldsymbol{r},\frac{\hbar}{2}\right)\\ \Psi\left(\boldsymbol{r},-\frac{\hbar}{2}\right)\end{pmatrix}$$

在有些情况下，例如 Hamilton 量不含自旋变量(或可表示为空间坐标部分与自旋变量部分之和)，波函数可以分离变量，即

$$\Psi(\boldsymbol{r},S_z)=\phi(\boldsymbol{r})\chi(S_z)$$

式中，$\chi(S_z)$是描述自旋态的波函数，其一般形式为

$$\chi(S_z)=\begin{pmatrix}a\\ b\end{pmatrix}$$

式中，$|a|^2$ 与 $|b|^2$ 分别代表电子 $S_z=\pm\hbar/2$ 的概率，所以归一化条件表示为

$$|a|^2+|b|^2=\chi^{+}\chi=(a^{*}\quad b^{*})\begin{pmatrix}a\\ b\end{pmatrix}=1$$

[例 9.1] 求 $\hat{S}_z$ 的本征态 $\chi_{m_z}(S_z)\chi_{\frac{1}{2}}(S_z)$

解： $\hat{S}_z$ 的本征方程 $\hat{S}_z\chi(S_z)=\pm\frac{\hbar}{2}\chi(S_z)$

令 $\chi_{\frac{1}{2}}(S_z)$和 $\chi_{-\frac{1}{2}}(S_z)$分别为本征值$\hbar/2$ 和$-\hbar/2$ 的自旋波函数，即

$$\begin{cases}\hat{S}_z\chi_{\frac{1}{2}}(S_z)=\frac{\hbar}{2}\chi_{\frac{1}{2}}(S_z)\\ \hat{S}_z\chi_{-\frac{1}{2}}(S_z)=-\frac{\hbar}{2}\chi_{-\frac{1}{2}}(S_z)\end{cases}$$

$$\chi_{\frac{1}{2}}(S_z)=\begin{pmatrix}1\\ 0\end{pmatrix}$$

$$\chi_{-\frac{1}{2}}(S_z)=\begin{pmatrix}0\\ -1\end{pmatrix}$$

两者是属于不同本征值的本征函数，彼此应该正交：

$$\chi_{\frac{1}{2}}^{+}\chi_{-\frac{1}{2}}=\chi_{-\frac{1}{2}}^{+}\chi_{\frac{1}{2}}=0\quad（正交性）$$

$\chi_{\frac{1}{2}}(S_z)$，$\chi_{-\frac{1}{2}}(S_z)$构成正交归一完全性。

α 与 β 构成电子自旋态空间的一组正交完备基，一般自旋态可以用它们来展开，即任一单电子自旋波函数

$$\chi(S_z)=\begin{pmatrix}a\\b\end{pmatrix}=\begin{pmatrix}a\\0\end{pmatrix}+\begin{pmatrix}0\\b\end{pmatrix}=a\begin{pmatrix}1\\0\end{pmatrix}+b\begin{pmatrix}1\\0\end{pmatrix}=a\alpha+b\beta\quad（完全性）$$

其中 $\chi(S_z)$为电子的任一自旋态波函数。

［例 9.2］　求解$(1+\hat{\sigma}_x)^{\frac{1}{2}}$。

解：$(1+\hat{\sigma}_x)^{\frac{1}{2}}$是算符 σ_x 的函数，由于 $\hat{\sigma}_x^2=1$，

设$(1+\hat{\sigma}_x)^{\frac{1}{2}}=a+b\,\hat{\sigma}_x$

则 $1+\hat{\sigma}_x=a^2+b^2+2ab\,\hat{\sigma}_x$

$$a^2+b^2=1,\quad 2ab=1\text{ 得 }a=b=\frac{1}{\sqrt{2}}$$

所以$(1+\hat{\sigma}_x)^{\frac{1}{2}}=\dfrac{1}{\sqrt{2}}(1+\sigma_x)$

9.3　全同粒子体系与波函数的交换对换性

1. 全同粒子和全同性原理

1）全同粒子

质量、电荷、自旋等固有性质完全相同的微观粒子为全同粒子。如所有的电子、所有的质子。

2）全同性原理

全同粒子所组成的体系中，两全同粒子互相代换不引起体系物理状态的改变。全同性原理是量子力学的基本原理之一。

2. 波函数的对称性质

用 $q_i\sim(\boldsymbol{r}_i,s_i)$表示第 i 个粒子的坐标和自旋。

1）Hamilton 算符的对称性

N 个全同粒子组成的体系，其 Hamilton 量为：

$$\hat{H}(q_1,\cdots,q_i,\cdots,q_j,\cdots,q_N)=\sum_{i=1}^{N}\left[-\frac{\hbar^2}{2\mu}\nabla_i^2+V(q_i,t)\right]+\sum_{i<j}^{N}W(q_i,q_j)\qquad(9-17)$$

式中，$V(q_i,t)$表示第 i 个粒子在外场中的能量（势能）；$W(q_i,q_j)$表示第 i 个粒子和第 j 个粒子之间的相互作用能量。

调换第 i 个和第 j 个粒子，体系 Hamilton 量不变。即：

$$\hat{H}(q_1,\cdots,q_j,\cdots,q_i,\cdots,q_N)=\hat{H}(q_1,\cdots,q_i,\cdots,q_j,\cdots,q_N)$$

表明，N 个全同粒子组成的体系的 Hamilton 量具有交换对称性，交换任意两个粒子坐标 (q_i,q_j) 后不变。

2）对称和反对称波函数

考虑全同粒子体系的含时 Schrödinger 方程

$$\mathrm{i}\hbar\frac{\partial}{\partial t}\Psi(q_1,\cdots,q_i,\cdots,q_j,\cdots,q_N)=\hat{H}(q_1,\cdots,q_i,\cdots,q_j,\cdots,q_N)\Psi(q_1,\cdots,q_i,\cdots,q_j,\cdots,q_N)$$

将方程中 (q_i,q_j) 调换，得：

$$\begin{aligned}\mathrm{i}\hbar\frac{\partial}{\partial t}\Psi(q_1,\cdots,q_j,\cdots,q_i,\cdots,q_N)&=\hat{H}(q_1,\cdots,q_j,\cdots,q_i,\cdots,q_N)\Psi(q_1,\cdots,q_j,\cdots,q_i,\cdots,q_N)\\&=\hat{H}(q_1,\cdots,q_i,\cdots,q_j,\cdots,q_N)\Psi(q_1,\cdots,q_j,\cdots,q_i,\cdots,q_N)\end{aligned}$$

由于 Hamilton 量对于 (q_i,q_j) 调换不变，表明：(q_i,q_j) 调换前后的波函数都是 Schrödinger 方程的解。

根据全同性原理：

$$\begin{cases}\Psi(q_1,\cdots,q_i,\cdots,q_j,\cdots,q_N)\\\Psi(q_1,\cdots,q_j,\cdots,q_i,\cdots,q_N)\end{cases}$$

描写同一状态。因此，二者相差一个常数因子。

$$\Psi(q_1,\cdots,q_j,\cdots,q_i,\cdots q_N)=C\Psi(q_1,\cdots,q_i,\cdots,q_j,\cdots,q_N)$$

P_{ij} 表示第 i 个粒子与第 j 个粒子的全部坐标的交换，即

$$P_{ij}\Psi(q_1,\cdots,q_i,\cdots,q_j,\cdots,q_N)=\Psi(q_1,\cdots,q_j,\cdots,q_i,\cdots,q_N)$$

$$P_{ij}\Psi=C\Psi$$

用 P_{ij} 再运算一次，得

$$P_{ij}^2=CP_{ij}\Psi=C^2\Psi$$

显然 $P_{ij}^2=1$，所以 $C^2=1$

$$得\ C=\pm1$$

P_{ij} 有（而且只有）两个本征值，即 $C=\pm1$。即全同粒子的波函数必须满足下列关系之一：

$$P_{ij}\Psi=\Psi\ 或\ P_{ij}\Psi=-\Psi$$

式中，$i\neq j=1,2,3,\cdots,N$。凡满足 $P_{ij}\Psi=\Psi$ 的，称为对称波函数，记为 Ψ^S；满足 $P_{ij}\Psi=-\Psi$ 的，称为反对称波函数，记为 Ψ^A。所以，全同粒子体系的交换对称性给了波函数一个很强的限制，即要求它们对于任意两个粒子交换，或者对称，或者反对称。

3. 波函数对称性不随时间变化

全同粒子体系波函数的这种对称性不随时间变化，即初始时刻是对称的，以后时刻永远是对称的；初始时刻是反对称的，以后时刻永远是反对称的。

结论：描写全同粒子体系状态的波函数只能是对称的或反对称的，其对称性不随时间改

变。如果体系在某一时刻处于对称(或反对称)态上,则它将永远处于对称(或反对称)态上——波函数的特性。

［例 9.3］　下列波函数中,哪些是完全对称的? 哪些是完全反对称的?

(1) $f(\boldsymbol{r}_1)g(\boldsymbol{r}_2)\chi_{\frac{1}{2}}(S_{1z})\chi_{\frac{1}{2}}(S_{2z})$

(2) $f(\boldsymbol{r}_1)f(\boldsymbol{r}_2)[\chi_{\frac{1}{2}}(S_{1z})\chi_{-\frac{1}{2}}(S_{2z})-\chi_{-\frac{1}{2}}(S_{1z})\chi_{\frac{1}{2}}(S_{2z})]$

(3) $[f(\boldsymbol{r}_1)g(\boldsymbol{r}_2)-g(\boldsymbol{r}_1)f(\boldsymbol{r}_2)][\chi_{\frac{1}{2}}(S_{1z})\chi_{-\frac{1}{2}}(S_{2z})-\chi_{-\frac{1}{2}}(S_{1z})\chi_{\frac{1}{2}}(S_{2z})]$

(4) $r_{12}^2\exp[-\alpha(r_1+r_2)]$

(5) $\exp[-\alpha(r_1-r_2)]$

解:完全对称:(3)(4);

　完全反对称:(1)(2)(5)。

4. Bose(玻色)子和 Fermi(费米)子

(1) Bose 子

凡自旋为$\hbar$整数倍($S=0,1,2,\cdots$)的粒子,其多粒子波函数对于交换两个粒子总是对称的,遵从 Bose 统计,故称为 Bose 子,如光子(自旋为 1),处于基态的氦原子(自旋为零),α 粒子(自旋为 0)。由 Bose 子组成的全同粒子体系的波函数是对称的。如 g 光子($S=1$);π 介子($S=0$)。

(2) Fermi 子

凡自旋为$\hbar$半奇数倍($S=1/2,3/2,\cdots$)的粒子,其多粒子波函数对于交换两个粒子总是反对称的,遵从 Fermi 统计,故称为 Fermi 子,如电子、质子、中子$\sim\frac{\hbar}{2}$。由 Fermi 子组成的全同粒子体系的波函数是反对称的。例如,电子、质子、中子($S=1/2$)等粒子。

9.4　两个全同粒子组成的体系

两个全同粒子体系由对称和反对称波函数构成。

(1) 两个全同粒子(忽略它们的相互作用)Hamilton 量表示

$$H=h(q_1)+h(q_2) \tag{9-18}$$

式中,$h(q)$表示单粒子的 Hamilton 量。$h(q_1)$与 $h(q_2)$形式上完全相同,只不过 q_1,q_2 互换而已。显然$[\hat{P}_{12},\hat{H}]=0$。

(2) 单粒子波函数

$h(q)$的本征方程为

$$h(q)\varphi_k(q)=\varepsilon_k\varphi_k(q) \tag{9-19}$$

式中,ε_k 为单粒子能量;$\varphi_k(q)$为相应的归一化单粒子波函数;k 代表一组完备的量子数。

(3) 交换简并

设两个粒子中有一个处于 φ_{k_1} 态,另一个处于 φ_{k_2} 态,则 $\varphi_{k_1}(q_1)\varphi_{k_2}(q_2)$与 $\varphi_{k_1}(q_2)\varphi_{k_2}(q_1)$对应的能量都是 $\varepsilon_{k_1}+\varepsilon_{k_2}$。这种与交换相联系的简并,称为交换简并。但这两个波函数不一定具有交换对称性。

(4) 满足对称条件波函数的构成

对于 Bose 子,要求波函数对于交换是对称的。这里要分两种情况。

① $k_1 \neq k_2$，归一化的对称波函数可如下构成：

$$\Psi^S_{k_1k_2}(q_1,q_2)=\frac{1}{\sqrt{2}}[\varphi_{k_1}(q_1)\varphi_{k_2}(q_2)+\varphi_{k_1}(q_2)\varphi_{k_2}(q_1)],\frac{1}{\sqrt{2}}\text{是归一化因子。}$$

② $k_1=k_2=k$，归一化波函数为：

$$\Psi^S_{kk}(q_1,q_2)=\varphi(q_1)\varphi_k(q_2)$$

对于 Fermi 子，要求波函数对于交换是反对称的。归一化的波函数可如下：

$$\Psi^A_{k_1k_2}(q_1,q_2)=\frac{1}{\sqrt{2}}[\varphi_{k_1}(q_1)\varphi_{k_2}(q_2)-\varphi_{k_1}(q_2)\varphi_{k_2}(q_1)]$$

$$=\frac{1}{\sqrt{2}}\begin{vmatrix}\varphi_{k_1}(q_1) & \varphi_{k_1}(q_2)\\ \varphi_{k_2}(q_1) & \varphi_{k_2}(q_2)\end{vmatrix} \tag{9-20}$$

由上式可以看出，若 $k_1=k_2$，则 $\Psi^A\equiv 0$，即这样的状态是不存在的。这就是著名的 Pauli 不相容原理。

注：两个函数的和差可以构成对称或反对称波函数。

讨论：

(1) 若两个 Fermi 子所处状态相同，即 $k_1=k_2$，则 $\Psi^A\equiv 0$，即这样的状态是不存在的。说明两个全同 Fermi 子不能处于同一状态，这就是著名的 Pauli 不相容原理在两个 Fermi 子组成的体系中的表述，可以证明这一原理对于由多个全同 Fermi 子组成的体系也是成立的。它可以表述为：不允许有两个全同的 Fermi 子处于同一个单粒子态。在全同 Fermi 子组成的体系内，不可能有两个或两个以上的粒子处于同一状态。

(2) $\varphi_{k_1}(q_1)\varphi_{k_2}(q_2)$ 与 $\varphi_{k_1}(q_2)\varphi_{k_2}(q_1)$ 本来是属于二重简并能级 $\varepsilon_{k_1}+\varepsilon_{k_2}$ 的两个态，但是，由于波函数的对称性的要求限制了只能用 $\Psi^S_{k_1k_2}(q_1,q_2)$ 或 $\Psi^A_{k_1,k_2}(q_1,q_2)$，因而消除了简并。

注：由于对称性的要求，消除了交换简并。

9.5 N 个全同粒子组成的体系

1. N 个全同 Bose 子组成的体系

Bose 子不受 Pauli 原理限制，可以有任意数目的 Bose 子处于相同的单粒子态。设有 n_i 个 Bose 子处于 k_i 态上 $(i=1,2,\cdots,N)$，$\sum_{i=1}^{N} n_i = N$，这些 n_i 中，有些可以为 0，有些可以大于 1。此时，对称的多粒子波函数可以表示成

$$\sum_P P[\underbrace{\varphi_{k_1}(q_1)\cdots\varphi_{k_1}(q_{n_1})}_{n_1}\cdot\underbrace{\varphi_{k_2}(q_{n_1+1})\cdots\varphi_{k_1}(q_{n_1+n_2})\cdots}_{n_2}] \tag{9-21}$$

注意：这里的 P 是指那些只对处于不同单粒子态上的粒子进行对换而构成的置换，因为只有这样，上式求和中的各项才彼此正交。这样的置换共有 $\frac{N!}{n_1!\ n_2!\ \cdots n_N!}$ 个。因此，归一化的对称波函数可表示为

$$\Psi^S_{n_1\cdots n_N}=\sqrt{\frac{\prod\limits_i n_i!}{N!}}\sum_P P[\varphi_{k_1}(q_1)\cdots\varphi_{k_N}(q_N)] \tag{9-22}$$

2. Fermi 子体系和波函数反对称化

两个 Fermi 子体系，其反对称化波函数是：

$$\begin{aligned}\Psi^A_{k_1k_2}(q_1,q_2)&=\frac{1}{\sqrt{2}}[\varphi_{k_1}(q_1)\varphi_{k_2}(q_2)-\varphi_{k_1}(q_2)\varphi_{k_2}(q_1)]\\&=\frac{1}{\sqrt{2}}\begin{vmatrix}\varphi_{k_1}(q_1) & \varphi_{k_1}(q_2)\\ \varphi_{k_2}(q_1) & \varphi_{k_2}(q_2)\end{vmatrix}\end{aligned} \tag{9-23}$$

行列式的性质保证了波函数反对称化。推广到 N 个 Fermi 子体系：

$$\Psi^A_{k_1k_2\cdots k_N}(q_1,q_2,\cdots,q_N)=\frac{1}{\sqrt{N!}}\begin{vmatrix}\varphi_{k_1}(q_1) & \varphi_{k_1}(q_2) & \cdots & \varphi_{k_1}(q_N)\\ \varphi_{k_2}(q_1) & \varphi_{k_2}(q_2) & \cdots & \varphi_{k_2}(q_N)\\ \cdots & \cdots & \cdots & \cdots\\ \varphi_{k_N}(q_1) & \varphi_{k_N}(q_2) & \cdots & \varphi_{k_N}(q_N)\end{vmatrix} \tag{9-24}$$

讨论：

(1) 行列式展开后，每一项都是单粒子波函数乘积形式，因而 Ψ^A 是本征方程 $\hat{H}\Psi=E\Psi$ 的解。

(2) 交换任何两粒子，等价于行列式中相应两列对调，由行列式性质可知，行列式要变号，故是反对称化波函数。

(3) N 个单粒子态 $\varphi_{k_1},\varphi_{k_2},\cdots\varphi_{k_N}$ 中有两个单粒子态相同，则行列式中有两行相同，因而行列式等于零。这表示不能有两个或两个以上的 Fermi 子处于同一状态。这就是 Bouli 不相容原理。

(4) 无自旋——轨道相互作用情况

$\Psi(q_1,\cdots,q_N)$ 中每个 q 都包含 $q_i\to\bar{\boldsymbol{r}}_i,\bar{S}_i$

$$\Psi(q_1,\cdots,q_N)=\Psi(\bar{\boldsymbol{r}}_1,\bar{S}_1;\cdots;\bar{\boldsymbol{r}}_N,\bar{S}_N)$$

在无自旋——轨道相互作用情况，或该作用很弱从而可忽略时，体系总波函数可写成空间波函数与自旋波函数乘积形式：

$$\Psi(\bar{\boldsymbol{r}}_1,\bar{S}_1,\cdots,\bar{\boldsymbol{r}}_N,\bar{S}_N)=\phi(\bar{\boldsymbol{r}}_1,\cdots,\bar{r}_N)\chi(\bar{S}_1,\cdots,\bar{S}_N)$$

若是 Fermi 子体系，则 Ψ 应是反对称化的。

对两个粒子情况，反对称化可分别由 Ψ^A 的对称性保证。

$$\begin{cases}\Psi^A=\phi^A\chi^S\\ \Psi^A=\phi^S\chi^A\end{cases} \tag{9-25}$$

习　题

9.1　求在 $\hat{\sigma}_x$ 表象中，算符 $\hat{\sigma}_y$，$\hat{\sigma}_z$ 的本征值和本征函数。

9.2　证明：$(\hat{\boldsymbol{\sigma}}_1\cdot\hat{\boldsymbol{\sigma}}_2)^2=3-2(\hat{\boldsymbol{\sigma}}_1\cdot\hat{\boldsymbol{\sigma}}_2)$，并利用此结论求 $\boldsymbol{\sigma}_1\cdot\boldsymbol{\sigma}_2$ 本征值。

9.3 对于 Pauli 矩阵 $\sigma_x,\sigma_y,\sigma_z$，试求：在 σ_z 表象中 $\sigma_x,\sigma_y,\sigma_z$ 的归一化本征函数。

9.4 在自旋状态 $\chi_{\frac{1}{2}}(S_z)=\begin{pmatrix}1\\0\end{pmatrix}$，求 $\overline{(\Delta S_x)^2\cdot(\Delta S_y)^2}$。

9.5 证明 $\hat{S}_x\chi_{\frac{1}{2}}(S_z)=\frac{\hbar}{2}\chi_{-\frac{1}{2}}(S_z)$，$\hat{S}_x\chi_{-\frac{1}{2}}(S_z)=\frac{\hbar}{2}\chi_{\frac{1}{2}}(S_z)$，并在 $\chi_{\frac{1}{2}}$ 态中，求 $\overline{S}_x,\overline{S_x^2},\overline{(\Delta S_x)^2}$。

9.6 求 $\hat{S}_x=\frac{\hbar}{2}\begin{pmatrix}0&1\\1&0\end{pmatrix}$ 及 $\hat{S}_y=\frac{\hbar}{2}\begin{pmatrix}0&-\mathrm{i}\\-\mathrm{i}&0\end{pmatrix}$ 的本征值和所属的本征函数。

9.7 设氢原子的状态是 $\Psi=\begin{pmatrix}\frac{1}{2}R_{21}(r)Y_{11}(\theta,\phi)\\-\frac{\sqrt{3}}{2}R_{21}(r)Y_{10}(\theta,\phi)\end{pmatrix}$，求角动量 z 分量 l_z，自旋角动量 z 分量 S_z 的可能取值及其平均值。

9.8 求三个全同 Bose 子组成体系的所有可能状态。

9.9 一体系由三个全同的 Bose 子组成，Bose 子之间无相互作用。Bose 子只有两个可能的单粒子态。问体系可能的状态有几个？它们的波函数怎样用单粒子波函数构成？

第10章 经典统计力学基础

统计力学是统计物理学的一个分支，发展于19世纪中期，计算机科学的发展极大地促进了统计力学的发展。统计力学的研究对象是大量分子的集合体，其目标是从微观粒子所遵循的力学规律出发，用统计平均的方法推断出宏观物质的各种性质之间的联系。统计力学现在已发展成为一门独立的学科，它是沟通宏观学科和微观学科的桥梁。

实际的宏观系统都是由大量的微观粒子构成的，统计力学从物质的微观结构出发，研究由大量粒子组成的系统在一定条件下服从的统计规律，从而建立起微观运动与宏观性质的联系。统计力学的研究方法是对平衡态下的热现象进行微观描述，然后运用统计的方法求得规律，即根据统计单元的力学性质（例如速率、动量、位置、振动、转动等），用统计的方法来推求系统的热力学性质（例如压力、热容、熵等热力学函数）。

微观粒子所遵循的力学规律不同，得到统计分布理论不同。以微观粒子服从经典力学定律而建立的统计理论称为经典统计力学；以微观粒子服从量子力学定律而建立的统计理论称为量子统计力学。经典统计与量子统计在统计原理上相同，两者主要区别在微观状态的描述上，因此分别进行讨论。

本章将对经典统计力学的基本概念、基本假设、主要的分布函数及应用加以讨论。

10.1 数学准备

1. 概率的基本概念

1）事件

当一定条件满足时，某一结果的发生称为事件。在一定条件下某一现象必然发生，则这个现象叫必然事件；一定不发生则叫不可能事件；可能发生，也可能不发生则该现象叫随机事件（或偶然事件）。例如向桌面投掷一枚硬币，国徽图案朝上这一现象就是随机事件。

随机事件之间存在一定的关系，最常涉及的关系是“互斥”与“独立”。当某一事件发生时，另一事件必不发生，反之亦然，则这两个事件为互斥事件。如不互斥，则为相容。如果两相容事件中一事件的发生与另一事件的发生与否，互无因果关系，则称这两个事件互为独立事件。例如，在给定的宏观条件下，系统处于某一微观状态可视为一个随机事件。假如 A 和 B 为系统两个不同的微观状态。显然，一个系统在同一时刻不可能处于两个不同的状态，因此处于状态 A 和状态 B 必为互斥事件。又如，系统中任意两个 Base 子 i 和 j 可以同时处于状态 A，如不考虑它们之间的相互作用和相关性，i 粒子处于状态 A 和 j 粒子处于状态 A 两个事件互为独立事件。与此相反,如果是 Fermi 子,这两个事件则为互斥事件。

2) 概率

给定条件后,观测某一指定事件是否发生并记录之,这样的过程称为试验。以投掷硬币为例,投掷一次硬币落到桌面后国徽图案向上或向下是随机的,但是将一枚硬币投掷一万次或更多,统计结果会发现国徽图案向上的次数随投掷次数的增加越来越接近全部投掷次数的一半,同样将一万枚或更多硬币同时投掷也可得到相同的结果。对随机现象的观察,存在以下特点:①试验可在相同条件下重复;②试验的所有可能结果不止一个,但事先可以明确其所有可能的结果;③进行一次试验之前不能确定哪一个结果会出现。将这类试验称为随机试验。

对于随机事件,虽然不能肯定地说它一定发生或一定不发生,但任何随机事件的发生都有一定的可能性,表征随机事件发生可能性的量叫作随机事件的概率。

假设在相同条件下进行 n 次试验,其中事件 A 发生的次数为 n_A,则称 $f_n(A)=n_A/n$ 为事件 A 发生的频率,如果下述极限成立:

$$P_A=\lim_{n\to\infty}\frac{n_A}{n} \tag{10-1}$$

则称 P_A 为事件 A 出现的概率。

概率具有以下性质:

(1) 概率只能在 0 和 1 之间取值 $0\leqslant P_A\leqslant 1$。

(2) 相加性。不相容事件分别出现的概率等于单独出现的概率之和。若 $A_1, A_2, \cdots, A_k$ 是两两不相容的事件,则

$$f_n(A_1\cup A_2\cup\cdots\cup A_k)=f_n(A_1)+f_n(A_2)+\cdots+f_n(A_k)$$

(3) 归一性。全部互斥事件的和事件为必然事件 $\sum_i P_i=1$。

(4) 相乘性。互相独立事件同时发生的概率等于各独立事件概率的积。设事件 i 和事件 j 互为独立事件,事件 i 和事件 j 同时出现(表示 $i\times j$)的概率为 $P_{i\times j}=P_i\times P_j$。

3) 随机变量

对于一个随机试验 E,由于随机因素的作用,试验的结果有多种可能性。记 E 的基本空间为 $\Omega=\{\omega\}$。如果对于试验的每一个结果 $\omega\in\Omega$,都对应着一个实数 $X\{\omega\}$,它是随随机试验结果的不同而变化的一个变量,则称 $X\{\omega\}$ 为随机变量。按照随机变量的取值情况,可以将随机变量分为两类:一类是只取有限个或无穷可列多个值的随机变量,称为离散型随机变量;另一类是非离散型随机变量,它可能在整个数轴上取值,或至少有一部分取值是某实数区间的全部值。

4) 统计平均值

设变量 u 为随机变量 x 的函数,则它也为一个随机变量。u 的统计平均值为:

(1) 离散型随机变量,即 $x=1,2,3,\cdots$,其概率为 P_i,相应的 u 值为 u_i,则 $\bar{u}=\sum_i u_i P_i$;

(2) 连续型随机变量,x 在 $r\sim r+\mathrm{d}r$ 内出现的概率为 $\rho(r)$,u 取值为 $u(r)$,则

$$\bar{u}=\int u(r)\rho(r)\mathrm{d}r \tag{10-2}$$

5) 统计独立性

n 个事件的独立性:设 $A_1, A_2, \cdots, A_n$ 为 n 个事件($n\geqslant 2$),如果对于其中任意 2 个,任意 3

个，…，任意 n 个事件的积事件的概率都等于各事件概率之积，则称事件 $A_1, A_2, \cdots, A_n$ 相互独立。

例如：三维空间坐标 $\boldsymbol{r}_1$ 和 $\boldsymbol{r}_2$ 为两个随机变量，其概率密度分别为 $\rho(\boldsymbol{r}_1)$ 和 $\rho(\boldsymbol{r}_2)$，同时发生的概率密度为 $\rho_{12}(\boldsymbol{r}_1, \boldsymbol{r}_2)$，如果 $\int \rho_{12}(\boldsymbol{r}_1, \boldsymbol{r}_2) \mathrm{d}\boldsymbol{r}_2 = \int \rho_1(\boldsymbol{r}_1)\rho(\boldsymbol{r}_2) \mathrm{d}\boldsymbol{r}_2 = \rho_1(\boldsymbol{r}_1)$ 成立，则称这两个连续随机变量统计独立。

对于上述随机变量的函数也有相应的统计平均公式。设变量 u 为离散型随机变量 x_i 的函数，取值 u_i 的概率为 P_i；v 为离散型随机变量 x_j 的函数，取值 v_j 的概率为 P_j，如果 u 和 v 为相互独立的量，则 uv 的统计平均值为：

$$\overline{uv} = \sum_{i \times j} u_i v_j P_{i \times j} = \sum_i u_i P_i \sum_j v_j P_j = \bar{u}\,\bar{v} \tag{10-3}$$

对于连续型随机变量 $u(\boldsymbol{r}_1)$ 和 $v(\boldsymbol{r}_2)$，其 uv 的统计平均值为：

$$\overline{uv} = \int u(\boldsymbol{r}_1) v(\boldsymbol{r}_2) \rho_{12} \mathrm{d}\boldsymbol{r}_1 \mathrm{d}\boldsymbol{r}_2 = \int u(\boldsymbol{r}_1) \mathrm{d}\boldsymbol{r}_1 \int v(\boldsymbol{r}_2) \mathrm{d}\boldsymbol{r}_2 = \bar{u}\,\bar{v} \tag{10-4}$$

2. 排列组合问题

在统计力学中讨论分子在不同能级上分布的微观状态数时，要用到排列组合的知识。

(1) 若在 N 个不同的物体中，取 r 个物体进行排列，总的排列方式为

$$\mathrm{P}_N^r = N(N-1)(N-2)\cdots(N-r+1)$$

若 N 个不同物体的全排列，总的排列数为 $\mathrm{P}_N^N = N!$。

(2) 若在 N 个物体中，有 s 个是完全相同的，另外有 t 个也是完全相同的，现取 N 个物体的全排列，其排列方式为 $\dfrac{N!}{s!t!}$。

(3) 在 N 个物体中，每次取出 m 个物体的组合方式为 C_N^m。

如取 C_N^m 中的某一种组合，将 m 个物体进行排列，有 $m!$ 种排列法，如果把所有各组都进行排列，则有 $\mathrm{C}_N^m \cdot m!$ 种排列法，显然

$$\mathrm{C}_N^m = \frac{\mathrm{P}_N^m}{m!} = \frac{N(N-1)(N-2)\cdots(N-m+1)}{m!} = \frac{N!}{m!\,(N-m)!}$$

4) 把 N 个不同的物体分成若干个组，第一组为 N_1 个，第二组为 N_2 个，……，第 k 组为 N_k 个，则总的分组数目可以计算如下。

第一组分出的数目为 $\mathrm{C}_N^{N_1}$，剩余 $(N-N_1)$ 个不同的物体，然后从 $(N-N_1)$ 个不同的物体中，取出 N_2 个，有 $\mathrm{C}_{N-N_1}^{N_2}$ 种分法，其余依次类推。

总的分组数目为：

$$\begin{aligned}
&\mathrm{C}_N^{N_1} \cdot \mathrm{C}_{N-N_1}^{N_2} \cdot \mathrm{C}_{N-N_1-N_2}^{N_3} \cdots \mathrm{C}_{N-N_1-N_2\cdots N_{k-1}}^{N_k} \\
&= \frac{N!}{(N-N_1)!N_1!} \cdot \frac{(N-N_1)!}{(N-N_1-N_2)!N_2!} \cdot \frac{(N-N_1-N_2)!}{(N-N_1-N_2-N_3)!N_3!} \cdot \cdots \\
&\quad \cdot \frac{(N-N_1-N_2-\cdots-N_{k-1})!}{(N-N_1-N_2-\cdots-N_k)!N_k!} = \frac{N!}{\prod_i N_i!} \quad (i = 1, 2, \cdots, k)
\end{aligned}$$

注：$(N-N_1-N_2-\cdots-N_k)!=0!=1$

3. 斯特林公式

在统计力学中，经常要求一个数的阶乘，可以用以下公式进行计算：

$$N!=\left(\frac{N}{\mathrm{e}}\right)^N\sqrt{2\pi N}\text{或}\ \ln N!=N\ln N-N+\ln\sqrt{2\pi N}$$

但在实际计算时，常用下述的近似公式：

$$\ln N!=N\ln N-N \tag{10-5}$$

4. 条件极值的求法——拉格朗日乘因子法

设：函数 $F=F(x_1,x_2,\cdots x_n)$，其中 $x_1,x_2,\cdots,x_n$ 为独立变量，如果这一函数有极值，则

$$\mathrm{d}F=\left(\frac{\partial F}{\partial x_1}\right)\mathrm{d}x_1+\left(\frac{\partial F}{\partial x_2}\right)\mathrm{d}x_2+\cdots+\left(\frac{\partial F}{\partial x_n}\right)\mathrm{d}x_n$$

要满足这个条件，必须 $$\left(\frac{\partial F}{\partial x_1}\right)=\left(\frac{\partial F}{\partial x_2}\right)=\cdots=\left(\frac{\partial F}{\partial x_n}\right)=0 \tag{10-6}$$

这样即有 n 个方程，可以有 n 个独立变量 $x_1,x_2,\cdots,x_n$ 的值，代入 F 函数得到 F 的极值。如果在求 F 的极值时，还要满足以下的限制条件：

$$\begin{cases}G(x_1,x_2,\cdots,x_n)=0\\H(x_1,x_2,\cdots,x_n)=0\end{cases}\quad(n-1\text{ 个独立变量})$$

此时 F 的极值称为条件极值，即在满足限制的条件下求 F 的极值，它的几何意义可以说明如下。

设有一函数 $z=f(x,y)$，它在空间为一个曲面，当要在满足 $f(x,y)=0$（为一空间平面）的条件下求 z 的极值时，它的几何意义可以用图 10-1 表示。

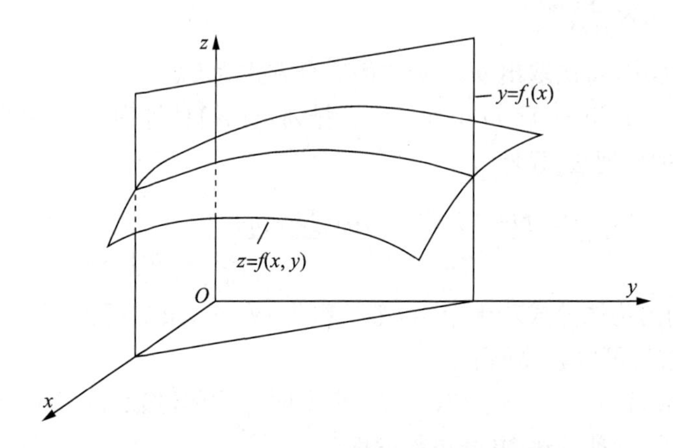

图 10-1 条件极值的几何意义示意图

原则上，可以解出 $y=f_1(x)$，代入 $z=f[x,y(x)]=F(x)$，然后求出该一元函数 $z=F(x)$ 的极值。也就是说，将 $G(x_1,x_2,\cdots,x_n)=0$ 和 $H(x_1,x_2,\cdots,x_n)=0$ 代入 $z=f(x_1,x_2,\cdots,x_n)$ 可以得到 $n-2$ 个独立变量的函数，再用一般的多元函数求极限的方法求出条件极值。但是在有的情况下，这些函数关系是不明显的，或不便求出的，这样极值就难于求出，而拉格朗日乘因子法就是解决这个问题的方便方法。

这种方法就是用 α,β 乘以条件方程，然后与原方程组合成一个新的方程

$$Z=F(x_1,x_2,\cdots,x_n)+\alpha G(x_1,x_2,\cdots,x_n)+\beta H(x_1,x_2,\cdots,x_n) \quad (10-7)$$

对这个函数进行微分 $dZ=dF+\alpha dG+\beta dH$。

如有一组 $x_1,x_2,\cdots,x_n$，满足 $\begin{cases}G(x_1,x_2,\cdots,x_n)=0\\H(x_1,x_2,\cdots,x_n)=0\end{cases}$，同时又能使新函数 $dZ=0$，这组 x_1，$x_2,\cdots,x_n$ 即为所要求的解。

Z 为极值的条件是

$$\begin{aligned}dZ &= \left(\frac{\partial F}{\partial x_1}dx_1+\frac{\partial F}{\partial x_2}dx_2+\cdots+\frac{\partial F}{\partial x_n}dx_n\right)+\alpha\left(\frac{\partial G}{\partial x_1}dx_1+\frac{\partial G}{\partial x_2}dx_2+\cdots+\frac{\partial G}{\partial x_n}dx_n\right)+\\ &\quad \beta\left(\frac{\partial H}{\partial x_1}dx_1+\frac{\partial H}{\partial x_2}dx_2+\cdots+\frac{\partial H}{\partial x_n}dx_n\right)\\ &= \sum_{i=1}^{n}\left(\frac{\partial F}{\partial x_i}+\alpha\frac{\partial G}{\partial x_i}+\beta\frac{\partial H}{\partial x_i}\right)dx_i=0 \end{aligned} \quad (10-8)$$

要使上式成立，则每一项都等于零，即

$$\begin{cases}\left(\dfrac{\partial F}{\partial x_1}+\alpha\dfrac{\partial G}{\partial x_1}+\beta\dfrac{\partial H}{\partial x_1}\right)=0\\ \left(\dfrac{\partial F}{\partial x_2}+\alpha\dfrac{\partial G}{\partial x_2}+\beta\dfrac{\partial H}{\partial x_2}\right)=0\\ \qquad\vdots\\ \left(\dfrac{\partial F}{\partial x_n}+\alpha\dfrac{\partial G}{\partial x_n}+\beta\dfrac{\partial H}{\partial x_n}\right)=0\end{cases} \quad (10-9)$$

上式共 n 个方程，加上附加条件

$$\begin{cases}G(x_1,x_2,\cdots,x_n)=0\\H(x_1,x_2,\cdots,x_n)=0\end{cases}$$

共 $n+2$ 个方程，可以解出 $x_1,x_2,\cdots,x_n$ 以及 α,β 共 $n+2$ 个解，既能满足限制条件，又是原函数的极值。

[例 10.1]　已知函数 $Z=x^2+y^2$，求出满足方程 $2x-y-3=0$ 并使 Z 为极值的 x,y 值。

解：在这里，原函数为 $Z=x^2+y^2$，限制条件为 $G=2x-y-3=0$

现组合成一个新的函数 $Z_1=Z+\alpha G=x^2+y^2+\alpha(2x-y-3)$

微分 $dZ_1=0$，得到：$\begin{cases}\dfrac{\partial Z_1}{\partial x}=2x+2\alpha=0\\ \dfrac{\partial Z_1}{\partial y}=2y-2\alpha=0\\ 2x-y-3=0\end{cases}$

解此联立方程，得到：$x=\dfrac{6}{5}$，$y=-\dfrac{3}{5}$，$\alpha=-\dfrac{6}{5}$。

10.2　统计系统及分类

统计热力学研究的对象是由大量微粒（约 10^{24} 数量级）组成的热力学平衡系统，组成系统的分子、原子、离子、电子及光子等微粒都称作粒子或简称子。为便于讨论根据所研究对象——系统的特点，统计热力学从不同角度对系统进行了分类。

1）根据系统中粒子之间有无相互作用来分类

（1）独立子系统（近独立子体系）——该系统中粒子间除发生完全弹性碰撞外，相互作用微弱到可以忽略不计，粒子之间可近似看作是彼此独立的。因此一般称为近独立子系统，简称独立子系统。理想气体系统就是这类系统的最好例子。对由 N 个粒子组成的独立子系统，在不考虑外场作用的情况下，系统的总能量（即热力学能）U 是所有粒子能量之和：

$$U=\sum_{i=1}^{N}\varepsilon_i \tag{10-10}$$

式中，ε_i 是 i 粒子的能量。

（2）相依子系统——系统中粒子间存在不可忽略的相互作用。例如实际气体、液体等，相依子系统的总能量，除每个粒子自身的能量 ε_i 外，还必须包括所有粒子之间相互作用的势能 U_p，即 $U=\sum_{i=1}^{N}\varepsilon_i+U_p$。式中，$U_p$ 是与所有粒子位置有关的量，想要准确给出这一项的表达式几乎是不可能的。

2）根据系统中粒子的运动范围来分类

（1）定域子系统——系统中每个粒子的运动都有其固定的平衡位置。由于粒子运动范围不能遍及系统的整个空间，因此即使是同类粒子也可以依据位置对其加以区别。例如晶体，组成晶体的各粒子都在固定的点阵点附近振动，因此能以点阵点的位置坐标对各粒子加以区别。故定域子系统又称为可别粒子系统。

（2）非定域子系统——组成系统的粒子处于混乱的运动状态，其运动范围遍及系统的整个空间。同类粒子彼此无法区别，例如气体与液体。非定域子系统也被叫作离域子系统、不可别粒子系统或全同粒子系统。

10.3 系统微观运动状态的经典描述

1. *系统微观运动状态的经典描述*

系统微观运动状态是指系统的力学运动状态。研究质点系运动时，按经典力学的一般方法是首先列出每一个质点的动力学微分方程，然后根据初始条件（此时此刻的位置或速度）加以运算，得到每个质点的运动函数，从而得知质点系的运动情况。但是实际上，这种解题的方法只能用于两个质点所组成的质点系（两体问题），对于三个质点所组成的系统，用此法是无法解决的，因为会有“混沌现象”出现，更何况对于包含约 10^{23} 个质点（分子或原子）的质点系，要从微观上按经典力学的方法是无法解决的。由于无法知道这么多质点的确切的初始位置和速度，再者要解这样大数目的动力学方程，已远远超出了任何可以想象的快速电子计算机的能力，也是根本不可能的。对以大量分子组成的热力学系统从微观上加以研究时，必须用统计方法，即对微观量求统计平均值的方法。

设粒子的自由度为 r，粒子在任一时刻的力学运动状态由粒子的 r 个广义坐标 $q_1,q_2,\cdots,q_r$ 和相应的 r 个广义动量 $p_1,p_2,\cdots,p_r$ 在该时刻的数值确定，粒子能量 ε 是其广义坐标和广义动量的函数，即：

$$\varepsilon=\varepsilon(q_1,q_2,\cdots,q_r;p_1,p_2,\cdots,p_r) \tag{10-11}$$

更一般表述为 $\varepsilon=\varepsilon(q_i,p_i)(i=1,2,\cdots,r)$。

在分析力学中，一般把以广义坐标和广义动量为自变量的能量函数写成 H(哈密顿)函数，即：

$$\varepsilon=H(q_i,p_i)(i=1,2,3,\cdots,r) \tag{10-12}$$

粒子的运动满足正则运动方程：$\dot{q}_i=\dfrac{\partial H}{\partial p_i}$，$\dot{p}_i=-\dfrac{\partial H}{\partial q_i}(i=1,2,\cdots,r)$。 (10-13)

当某一初始时刻 t_0，给定了 q_i，p_i 的初值 q_{i0}，p_{i0} 之后，由正则运动方程可确定在任何相继时刻 t，q_i，p_i 的数值，因而这个力学系统的运动状态就完全确定了。所以一组 q_i，p_i 数值可以完全确定这个系统的运动状态，这就是微观运动状态。

使用粒子的坐标和动量的描述方法叫作微观描述法，也可以借助几何表示法讨论力学体系运动状态，用 $q_1,q_2,\cdots,q_r,p_1,p_2,\cdots,p_r$ 为直角坐标构成一个 $2r$ 维空间，这个空间称为 μ 空间。μ 空间任何一点都代表力学体系的一个运动状态，这个点称为代表点。当粒子运动状态随时间改变时，代表点相应地在 μ 空间中移动，描画出的轨迹称为相迹。

下面介绍经典描述下的具体示例。

1) 自由粒子

自由粒子是不受力的作用而做自由运动的粒子。

自由度　$r=3$；μ 空间维数　6；广义坐标　$q_1=x,q_2=y,q_3=z$；

广义动量　$p_1=p_x=m\dot{x},p_2=p_y=m\dot{y},p_3=p_z=m\dot{z}$；

动能　$\varepsilon=\dfrac{1}{2m}(p_x^2+p_y^2+p_z^2)$。

相迹　以一维自由粒子为例，如图 10-2 所示，以 x,p_x 为直角坐标，构成二维的 μ 空间，设一维容器的长度为 L。粒子的一个运动状态 (x,p_x) 可以用 μ 空间在一定范围内的一点代表。

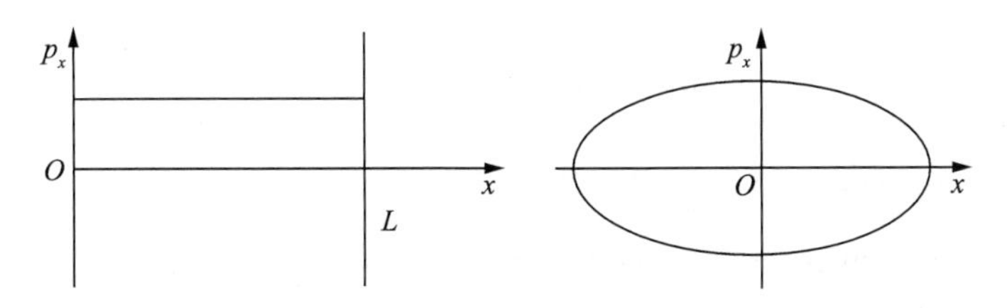

图 10-2　自由粒子 μ 空间的相迹

2) 一维线性谐振子

质量为 m 的粒子在弹性力 $f=-Ax$ 作用下，在原点附近作频率为 $\omega=\sqrt{A/m}$ 的简谐振动，称为线性谐振子。

自由度　$r=1$；　μ 空间维数　2；广义坐标　$q=x$；广义动量　$p=p_x=m\dot{x}$；

动能　$\varepsilon=\dfrac{p^2}{2m}+\dfrac{A}{2}x^2=\dfrac{p^2}{2m}+\dfrac{1}{2}m\omega^2x^2$。

相迹　以 x 和 p 为直角坐标，可构成二维的 μ 空间，振子在任一时刻运动状态由 μ 空间中的一点表示。如果给定振子的能量为 ε，对应点的轨迹就由如下的椭圆方程决定：$\dfrac{p^2}{2m\varepsilon}+\dfrac{x^2}{2\varepsilon/m\omega^2}=1$。

椭圆的长轴和短轴分别为 $\alpha=\sqrt{2m\varepsilon}$ 和 $b=\sqrt{2\varepsilon/m\omega^2}$，面积为 $S=2\pi\varepsilon/\omega$。

几何表示如图 10-3 所示。

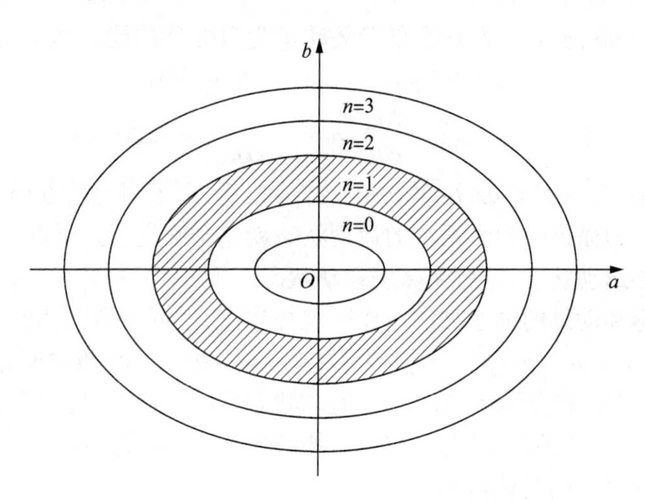

图 10-3　一维线性谐振子的相迹

3）转子

考虑质量为 m 的质点 A 被具有一定长度的轻杆系于原点 O 时所做的运动。图 10-4 所示为支点 A 在直角坐标系和球坐标系下的几何表示。

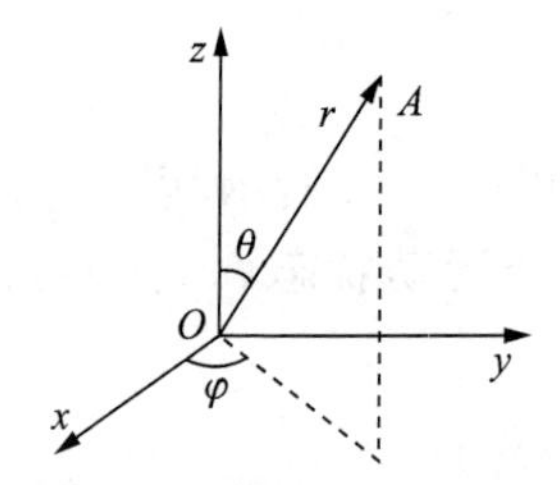

图 10-4　直角坐标系与球坐标系

质点在直角坐标下的能量：$\varepsilon=\frac{1}{2}m(\dot{x}^2+\dot{y}^2+\dot{z}^2)$

用球坐标表示，$x=r\sin\theta\cos\varphi$，$y=r\sin\theta\sin\varphi$，$z=r\cos\theta$

$$\dot{x}=\dot{r}\sin\theta\cos\varphi+r\sin\theta\sin\varphi\dot{\theta}-r\sin\theta\sin\varphi\dot{\varphi}$$

$$\dot{y}=\dot{r}\sin\theta\cos\varphi+r\cos\theta\sin\varphi\dot{\theta}+r\sin\theta\cos\varphi\dot{\varphi}$$

$$\dot{z}=\dot{r}\cos\theta-r\sin\theta\dot{\theta}$$

$$\varepsilon=\frac{1}{2}m(\dot{r}^2+r^2\dot{\theta}^2+r^2\sin^2\theta\dot{\varphi}^2)$$

考虑质点和原点的距离保持不变，$\dot{r}=0$，于是

$$\varepsilon=\frac{1}{2}m(r^2\dot{\theta}^2+r^2\sin^2\theta\dot{\varphi}^2)$$

转子在任何时刻的位置都可以由其主轴的空间方位角 θ,φ 确定。

自由度　$r=2$；μ 空间维数　4

广义坐标　$q_1=\theta(0\sim\pi)$，　$q_2=\varphi(0\sim2\pi)$

广义动量 $p_1=p_\theta=mr^2\dot{\theta}, p_2=p_\varphi=mr^2\sin^2\theta\dot{\varphi}$

动能 $\varepsilon=\frac{1}{2I}(p_\theta^2+\frac{1}{\sin^2\theta}p_\varphi^2)$

4) 双原子分子的力学模型

将双原子分子的运动看作一根细棒的两端联结着质量为 m_1 和 m_2 的两个质点绕其质心的转动，如图 10-5 所示。然后将两体问题转化为单体问题，即将公式中的 m 换成约化质量 $\mu=\frac{m_1m_2}{m_1+m_2}$。根据经典力学，在没有外力作用的情形下，转子的总角动量 $\boldsymbol{M}=\boldsymbol{r}\times\boldsymbol{p}$ 是一个守恒量，其大小和时间都不随时间改变。

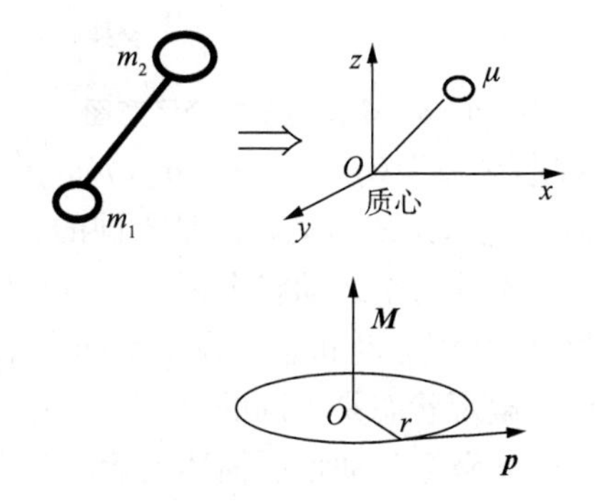

图 10-5 双原子分子的模型

由于 r 垂直于 $\boldsymbol{M}$，质点的运动是在垂直于 $\boldsymbol{M}$ 的平面内运动。如果选择 z 轴平行于 $\boldsymbol{M}$，质点的运动必在 xy 平面上，这时 $\theta=\pi/2, p_\theta=0$，能量简化为：

$$\varepsilon=\frac{p_\varphi^2}{2I}=\frac{M^2}{2I}$$

2. 系统的微观状态

对于一个热力学平衡系统，从宏观上看，它的宏观性质不随时间而发生变化。处于确定不变宏观状态的系统，从微观角度考虑它仍然处于不断地运动变化之中，系统在某一瞬间的微观状态是指对此时刻系统内每一个微观粒子运动状态的指定(实际上对 10^{24} 个粒子微观运动状态的具体描述是不可能实现的，但可以这样考虑)(动态平衡)。只要给出了此时刻系统中每个粒子的状态，则整个系统的微观状态也就确定了。

设在某一个瞬间，体系中各个粒子的运动状态指定，那么整个系统的微观状态也就确定了。把系统在这种微观意义上的状态叫作系统的微观状态。

经过一段时间，体系中各个粒子的运动状态又确立，那么整个系统又处于另一种确立的微观状态。

例如：对于单原子理想气体的隔离系统，可由 N(原子个数)，U(系统的热力学能)及 V(系统的体积)三个宏观性质指定该系统的状态。即使把每个原子视为无内部结构的刚性小球，那么描述粒子状态也需要指定平动运动的波函数与能级(即平动量子态)。系统中 N 个原子($\approx10^{24}$)都在不停地运动，碰撞之中，粒子状态时刻都在改变。在某一时刻，对 N 个粒子各自状态的指定就构成一个系统微观状态的描述，而其中任何一个粒子运动状态的改变就会出现一个不同的系统微观状态。

从以上分析可知系统的微观状态是系统内所有粒子的粒子状态的总和，每一个微观状态都对应着系统的一个宏观状态，而系统的一个宏观状态却对应着极其大量的微观状态。

经典粒子是可以分辨的(因为经典粒子的运动是轨道运动，原则上是可以被跟踪的)。如果在含有多个全同粒子的系统中，将两个粒子的运动状态加以交换，交换前后，系统的力学运动状态是不同的，如图 10 - 6 所示。

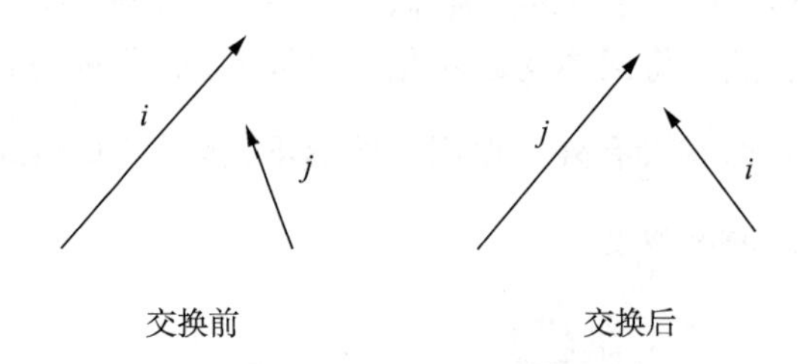

图 10 - 6 全同粒子交换示意图

第 i 个粒子和第 j 个粒子状态本来为$(q'_{i1},q'_{i2},\cdots,q'_{ir},p'_{i1},p'_{i2},\cdots,p'_{ir})$和$(q''_{j1},q''_{j2},\cdots,q''_{jr},p''_{j1},p''_{j2},\cdots,p''_{jr})$，如果将它们加以交换，系统运动状态是不同的。

经典统计：一个粒子在某一时刻的力学运动状态可用相空间(μ 空间)中的一个点表示，由 N 个粒子组成的系统在某一时刻的微观运动状态可在 μ 空间中用 N 个点表示，如果交换两个点在 μ 空间的位置，相应的系统的微观状态是不同的。

在经典力学中，采用微观粒子的坐标和动量所描述的运动状态称为经典的微观状态，每个微观状态在相空间中用一个点表示。

粒子处在 $q_i\rightarrow q_i+\mathrm{d}q_i,p_i\rightarrow p_i+\mathrm{d}p_i(i=1,2,\cdots,s)$范围内的微观运动状态，在 μ 空间中用体积元 $\mathrm{d}\omega=\prod\limits_i^s\mathrm{d}q_i\mathrm{d}p_i$ 代表，它是一个连续区域。

粒子处在 $\varepsilon\rightarrow\varepsilon+\mathrm{d}\varepsilon$ 范围内的微观运动状态，在 μ 空间中用体积元 $\mathrm{d}\omega=\int\limits_{\varepsilon\rightarrow\varepsilon+\mathrm{d}\varepsilon}\cdots\int\mathrm{d}q_1\mathrm{d}q_2\cdots\mathrm{d}q_s\mathrm{d}p_1\mathrm{d}p_2\cdots\mathrm{d}p_s$ 代表，它是一个连续区域。

10.4 统计力学的基本假设

1. 等概率原理

宏观状态和微观状态的区别如下。

宏观状态：平衡状态下由一组参量表示，如 N、E、V。

微观状态：由广义坐标和广义动量或一组量子数表示。

为了研究系统的宏观性质，没必要也不可能追随微观状态的复杂变化，只要知道各个微观状态出现的概率，就可以用统计方法求微观量的统计平均值。因此，确定各微观状态出现的概率是统计物理的根本问题。

通常所说的系统处于一定的状态都是指宏观状态，宏观系统中存在大量的微观粒子，这些粒子都时时刻刻运动着，系统达到平衡时，粒子按照一定的规律分布在各个能级上。例如有 N 个可别粒子组成的系统，达到平衡时，其中的 n_1 个粒子处于能量为 ε_1 的能级上，n_2 个粒子处于能量为 ε_2 的能级上，n_3 个粒子处于能量为 ε_3 的能级上，……，n_i 个粒子处于能量为 ε_i 的能级上，我们把粒子这种分配形式称为一种分布，其中的 $n_1,n_2,n_3,\cdots,n_i,\cdots$称为分布系数。显然系统粒子总数目 N 等于分布系数之和，即：

$$N = \sum_{i=1}^{N} n_i \tag{10-14}$$

对于每一种分布，例如 $n_1, n_2, n_3, \cdots, n_i, \cdots, \varepsilon_1$ 能级上的粒子可能有多种组合形式，$\varepsilon_2, \varepsilon_3, \varepsilon_i$ 能级上也有类似情况。把某一种分布形式下，粒子的每一种组合形式称为一个微观状态。把所有可能的粒子组合形式总数称为系统的总微观状态数，也称为系统的热力学概率或混乱度，用符号 Ω 表示。对于可别粒子系统，某种分布形式下可能有多种微观状态。

例如有四个可区别的粒子，分别用 1、2、3、4 编号，将它们装入两个体积相同的容器 a，b 中，假设两个容器是相通的，两容器间有一个可以抽掉的隔板，可有以下几种分配方式，如表 10－1 所示。

表 10－1　粒子分配方式示意

分布形式	分配微观状态数	容器 a 中的粒子	容器 b 中的粒子
(4,0)	C_4^4	1 2 3 4	0
(3,1)	C_4^3	1 2 3 1 2 4 1 3 4 2 3 4	4 3 2 1
(2,2)	C_4^2	1 2 1 3 1 4 2 3 2 4 3 4	3 4 2 4 2 3 1 4 1 3 1 2
(1,3)	C_4^1	1 2 3 4	2 3 4 1 3 4 1 2 4 2 3 4
(0,4)	C_4^0	0	1 2 3 4

表 10－1 中列出的每一种可能的组合形式都是一个微观状态。可见某种分布形式下可能有多种微观状态，每种分布的微观状态数可能相同，也可能不同。该系统的总微观状态数（热力学概率）$\Omega=16$。其中(3,1)分布的 $\Omega_{(3,1)}=4$，(2,2)分布的 $\Omega_{(2,2)}=6$，某种分布的数学概率 P_i 等于该种分布的热力学概率 Ω_i 除以系统的热力学概率 Ω，即：$P_i=\dfrac{\Omega_i}{\Omega}$

例如 $\Omega_{(2,2)}$ 的数学概率：　　$P_{(2,2)}=\dfrac{\Omega_{(2,2)}}{\Omega}=\dfrac{6}{16}$

显然各种分布的数学概率之和为 1，即：$\sum\limits_{i=1} P_i = 1$

可见，数学概率总是处于 0 ～ 1 之间，而热力学概率则是一个很大的数，而且随粒子数目的增加而增加。

系统的能量 E、粒子数 N 和体积 V 都影响总微观状态数，那么，对于由 N 个粒子组成的系统，在总能量 E 和体积 V 给定的条件下，系统的总微观状态数 Ω 是多少？为了方便统计求平均值，在统计热力学中给出了一个重要的基本假定，称为“等概率原理”。对于(N、E、V)确定的系统，即在一定宏观条件下，任何一个可能出现的微观状态都具有相同的数学概率。也就是说，若一个系统总微观状态数为 Ω，那么其中每一个微观状态出现的数学概率(P)都是 $P=1/\Omega$；若某种分布的微观状态数为 Ω_i，那么这种分布的数学概率 P_i 是 $P_i=\Omega_i/\Omega$。

对于处在平衡态的孤立系统，系统的各个可能的微观状态出现的概率是相等的。既然这些微观状态都同样满足具有确定 N、E、V 的宏观条件，没有理由认为哪一个状态出现的概率更大一些。这些微观状态应当是平权的。

等概率原理是统计物理学中的一个合理的基本假设。该原理不能从更基本的原理推出，也不能直接从实验上验证。它的正确性在于从它推出的各种结论与客观实际相符而得到肯定。

2. 最概然分布

一个由 N 个可区分的独立粒子组成的系统，粒子间的作用力可以忽略不计，对于(N,E,V)固定的系统，由于分子在运动中不断交换能量，所以 N 个粒子可以有不同的分布方式。该系统的可能的分布方式有：

能级：$\varepsilon_1,\varepsilon_2,\cdots,\varepsilon_i,\cdots$

各能级上的粒子数的分布：$n_1,n_2,\cdots,n_i,\cdots$

显然，对于 N,E,V 确定的体系，只有满足条件：$\sum_i n_i = N$, $\sum_i n_i\varepsilon_i = E$, 分布才能实现。

其中一种分布方式的微观状态数可以通过下面的方式求出：这相当于将 N 个不同的粒子分成若干个组，第一组为 n_1 个，第二组为 n_2 个，……，那么可能出现的分组数目即为这种分布的微观状态数

$$t_x = \frac{N!}{\prod_i n_i} = N!\prod_i \frac{1}{n_i!}$$

系统总的微观状态数为各种分布的微观状态数的和，即

$$\Omega = \sum_x t_x = \sum_{N,E} \frac{N!}{\prod_i n_i} = N!\sum_{N,E}\prod_i \frac{1}{n_i!}$$

在这些所有的可能的分布中，有一种分布的微观状态数最多，根据等概率原理，这种分布出现的概率最大，把这种分布称为最概然分布。那么当系统处于最概然分布时，各能级上的粒子数目是多少呢，这可通过 Lagrange 乘因子法求出。

从上边求出的一种分布的微观状态数的公式可以看出，一种分布的微观状态数是各能级上粒子数目的函数，可以表示成：$\ln t_x=f(n_1,n_2,\cdots,n_i\cdots)$。要求最概然分布的各能级上的粒子数目，就是求当 $\ln t_x=f(n_1,n_2,\cdots,n_i\cdots)$ 最大时，上述函数的变量 $\ln t_x=f(n_1,n_2,\cdots,n_i\cdots)$ 的数值。由 Lagrange 乘因子法，就是将

$$\sum_i n_i - N = 0, \sum_i \varepsilon_i n_t - E = 0$$

分别乘因子 $\alpha,\beta,\ln t_n$ 构成新的函数，如果该函数有极值，则其微分

$$\mathrm{d}Z = \sum_i \left(\frac{\partial \ln t_n}{\partial n_i} + \alpha + \beta\varepsilon_i\right)\mathrm{d}n_i = 0$$

由此可以得到方程　$\frac{\partial \ln t_n}{\partial n_i}+\alpha+\beta\varepsilon_i=0$

将 $\ln t_n$ 代入上式并进行微分，得到

$$\frac{\partial \ln t_n}{\partial n_i}=\frac{\partial}{\partial n_i}\left[\ln N!-\sum_i(n_i\ln n_i-n_i)\right]=-\ln n_i$$

则有：$\ln n_i^*=\alpha+\beta\varepsilon_i$ 或 $n_i^*=e^{\alpha+\beta\varepsilon_i}$

这就是最概然分布时，第 i 能级上的粒子数的表达式，它不同于其他的分布，用“ * ”以示区别。式中 α,β 为两个待定的常数。

在热力学中，一个孤立系最终要达到热力学平衡态。从统计物理学的角度看，这就是系统自发地趋向于最概然分布。实际上，这种分布所对应的微观态数远远大于其他分布所对应的微观态数的总和，可以近似地把最概然分布当作平衡态的唯一分布。寻求系统在平衡态时粒子按各单粒子能级的分布，即寻求满足一定宏观条件的最概然分布。

10.5　玻耳兹曼(Boltzmann)分布

1. 玻耳兹曼系统

玻耳兹曼系统中，由于粒子是可以分辨的，系统不遵循全同性原理，也不需遵循 Pauli 不相容原理，系统的波函数可以表示为各个单粒子波函数的乘积。

$$\Psi(\varepsilon_1,\varepsilon_2,\varepsilon_3,\cdots,\varepsilon_N)=\prod_{i=1}^{N}\varphi_{ki}(\varepsilon_i) \tag{10-15}$$

描述这种系统的微观状态需给出每个粒子所处的单粒子态。一般假设如果所有能级都是非简并的，即每一个能级只对应一个微观状态。实际上每一个能级中可能有若干个不同的微观状态存在，把能级可能有的微观状态数称为该能级的简并度，用符号 ω_l 表示。玻耳兹曼(Boltzmann)分布又称为 Maxwell-Boltzmann 分布。下面用一个例子说明玻耳兹曼系统可能的微观状态，由于粒子是可以分辨的，每一个体量子态能够容纳的粒子数不受限制，以 A，B 表示可以分辨的两个粒子，每个单粒子量子态能容纳的粒子数不受限制，则可能的微观状态如表 10－2 所示。

表 10－2　可能的微观状态

状态 1	状态 2	状态 3
AB		
	AB	
		AB
A	B	
B	A	
A		B
B		A
	A	B
	B	A

因此，玻耳兹曼系统共有 9 个不同的微观状态。

设一个孤立系由 N 个全同的近独立粒子组成，已知单粒子能级和简并度为分别为 ε_l 和 ω_l，在能级 ε_l 上的粒子数为 a_l，那么 N 个粒子在各能级的分布情况可以列举如下：

能级　$\varepsilon_1,\varepsilon_2,\cdots,\varepsilon_l\cdots$

简并度　$\omega_1,\omega_2,\cdots,\omega_l\cdots$

粒子数　$a_1,a_2,\cdots,a_l\cdots$

对于玻耳兹曼系统，粒子可以分辨，每个单粒子能量状态可以容纳的粒子数不受限制。对于可以分辨的 a_l 个粒子中的任何一个都可以占据能级 ε_l 上 ω_l 个态中的任何一个，a_l 个粒子共有 $\omega_l^{a_l}$ 种方式，对分布 $\{a_l\}$ 总共有 $\prod \omega_l^{a_l}$ 种方式，此外，由于粒子可以分辨，各个不同的 a_l 中的粒子相互交换将会给出不同的微观状态数，N 个粒子交换的总数是 $N!$，但应除去同一能级上 a_l 个粒子之间的相互交换数 $a_l!$，因此，还需乘上因子 $\dfrac{N!}{\prod\limits_l a_l!}$，考虑到上述因素，最后得到与分布 $\{a_l\}$ 相应的玻耳兹曼系统的微观状态数是

$$\Omega_{\mathrm{M,B}} = \frac{N!}{\prod\limits_l a_l!}\prod_l \omega_l^{a_l} \tag{10-16}$$

其中，M，B 为 Maxwell-Boltzmann 分布的简写。

2. 玻耳兹曼分布的推导

设处于热力学平衡态的玻耳兹曼系统具有确定的 N,V,E，那么推导它的最概然分布 $\{\alpha_l\}_M$，即求在满足宏观条件

$$\sum_l a_l = N,\ \sum_l a_l\varepsilon_l = E \tag{10-17}$$

下的微观状态数

$$\Omega_{\mathrm{M,B}} = \frac{N!}{\prod\limits_l a_l!}\prod_l \omega_l^{a_l}$$

的极大值。由于 $\ln\Omega$ 随 Ω 的变化是单调的，所以讨论 Ω 的极大值和讨论 $\ln\Omega$ 的极大值是等效的。在计算 $\ln\Omega$ 时要用到斯特林近似公式：

$$\ln n! \approx n(\ln n - 1) \quad n \geqslant 1 \tag{10-18}$$

假设 $a_l \geqslant 1$，对 $\Omega_{\mathrm{M,B}}$ 取对数，并利用斯特林近似公式，得

$$\ln\Omega_{\mathrm{M,B}} = \ln N! + \sum_l (a_l\ln\omega_l - \ln a_l!) \approx N\ln N + \sum_l a_l(\ln\omega_l - \ln a_l) \tag{10-19}$$

令 a_l 变化为 δ_{a_l}，使 $\ln\Omega_{\mathrm{M,B}}$ 取极大值分布，必有 $\delta\ln\Omega_{\mathrm{M,B}} = 0$，即

$$\delta\ln\Omega_{\mathrm{M,B}} = -\sum_l \ln\left(\frac{a_l}{\omega_l}\right)\delta a_l = 0 \tag{10-20}$$

但是 δa_l 并不是完全独立的，a_l 必须满足两个宏观约束条件式(10-17)，它们变为

$$\delta N=\sum_l \delta a_l=0,\quad \delta E=\sum_l \varepsilon_l \delta a_l=0 \tag{10-21}$$

利用拉格朗日乘因子法，用 α 和 β 分别乘上面两式，并将它们从 $\delta\Omega_{M,B}$ 中减去，得

$$\delta\ln\Omega_{M,B}-\alpha\delta N-\beta\delta E=-\sum_l\left(\ln\frac{a_l}{\omega_l}+\alpha+\beta\varepsilon_l\right)\delta a_l=0 \tag{10-22}$$

要使上式为零，要求每个 δa_l 的系数都为 0，故得

$$\ln\frac{a}{\omega}+\alpha+\beta\varepsilon_l=0 \tag{10-23}$$

由此得到

$$a_l=\omega_l e^{-\alpha-\beta\varepsilon_l} \tag{10-24}$$

这就是玻耳兹曼系统中粒子的最概然分布，称为玻耳兹曼分布，它给出了系统处于平衡态时占据能级 ε_l 上的粒子数 a_l。

α 和 β 由

$$N=\sum_l \omega_l e^{-\alpha-\beta\varepsilon_l}=\sum_s e^{-\alpha-\beta\varepsilon_s}$$

$$E=\sum_l \varepsilon_l\omega_l e^{-\alpha-\beta\varepsilon_l}=\sum_s \varepsilon_s e^{-\alpha-\beta\varepsilon_s} \tag{10-25}$$

确定，式中 $\sum_l$ 表示对能级 l 求和，$\sum_s$ 表示对量子态 s 求和。

β 的物理意义：　$\beta=\dfrac{1}{kT}$。

由于所有热平衡的物体都具有相同的 β 值，可用它定义热力学温标或绝对温标 T。而 $k=1.380\ 658\times10^{-23}\ \text{J}\cdot\text{K}^{-1}$ 是玻耳兹曼常量。

根据玻耳兹曼关系 $S=k\ln\Omega$ 求出系统的熵为：

$$\begin{aligned} S=k\ln\Omega&=k\ln[N!+\sum(a_l\ln\omega_l-\ln a_l!)]\\ &=k[N\ln N+\sum a_l(\ln\omega_l-\ln a_l)]\\ &=k[N\ln N+\sum a_l(\alpha+\beta\varepsilon_l)]\\ &=k[N\ln N+N\alpha+\beta U]\\ &=kN\ln\sum\omega_l e^{-\beta\varepsilon_l}+k\beta U\\ &=kN\ln\sum\omega_l e^{-\frac{\varepsilon_l}{kT}}+\frac{U}{T} \end{aligned} \tag{10-26}$$

代入式：$F=U-TS$，得：

$$F=-NkT\ln\sum\omega_l e^{-\frac{\varepsilon_l}{kT}} \tag{10-27}$$

3. 配分函数

1) 定义

$$Z=\sum_l \omega_l e^{-\beta\varepsilon_l} \tag{10-28}$$

为系统中单粒子的配分函数。该式中的指数项 $e^{-\beta\varepsilon_l}$ 称为玻耳兹曼因子。

2）配分函数与热力学函数的关系

对于由 N 个粒子构成的热力学函数

（1）内能

$$U=\sum_l \varepsilon_l a_l=\sum_l \varepsilon_l \omega_l e^{-\alpha-\varepsilon_l}=e^{-\alpha}\left(-\frac{\partial}{\partial\beta}\sum_l \omega_l e^{-\beta\varepsilon_l}\right)$$
$$=\frac{N}{Z}\left(-\frac{\partial}{\partial\beta}Z\right)=-N\frac{\partial}{\partial\beta}\ln Z \tag{10-29}$$

（2）熵（S）

$$S=kN\ln\sum_l \omega_l e^{-\beta\varepsilon_l}+k\beta U=kN\ln\sum_l \omega_l e^{-\frac{\varepsilon_l}{kT_l}}+\frac{U}{T}$$
$$=kN\ln Z-kN\beta\frac{\partial}{\partial\beta}\ln Z \tag{10-30}$$

（3）自由能

$$F=-NkT\ln\sum_l \omega_l e^{-\frac{\varepsilon_l}{kT}}=-NkT\ln Z \tag{10-31}$$

（4）广义力的统计表达式

由广义功的定义 $dW=Ydy$，广义力 $Y=\frac{dW}{dy}=\frac{\partial\varepsilon_l}{\partial y}$，当外参量发生改变时，外界施于处于能级 ε_l 的一个粒子的力为$\frac{\partial\varepsilon_l}{\partial y}$。由于能量是外参量的函数，外界对系统的广义作用力为：

$$Y=\sum_l\frac{\partial\varepsilon_l}{\partial y}a_l$$
$$=\sum_l\frac{\partial\varepsilon_l}{\partial y}\omega_l e^{-\alpha-\beta\varepsilon_l}$$
$$=e^{-\alpha}\left(-\frac{1}{\beta}\frac{\partial}{\partial y}\right)\sum_l\omega_l e^{-\beta\varepsilon_l}$$
$$=\frac{N}{Z}\left(-\frac{1}{\beta}\frac{\partial}{\partial y}\right)Z$$
$$=-\frac{N}{\beta}\frac{\partial}{\partial y}\ln Z \tag{10-32}$$

当 $y=V$ 时，对应的广义力为压强 $Y=-p$，这时广义力的统计表达式简化为

$$p=\frac{N}{\beta}\frac{\partial}{\partial V}\ln Z$$

从上式可以看出，各热力学函数都可以表示成系统的配分函数的函数，也就是说，只要知道了配分函数，就可以用统计力学的方法求出各热力学函数，从而确定系统的性质。

配分函数 $Z=\sum_l\omega_l e^{-\beta\varepsilon_l}$ 是以 β,T,V 为变量的特性函数。在知道配分函数之后，可以求出基本热力学函数物态方程、内能和熵，从而确定系统的全部平衡性质。

10.6　理想气体的物态方程

用玻耳兹曼分布导出单原子分子理想气体的物态方程。

组成理想气体的单个经典粒子的能量为

$$\varepsilon=\frac{1}{2m}(p_x^2+p_y^2+p_z^2) \tag{10-33}$$

配分函数

$$\begin{aligned}Z&=\sum_l\omega_l e^{-\beta\varepsilon_l}=\sum_l dxdydzdp_xdp_ydp_z e^{-\beta\varepsilon_l}\\&=\int\cdots\int e^{\frac{\beta}{2m}(p_x^2+p_y^2+p_z^2)}dxdydzdp_xdp_ydp_z\\&=\iiint_V dxdydz\iiint_\infty e^{-\frac{\beta}{2m}(p_x^2+p_y^2+p_z^2)}dp_xdp_ydp_z\\&=V\int_{-\infty}^{+\infty}e^{-\frac{\beta}{2m}p_x^2}dp_x\int_{-\infty}^{+\infty}e^{-\frac{\beta}{2m}p_y^2}dp_y\int_{-\infty}^{+\infty}e^{-\frac{\beta}{2m}p_z^2}dp_z\\&=V\left(\int_{-\infty}^{+\infty}e^{-\frac{\beta}{2m}p_x^2}dp_x\right)^3\end{aligned}$$

由积分公式　$I(0)=\int_{-\infty}^{+\infty}e^{-\alpha x^2}dx=\sqrt{\frac{\pi}{\alpha}}$，

得

$$Z=V\left(\int_{-\infty}^{+\infty}e^{-\frac{\beta}{2m}p_x^2}dp_x\right)^3=V\left(\frac{2m\pi}{\beta}\right)^{3/2} \tag{10-34}$$

根据广义力的统计表达式，求出理想气体的物态方程：

$$p=\frac{N}{\beta}\frac{\partial}{\partial V}\ln Z=\frac{N}{\beta}\frac{\partial}{\partial V}\left[\ln V+\frac{3}{2}\ln\left(\frac{2m\pi}{\beta}\right)\right]=\frac{N}{\beta}\frac{\partial\ln V}{\partial V}=\frac{N}{V\beta} \tag{10-35}$$

$$pV=kTN$$

与热力学中根据实验定理推出的理想气体物态方程 $pV=nRT$ 比较，可得普适气体常数 R，玻耳兹曼常数 k 和阿伏加德罗常数 N_0 之间的关系，$R=kN_0$。

10.7　能量均分定理

1. 能量均分定理

对于处在温度为 T 的平衡状态的经典系统，粒子能量中每一平方项的平均值为$\frac{1}{2}kT$。

2. 能量均分定理的应用

1）单原子分子

质心平动动能　$\varepsilon=\frac{1}{2m}(p_x^2+p_y^2+p_z^2)$

分子平均能量　$\bar{\varepsilon}=\frac{1}{2}kT\times 3=\frac{3}{2}kT$

系统总内能 $U=\bar{\varepsilon}N=\frac{3}{2}NkT$

定容热容量 $C_V=\frac{\mathrm{d}U}{\mathrm{d}T}=\frac{3}{2}Nk$

定压热容量 $C_p=C_V+Nk=\frac{5}{2}Nk$

定压热容量与定容热容量之比 $\gamma=\frac{C_p}{C_V}=\frac{5}{3}=1.667$

理论结果与实验结果符合得很好，但没有考虑原子内电子的运动。原子内的电子对热容量没有贡献是经典理论所不能解释的，要用量子理论才能解释。

2）双原子分子

双原子分子的能量 $\varepsilon=\frac{1}{2m}(p_x^2+p_y^2+p_z^2)+\frac{1}{2I}\left(p_\theta^2+\frac{1}{\sin^2\theta}p_\varphi^2\right)+\frac{1}{2}p_r^2+u(r)$

式中，$m=m_1+m_2$，为两个原子质量之和；$I=\mu r^2$ 是转动惯量；$\mu=\frac{m_1m_2}{m_1+m_2}$ 是约化质量。

分子平均能量 $\bar{\varepsilon}=\frac{1}{2}kT\times 5=\frac{5}{2}kT$

系统总内能 $U=\bar{\varepsilon}N=\frac{5}{2}NkT$

定容热容量 $C_V=\frac{\mathrm{d}U}{\mathrm{d}T}=\frac{5}{2}Nk$

定压热容量 $C_p=C_V+Nk=\frac{7}{2}Nk$

定压热容量与定容热容量之比 $\gamma=\frac{C_p}{C_V}=\frac{7}{5}=1.4$

除了低温下的氢气外，理论结果与实验结果都符合。低温下的氢气的性质不能用经典理论解释，同时也不能解释为什么可以不考虑两个原子之间的相对运动。

3）固体

固体中的原子在其平衡位置附近作微振动，假设各原子的振动是相互独立的简谐振动。

一个自由度上的能量 $\varepsilon=\frac{1}{2m}p^2+\frac{1}{2}m\omega^2q^2$

一个原子的平均能量 $\bar{\varepsilon}=\frac{1}{2}kT\times 6=3kT$

固体的内能 $U=\bar{\varepsilon}N=3NkT$

定容热容量 $C_V=\frac{\mathrm{d}U}{\mathrm{d}T}=3Nk$

定压热容量 $C_p=C_V+\frac{TV\alpha^2}{k_T}=3Nk+\frac{TV\alpha^2}{K_T}$

其中，K_T 表示固体的压缩系数。

在室温和高温范围内理论结果与实验结果符合。在低温范围内，实验发现固体的热容量随温度降低得很快，当温度趋于绝对零度时，热容量也趋于零。这个事实经典理论不能解释。实验结果还表明，$3k$ 以上的自由电子的热容量与离子振动的热容量相比可以忽略，这个事实经典理论也不能解释。

4) 平衡辐射

考虑一个封闭的空窖，窖壁原子不断地向空窖发射并从空窖吸收电磁波，经过一定的时间以后，空窖内的电磁辐射与窖壁达到平衡，称为平衡辐射，两者具有相同的温度。

空窖内的辐射场可以分解为无穷多个单色平面波的叠加，如果采用周期性边界条件，单色平面波的电场分量可表示为

$$\varepsilon = \varepsilon_0 e^{i(\boldsymbol{k}\cdot\boldsymbol{r}-\omega t)}$$

由拉普拉斯算符，$\nabla^2 = \dfrac{\partial^2}{\partial x^2} + \dfrac{\partial^2}{\partial y^2} + \dfrac{\partial^2}{\partial z^2}$，得

$$\nabla^2\varepsilon = -(k_x^2 + k_y^2 + k_z^2)\varepsilon_0 e^{i(\boldsymbol{k}\cdot\boldsymbol{r}-\omega t)}$$

$$\frac{\partial^2\varepsilon}{\partial t^2} = -\omega^2\varepsilon_0 e^{i(\boldsymbol{k}\cdot\boldsymbol{r}-\omega t)}$$

代入电磁场的波动方程 $\nabla^2\varepsilon - \dfrac{1}{C}\dfrac{\partial^2\varepsilon}{\partial t^2} = 0$，得

$$-(k_x^2 + k_y^2 + k_z^2)\varepsilon_0 e^{i(\boldsymbol{k}\cdot\boldsymbol{r}-\omega t)} + \frac{\omega^2}{C^2}\varepsilon_0 e^{i(\boldsymbol{k}\cdot\boldsymbol{r}-\omega t)} = 0$$

$$\left(-k^2 + \frac{\omega^2}{C^2}\right)\varepsilon = 0$$

$$-k^2 + \frac{\omega^2}{C^2} = 0$$

$$\omega = Ck \Rightarrow \hbar\omega = C\hbar k \Rightarrow E = C_p$$

此即辐射场的能量动量关系。

具有一定波矢 $\boldsymbol{k}$ 和一定偏振的单色平面波可以看作辐射场的一个自由度。它以圆频率 ω 随时间作简谐振动，因此相应于一个自由度。周期性边界条件给出可能的波矢，

$$k_x = \frac{2\pi}{L}n_x, n_x = 0, \pm 1, \pm 2, \cdots$$

$$k_y = \frac{2\pi}{L}n_y, n_y = 0, \pm 1, \pm 2, \cdots$$

$$k_z = \frac{2\pi}{L}n_z, n_z = 0, \pm 1, \pm 2, \cdots$$

如果窖壁的线度 L 为一个宏观量，则每一个自由度的波矢、动量和能量是准连续的，这时往往考虑在体积 $V = L^3$ 内，在 $k_x \sim k_x + dk_x$，$k_y \sim k_y + dk_y$，$k_z \sim k_z + dk_z$ 的波矢范围内辐射场的自由度(量子态)数。

$k_x \sim k_x + dk_x$ 的范围内可能的数目为

$$dn_x = \frac{L}{2\pi}dk_x$$

$k_y \sim k_y + dk_y$ 的范围内可能的数目为

$$dn_y = \frac{L}{2\pi}dk_y$$

$k_z \sim k_z + \mathrm{d}k_z$ 的范围内可能的数目为

$$\mathrm{d}n_z = \frac{L}{2\pi}\mathrm{d}k_z$$

在体积 $V = L^3$ 内，在 $k_x \sim k_x + \mathrm{d}k_x, k_y \sim k_y + \mathrm{d}k_y, k_z \sim k_z + \mathrm{d}k_z$ 的波矢范围内辐射场的自由度数为

$$2\mathrm{d}n_x\mathrm{d}n_y\mathrm{d}n_z = 2\left(\frac{L}{2\pi}\right)^3\mathrm{d}k_x\mathrm{d}k_y\mathrm{d}k_z = \frac{V}{4\pi^3}\mathrm{d}k_x\mathrm{d}k_y\mathrm{d}k_z$$

上式在波矢的球坐标空间中表示为

$$2\mathrm{d}n(k,\theta,\varphi) = \frac{V}{4\pi^3}k^2\sin\theta\mathrm{d}k\mathrm{d}\theta\mathrm{d}\varphi$$

考虑 $\omega = Ck$，在体积 $V = L^3$ 内，$\omega \sim \omega + \mathrm{d}\omega$ 范围内辐射场的自由度数为

$$D(\omega)\mathrm{d}\omega = \frac{V}{\pi^2 C^3}\omega^2\mathrm{d}\omega$$

根据能量均分定理，温度为 T 时，每一个振动自由度的平均能量为 $\bar{\varepsilon} = kT$。所以，在体积 V 内，$\omega \sim \omega + \mathrm{d}\omega$ 范围内辐射场的内能为

$$U_\omega\mathrm{d}\omega = \frac{V}{\pi^2 C^3}kT\omega^2\mathrm{d}\omega \tag{10-36}$$

或令内能密度 $\rho_v = U_\omega/V$，利用 $\omega = 2\pi v$，化为

$$\rho_v\mathrm{d}v = \frac{8\pi}{C^3}kTv^2\mathrm{d}v$$

上式称为瑞利—金斯公式。如图 10-7 所示，瑞利—金斯公式的曲线在低频范围内与实验结果符合，但在高频范围的两者有敏锐的歧异。

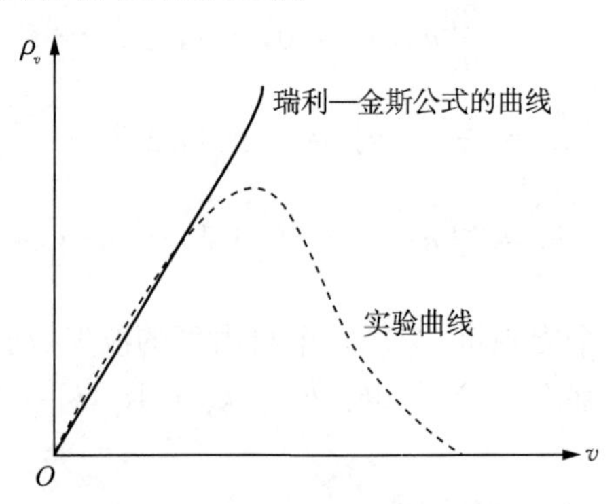

图 10-7 瑞利—金斯公式的曲线

平衡辐射的总能量

$$U = \int_0^\infty U_\omega\mathrm{d}\omega = \frac{V}{\pi^2 C^3}\int_0^\infty kT\omega^2\mathrm{d}\omega \to \infty$$

平衡辐射的定容热容量 $$C_V = \frac{\mathrm{d}U}{\mathrm{d}T} \to \infty$$

这一结果与热力学得到的结论 $U = \sigma T^4 V$ 不相符，物理学史上称为"紫外光灾难"。导致这一结果的原因是，根据经典电动力学辐射场具有无穷多个自由度，而根据经典统计的能量均分定理，每个自由度分得平均能量为 kT，所以辐射场的总内能是发散的。由此看来，经典统计存在根本性的原则困难。开尔文爵士称之为物理学天空中的第一朵乌云，正是这朵乌云引发了量子力学的革命。

习　　题

10.1　一个系统由 N 个近独立粒子组成，每个粒子可处于能量为 0 和 ε 的能态之一，$\varepsilon > 0$。求此体系的平均能量表达式，并证明，温度很高时（$kT \gg \varepsilon$），$C_V \propto T^{-2}$；温度很低时（$kT \gg \varepsilon$），$C_V \to 0$。

10.2　设一维线性谐振子能量的经典表达式为：$\varepsilon = \frac{1}{2m}p^2 + \frac{1}{2}m\omega^2 q^2$，试计算经典近似的振动配分函数 Z、内能和熵。

10.3　设系统含有两种粒子，其粒子数分别为 N 和 N'。粒子间的相互作用很弱，可以看作是近独立的。假设粒子可以分辨，处在一个个体量子态的粒子数不受限制。试证明，在平衡状态下两种粒子的最概然分布分别为 $a_l = \omega_l e^{-\alpha-\beta\varepsilon_l}$ 和 $a'_l = \omega'_l e^{-\alpha'-\beta\varepsilon'_l}$，其中 ε_l 和 ε'_l 是两种粒子的能级，ω_l 和 ω'_l 是能级的简并度。

10.4　求双原子理想气体的能量与热容量。

10.5　已知粒子遵从经典玻耳兹曼分布，其能量表达式为

$$\varepsilon = \frac{1}{2m}(p_x^2 + p_y^2 + p_z^2) + ax^2 + bx$$

式中，a，b 是常量，求粒子的平均能量。

10.6　以 $\varepsilon(q_1,\cdots q_r;p_1,\cdots p_r)$ 表示玻耳兹曼系统中粒子的能量，试证明：

$$\overline{x_i \frac{\partial \varepsilon}{\partial x_j}} = \delta_{ij} kT$$

式中，x_i，x_j 分别是 $2r$ 个广义坐标和动量中的任意一个，上式称为广义能量均分定理。

10.7　在热平衡温度为 T 时，求理想气体系统的平均能量及最可几能量值。

第11章　量子统计力学基础

第 10 章介绍了玻耳兹曼经典统计理论，给出了可与实验相比较的热力学基本方程式和各种热力学量。但也有一些实验事实不服从经典理论，比如在低温下，固体的比热容；原子中电子的运动对比热容没有贡献；平衡辐射现象导致的“紫外灾难”等。这些实验事实经典统计理论都不能解释。20 世纪，当人们的视野深入线度达 10^{-8} cm 的原子层次时，发现微观世界遵循的是量子力学规律而非牛顿力学规律。牛顿力学规律是量子力学规律在普朗克常数 h 的效应可忽略($h \to 0$) 时的极限情况。因此，从理论的角度上来看，要求把统计理论推广到量子情况，把统计法建立在量子力学基础上，建立量子统计理论。

本章将对量子统计力学的基本概念、基本假设、主要的分布函数及应用加以讨论。

11.1　粒子运动状态的量子描述

微观粒子普遍具有波粒二象性。

当不少物理学家为光的波粒二象性感到困惑时，法国物理学家德布罗意于 1924 年提出一个假说，认为一切微观粒子都具有波粒二象性，并把标志波动性质的量 ω 和 $\boldsymbol{k}$ 通过一个普适常数用标志粒子性质的 ε 和 p 联系起来，即德布罗意关系：

$$\varepsilon = \hbar\omega;\quad \boldsymbol{p} = \hbar\boldsymbol{k}。\tag{11-1}$$

式中，$\hbar = h/2\pi$；h 和$\hbar$都称为普朗克常数。

普朗克常数是物理中的基本常数，它的量纲是[时间]·[能量]＝[长度]·[动量]。

一个物理量通常称为作用量，因而普朗克常数也称为基本的作用量子。在什么情况下使用经典描述，什么情况下使用量子描述?又如何来判别呢?这个作用量子可以成为判别采用经典描述还是量子描述的判据。当一个物质系统的任何具有作用量纲的物理量具有与普朗克常数相比拟的数值时，这个物质系统就是量子系统。反之，如果物质系统的每一个具有作用量纲的物理量用普朗克常数来量度都非常大时，这个系统就可以用经典力学来研究。

微观粒子的量子属性：微观粒子的运动不是轨道运动，这一点可以作如下解释：继德布罗意之后，1927 年，海森堡在研究粒子和波动的二象性时，得到一个重要的结果，即微观粒子不可能同时具有确定的动量和坐标。用 Δq 表示粒子坐标的不确定值和用 Δp 表示粒子动量的不确定值，在量子力学所容许的最精确的描述范围内，Δq 与 Δp 的乘积满足测不准关系：$\Delta q\Delta p \approx h$　(11-2)

它揭示：量子在客观上不能同时具有确定的坐标位置和相应的动量，因此这生动地说明微观粒子的运动不是轨道运动，微观粒子的运动状态不是用坐标和动量来描述的，而是用波函数或量子数来描述的。

值得指出的是，在经典力学的理论中，粒子可以同时具有确定的坐标和动量，这并不是说在实际上我们可以任意把精确度做到这一点，而是说在经典的理论中，原则上不允许对这种精确度有任何限制。特别地在经典范围内，波动量很小，以致探测不到。因此认为物质有确定的坐标和动量，这并不与测不准关系发生矛盾。

在量子力学中，微观粒子的运动状态称为量子态。量子态由一组量子数来表征。这组量子数的数目等于粒子的自由度数。在量子力学中，微观粒子的能量是不连续的，不连续的能量用能级表示。如果一个能级的量子态不止一个，该能级就称为简并的。一个能级的量子态数称为该能级的简并度。如果一个能级只有一个量子态，该能级称为非简并的。以下举一些实例说明。

1）自旋

一个质量为 m，电荷为 $-e$ 的电子的自旋角动量 S 和自旋磁矩 μ 之比为

$$\frac{\mu}{S}=-\frac{e}{m} \tag{11-3}$$

沿 z 轴方向加外磁场 $\boldsymbol{B}$，角动量 S 在 z 方向有两个独立分量为 $S_z=m_s\hbar$，其中 $m_s=\pm\frac{1}{2}$ 为自旋量子数，这时自旋磁矩 μ 和势能 E 均不连续。

$$\begin{aligned}\mu_z&=\frac{e\hbar}{m}m_s=\pm\frac{e\hbar}{2m}\\ E&=\frac{e\hbar B}{m}m_s=\pm\frac{e\hbar}{2m}B\end{aligned} \tag{11-4}$$

能级为非简并。

2）线性谐振子

圆频率为 ω 的线性谐振子的能量可能值为

$$\varepsilon_n=\hbar\omega\left(n+\frac{1}{2}\right),\quad n=0,1,2,\cdots \tag{11-5}$$

所有能级等间距，均为$\hbar\omega$。能级为非简并。

3）转子

转子的能量
$$\varepsilon=\frac{M^2}{2I} \tag{11-6}$$

量子理论要求 $M^2=l(l+1)\hbar^2,\quad l=0,1,2,\cdots$

对于一定的 l，角动量在 z 方向的投影 M_z 只能取分离值：

$$M_z=m\hbar,\quad m=-l,-l+1,\cdots,0,\cdots,l-1,l$$

共 $2l+1$ 个可能的值。在量子理论中自由度为 2 的转子的运动状态由两个量子数 l 和 m 表征。转子的能量为

$$\varepsilon_l=\frac{l(l+1)\hbar^2}{2I},\quad l=0,1,2,\cdots$$

基态非简并，激发态简并，简并度为 $2l+1$。

4) 自由粒子

(1) 一维自由粒子

考虑处于长度为 L 的一维容器中自由粒子的运动状态。

周期性边界条件要求粒子可能的运动状态，其德布罗意波长 λ 满足

$$L = |n_x|\lambda, \quad n_x = 0,1,2,\cdots$$

考虑到一维空间中波动可以有两个传播方向，由 $k = 2\pi/\lambda$，波矢量 k_x 的可能值为

$$k_x = \frac{2\pi}{L}n_x, \quad n_x = 0, \pm 1, \pm 2, \cdots$$

由德布罗意关系 $\boldsymbol{p} = \hbar\boldsymbol{k}$，该一维自由粒子动量的可能值为

$$p_x = \frac{2\pi\hbar}{L}n_x, \quad n_x = 0, \pm 1, \pm 2, \cdots$$

一维自由粒子能量的可能值为

$$\varepsilon_{n_x} = \frac{p_x^2}{2m} = \frac{2\pi^2\hbar^2}{mL^2}n_x^2, \quad n_x = 0, \pm 1, \pm 2, \cdots \tag{11-7}$$

一维自由粒子的运动状态用量子数 n_x 表示，能量值决定于 n_x。基态非简并，激发态为二度简并。

(2) 三维自由粒子

考虑处于长度为 L 的三维容器中自由粒子的运动状态。

假设此粒子限制在一个边长为 L 的方盒子中运动，仿照一维粒子的情形，该粒子在三个方向动量的可能值分别为

$$p_x = \frac{2\pi\hbar}{L}n_x, \quad n_x = 0, \pm 1, \pm 2, \cdots$$

$$p_y = \frac{2\pi\hbar}{L}n_y, \quad n_y = 0, \pm 1, \pm 2, \cdots$$

$$p_z = \frac{2\pi\hbar}{L}n_z, \quad n_z = 0, \pm 1, \pm 2, \cdots$$

能量的可能值为

$$\varepsilon = \frac{1}{2m}(p_x^2 + p_y^2 + p_z^2) = \frac{2\pi^2\hbar^2}{m}\frac{n_x^2 + n_y^2 + n_z^2}{L^2} \tag{11-8}$$

在微观体积和宏观体积两种情况下对三维自由粒子量子态采取不同的描述方法。

① 在微观体积下，粒子的动量值和能量值的分离性很显著，粒子运动状态由三个量子数表征。能量值决定于 $n_x^2 + n_y^2 + n_z^2$，如对于 $n_z^2 + n_y^2 + n_z^2 = 1$ 的能级，$\varepsilon = \frac{2\pi^2\hbar^2}{m}$ 有六个量子态与之对应，分别为(0,0,1)，(0,0,−1)，(0,1,0)，(0,−1,0)，(1,0,0)，(−1,0,0)。所以该能级为六度简并，而基态为非简并。

② 在宏观体积下，粒子的动量值和能量值是准连续的，这时往往考虑在体积 $V = L^3$ 内，在 $p_x \sim p_x + \mathrm{d}p_x, p_y \sim p_y + \mathrm{d}p_y, p_z \sim p_z + \mathrm{d}p_z$ 的动量范围内的自由粒子的量子态数。

在 $p_x \sim p_x + \mathrm{d}p_x$ 的范围内可能 p_x 的数目为

$$\mathrm{d}n_x = \frac{L}{2\pi\hbar}\mathrm{d}p_x$$

在 $p_y \sim p_y + \mathrm{d}p_y$ 的范围内可能 p_y 的数目为

$$\mathrm{d}n_y = \frac{L}{2\pi\hbar}\mathrm{d}p_y$$

在 $p_z \sim p_z + \mathrm{d}p_z$ 的范围内可能 p_z 的数目为

$$\mathrm{d}n_z = \frac{L}{2\pi\hbar}\mathrm{d}p_z$$

在体积 $V = L^3$ 内，在 $p_x \sim p_x + \mathrm{d}p_x, p_y \sim p_y + \mathrm{d}p_y, p_z \sim p_z + \mathrm{d}p_z$ 的动量范围，粒子量子态数为

$$\mathrm{d}n_x\mathrm{d}n_y\mathrm{d}n_z = \left(\frac{L}{2\pi\hbar}\right)^3\mathrm{d}p_x\mathrm{d}p_y\mathrm{d}p_z = \frac{V}{h^3}\mathrm{d}p_x\mathrm{d}p_y\mathrm{d}p_z$$

微观粒子的运动必须遵守测不准关系，不可能同时具有确定的动量和坐标，所以量子态不能用 μ 空间的一点来描述，如果硬要沿用广义坐标和广义动量来描述量子态，那么一个状态必然对应于 μ 空间中的一个体积元，而不是一个点，这个体积元称为量子相格。自由度为 1 的粒子，相格大小为普朗克常数 $\Delta q\Delta p \approx h$，如果自由度为 r，相格大小为

$$\Delta q_1 \cdots \Delta q_r \Delta p_1 \cdots \Delta p_r \approx h^r$$

因此，$\mathrm{d}n_x\mathrm{d}n_y\mathrm{d}n_z$ 的含义为 μ 空间体积为 $V\mathrm{d}p_x\mathrm{d}p_y\mathrm{d}p_z$ 中的量子态数。

在动量空间用球坐标 p、θ、φ 描述粒子（如图 11-1 所示）的动量和体元为：

$$p_x = p\sin\theta\cos\varphi, p_y = p\sin\theta\sin\varphi, p_z = p\cos\theta$$
$$\mathrm{d}\mu = p^2\sin\theta\mathrm{d}p\mathrm{d}\theta\mathrm{d}\varphi$$

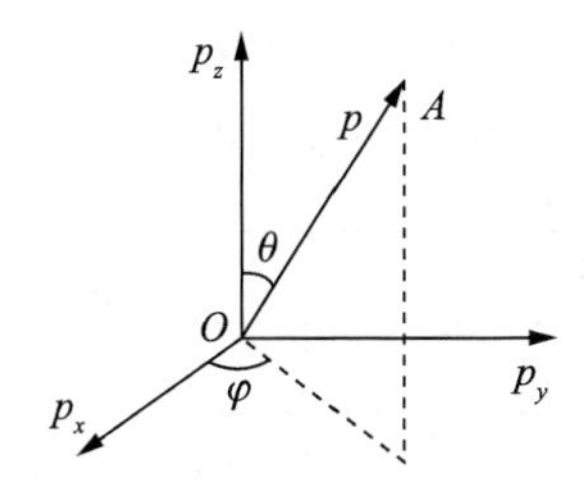

图 11-1　动量空间坐标系示意图

在体积 V 内，动量大小在 $p \sim p + \mathrm{d}p$，方向在 $\theta \sim \theta + \mathrm{d}\theta, \varphi \sim \varphi + \mathrm{d}\varphi$ 范围内，粒子量子态数为：

$$\mathrm{d}n(p,\theta,\varphi) = \frac{V}{h^3}p^2\sin\theta\mathrm{d}p\mathrm{d}\theta\mathrm{d}\varphi。$$

在体积 V 内，动量大小在 $p \sim p + \mathrm{d}p$，方向在全空间范围内，粒子量子态数为：

$$\mathrm{d}n(p) = \frac{V}{h^3}\int_0^{\pi}\int_0^{2\pi} p^2\sin\theta\mathrm{d}p\mathrm{d}\theta\mathrm{d}\varphi = \frac{4\pi V}{h^3}p^2\mathrm{d}p$$

在体积 V 内，能量大小在 $\varepsilon \sim \varepsilon + \mathrm{d}\varepsilon$，方向在全空间范围内，粒子的量子态数可由

$$\varepsilon = p^2/2m, p^2 = 2m\varepsilon, p = \sqrt{2m\varepsilon}, \mathrm{d}p = \sqrt{m/2\varepsilon}\mathrm{d}\varepsilon$$

得到

$$D(\varepsilon)\mathrm{d}\varepsilon = \frac{2\pi V}{h^3}(2m)^{3/2}\varepsilon^{1/2}\mathrm{d}\varepsilon \tag{11-9}$$

$D(\varepsilon)$ 表示单位能量间隔内粒子可能的量子态数，称为态密度。如果粒子的自旋不为零，以上量子态数公式需乘以 2。

全同粒子是不可分辨的，在含有多个全同粒子的系统中，将任何两个全同粒子加以对换，不改变整个系统的微观状态，此为微观粒子的全同性原理。

考虑微观粒子的量子属性，微观粒子属于全同粒子。根据第 9 章的微观粒子全同性原理，微观粒子可分为两类：

① 玻色子：即自旋量子数是整数的粒子。

如光子自旋量子数为 1、π 介子自旋量子数为 0，光子、π 介子都是玻色子。

② 费米子：即自旋量子数为半整数的粒子。

如电子、质子、中子等自旋量子数都是 1/2，它们都是费米子。

复合粒子的分类：

凡是由玻色子构成的复合粒子是玻色子；由偶数个费米子构成的复合粒子是玻色子，由奇数个费米子构成的复合粒子是费米子。如 ^{1}H 原子、^{2}H 核、^{4}He 核、^{4}He 原子为玻色子，^{2}H 原子、^{3}H 核、^{3}He 核、^{3}He 原子为费米子。

费米子遵从 Pauli 不相容原理，即在含有多个全同近独立费米子的系统中，占据一个个体量子态的费米子不可能超过一个，而玻色子构成的系统不受 Pauli 不相容原理的约束。费米子和玻色子遵从不同的统计。

系统微观运动状态的量子描述是由系统的波函数或量子数来表征的。对不同的系统来说，对于确定的分布，其微观状态是不同的。本节主要研究由玻色子、费米子所组成的系统。

下面用例子来说明。

设系统由 A、B 两个粒子组成，粒子的个体量子态有 3 个，如果这两个粒子是玻色子或费米子，试分别讨论系统各有哪些可能的微观状态？

玻色子属于玻色系统，粒子不可分辨，每个个体量子态所能容纳的粒子数不受限制，由于粒子不可分辨，B 粒子等同于 A 粒子，故两个粒子占据 3 个个体量子态的方式有：

	量子态 1	量子态 2	量子态 3
1	AA		
2		AA	
3			AA
4	A	A	
5		A	A
6	A		A

因此，对于玻色系统，可以有 6 种不同的微观状态。

费米子属于费米系统，粒子不可分辨，每个个体量子态最多能容纳一个粒子，两个粒子占据 3 个个体量子态的方式有：

	量子态 1	量子态 2	量子态 3
1	A	A	
2		A	A
3	A		A

因此，对于费米系统，可以有 3 种不同的微观状态。

分布与微观状态数

设一个系统由大量全同的近独立的粒子组成，具有确定的粒子数 N、能量 E 和体积 V。约束条件为：

$$N, E, V = \text{Const} \tag{11-10}$$

N 个粒子在各能级的分布可以描述如下：

能级：$\varepsilon_1, \varepsilon_2, \cdots, \varepsilon_l, \cdots$

简并度：$\omega_1, \omega_2, \cdots, \omega_l, \cdots$

粒子数：$a_1, a_2, \cdots, a_l, \cdots$

即能级 ε_l 上有 ω_l 个量子态、a_l 个粒子，以符号 $\{a_l\}$ 表示数列 $a_1, a_2, \cdots, a_l$ 称为一个分布。显然，对于具有确定的 N, E, V 的系统，分布必须满足

$$\sum_l a_l = N, \sum_l a_l \varepsilon_l = E \tag{11-11}$$

给定了一个分布，只能确定处在每一个能级 ε_l 上的粒子数 a_l，能级的简并度为 ω_l，它与微观状态是两个性质不同的概念。微观状态是粒子的运动状态，即量子态。

分布只表示每一个能级上有几个粒子，如 $a_1 = 1$，$a_2 = 4$，$a_3 = 6$，表示在第 1 个能级上有 1 个粒子，在第 2 个能级上有 4 个粒子，在第 3 个能级上有 6 个粒子。又如 $a_1 = 0$，$a_2 = 2$，$a_3 = 9$，表示在第 1 个能级上有 0 个粒子，在第 2 个能级上有 2 个粒子，在第 3 个能级上有 9 个粒子。

而微观状态是粒子的运动状态或称为量子态。它反映的是粒子运动特征。例如，在某一能级上，假设有 3 个粒子，这 3 个粒子如何占据该能级的量子态就是它的微观状态。

就一个确定的分布而言，与它相应的微观状态数是确定的。不同的分布，有不同的微观状态数。如上述提到的分布{1,4,6}和{0,2,9}，它们分别有不同的微观状态数。

对于非定域系，确定系统的微观状态要求确定处在每个个体量子态上的粒子数。因此在分布给定后，为了确定非定域系的微观状态，还必须对每个能级 ε_l 确定 a_l 个粒子占据其 ω_l 个量子态的方式。对于定域系，确定系统的微观状态要求确定每个粒子的个体量子态。因此在分布给定后，为了确定定域系的微观状态，还必须确定处在每个能级 ε_l 上的是哪 a_l 个粒子，以及在每个能级 ε_l 上 a_l 个粒子占据其 ω_l 个量子态的方式。每种不同的占据方式都反映不同的运动状态。

下面将分别讨论玻色系统、费米系统与一个分布相对应的系统的微观状态数。

玻色系统：粒子不可分辨，每个个体量子态能容纳的粒子个数不受限制。首先 a_l 个粒子占据能级 ε_l 上的 ω_l 个量子态有 $(\omega_l + a_l - 1)!a_l!(\omega_l - 1)!$ 种可能的方式。将各种能级的结果相乘，就得到玻色系统与分布相对应的微观状态数为：

1 ○ ○　2　3 ○　4 ○ ○ ○　5 ○ ○ ○ ○

$$(\omega_l + a_l - 1) \Rightarrow (\omega_l + a_l - 1)! \Rightarrow \frac{(\omega_l + a_l - 1)!}{a_l!(\omega_l - 1)!} \Rightarrow \prod_l \frac{(\omega_l + a_l - 1)!}{a_l!(\omega_l - 1)!}$$

$$\Omega_{B.E.} = \prod_l \frac{(\omega_l + a_l - 1)!}{a!(\omega_l - 1)!} \tag{11-12}$$

其中，B. E. 为玻色-爱因斯坦(Bose-Einstein)分布的简写。

费米系统：粒子不可分辨，每个个体量子态最多只能容纳一个粒子。a_l 个粒子占据能级 ε_l 上的 ω_l 个量子态，相当于从 ω_l 个量子态中挑出 a_l 个来为粒子所占据，有 $\omega_l! /a_l! (\omega_l - a_l)!$ 种可能的方式。将各能级的结果相乘，就得到费米系统与分布相对应的微观状态数，为：

$$\omega_l!/a_l!(\omega_l - a_l) \Rightarrow \prod_l \frac{\omega_l!}{a!(\omega_l - a_l)!}$$

$$\Omega_{F.D.} = \prod_l \frac{\omega_l!}{a!(\omega_l - a_l)!} \tag{11-13}$$

其中，F. D. 为费米-狄拉克(Fermi-Dirac)分布的简写。

如果在玻色系统和费米系统中，任一能级 ε_l 上的粒子数均远小于该能级的量子态数，即

$$\frac{a_l}{\omega_l} \ll 1(\text{对所有能级})$$

则该条件称为经典极限条件，也称为非简并性条件。经典极限条件表示，对所有的能级，粒子数都远小于量子态数。

此时有：

$$\Omega_{B.E.} = \prod_l \frac{(\omega_l + a_l - 1)!}{a!(\omega_l - 1)!} = \prod_l \frac{(\omega_l + a_l - 1)(\omega_l + a_l - 2)\cdots\omega_l}{a!} \approx \prod_l \frac{\omega_l^{a_l}}{a!} = \frac{\Omega_{M.B}}{N!}$$

$$\Omega_{F.D.} = \prod_l \frac{\omega_l!}{a!(\omega_l - a_l)!} = \prod_l \frac{\omega_l(w_l - 1)\cdots(\omega_l - a_l + 1)}{a!} \approx \prod_l \frac{\omega_l^{a_l}}{a!} = \frac{\Omega_{M.B}}{N!} \tag{11-14}$$

在玻色系统和费米系统中，a_l 个粒子占据能级 ε_l 上的 ω_l 个量子态时本来是存在关联的，但在满足经典极限条件的情形下，由于每个量子态上的粒子数远小于 1，粒子间的关联可以忽略。这时有 $\Omega_{B.E.} = \Omega_{F.D.} = \frac{\Omega_{M.B}}{N!}$，全同性的影响只表现在因子 $1/N$ 上。

11.2 玻色分布和费米分布

本节将推导玻色系统和费米系统中粒子的最概然分布。对费米分布推导如下。

对 $\Omega_{B.E.} = \prod_l \frac{(\omega_l + a_l - 1)!}{a!\ (\omega_l - 1)!}$，取对数得：

$$\ln\Omega = \sum_l [\ln(\omega_l + a_l - 1)! - \ln a_l! - \ln(\omega_l - 1)!]$$

若假设 $a_l \gg 1$，$\omega_l \gg 1$ 可得到：

$$\ln\Omega = \sum_l [(\omega_l + a_l)\ln(\omega_l + a_l) - a_l \ln a_l - \omega_l \ln\omega_l]$$

两边关于 a_l 求变分，有 $\delta\ln\Omega=\sum\limits_l[\ln(\omega_l+a_l)-\ln a_l]\delta a_l$

但这些 a_l 不完全是独立的，必须满足约束条件：

$$N=\sum_l a_l \text{ 和 } E=\sum_l a_l\varepsilon_l$$

δa_l 则必须满足：$\delta N=\sum\limits_l\delta a_l=0$ 和 $\delta E=\sum\limits_l\delta a_l\varepsilon_l=0$

为求在此约束条件下的最大值，使用拉格朗日乘因子法，取未定因子为 α 和 β，分别乘以上面两式，有 $\alpha\delta N=\sum\limits_l\alpha\delta a_l=0$ 和 $\beta\delta E=\sum\limits_l\beta\delta a_l\varepsilon_l=0$，令 $\ln\Omega=0$，减去上两式，得

$$\delta\ln\Omega-\alpha\delta N-\beta\delta E=\sum[\ln(\omega_l+a_l)-\ln a_l-\alpha-\beta\varepsilon_l]\delta a_l=0$$

则有：$\ln(\omega_l+a_l)-\ln a_l-\alpha-\beta\varepsilon_l=0$

$$\text{即 } a_l=\frac{\omega_l}{e^{\alpha+\beta\varepsilon_l}-1} \tag{11-15}$$

上式给出了玻色系统粒子的最概然分布，称为玻色分布。α 和 β 分别由下面条件决定：

$$N=\sum_l\frac{\omega_l}{e^{\alpha+\beta\varepsilon_l}-1},\quad E=\sum_l\frac{\varepsilon_l\omega_l}{e^{\alpha+\beta\varepsilon_l}-1} \tag{11-16}$$

同理可得费米系统中粒子的最概然分布，称为费米-狄拉克分布。

$$a_l=\frac{\omega_l}{e^{\alpha+\beta\varepsilon_l}+1} \tag{11-17}$$

α 和 β 分别由下面条件决定：

$$N=\sum_l\frac{\omega_l}{e^{\alpha+\beta\varepsilon_l}+1},\quad E=\sum_l\frac{\varepsilon_l\omega_l}{e^{\alpha+\beta\varepsilon_l}+1} \tag{11-18}$$

由玻色分布和费米分布 $a_l=\dfrac{\omega_l}{e^{\alpha+\beta\varepsilon_l}\mp1}$，每个量子态上的平均粒子数为$\dfrac{a_l}{\omega_l}=\dfrac{1}{e^{\alpha+\beta\varepsilon_l}\mp1}$，这时下标改为 s，表征量子态的量子数，玻耳兹曼分布也可表示为处在能量为 ε_s 的量子态 s 上的平均粒子数。

$$f_s=\frac{1}{e^{\alpha+\beta\varepsilon_s}\mp1} \tag{11-19}$$

α 和 β 分别由下面条件决定：

$$N=\sum_s\frac{1}{e^{\alpha+\beta\varepsilon_s}\mp1},\quad E=\sum_s\frac{\varepsilon_s}{e^{\alpha+\beta\varepsilon_s}\mp1} \tag{11-20}$$

11.3　玻色统计分布和费米统计分布热力学量的统计表达式

1. 玻色系统

1) 微正则分布——用于(E、V、N)不变的孤立系统

微正则分布反映孤立系统。能量平均分布，宏观态对应的微观态概率为：$\rho_i=(1-$

$\mathrm{e}^{-\beta\varepsilon_i})^{-1}$，配分函数：

$$Z=\sum(1-\mathrm{e}^{-\beta\varepsilon_i})^{-1} \tag{11-21}$$

2）正则分布——用于(T、N、V)不变的恒温系统

正则分布反映封闭系统。能量有交换、分布不均的动态平衡分布，任一宏观态概率为：简并函数×宏观态对应的微观态概率 $\rho i=\Omega(\varepsilon_i)(1-\mathrm{e}^{-\beta\varepsilon_i})^{-1}$，配分函数

$$Z=\sum_i\omega_i(1-\mathrm{e}^{-\beta\varepsilon_i})^{-1} \tag{11-22}$$

3）巨正则分布——用于(T、V、M)不变的开放系统

与微正则分布和正则分布不同的是，巨正则分布描述的系统不但能量可变(较正则分布而言)，粒子数也可能变化(开放系统)。巨正则分布的所有微观态的概率之和为：

$$\xi=\sum_n(1-\mathrm{e}^{-\alpha N_n-\beta E_n})^{-1} \tag{11-23}$$

4）玻色统计分布

粒子数变化的情况，考虑巨正则分布。

(1) 巨配分函数

$$\Xi=\prod_l\Xi_l=\prod_l(1-\mathrm{e}^{-\alpha-\beta\varepsilon_l})^{-\omega_l} \tag{11-24}$$

$$\ln\Xi=-\sum\omega_l\ln(1-\mathrm{e}^{-\alpha-\beta\varepsilon_l}) \tag{11-25}$$

式中，$\ln\Xi$ 是 α、β 和外参量 y 的函数。

(2) 平均总分子数

$$\overline{N}=\sum_l a_l=\sum_l\frac{\omega_l}{\mathrm{e}^{\alpha+\beta\varepsilon_l}-1}=-\frac{\partial}{\partial\alpha}\ln\Xi \tag{11-26a}$$

(3) 内能

$$U=\sum_l\varepsilon_l a_l=\sum_l\frac{\omega_l\varepsilon_l}{\mathrm{e}^{\alpha+\beta\varepsilon_l}-1}=-\frac{\partial}{\partial\beta}\ln\Xi \tag{11-26b}$$

(4) 广义力

$$Y=\sum_l\frac{\partial\varepsilon_l}{\partial y}a_l=\sum_l\frac{\omega_l}{\mathrm{e}^{\alpha+\beta\varepsilon_l}-1}\frac{\partial\varepsilon_l}{\partial y}=-\frac{1}{\beta}\frac{\partial}{\partial y}\ln\Xi \tag{11-27}$$

如果取 $Y=-p$，$y=V$，上式的一个特例为

$$p=\frac{1}{\beta}\frac{\partial}{\partial V}\ln\Xi$$

(5) 熵　根据开系的基本热力学方程 $\mathrm{d}U=T\mathrm{d}S+Y\mathrm{d}y+\mu\mathrm{d}\overline{N}$ 确定熵。

变形得

$$\frac{1}{T}(\mathrm{d}U-Y\mathrm{d}y-\mu\mathrm{d}\overline{N})=\mathrm{d}S \tag{11-28}$$

考虑多项式

$$\beta\left(\mathrm{d}U-Y\mathrm{d}y+\frac{\alpha}{\beta}\mathrm{d}\overline{N}\right)=-\beta\mathrm{d}\left(\frac{\partial\ln\Xi}{\partial\beta}\right)+\frac{\partial\ln\Xi}{\partial y}\mathrm{d}y-\alpha\mathrm{d}\left(\frac{\partial\ln\Xi}{\partial\alpha}\right) \tag{11-29}$$

利用 $\mathrm{d}\ln\Xi=\dfrac{\partial\ln\Xi}{\partial\alpha}\mathrm{d}\alpha+\dfrac{\partial\ln\Xi}{\partial\beta}\mathrm{d}\beta+\dfrac{\partial\ln\Xi}{\partial y}\mathrm{d}y$

$$\begin{aligned}\beta\left(\mathrm{d}U-Y\mathrm{d}y+\frac{\alpha}{\beta}\mathrm{d}\overline{N}\right)&=-\beta\mathrm{d}\left(\frac{\partial\ln\Xi}{\partial\beta}\right)+\mathrm{d}\ln\Xi-\frac{\partial\ln\Xi}{\partial\alpha}\mathrm{d}\alpha-\frac{\partial\ln\Xi}{\partial\beta}\mathrm{d}\beta-\alpha\mathrm{d}\left(\frac{\partial\ln\Xi}{\partial\alpha}\right)\\&=\mathrm{d}\ln\Xi-\mathrm{d}\left(\alpha\frac{\partial\ln\Xi}{\partial\alpha}\right)-\mathrm{d}\left(\beta\frac{\partial\ln\Xi}{\partial\beta}\right)\\&=\mathrm{d}\left(\ln\Xi-\alpha\frac{\partial\ln\Xi}{\partial\alpha}-\beta\frac{\partial\ln\Xi}{\partial\beta}\right)\end{aligned} \tag{11-30}$$

上式表明 β 是 $\left(\mathrm{d}U-Y\mathrm{d}y+\frac{\alpha}{\beta}\mathrm{d}\overline{N}\right)$ 的积分因子，比较开系的基本热力学方程(11-28)和式(11-30)，得到

$$\beta=\frac{1}{kT}$$

$$\frac{\alpha}{\beta}=-\mu\Rightarrow\alpha=-\frac{\mu}{kT}$$

$$\begin{aligned}S&=k\left(\ln\Xi-\alpha\frac{\partial\ln\Xi}{\partial\alpha}-\beta\frac{\partial\ln\Xi}{\partial\beta}\right)\\&=k(\ln\Xi+\alpha\overline{N}+\beta U)\end{aligned}\tag{11-31}$$

将式(11-24)、式(11-25)和式(11-26)代入式(11-31)，同时利用玻色分布及其变形 $a_l=\frac{\omega_l}{\mathrm{e}^{\alpha+\beta\varepsilon_l}-1}$，$\ln(1-\mathrm{e}^{-\alpha-\beta\varepsilon_l})=\ln\omega_l-\ln(\omega_l+a_l)$，$\alpha+\beta\varepsilon_l=\ln(\omega_l+a_l)-\ln a_l$，系统的熵式(11-31)可以重新表示为

$$\begin{aligned}S&=k(\ln\Xi+\alpha\overline{N}+\beta U)=k\left[-\sum_l\omega_l\ln(1-\mathrm{e}^{-\alpha-\beta\varepsilon_l})+\alpha\sum_l\alpha_l+\beta\sum_l\varepsilon_l a_l\right]\\&=k\sum_l[-\omega_l\ln\omega_l+\omega_l\ln(\omega+a_l)]+k\sum_l\frac{a\omega_l+\beta\varepsilon_l\omega_l}{\mathrm{e}^{\alpha+\beta\varepsilon_l}-1}\\&=k\sum_l[-\omega_l\ln\omega_l+\omega_l\ln(\omega+a_l)]+k\sum_l\frac{\omega_l+(\alpha+\beta\varepsilon_l)}{\mathrm{e}^{\alpha+\beta\varepsilon_l}-1}\\&=k\sum_l[-\omega_l\ln\omega_l+\omega_l\ln(\omega+a_l)]+k\sum_l a_l(\alpha+\beta\varepsilon_l)\\&=k\sum_l[-\omega_l\ln\omega_l+\omega_l\ln(\omega+a_l)+a_l\ln(\omega_l+a_l)-a_l\ln a_l]\\&=k\sum_l[(\omega_l+a_l)\ln(\omega+a_l)-\omega_l\ln\omega_l-a_l\ln a_l]\end{aligned}\tag{11-32}$$

(6) 玻耳兹曼关系 $S=k\ln\Omega$

(7) 巨热力学势 $J=-kT\ln\Xi$

2. 费米系统

引入费米系统的配分函数

$$\Xi=\prod_l\Xi_l=\prod_l(1+\mathrm{e}^{-\alpha-\beta\varepsilon_l})^{\omega_l}$$

$$\ln\Xi=\sum\omega_l(1+\mathrm{e}^{-\alpha-\beta\varepsilon_l})$$

通过和玻色系统相似的运算，得到的热力学量的统计表达式与玻色系统热力学量的统计表达式完全相同，即

平均总分子数　$\overline{N}=-\frac{\partial}{\partial\alpha}\ln\Xi$

内能　$U=-\frac{\partial}{\partial\beta}\ln\Xi$

广义力　$Y=-\frac{1}{\beta}\frac{\partial}{\partial y}\ln\Xi\left(p=\frac{1}{\beta}\frac{\partial}{\partial V}\ln\Xi\right)$

熵 $$S=k\left(\ln\Xi-\alpha\frac{\partial\ln\Xi}{\partial\alpha}-\beta\frac{\partial\ln\Xi}{\partial\beta}\right)$$

玻耳兹曼关系 $$S=k\ln\Omega$$

巨热力学势 $$J=-kT\ln\Xi$$

11.4 弱简并的理想玻色气体和费米气体

不满足经典极限条件(非简并条件)的玻色系统和费米系统称为简并气体,需要用玻色统计和费米统计处理,即满足玻色分布和费米分布。

$$a_l=\frac{\omega_l}{e^{\alpha+\beta\varepsilon_l}\pm1}$$

简并气体又分为弱简并气体($n\lambda^3<1$)和强简并气体($n\lambda^3>1$)。

讨论弱简并($e^{-\alpha}$或$n\lambda^3$ 虽小但不可忽略)条件下的玻色气体和费米气体的性质,为方便起见,我们将两种气体同时讨论。

分子的平动能量 $$\varepsilon=\frac{1}{2m}(p_x^2+p_y^2+p_z^2) \tag{11-33}$$

在体积V内,在$\varepsilon\sim\varepsilon+d\varepsilon$的能量范围内,分子可能的微观状态数,即“简并度”$\omega_l$为

$$D(\varepsilon)=g\frac{2\pi V}{h^3}(2m)^{3/2}\varepsilon^{1/2}d\varepsilon \tag{11-34}$$

式中,g是由粒子可能具有的自旋而引进的简并度。考虑到平动自由度的能级是连续的,求和可以用积分来近似,于是系统的总分子数为

$$N=\sum_l a_l=\sum_l\frac{\omega_l}{e^{\alpha+\beta\varepsilon_l}\pm1}=g\frac{2\pi V}{h^3}(2m)^{3/2}\int_0^\infty\frac{\varepsilon^{1/2}}{e^{\alpha+\beta\varepsilon}\pm1}d\varepsilon \tag{11-35a}$$

系统的内能为

$$U=\sum_l\varepsilon_l a_l=\sum_l\frac{\varepsilon_l\omega_l}{e^{\alpha+\beta\varepsilon_l}\pm1}=g\frac{2\pi V}{h^3}(2m)^{3/2}\int_0^\infty\frac{\varepsilon^{3/2}}{e^{\alpha+\beta\varepsilon}\pm1}d\varepsilon \tag{11-35b}$$

引入变量$x=\beta\varepsilon$,将以上两式改写为

$$N=g\frac{2\pi V}{h^3}(2mkT)^{3/2}\int_0^\infty\frac{x^{1/2}}{e^{\alpha+x}\pm1}dx \tag{11-36}$$

$$U=g\frac{2\pi V}{h^3}(2mkT)^{3/2}\int_0^\infty\frac{x^{3/2}}{e^{\alpha+x}\pm1}dx \tag{11-37}$$

取级数$1\mp x\pm x^2+\cdots+x^n+\cdots=\frac{1}{1\pm x}(|x|\ll1)$的二级近似,则上两式部分被积函数可作近似

$$\frac{1}{e^{\alpha+x}\pm1}=\frac{1}{e^{\alpha+x}(1\pm e^{-\alpha-x})}\approx e^{-\alpha-x}(1\mp e^{-\alpha-x}) \tag{11-38}$$

将式(11-38)代回式(11-36),式(11-37)完成积分,得

$$N=g\left(\frac{2\pi mkT}{h^2}\right)^{3/2}Ve^{-\alpha}\left(1\mp\frac{1}{2^{3/2}}e^{-\alpha}\right) \tag{11-39}$$

$$U=g\,\frac{3}{2}\left(\frac{2\pi mkT}{h^2}\right)^{3/2}VkT\mathrm{e}^{-\alpha}\left(1\mp\frac{1}{2^{5/2}}\mathrm{e}^{-\alpha}\right)\tag{11-40}$$

两式相除，再取近似$\frac{1}{1\pm x}\approx1\mp x(|x|\ll1)$，得

$$U=\frac{3}{2}NkT\left(1\mp\frac{1}{2^{5/2}}\mathrm{e}^{-\alpha}\right)\Big/\left(1\mp\frac{1}{2^{3/2}}\mathrm{e}^{-\alpha}\right)=\frac{3}{2}NkT\left(1\pm\frac{1}{4\sqrt{2}}\mathrm{e}^{-\alpha}\right)\tag{11-41}$$

由非相对论粒子的性质 $pV=\frac{3}{2}U$，得物态方程

$$pV=NkT\left[1\pm\frac{1}{4\sqrt{2}g}n\lambda^3\right]\tag{11-42}$$

式(11－42)右边第一项与玻耳兹曼分布得到的内能、热容量和理想气体状态方程相同，第二项是由微观粒子全同性原理引起的量子统计关联所导致的附加内能、热容量和粒子数的修正。费米气体的附加内能为正而玻色气体的附加内能为负。可以认为，量子统计关联使费米子间出现等效的排斥作用，玻色子间则出现等效的吸引作用。

11.5　光子气体

1. 辐射场的一般性质

(1) 受热物体或空窖可以辐射电磁波。辐射能量和能量密度随频率的变化关系与温度及辐射体的性质有关。

(2) 如果辐射体对电磁波的吸收和辐射达到平衡，辐射的特性将只取决于温度，与辐射体的其他性质无关，称为平衡辐射。平衡辐射的吉布斯函数为零。

(3) 辐射场的热力学结果

辐射能量密度　$u=aT^4$

辐射压强　$p=\frac{1}{3}u$

辐射场的熵　$S=\frac{4}{3}aT^3V$

斯特藩-玻耳兹曼定律　$J_u=\frac{1}{4}cu=\frac{1}{4}caT^4=\sigma T^4$

2. 用统计物理法处理辐射场

1) 用经典统计的能均分定理处理辐射场

辐射场可以分解为无穷多个单色平行波的叠加。具有一定圆频率 ω、波矢量 $\boldsymbol{k}$ 和偏振的单色平面波可以看作辐射场的一个自由度，一个自由度具有平均能量 kT，其中 $\omega=ck$。

瑞利-金斯公式　$U(\omega,T)\mathrm{d}\omega=\frac{V}{\pi^2c^3}\omega^2kT\mathrm{d}\omega$ 或 $\rho_v\mathrm{d}v=\frac{8\pi}{c^3}kTv^2\mathrm{d}v$　(11－43)

结论：在低频范围与实验结果符合，但在高频范围与实验结果不符；在有限温度下平衡辐射场的内能和定容热容量发散。

2) 用量子统计理论从粒子观点处理辐射场

光子气体模型：具有一定波矢量 $\boldsymbol{k}$ 和圆频率 ω 的单色平面波与具有一定动量 $\boldsymbol{p}$ 和一定能

量 ε 的光子相对应。根据德布罗意关系和光子的能量动量关系，有

$$\boldsymbol{p}=\hbar\boldsymbol{k}$$
$$\varepsilon=\hbar\omega$$
$$\varepsilon=cp$$

辐射源的核外电子跃迁到相邻低能级称作产生了一个光子；核外电子跃迁到相邻高能级称作湮灭了一个光子，如图 11-2 所示为光子气体的跃迁能级示意图。如果从激发态 n 跃迁到基态，看作产生了 n 个频率为 ω 的光子；如果从基态跃迁到激发态 n，则看作湮灭了 n 个频率为 ω 的光子；这样，辐射场的电磁辐射就可以看成一个光子气体系统。由于不同频率的电磁波之间是线性无关、相互独立的，所以光子与光子之间不存在相互作用；又光子的自旋量子数为 1，所以光子气体可以看成理想玻色气体。由于辐射场不断发射和吸收光子，所以光子气体系统的光子数不守恒。

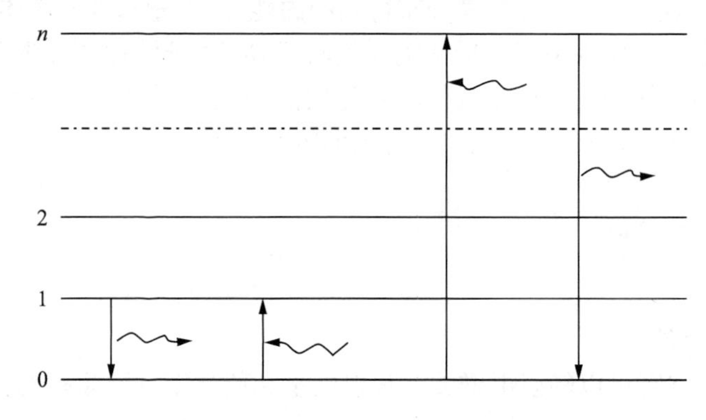

图 11-2　光子气体的跃迁能级示意图

光子气体满足玻色统计分布

在体积为 V 的辐射场内，在 $p\sim p+\mathrm{d}p$ 的动量范围内，光子可能的微观状态数，即简并度为

$$D(p)=\frac{8\pi V}{h^3}p\mathrm{d}p$$

或在体积为 V 的辐射场内，在 $\omega\sim\omega+\mathrm{d}\omega$ 的频率范围内，光子可能的微观状态数，即简并度为

$$D(\omega)=\frac{V}{\pi^2c^3}\omega^2\mathrm{d}\omega$$

则在体积为 V 的辐射场内，在 $\omega\sim\omega+\mathrm{d}\omega$ 的频率范围内，光子数为

$$a_l=\frac{\omega_l}{\mathrm{e}^{\beta\varepsilon_l}-1}=\frac{V}{\pi^2c^3}\frac{\omega^2}{\mathrm{e}^{\hbar\omega/kT}-1}$$

普朗克公式：处在体积 V 内，频率为 ω，范围在 $\omega\sim\omega+\mathrm{d}\omega$ 内辐射场的内能为

$$U(\omega,T)\mathrm{d}\omega=a_l\,\hbar\omega\mathrm{d}\omega=\frac{V}{\pi^2c^3}\frac{\hbar\omega^3}{\mathrm{e}^{\hbar\omega/kT}-1}\mathrm{d}\omega \tag{11-44}$$

上式可看出辐射场的内能按频率的分布与实验结果完全相符。

低频近似：当 $\hbar\omega\ll kT$ 时，考虑近似

$$\hbar\omega/kT\ll1,\mathrm{e}^{\hbar\omega/kT}\approx1+\hbar\omega/kT$$

瑞利-金斯公式

$$U(\omega,T)\mathrm{d}\omega=\frac{V}{\pi^2c^3}\omega^2kT\mathrm{d}\omega$$

高频近似：当 $\hbar\omega\gg kT$ 时，考虑近似

$$\hbar\omega/kT\gg1,\mathrm{e}^{\hbar\omega/kT}-1\approx\mathrm{e}^{\hbar\omega/kT}$$

维恩公式

$$U(\omega,T)\mathrm{d}\omega=\frac{V}{\pi^2c^3}\hbar\omega^3\mathrm{e}^{-\hbar\omega/kT}\mathrm{d}\omega$$

辐射场的内能，引入变量 $x=\hbar\omega/kT$

$$\begin{aligned}U(T)&=\int_0^\infty U(\omega,T)\mathrm{d}\omega=\frac{V}{\pi^2c^3}\int_0^\infty\frac{\hbar\omega^3}{\mathrm{e}^{\hbar\omega/kT}-1}\mathrm{d}\omega\\&=\frac{V\hbar}{\pi^2c^3}\left(\frac{kT}{\hbar}\right)^4\int_0^\infty\frac{x^3}{\mathrm{e}^x-1}\mathrm{d}x=\frac{\pi^2k^4}{15c^3\hbar^3}T^4V\end{aligned}\tag{11-45}$$

斯特藩-玻耳兹曼定律 $J_u=\dfrac{1}{4}cu=\dfrac{\pi^2k^4}{60c^2\hbar^3}T^4=\sigma T^4$，斯特藩常量 $\sigma=\dfrac{\pi^2k^4}{60c^2\hbar^3}$。

维恩位移定律

从普朗克公式看出，内能随频率的分布为：

$$U(\omega,T)\mathrm{d}\omega=a_l\hbar\omega\mathrm{d}\omega=\frac{V}{\pi^2c^3}\frac{\hbar\omega^3}{\mathrm{e}^{\hbar\omega/kT}-1}\mathrm{d}\omega$$

如图 11-3 所示，内能有一个极大值，与该极大值相对应的频率用 ω_m 来表示。ω_m 确定如下，作变量替换，$x=\hbar\omega/kT$，则普朗克公式变为

$$U(x,T)\mathrm{d}x=\frac{V\hbar}{\hbar^2\pi^2c^3}(kT)^3\frac{x^3}{\mathrm{e}^x-1}\mathrm{d}x$$

令 $$\frac{\mathrm{d}}{\mathrm{d}x}\left(\frac{x^3}{\mathrm{e}^x-1}\right)=0\Rightarrow\frac{3x^2(\mathrm{e}^x-1)-x^3\mathrm{e}^x}{(\mathrm{e}^x-1)^2}=0\Rightarrow3-3\mathrm{e}^{-x}=x$$

$3-3\mathrm{e}^{-x}=x$ 称为超越方程，可以用图解法求解，如图 11-4 所示，得

$$x=\frac{\hbar\omega_m}{kT}=2.822\tag{11-46}$$

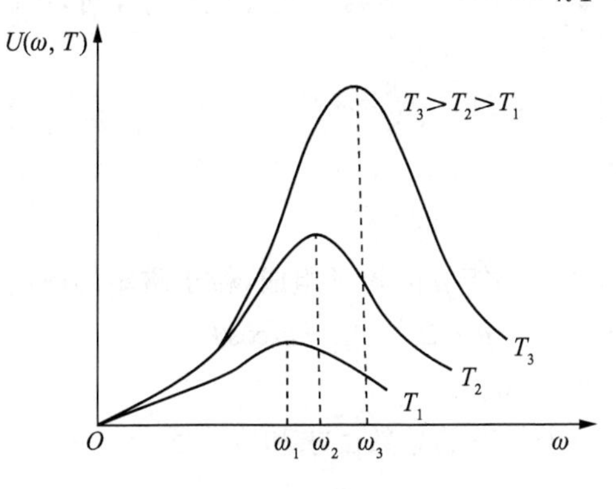

图 11-3　辐射场的内能随频率 ω_m 的变化曲线

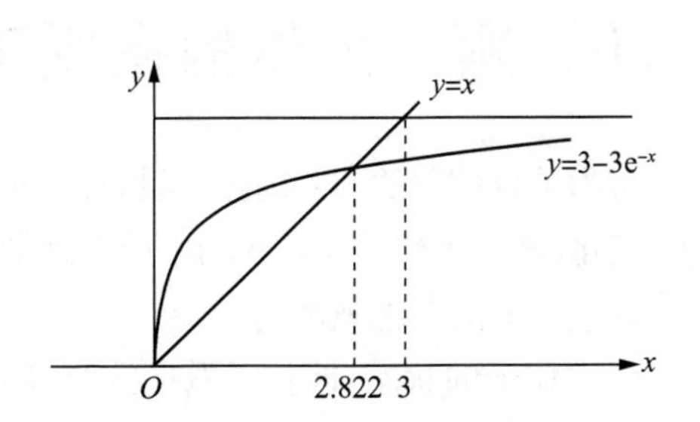

图 11-4　超越方程的图解法

使辐射场的内能取极大值的$\frac{\hbar\omega_m}{kT}$为定值，这时 ω_m 与温度成正比，称为维恩位移定律。

通过配分函数求光子气体的热力学函数

光子气体的巨配分函数
$$\begin{aligned}\ln\Xi &= -\sum\omega_l(1-\mathrm{e}^{-\alpha-\beta\varepsilon_l}) \\ &= -\frac{V}{\pi^2c^3}\int_0^\infty\omega^2\ln(1-\mathrm{e}^{-\beta\hbar\omega})\mathrm{d}\omega\end{aligned}$$

引入变量 $x=\frac{\hbar\omega}{kT}$，上式可以表示为

$$\ln\Xi = -\frac{V}{\pi^2c^3}\frac{1}{(\beta\hbar)^3}\int_0^\infty x^2\ln(1-\mathrm{e}^{-x})\mathrm{d}x$$

应用分步积分的方法

$$\int_0^\infty x^2\ln(1-\mathrm{e}^{-x})\mathrm{d}x = \left[\frac{x^3}{3}\ln(1-\mathrm{e}^{-x})\right]\Bigg|_0^\infty - \frac{1}{3}\int_0^\infty\frac{x^3}{\mathrm{e}^x-1}\mathrm{d}x = -\frac{1}{3}\int_0^\infty\frac{x^3}{\mathrm{e}^x-1}\mathrm{d}x$$

于是配分函数为
$$\begin{aligned}\ln\Xi &= \frac{V}{3\pi^2c^3}\frac{1}{(\beta\hbar)^3}\int_0^\infty\frac{x^3}{\mathrm{e}^x-1}\mathrm{d}x \\ &= \frac{V}{45c^3(\beta\hbar)^3}\end{aligned}$$

其中利用了积分
$$\int_0^\infty\frac{x^3}{\mathrm{e}^x-1}\mathrm{d}x = \frac{\pi^4}{15}$$

光子气体的内能
$$U = -\frac{\partial}{\partial\beta}\ln\Xi = \frac{\pi^2k^4V}{15c^3\hbar^3}T^4$$

光子气体的压强
$$p = \frac{1}{\beta}\frac{\partial}{\partial V}\ln\Xi = \frac{\pi^2k^4}{45c^3\hbar^3}T^4$$

比较这两个式子可以得
$$p = \frac{1}{3}\frac{U}{A}$$

光子气体的熵
$$\begin{aligned}S &= k\left(\ln\Xi - \beta\frac{\partial\ln\Xi}{\partial\beta}\right) = k(\ln\Xi+\beta U) \\ &= \frac{4\pi^2k^4}{45c^3\hbar^3}T^3V \qquad (11-47)\end{aligned}$$

由此可知，光子气体的熵随温度降低而趋于零，符合热力学第三定律的要求，同时熵也满足广延量的要求。

11.6 顺磁固体的微观理论

考虑单位体积的顺磁固体。设它由 N 个具有固定磁矩 μ 的粒子组成，粒子磁矩的取向可以连续变化，则一个粒子在外磁场中的附加能可写成：$\varepsilon=-\boldsymbol{\mu}\cdot\boldsymbol{H}=-\mu\cdot H\cos\theta$。

能量为 ε 的状态概率为：$\rho = A\mathrm{e}^{-\beta\varepsilon} = A\mathrm{e}^{\beta\mu H\cos\theta} = 0$。

任一粒子的状态，即粒子取向连续变化。单粒子状态的总数由求和成为积分

$$Z_1 = A\int_{\theta=0}^{\pi}\cdot\int_0^{2\pi}\mathrm{e}^{\beta\mu H\cos\theta}\cdot\sin\theta\mathrm{d}\theta\mathrm{d}\varphi = \frac{4\pi A}{\alpha}(\mathrm{e}^{\alpha}-\mathrm{e}^{-\alpha}) = \frac{4\pi A}{\alpha}\mathrm{sh}\alpha \qquad (11-48)$$

$$\alpha=\beta\mu H=\frac{\mu H}{kT}$$

N 个粒子系统的配分函数 $Z=(Z_1)^N$，μ 对外场 H 方向的贡献为 $N\overline{\mu\cos\theta}$。磁化强度 M：

$$令\ M=N\overline{\mu\cos\theta}=N\frac{\int_{\theta=0}^{\pi}\int_0^{2\pi}\mu\cos\theta A\cdot e^{\beta\mu H\cos\theta}\sin\theta d\theta d\varphi}{\int_0^{\pi}\int_0^{2\pi}A\cdot e^{\beta\mu H\cos\theta}\sin\theta d\theta d\varphi}$$

$$=\frac{NA}{\beta Z_1}\int_{\theta=0}^{\pi}\int_0^{2\pi}\frac{\partial(e^{\beta\mu H\cos\theta})}{\partial H}\sin\theta d\theta d\varphi$$

$$=\frac{NA}{\beta Z_1}\frac{\partial}{\partial H}\cdot\int_{\theta=0}^{\pi}\int_0^{2\pi}e^{\beta\mu H\cos\theta}\sin\theta d\theta d\varphi$$

$$=\frac{NA}{\beta Z_1}\frac{\partial Z_1}{\partial H}=\frac{1}{\beta Z}\frac{\partial Z}{\partial H}=\frac{1}{\beta}\frac{\partial \ln Z}{\partial H}\tag{11-49}$$

$$Z_1=\int_{\theta=0}^{\pi}\int_0^{2\pi}A\cdot e^{\beta\mu H\cos\theta}\cdot\sin\theta d\theta d\varphi$$

$$\rho=Ae^{-\beta\varepsilon}=Ae^{\beta\mu H\cos\theta}$$

归一化 $\int\rho(\theta)d\Omega=1$ 得归一化常数 $A=\left(\int_{\theta=0}^{\pi}\cdot\int_0^{2\pi}e^{\beta\mu H\cos\theta}\cdot\sin\theta d\theta d\varphi\right)^{-1}=\frac{1}{Z_1}$，任一粒子在任一方向 θ 趋向的相对概率为 $\frac{e^{\beta\mu H\cos\theta}}{Z_1}$。

还可以直接对 $\cos\theta$ 求平均。

μ 对外场 H 方向的贡献为 $\overline{\mu\cos\theta}$，令 $M=N\overline{\mu\cos\theta}$

$$\overline{\cos\theta}=\frac{\int_{\theta=0}^{\pi}\int_0^{2\pi}\cos\theta\cdot e^{\beta\mu H\cos\theta}\sin\theta d\theta d\varphi}{\int_{\theta=0}^{\pi}\int_0^{2\pi}e^{\beta\mu H\cos\theta}\sin\theta d\theta d\varphi}$$

$$=\frac{\int_{-1}^{1}xe^{\alpha x}dx}{\int_{-1}^{1}e^{\alpha x}dx}=\frac{\partial}{\partial\alpha}\left(\ln\int_{-1}^{1}e^{\alpha x}dx\right)$$

$$=\frac{\partial}{\partial\alpha}\ln\left[\frac{1}{\alpha}(e^{\alpha x}-e^{-\alpha x})\right]=\frac{e^{\alpha}+e^{-\alpha}}{e^{\alpha}-e^{-\alpha}}-\frac{1}{\alpha}\tag{11-50}$$

$$=\cot\alpha-\frac{1}{\alpha}=L(\alpha)$$

令 $x=\cos\theta$，$\alpha=\beta\mu H$，$M=N\overline{\mu\cos\theta}=N\mu L(\alpha)$

$$L(\alpha)=\frac{\alpha}{3}-\frac{\alpha^2}{4s}+\frac{2\alpha^5}{94s}-\cdots$$

讨论：

① 当 $\alpha\gg1$ 时，$L(\alpha)\to1$，$M=N\mu$（饱和磁化）。

② 当 $\alpha\ll1$ 时，对 20℃，$H=10\ 000$Oe（奥斯特 Oe 为磁场单位）时得 $\alpha=0.006\ 5$。

所以在常温、中场情况下，α 很小，$L(\alpha)\approx\frac{\alpha}{3}$，则有：

$$M = N\mu L(\alpha) = N\mu \frac{1}{3}\alpha = \frac{1}{3}N \cdot \frac{\mu^2 H}{kT}$$

所以磁化率 $\chi = \frac{M}{H} = \frac{N\mu^2}{3kT} = \frac{C}{T}$ (11-51)

式中，$C = \frac{N\mu^2}{3k}$ 。

对于所有的顺磁体，方程式(11-51)给出了磁化率与温度的依赖关系均与实验相符，即为居里(Curie)定律。

[例 11.1] 试根据公式 $p = -\sum_l a_l \frac{\partial \varepsilon_l}{\partial V}$，证明：对于非相对论粒子

$$\varepsilon = \frac{p^2}{2m} = \frac{1}{2m}\left(\frac{2\pi\hbar}{L}\right)^2 (n_x^2 + n_y^2 + n_z^2), (n_x, n_y, n_z = 0, \pm 1, \pm 2, \cdots)$$

有 $p = \frac{2U}{3V}$。

上述结论对于玻耳兹曼分布、玻色分布和费米分布都成立。

解： 处在边长为 L 的立方体中，非相对论粒子的能量本征值为

$$\varepsilon_{n_x n_y n_z} = \frac{1}{2m}\left(\frac{2\pi\hbar}{L}\right)^2 (n_x^2 + n_y^2 + n_z^2), \quad (n_x, n_y, n_z = 0, \pm 1, \pm 2, \cdots) \qquad ①$$

为书写简便起见，我们将上式简记为

$$\varepsilon_l = aV^{-\frac{2}{3}} \qquad ②$$

式中，$V = L^3$ ，是系统的体积；常量 $a = \frac{(2\pi\hbar)^2}{2m}(n_x^2 + n_y^2 + n_z^2)$，并以单一指标 l 代表 n_x, n_y, n_z 三个量子数。

由式②可得

$$\frac{\partial \varepsilon_1}{\partial V} = -\frac{2}{3}aV^{-\frac{5}{3}} = -\frac{2}{3}\frac{\varepsilon_1}{V} \qquad ③$$

代入压强公式，有

$$p = -\sum_l a_l \frac{\partial \varepsilon}{\partial V} = \frac{2}{3V}\sum_l a_l \varepsilon_l = \frac{2U}{3V} \qquad ④$$

式中，$U = \sum_l a_l \varepsilon_l$ 是系统的内能。

上述证明涉及分布 $\{a_l\}$ 的具体表达式，因此式④对玻耳兹曼分布、玻色分布和费米分布都成立。

[例 11.2] 在绝对零度下，固体中的粒子完全有规则地排列在晶格格点上。随着温度的增加，有的粒子脱离格点迁移到晶体表面，在晶体内部形成空位。这种缺陷称为肖特基缺陷。设形成一个肖特基缺陷的能量为 ε，问在一定的温度 T 下，晶体中的肖特基缺陷数有多少？

解： 设形成晶体的粒子总数为 N，热平衡时有 n 个缺陷形成，则体系相当于在 $(N+n)$ 个格点上设置 n 个空位。其设置方式数，即系统的简并函数为

$$\Omega(n) = \frac{(N+n)!}{N!n!}$$

其熵为

$$S(n) = k\ln\Omega = k\ln\frac{(N+n)!}{N!n!}$$

根据斯特令公式可得

$$S(n) = k[-N\ln N - n\ln N + (N+n)\ln(N+n)]$$

据温度定义

$$\frac{1}{T} = \left(\frac{\partial S}{\partial U}\right) = \left(\frac{\partial S}{\partial n}\right)\left(\frac{\partial n}{\partial U}\right)$$

考虑到热平衡时，系统内能（只考虑肖特基缺陷产生的能量，忽略其他能量）可写为

$$U = n\varepsilon$$

则有

$$\frac{1}{T} = \frac{k}{\omega}\ln\frac{N+n}{n}$$

于是，肖特基缺陷数 n 可以表示为温度 T 的函数

$$n = \frac{N}{\exp(\varepsilon/kT) - 1}$$

当 $\varepsilon \gg kT$ 时，上式也可写为

$$n = N\exp(-\varepsilon/kT)$$

由此式可以看出，随着温度的升高，肖特基缺陷数以指数规律增加。

习　　题

11.1　试证明：对于一维自由粒子，在长度 L 内，在 $\varepsilon \sim \varepsilon + d\varepsilon$ 的能量范围内，量子态数为

$$D(\varepsilon)d\varepsilon = \frac{2L}{h}\left(\frac{m}{2\varepsilon}\right)^{\frac{1}{2}}d\varepsilon。$$

11.2　试证明：对于二维的自由粒子，在面积 L^2 内，在 $\varepsilon \sim \varepsilon + d\varepsilon$ 的能量范围内，量子态数为

$$D(\varepsilon)d\varepsilon = \frac{2\pi L^2}{h^2}md\varepsilon。$$

11.3　试证明：对于理想玻色气体和理想费米气体有关系式 $pV = \frac{2}{3}U$，而对于光子气体有关系式 $pV = \frac{1}{3}U$，并分析两式不同的原因，其中，p、V、U 分别为气体的压强、体积和内能。

11.4　电子气体中电子的质量为 m，费米能级为 E_0。求绝对零度下电子气体中电子的平均速度 v 和电子气体的压强。

11.5　计算温度为 T 时，在体积 V 内光子气体的平均总光子数，并据此估算：

(1) 温度为 1 000 K 的平衡辐射。

(2) 温度为 3 K 的宇宙背景辐射中光子的数密度。

11.6 试求双原子分子理想气体的振动熵。

11.7 写出二维空间中平衡辐射的普朗克公式,并据此求平均总光子数、内能和辐射通量密度。

11.8 求弱简并理想费米(玻色)气体的压强和熵。

11.9 试证明:对于费米统计,玻耳兹曼关系成立,即 $S = k\ln\Omega$ 。

参考文献

[1] 胡学刚，穆春来. 数学物理方法. 北京：机械工业出版社，2007.

[2] 吴方同. 数学物理方程. 武汉：武汉大学出版社，2004.

[3] 谷超豪，李大潜，陈恕行，等. 数学物理方程. 3 版. 北京：高等教育出版社，2012.

[4] 姜礼尚，陈亚浙，刘西垣，等. 数学物理方程讲义. 3 版. 北京：高等教育出版社，2007.

[5] 陈恕行，秦铁虎，周忆，等. 数学物理方程. 上海：复旦大学出版社，2003.

[6] 王元明. 工程数学：数学物理方程与特殊函数. 3 版. 北京：高等教育出版社，2004.

[7] 王元明. 工程数学：数学物理方程与特殊函数学习指南. 北京：高等教育出版社，2004.

[8] 四川大学数学系. 高等数学. 4 版. 北京：人民教育出版社，1979.

[9] 胡嗣柱，徐建军. 数学物理方法解题指导. 北京：高等教育出版社，1997.

[10] 李惜雯，数学物理方法学习指导典型题解. 西安：西安交通大学出版社，2008.

[11] 周世勋. 量子力学教程. 北京：高等教育出版社，1979.

[12] 曾谨言. 量子力学(卷 1、卷 2). 北京：科学出版社，1990.

[13] 钱伯初. 量子力学. 北京：高等教育出版社，2006.

[14] 尹鸿钧. 量子力学. 合肥：中国科技大学出版社，1999.

[15] 喀兴林. 高等量子力学. 北京：高等教育出版社，1999.

[16] 关洪. 量子力学基础. 北京：高等教育出版社，1999.

[17] 王瑞西. 量子力学. 北京：高等教育出版社，1992.

[18] 威切曼 EH. 量子物理学. 复旦大学物理系，译. 北京：科学出版社，1978.

[19] 曾谨言，钱伯初. 量子力学专题分析(上). 北京：高等教育出版社，1990.

[20] 哈肯 H，沃尔夫 HC. 原子物理学与量子物理学. 刘岐元，译. 北京：科学出版社，1993.

[21] Griffiths D J. Introduction to Quantum Mechanics. New Jersey：Pearson Prentice Hall，2004.

[22] Greiner W. Quantum Mechanics. Berlin：Springer，1998.

[23] 汪志诚. 热力学・统计物理. 2 版. 北京：高等教育出版社，1993.

[24] 梁希侠，班士良. 统计热力学. 3 版. 北京：科学出版社，2013.

[25] 高执棣，郭国霖. 统计热力学导论. 3 版. 北京：北京大学出版社，2010.

[26] 熊吟涛. 统计物理学. 北京：人民教育出版社，1981.

[27] 龚昌德. 热力学与统计物理学. 北京：人民教育出版社，1982.

[28] 欧阳容百. 热力学与统计物理. 北京：科学出版社，2007.

[29] 林宗涵. 热力学与统计物理学. 北京：北京大学出版社，2007.

[30] 苏汝铿. 热力学与统计物理. 北京：高等教育出版社，2007.

习题答案

第 1 章

1.1 $u_{tt}=a^2u_{xx}+f, a^2=\dfrac{E}{\rho}, f=\dfrac{F(x,t)}{\rho}$，$E$ 为杨氏模量；ρ 为杆的密度；F 为单位长度的杆沿杆长方向受的外力。

1.2 $u_{tt}=a^2u_{xx}+f, a^2=\dfrac{k}{c\rho}\quad f=\dfrac{F}{c\rho}$

1.3 略

1.4 略

1.5 $\begin{cases}u|_{x=0}=0\\ u|_{x=l}=0\end{cases}\quad \begin{cases}u|_{t=0}=\varphi(x)\\ u_t|_{t=0}=\Psi(x)\end{cases}$

1.6 定解问题：$\begin{cases}u_t=a^2u_{xx} & 0<x<l, t>0\\ u|_{t=0}=\dfrac{x(l-x)}{2} & 0\leqslant x\leqslant l\\ u|_{x=0}=0, ku_x|_{x=l}=q & t>0\end{cases}$

1.7 初值条件为：$\begin{cases}u(x,t)|_{t=0}=\begin{cases}\dfrac{2h}{l}x & 0\leqslant x\leqslant \dfrac{l}{2}\\ \dfrac{2h}{l}(l-x) & \dfrac{l}{2}\leqslant x\leqslant l\end{cases}\\ u_t(x,t)|_{t=0}=0 \qquad 0\leqslant x\leqslant l\end{cases}$

1.8 (1) 端点固定$\begin{cases}u|_{x=0}=0\\ u|_{x=l}=0\end{cases}$，

(2) 两端自由 $u_x|_{x=0}=0, u_x|_{x=l}=0\quad (t\geqslant 0)$

(3) 作纵振动的杆，$x=0$ 端固定，$x=l$ 端固定在弹性支承上

$u(x,t)|_{x=0}=0, Eu_x|_{x=l}=-ku|_{x=l}+f(t)\qquad (t\geqslant 0)$

第 2 章

2.1 (1) $u(x,t)=\sin t\sin x$；(2) $u(x,y)=\sin x\cos y+xy$；

(3) $u(x,t)=3t+ax$；(4) $u(x,t)=\sin x\cos at$

2.2 $u(x,t)=\varphi\left(\dfrac{x+at}{2}\right)+\Psi\left(\dfrac{x-at}{2}\right)-\varphi(0)$

2.3 $u(x,t)=\varphi_1(x-at)-\varphi_0\left(\dfrac{x-at}{2}\right)+\varphi_0\left(\dfrac{x+at}{2}\right)$

2.4 $u(x,t)=\begin{cases}\dfrac{1}{2}[\varphi(x+at)+\varphi(x-at)] & t\leqslant\dfrac{x}{a}\\ \dfrac{1}{2}[\varphi(x+at)-\varphi(at-x)] & t>\dfrac{x}{a}\end{cases}$

2.5 $u(x,t)=\begin{cases}0 & t\leqslant\dfrac{x}{a}\\ A\sin\omega\left(t-\dfrac{x}{a}\right) & t>\dfrac{x}{a}\end{cases}$

2.6 $F(\omega)=\dfrac{4}{\omega^3}(\sin\omega-\omega\cos\omega)$

2.7 (1) $F(\omega)=\dfrac{2}{1+\omega^2}$;(2) $F(\omega)=\mathrm{e}^{-\omega t_0}$;(3) $F(\omega)=\pi[\delta(\omega-\omega_0)+\delta(\omega+\omega_0)]$

2.8 $f(t)\cos\omega_0 t$

2.9 卷积 $f(t)*g(t)=\begin{cases}0 & x<0\\ \dfrac{1}{2}(\sin t-\cos t)+\dfrac{1}{2}\mathrm{e}^{-t} & 0<x<\dfrac{\pi}{2}\\ \dfrac{1}{2}(1+\mathrm{e}^{\frac{\pi}{2}})\mathrm{e}^{-t} & x>\dfrac{\pi}{2}\end{cases}$

2.10 $F(\omega)=\mathrm{i}\pi[\delta(\omega+\omega_0)-\delta(\omega-\omega_0)]$

2.11 $f_1(t)*f_2(t)=\begin{cases}1-\mathrm{e}^{-t} & t\geqslant 0\\ 0 & t<0\end{cases}$

2.12 $F(\omega)=\dfrac{\mathrm{i}\omega}{\omega_0^2-\omega^2}+\dfrac{\pi}{2}[\delta(\omega-\omega_0)+\delta(\omega+\omega_0)]$

2.13 $u(x,t)=\dfrac{1}{2a\sqrt{\pi t}}\exp\left(-\dfrac{x^2}{4a^2t}\right)$

2.14 $u(x,t)=\dfrac{1}{2a}\displaystyle\int_{x-at}^{x+at}\Psi(\alpha)\mathrm{d}\alpha$

2.15 $u(x,t)=\dfrac{1}{2\alpha\sqrt{\pi}}\displaystyle\int_{-\infty}^{t}\int_{-\infty}^{\infty}\dfrac{f(\xi,r)}{\sqrt{t-\tau}}\mathrm{e}^{-\frac{(x-\xi)^2}{4a^2(t-\tau)}}\mathrm{d}\xi\mathrm{d}\tau$

2.16 $u(x,y)=\dfrac{1}{\pi}\displaystyle\int_{-\infty}^{\infty}\dfrac{yf(\xi)\mathrm{d}\xi}{(\xi-x)^2+y^2}$

2.17 (1) $F(\omega)=\dfrac{\omega}{(\omega^2+l^2)^2}$ (2) $F(\omega)=\dfrac{5}{(\omega+2)^2+25}$

(3) $F(\omega)=\dfrac{1}{\omega}-\dfrac{1}{(\omega-1)^2}$ (4) $F(\omega)=\dfrac{\omega+4}{(\omega+4)^2+16}$

2.18 (1) $1*1=\displaystyle\int_0^t 1\cdot 1\mathrm{d}\tau=t$ (2) $t*t=\displaystyle\int_0^t\tau\cdot(t-\tau)\mathrm{d}\tau=\dfrac{1}{6}t^3$

(3) $t*\mathrm{e}^t=\mathrm{e}^t-t-1$ (4) $\sin at*\sin at=\dfrac{1}{2a}\sin at-\dfrac{t}{2}\cos 2at$

2.19 (1) $L^{-1}\left(\dfrac{2}{s-2}-\dfrac{1}{s-1}\right)=2L^{-1}\left(\dfrac{1}{s-2}\right)-L^{-1}\left(\dfrac{1}{s-1}\right)=2\mathrm{e}^{2t}-\mathrm{e}^t$

(2) $L^{-1}[F(s)]=\dfrac{3}{4}\sin 2t-\dfrac{1}{2}t\cos 2t$

(3) $L^{-1}[F(s)]=\dfrac{1}{2}-\mathrm{e}^{-t}+\dfrac{1}{2}\mathrm{e}^{-2t}$

(4) $L^{-1}[F(s)]=L^{-1}\left[-\dfrac{1}{4}\cdot\dfrac{s}{(s^2+4)^2}\right]=\dfrac{t}{4}\sin 2t$

2.20 (1) $y(t)=\dfrac{3}{8}\mathrm{e}^t-\dfrac{1}{4}\mathrm{e}^{-t}-\dfrac{1}{8}\mathrm{e}^{-3t}$ (2) $y(t)=-\dfrac{3}{4}\mathrm{e}^t-\dfrac{1}{4}\mathrm{e}^{-t}-\dfrac{1}{2}\sin t$

2.21 $u(x,t)=L^{-1}[F(P)\mathrm{e}^{-\frac{x}{a}\sqrt{p}}]=\dfrac{x}{2a\sqrt{\pi}}\displaystyle\int_0^t f(\tau)\dfrac{1}{(t-\tau)^{3/2}}\mathrm{e}^{-\frac{x^2}{4a^2(t-\tau)}}\mathrm{d}\tau$

2.22 $u(x,t)=\dfrac{A}{SE\omega}\dfrac{1}{\cos\dfrac{\omega}{a}l}\sin\omega t\sin\dfrac{\omega}{a}x+\displaystyle\sum_{k=1}^{\infty}(-1)^{k-1}\dfrac{16a\omega Al^2}{SE\omega}\cdot\dfrac{\sin\dfrac{(2k-1)\pi}{2l}x\sin\dfrac{(2k-1)a\pi}{2l}t}{(2k-1)[4l^2\omega^2-a^2(2k-1)^2\pi^2]}$

第3章

3.1 $u(x,t)=\cos\dfrac{3a\pi}{l}t\sin\dfrac{3\pi}{l}x+\dfrac{4l^3}{a\pi^4}\displaystyle\sum_{n=1}^{\infty}\dfrac{1-(-1)^n}{n^4}\sin\dfrac{an\pi}{l}t\sin\dfrac{n\pi}{l}x$

3.2 $u(x,t)=\frac{8h}{\pi^2}\sum_{n=0}^{\infty}\frac{(-1)^n}{(2n+1)^2}\cos\frac{2n+1}{2l}a\pi t\sin\frac{2n+1}{2l}\pi x$

3.3 $u(x,t)\sum_{n=0}^{\infty}b_n\cos a\left(n+\frac{1}{2}\right)\frac{\pi a}{l}t\sin\left(n+\frac{1}{2}\right)\frac{\pi}{l}x$

$=\sum_{n=0}^{\infty}\frac{48}{(2n+1)^3\pi^3 a}\left[l^2-\frac{8l^2}{(2n+1)^2\pi^2}\right]\sin\left(n+\frac{1}{2}\right)\pi\cos a\left(n+\frac{1}{2}\right)\frac{\pi a}{l}t\sin\left(n+\frac{1}{2}\right)\frac{\pi}{l}x$

3.4 $u(x,t)=3\cos at\sin x$

3.5 $u(x,t)=\sum_{n=1}^{+\infty}\frac{4u_0}{(2n-1)\pi}\exp\left(-\left[\frac{(2n-1)\pi a}{2l}\right]^2 t\right)\sin\frac{(2n-1)\pi x}{2l}$

3.6 $u(x,t)=\sum_{n=1}^{+\infty}A_n\exp[-(a\beta_n)^2 t]\sin\beta_n x$

$u(x,0)=\varphi(x)=\sum_{n=1}^{\infty}A_n\sin\beta_n x,\quad A_n=\frac{\int_0^1\varphi(x)\sin\beta_n x\,\mathrm{d}x}{\int_0^1\sin^2\beta_n x\,\mathrm{d}x}$

3.7 $u(x,t)=\sum_{n=0}^{\infty}T_n(t)\cos\frac{n\pi}{l}x=\sum_{n=0}^{\infty}\left[D_n\sin\frac{n\pi a}{l}t+\frac{2btl^3}{a^2\pi^3}\frac{(-1)^n-1}{n^3}\right]\cos\frac{n\pi}{l}x$

其中：$D_n=\frac{2l^2}{a\pi^3}\frac{1-(-1)^n}{n^3}+\frac{2bl^4}{a^3\pi^4}\frac{1-(-1)^n}{n^4}$

3.8 (1) $u(x,t)=-\frac{A}{6a^2}x^3+\frac{Al^2}{6a^2}x+\sum_{n=1}^{\infty}\frac{2Al^3}{(n\pi)^3 a}(-1)^{n+1}\left(1-\cos\frac{n\pi a}{l}t\right)\sin\frac{n\pi}{l}x$

(2) $u(x,t)=\frac{8Al^3}{\pi a}\frac{1}{(\pi a)^2+4l^2}\left[\frac{\pi a}{2l}\cos\frac{\pi a}{2l}t+\sin\frac{\pi a}{2l}t-\frac{\pi a}{2l}e^t\right]\cos\frac{\pi}{2l}x$

3.9 $u(x,t)=\frac{Q}{ES}x+\frac{8Ql}{ES\pi^2}\sum_{n=0}^{\infty}\frac{(-1)^{n+1}}{(2n+1)^2}\cos\frac{\left(n+\frac{1}{2}\right)\pi a}{l}t\sin\frac{n+\frac{1}{2}}{l}\pi x$

3.10 $u(x,t)=\sum_{n=1}^{\infty}\left\{\frac{2T_0}{n\pi}[1-(-1)^n]e^{-\left(\frac{n\pi}{al}\right)^2 t}-\frac{2A}{n\pi}\frac{[1-(-1)^n e^{-al}]}{\alpha^2+\left(\frac{n\pi}{l}\right)^2}[e^{-\left(\frac{n\pi}{al}\right)^2 t}-1]\right\}\sin\frac{n\pi}{l}x$

3.11 $u(x,t)=\sum_{n=1}^{+\infty}\frac{2}{n\pi}[(u_0-\lambda)+(-1)^n(\mu-u_0)]\exp\left[-\left(\frac{n\pi a}{l}\right)^2 t\right]\sin\frac{n\pi x}{l}+\left(\lambda+\frac{\mu-\lambda}{l}x\right)$

3.12 $u(x,y)=\frac{4a^2}{\pi^3}\sum_{n=1}^{+\infty}\frac{(-1)^n-1}{n^3}\exp\left(-\frac{n\pi y}{a}\right)\sin\frac{n\pi x}{a}$

3.13 $u(r,\phi)=\frac{A}{a}r\cos\phi$

3.14 $u(x,y)=u(r,\theta)=\frac{1}{2\pi}\int_0^{2\pi}f_1(\tau)\frac{a^2-r^2}{a^2+r^2-2ar\cos(\theta-\tau)}\mathrm{d}\tau$

3.15 $u(r,\phi)=A+\frac{B}{a}r\sin\phi$

3.16 $u(x,t)=N_0-\sum_{k=1}^{\infty}\frac{4N_0}{(2k-1)\pi}e^{-\frac{(2k-1)^2\pi^2 a^2 t}{l^2}}\sin\frac{(2k-1)\pi x}{l}$

第4章

4.1 $y=C_0\left(1-\frac{1}{2!}x^2+\frac{1}{4!}x^4+\cdots\right)+C_1\left(\frac{x}{1!}-\frac{1}{3!}x^3+\frac{1}{5!}x^5+\cdots\right)$

$=C_0\cos x+C_1\sin x$ 其中 C_0,C_1 为任意常数。

4.2 (1) $y(x)=a_0\sum_{k=1}^{\infty}\frac{(-1)^k}{(2k)!!}x^{2k}+a_1\sum_{k=0}^{\infty}\frac{(-1)^k}{(2k+1)!!}x^{2k+1}$

(2) $y(x)=a_0\left(1-\frac{1}{3!}x^3+\frac{1}{5!}x^5+\cdots\right)+a_1\left(x-\frac{1}{3\times4}x^4+\frac{1}{2\times3\times5\times6}\right)x^6-\cdots)$

4.3 $y(x)=(c_1+c_2\ln x)\sum\limits_{n=0}^{\infty}\frac{x^{2n}}{2^{2n}(n!)^2}-c_2\left[\frac{1}{4}x^2+\frac{5}{128}x^4+\frac{11}{13\ 824}x^6+\cdots\right]\quad(0<x<+\infty)$

4.4 (1) 0 (2) 0 (3) $\frac{4}{15}$ (4) $\frac{40}{693}$ (5) 0 (6) $\frac{1}{(4n+3)}[P_{2n}(0)-P_{2n+2}(0)]$

4.5 $f(\varphi)=\frac{4}{3}P_2(\cos\theta)-2P_3(\cos\theta)-3P_1(\cos\theta)-\frac{4}{3}P_0(\cos\theta)$

4.6 $u(r,\theta)=\frac{2}{3}[1-r^2P_2(\cos\theta)]$

4.7 $u(r,\varphi)=\frac{4}{3}+\frac{2}{3}\left(\frac{r}{a}\right)^2P_2(\cos\varphi)=\frac{4}{3}+\frac{1}{3}\left(\frac{r}{a}\right)^2(3\cos^2\varphi-1)$

4.8 球内的无电荷空间中的电势分布：

$$u(r,\theta)=\sum_{l=0}^{\infty}C_lr^lP_l(\cos\theta),C_l=\frac{2l+1}{2}a^{-l}\int_{-1}^{+1}f(\theta)P_l(\cos\theta)\mathrm{d}(\cos\theta)$$

球外的无电荷空间中的电势分布：

$$u(r,\theta)=\sum_{l=0}^{\infty}D_lr^{-l-1}P_l(\cos\theta),\quad D_l=\frac{2l+1}{2}a^{l+1}\int_{-1}^{+1}f(\theta)P_l(\cos\theta)\mathrm{d}(\cos\theta)$$

4.9 $u(r,\theta)=2u_0\left(1-\frac{a}{r}\right)P_0(\cos\theta)$

4.10 (1) $2\sqrt{\pi}Y_{0,0}-2\sqrt{\frac{\pi}{5}}Y_{2,0}+3\sqrt{\frac{2\pi}{15}}(Y_{2,2}+Y_{2,-2})$

(2) $\sin3\theta\cos\varphi=\frac{16}{15}\sqrt{\frac{3\pi}{7}}Y_{3,1}-\frac{16}{15}\sqrt{\frac{3\pi}{7}}Y_{3,-1}-\frac{1}{5}\sqrt{\frac{2\pi}{3}}Y_{1,1}+\frac{1}{5}\sqrt{\frac{2\pi}{3}}Y_{1,-1}$

4.11 (1) $u(r,\theta,\phi)=\frac{2}{3}\left(\frac{r}{r_0}\right)^2,P_2^2(\cos\theta)\sin2\varphi-\frac{4}{3}\left(\frac{r}{r_0}\right)^2,P_2^0(\cos\theta)+\frac{4}{3}P_0(\cos\theta)$

(2) $u(r,\theta,\phi)=\frac{2}{3}\left(\frac{r_0}{r}\right)^3,P_2^2(\cos\theta)\sin2\varphi-\frac{4}{3}\left(\frac{r_0}{r}\right)^3,P_2^0(\cos\theta)+\frac{4}{3}\frac{r_0}{r}P_0(\cos\theta)$

4.12 略

4.13 略

4.14 略

4.15 $\int_0^a x^3J_0(x)\mathrm{d}x=a^3J_1(a)-2a^2J_2(a)$

4.16 $H\left(1-\frac{\rho^2}{b^2}\right)=\sum\limits_{n=1}^{\infty}\frac{8H}{(x_n^{(0)})^3J_1(_n^{(0)})}J_0(\mu_n\rho)$

4.17 $u(\rho,t)=\sum\limits_{n=1}^{\infty}\frac{4J_2(x_n^{(0)})}{(x_n^{(0)})^2J_1^2(x_n^{(0)})}J_0\left(\frac{x_n^{(0)}}{R}\rho\right)\cos\left(\frac{ax_n^{(0)}}{R}t\right)$，式中，$x_n^{(0)}$ 是 $J_0(\rho)J_0(r)$的正零点。

4.18 $u(r,t)=\sum\limits_{n=1}^{\infty}\frac{4J_2(\mu_n^{(0)})}{(\mu_n^{(0)})^2J_1^2(\mu_n^{(0)})}J_0(\mu_n^{(0)}r)\mathrm{e}^{-a^2(\mu_n^{(0)})^2t}$，式中，$u_n^{(0)}$ 是 $J_0(r)$的正零点。

4.19 $u(\rho,t)=u_0+\frac{q}{2l}(4a^2t+\rho^2)-\frac{ql}{4}\left[1+\sum\limits_{n=1}^{\infty}\frac{8\mathrm{e}^{-\left(\frac{x_n^{(1)}}{l}a\right)^2t}}{(x_n^{(1)})^2J_0(x_0^{(1)})}J_0\left(\frac{x_0^{(1)}}{l}\rho\right)\right]$

4.20 $u(\rho,z,t)=\sum\limits_{n=1}^{\infty}A\,n_3\mathrm{e}^{-\left[\left(\frac{x_n^{(0,1)}}{\rho_0}\right)^2+\left(\frac{3}{L}\pi\right)^2\right]a^2t}J_0\left(\frac{x_n^{(0,1)}}{\rho_0}\rho\right)\cos\frac{3}{L}\pi z$

$$A_{n_3}=\frac{1}{[N_n^{(0,1)}]^2}\int_0^{\rho_0}f(\rho)J_0\left(\frac{x_n^{(0,1)}}{\rho_0}\rho\right)\rho\mathrm{d}\rho,[N_n^{(0,1)}]^2=\frac{1}{2}\rho_0^2[J_1(x_n^{(0,1)})]^2$$

4.21 $u(\rho,z)=\frac{q_0}{k}z-\frac{q_0L}{2k}+\sum\limits_{n=1}^{\infty}\frac{4q_0L}{k(2n-1)^2\pi^2I_0\left(\frac{2n-1}{L}\pi_{\rho_0}\right)}I_0\left(\frac{2n-1}{L}\pi\rho\right)\cos\frac{2n-1}{L}\pi z$

4.22 $u_{m,n}(t)=\left(C\cos\frac{x_n^{(m,1)}at}{\rho_0}+D\sin\frac{x_n^{(m,1)}at}{\rho_0}\right)J_m\left(\frac{x_n^{(m,1)}}{\rho_0}\rho\right)\sin m\varphi$

第5章

5.1 略

5.2 $T=\sqrt[4]{\frac{M_B(T)}{\sigma}}=\left(\frac{22.8\times10^4}{5.67\times10^{-8}}\right)^{\frac{1}{4}}=1.42\times10^3\text{K}$

5.3 动量为：$p=\frac{h}{\lambda}=\frac{6.63\times10^{-34}}{10^{-10}}=6.63\times10^{-24}\text{kg}\cdot\text{m}\cdot\text{s}^{-1}$

能量：$E=h\nu=\frac{hc}{\lambda}=\frac{6.63\times10^{-34}\times3\times10^8}{10^{-10}}=1.986\times10^{-15}(\text{J})$

5.4 (1) $\lambda=\frac{h}{p}=\frac{6.63\times10^{-34}}{10^{-10}\times0.01}=6.63\times10^{-22}(\text{m})$

(2) $\lambda=\frac{h}{\sqrt{2\mu E}}=\frac{6.63\times10^{-34}}{\sqrt{2\times1.67\times10^{-31}\times100\times1.6\times10^{-19}}}=\frac{6.63\times10^{-34}}{2.31\times10^{-24}}=2.87\times10^{-10}(\text{m})$

(3) $eV=h\nu=\frac{hc}{\lambda},\lambda=\frac{hc}{eV}=\frac{6.63\times10^{-34}\times3\times10^8}{1.6\times10^{-19}\times200\times10^3}=6.21\times10^{-12}(\text{m})$

5.5 $v_1=5.088\times10^{14}\text{Hz},v_2=5.093\times10^{14}\text{Hz}$

$\lambda_1=16\ 961\ \text{cm}^{-1},\lambda_2=16\ 978\ \text{cm}^{-1}$

$E_1=202.9\ \text{kJ/mol},E_2=203.3\ \text{kJ/mol}$

5.6 $v_{\max}=8.12\times10^5\ \text{m/s}$

5.7 $w_0=\frac{2hc}{3\lambda}$

5.8 $E_{\min}=\frac{p^2}{2m}=\frac{h^2}{2mL^2}$

第6章

6.1 略

6.2 $C_1=\frac{1}{\sqrt{2}},|C_1|^2=\frac{1}{2}$，能量可能值 $E_1=\frac{\hbar^2}{2\mu}\left(\frac{\pi}{a}\right)^2$

$C_3=\frac{1}{\sqrt{2}},|C_3|^2=\frac{1}{2}$，能量可能值 $E_3=\frac{\hbar^2}{2\mu}\left(\frac{3\pi}{a}\right)^2$

6.3 $E_n=\frac{\pi^2\hbar^2}{2ma^2}n^2\quad(n=1,2,3\cdots)$；$\Psi_n(x,t)=\begin{cases}\sqrt{\frac{2}{a}}\sin\frac{n\pi}{a}x\,\mathrm{e}^{-\frac{i}{\hbar}E_nt} & 0\leqslant x\leqslant a\\ 0 & x<a,x>a\end{cases}$

6.4 $(k_2^2-k_1^2)tg2k_2a-2k_1k_2=0$ 为所求束缚态能级所满足的方程，其中

$k_1^2=\frac{2\mu(U_0-E)}{\hbar^2},k_2^2=\frac{2\mu E}{\hbar^2}$

6.5 $R=\frac{\left[\sqrt{\frac{E}{E-V_0}}-1\right]^2}{\left[\sqrt{\frac{E}{E-V_0}}+1\right]^2},\quad T=\frac{4\sqrt{\frac{E}{E-V_0}}}{\left[\sqrt{\frac{E}{E-V_0}}+1\right]^2}$

6.6 $E=\left(m+\frac{1}{2}\right)\hbar\omega-\frac{q^2\varepsilon^2}{2\mu\omega^2},\quad \varphi_n(x)=A_n\mathrm{e}^{\frac{-\alpha^2\left(x-\frac{q\varepsilon}{m\omega^2}\right)^2}{2}}H_n\left[\alpha\left(x-\frac{q\varepsilon}{m\omega^2}\right)\right]$

6.7 $\Psi(x)=\sqrt{\frac{a}{3\sqrt{\pi}}}\frac{\mathrm{d}}{\mathrm{d}x}\mathrm{e}^{-\frac{1}{2}a^2x^2}(2a^3x^3-3ax)$，是线性谐振子的波函数，其对应的能量为$\frac{7}{2}\hbar\omega$。

6.8 在经典极限外发现振子的概率为0.16。

6.9 $E_k=(2k+3/2)\hbar\omega,k=0,1,2,\cdots$

6.10 $E_2=-\frac{\mu e^4}{8\hbar^2}, W(E_2)=\left(\frac{8}{9}\right)\times\frac{36}{41}=\frac{32}{41}$

$E_3=-\frac{\mu e^4}{18\hbar^2}, W(E_3)=\frac{1}{4}\times\frac{36}{41}=\frac{9}{41}$

$\overline{E}=-\frac{\mu e^4}{8\hbar^2}\cdot\frac{32}{41}\times\frac{\mu e^4}{18\hbar^2}\cdot\frac{9}{41}=-\frac{9\mu e^4}{82\hbar^2}$

角动量量子数 l 的可能取值只有一个，即 $l=1$，故有

$$L^2=2\hbar^2, W(L^2=3\hbar^2)=1, \overline{L^2}=2\hbar^2$$

角动量磁量子数 m 的可能取值有两个，即 $m=-1,0,1$，于是

$$L_z=-\hbar,\quad W(L_z=-\hbar)=\frac{3}{9}\times\frac{36}{41}=\frac{12}{41}$$

$$L_z=0,\quad W(L_z=0)=\frac{5}{9}\times\frac{36}{41}=\frac{20}{41}$$

$$L_z=\hbar\quad W(L_z=\hbar)=\frac{1}{4}\times\frac{36}{41}=\frac{9}{41}$$

$$\overline{L_z}=-\frac{3}{41}\hbar$$

6.11 (1) $c=\sqrt{\frac{1}{\pi a^3}}$

(2) 电子出现在球壳 $r\sim r+\mathrm{d}r$ 中的概率：$\omega(r)=\frac{4}{a_0^3}\mathrm{e}^{-2r/a_0}r^2$

(3) 电子出现在(θ,ϕ)方向立体角元 $\mathrm{d}\Omega$ 中的概率：$\omega_{lm}(\theta,\varphi)=1$

6.12 0.238 1

6.13 $E=\frac{n^2\pi^2\hbar^2}{2\mu a^2}, \Psi(r)=\sqrt{\frac{1}{2\pi a}}\frac{\sin\frac{n\pi}{a}r}{r}$

第 7 章

7.1 略

7.2 $\hat{L}_x x-x\hat{L}_x=0, \hat{L}_y x-x\hat{L}_y=-\mathrm{i}\hbar\hat{z}, \hat{L}_z x-x\hat{L}_z=-\mathrm{i}\hbar\hat{y}$

7.3 $\overline{(\Delta x)^2}\cdot\overline{(\Delta p)^2}=\frac{3}{4\lambda^2}\cdot\lambda^2\hbar^2=\frac{3}{4}\hbar^2$

7.4 $\overline{E}=\frac{1}{2}\hbar\omega$

7.5 $\overline{E_{\min}}=-\frac{\mu e_s^4}{2\hbar^2}$

7.6 $\overline{(\Delta L_x)^2}=\overline{L_x^2}-\overline{L_x^2}=\frac{\hbar^2}{2}(l^2+l-m^2)\overline{(\Delta L_y)^2}=\overline{L_y^2}-\overline{L_y^2}=\frac{\hbar^2}{2}(l^2+l-m^2)$

7.7 $(L_x)_{p'p}=\mathrm{i}\hbar\left(p_y\frac{\partial}{\partial p_z}-p_z\frac{\partial}{\partial p_y}\right)\delta(p-p')$

$(L_x^2)_{pp'}=-\hbar^2\left(p_y\frac{\partial}{\partial p_z}-p_z\frac{\partial}{\partial p_y}\right)^2\delta(p-p')$

7.8 (1) $\hat{L}_z$ 的可能值是 $0,\hbar$。力学量 L_z 的平均值为

$\overline{L_z}=\frac{1}{|C_1|^2+|C_2|^2}(|C_1|^2\hbar+|C_2|^2\cdot 0)=\frac{|C_1|^2}{|C_1|^2+|C_2|^2}\hbar$

(2) $\hat{L}^2$ 的本征值为 $2\hbar^2$，平均值也是 $2\hbar^2$。

(3) $\hat{L}_x$ 和 $\hat{L}_y$ 的可能值仍是$\hbar,0,-\hbar$。

7.9 $x_{mn}=\int_0^a \frac{2}{a}x\sin^2\frac{m\pi}{a}x\mathrm{d}x=\frac{a}{2}x_{mn}=\frac{a}{\pi^2}\frac{4mn}{(m^2-n^2)^2}[(-1)^{m-n}-1]$

$p_{mn}=[(-1)^{m-n}-1]\frac{\mathrm{i}2mn\hbar}{(m^2-n^2)a}$

7.10 在 $Y_{1,-1}(\theta,\varphi)$态可能测得 $\hat{L}_x$ 的值为$\hbar$,0,$-\hbar$。同理在 $Y_{1,-1}(\theta,\varphi)$态测量 $\hat{L}_y$ 的可能值也是$\hbar$,0,$-\hbar$。

7.11 略

7.12 谐振子:$E_n\left(n+\frac{1}{2}\right)\hbar\omega,\Psi_n=c\mathrm{e}^{-\frac{a^2x^2}{2}}H_n(ax),\Psi(x)=\frac{1}{2}\Psi_0(x)-\frac{3}{2}\Psi_1(x)$

$\int\Psi^2(x)\mathrm{d}x=\frac{1}{4}+\frac{9}{4}=\frac{10}{4}$,归一化后的波函数为:

$\phi=\sqrt{\frac{2}{5}}\left[\frac{1}{2}\Psi_0(x)-\frac{3}{2}\Psi_1(x)\right]$

$n=0,E_0=\frac{1}{2}\hbar\omega,w=\frac{1}{10}$

$n=1,E_1=\frac{3}{2}\hbar\omega,w=\frac{9}{10}$

$\overline{E}=\sum w_nE_n=\frac{1}{10}\times\frac{1}{2}\hbar\omega+\frac{9}{10}\times\frac{3}{2}\hbar\omega=\frac{7}{5}\hbar\omega$

7.13 $(p_x)_{mn}=\mathrm{i}\hbar\alpha\begin{bmatrix}0 & -1/\sqrt{2} & 0 & 0 & \cdots\\ -1/\sqrt{2} & 0 & -1 & 0 & \cdots\\ 0 & 1 & 0 & -\sqrt{3/2} & \cdots\\ 0 & 0 & \sqrt{3/2} & 0 & \cdots\\ \cdots & \cdots & \cdots & \cdots & \cdots\end{bmatrix}$

7.14 $\overline{U}=\frac{1}{2}m\omega^2\,\overline{x^2}=\frac{1}{4}\hbar\omega,\quad \overline{T}=\frac{\overline{p^2}}{2m}\overline{T}=\frac{\overline{P^2}}{2m}=\frac{1}{4}\hbar\omega,$

动量概率分布函数为 $\omega(p)=|c(p)|^2=\frac{1}{\alpha\hbar\sqrt{\pi}}\mathrm{e}^{-\frac{p^2}{\alpha^2\hbar^2}}$

7.15 (1) $\overline{r}=\frac{3}{2}a_0$;(2) $\left(-\frac{e^2}{r}\right)=-\frac{e^2}{a_0}$;(3) 概率最大的半径为 a_0;(4) $\overline{T}=\frac{\hbar^2}{2\mu a_0^2}$。

7.16 (1) $a_5=\sqrt{\frac{3}{10}}$,(2) $\Psi(x,t)=\sqrt{\frac{1}{5}}\Psi_0\mathrm{e}^{\frac{1}{2}\mathrm{i}\omega t}+\sqrt{\frac{1}{2}}\Psi_2\mathrm{e}^{\frac{5}{2}\mathrm{i}\omega t}+\sqrt{\frac{3}{10}}\Psi_5\mathrm{e}^{\frac{11}{2}\mathrm{i}\omega t}$,

(3) $t=0,E_0=\frac{1}{2}\hbar\omega\quad w_0=\frac{1}{5},E_2=\frac{5}{2}\hbar\omega\quad w_1=\frac{1}{2},E_5=\frac{11}{2}\hbar\omega\quad w_5=\frac{3}{10}\quad \overline{E}=3\hbar\omega$;

$t=t,E_0=\frac{1}{2}\hbar\omega\quad w_0=\frac{1}{5},E_2=\frac{5}{2}\hbar\omega\quad w_1=\frac{1}{2},E_5=\frac{11}{2}\hbar\omega\quad w_5=\frac{3}{10}$

$\overline{E}=3\hbar\omega$。

7.17 $\overline{p}=0,A=\frac{1}{\sqrt{\pi\hbar}}$及 $\overline{T}=\frac{5}{8\mu}\hbar^2k^2$

7.18 L^2 本征值为 2。

7.19 $-\frac{\hbar^2}{2m}\frac{\mathrm{d}^2}{\mathrm{d}x^2}\Psi=E\Psi$

7.20 $\Psi=c\mathrm{e}^{\frac{\mathrm{i}}{\hbar}p_x\cdot x}$

第 8 章

8.1 $E_1^{(1)}=\frac{2}{5}\frac{Ze^2r_0^2}{a^3}$

8.2 $W_m=\int_0^d \Psi_n^* W(x)\Psi_n \mathrm{d}x=\frac{2}{d}W_0\int_0^d \sin^2\frac{n\pi}{d}x\cdot(x-\frac{d}{2})^2\mathrm{d}x$

$=\frac{W_0 d^2}{2}(\frac{1}{6}-\frac{1}{n^2\pi^2})$

8.3 能量的二级修正值为：

$E_1=E_{01}+b+\frac{a^2}{E_{01}-E_{02}},\quad E_2=E_{02}+b+\frac{a^2}{E_{02}-E_{01}}$

8.4 $E_0^{(2)}=\sum_l{}'\frac{|H'_{l0}|^2}{E_0^{(0)}-E_l^{(0)}}=-\sum_l{}'\frac{D^2\varepsilon^2\cdot 2I}{3l(l+1)\hbar^2}|\delta_{l1}|^2=-\frac{1}{3\hbar^2}D^2\varepsilon^2 I$

8.5 能量一级修正为零。

8.6 $E_1'=\lambda\left(\frac{1}{2}+\frac{2}{\pi^2}\right)$

8.7 $E_m=\varepsilon_m^0+E_2'=\left(m+\frac{1}{2}\right)\hbar\omega-\frac{15}{4}\frac{\beta^2}{\hbar\omega}\left(\frac{\hbar}{\mu\omega}\right)^3\left(m^2+m+\frac{11}{30}\right)$

8.8 $\omega_{0\to1}=\frac{4\pi^2 q_s^2}{3\hbar^2}\left|\frac{1}{\sqrt{2}\alpha}\right|^2 I(\omega)=\frac{2\pi^2 q_s^2}{3\alpha^2\hbar^2}I(\omega)=\frac{2\pi^2 q_s^2}{3\mu\omega\hbar}I(\omega)$

第9章

9.1 在 σ_x 表象中 $\hat{\sigma}_y$ 的本征值和本征函数：

$\lambda=1,\Psi_1=\frac{1}{\sqrt{2}}\begin{pmatrix}1\\1\end{pmatrix};\lambda=-1,\Psi_{-1}=\frac{1}{\sqrt{2}}\begin{pmatrix}1\\-1\end{pmatrix}$

在 σ_x 表象中 $\hat{\sigma}_z$ 的本征值和本征函数：

$\lambda=1,\Psi_1=\frac{1}{\sqrt{2}}\begin{pmatrix}1\\\mathrm{i}\end{pmatrix};\lambda=-1,\Psi_{-1}=\frac{1}{\sqrt{2}}\begin{pmatrix}1\\-\mathrm{i}\end{pmatrix}$

9.2 略

9.3 σ_z 的归一化本征函数：$\begin{pmatrix}0\\1\end{pmatrix},\begin{pmatrix}1\\0\end{pmatrix}$

σ_x 的归一化本征函数：$\frac{1}{\sqrt{2}}\begin{pmatrix}1\\1\end{pmatrix},\frac{1}{\sqrt{2}}\begin{pmatrix}1\\-1\end{pmatrix}$

σ_y 的归一化本征函数：$\frac{1}{\sqrt{2}}\begin{pmatrix}1\\\mathrm{i}\end{pmatrix},\frac{1}{\sqrt{2}}\begin{pmatrix}1\\-\mathrm{i}\end{pmatrix}$

9.4 $\overline{(\Delta S_x)^2(\Delta S_y)^2}\geqslant\frac{\hbar^4}{16}$

9.5 $\overline{S}_x=0,\overline{S_x^2}=\frac{\hbar^2}{4},\overline{(\Delta S_x)^2}=\frac{\hbar^2}{4}$

9.6 $\hat{S}_x$的本征值为$\pm\frac{\hbar}{2}$，$\chi_{\frac{1}{2}}=\frac{1}{\sqrt{2}}\begin{pmatrix}1\\1\end{pmatrix};\chi_{-\frac{1}{2}}=\frac{1}{\sqrt{2}}\begin{pmatrix}1\\-1\end{pmatrix}$；

$\hat{S}_y$的本征值为$\pm\frac{\hbar}{2}$，$\chi_{\frac{1}{2}}=\frac{1}{\sqrt{2}}\begin{pmatrix}1\\\mathrm{i}\end{pmatrix};\chi_{-\frac{1}{2}}=\frac{1}{\sqrt{2}}\begin{pmatrix}1\\-\mathrm{i}\end{pmatrix}$；

9.7 $\hat{L}_z$的可能值为：$\hbar,0$；

相应的概率为：$\frac{1}{4},\frac{3}{4},\overline{L}_z=\frac{\hbar}{4}$

$\hat{S}_z$的可能值为：$\frac{\hbar}{2},-\frac{\hbar}{2}$；

相应的概率$|C_i|^2$为：$\frac{1}{4},\frac{3}{4},\overline{S}_z=\sum|C_i|^2 S_{zi}=-\frac{\hbar}{4}$

$\overline{M}_z=-\frac{e}{2\mu}\overline{L}_z-\frac{e}{\mu}\overline{S}_z=\frac{e}{2\mu}\times\frac{\hbar}{4}=\frac{1}{4}M_B$

9.8 (1)三个粒子状态都相同,则组成对称波函数

$\bar{\Psi}=\Psi_{\alpha}(x_1)\Psi_{\alpha}(x_2)\Psi_{\alpha}(x_3)$

(2) 三个粒子中有 2 个处于相同状态,另一个处于不同状态

$\bar{\Psi}=C\{\Psi_{\alpha}(x_1)\Psi_{\alpha}(x_2)\Psi_{\beta}(x_3)+\Psi_{\alpha}(x_1)\Psi_{\alpha}(x_3)\Psi_{\beta}(x_2)+\Psi_{\alpha}(x_3)\Psi_{\alpha}(x_2)\Psi_{\beta}(x_1)\}$

其中,$C=\sqrt{\frac{2!}{3!}}=\sqrt{\frac{1}{3}}$。

(3) 三个粒子的状态都不相同,这时体系的波函数为

$\bar{\Psi}=C\{\Psi_{\alpha}(x_1)\Psi_{\beta}(x_2)\Psi_{r}(x_3)+\Psi_{\alpha}(x_1)\Psi_{\beta}(x_3)\Psi_{r}(x_2)+\Psi_{\alpha}(x_2)\Psi_{\beta}(x_1)\Psi_{r}(x_3)+\Psi_{\alpha}(x_2)\Psi_{\beta}(x_3)\Psi_{r}(x_1)$
$+\Psi_{\alpha}(x_3)\Psi_{\beta}(x_1)\Psi_{r}(x_2)+\Psi_{\alpha}(x_3)\Psi_{\beta}(x_2)\Psi_{r}(x_1)\}$

式中,$C=\sqrt{\frac{1}{3!}}=\sqrt{\frac{1}{6}}$

9.9 体系可能的状态有 4 个。设两个单粒子态为 ϕ_i,ϕ_j,则体系可能的状态为

$\Phi_1=\phi_i(q_1)\phi_i(q_2)\phi_i(q_3)$;

$\Phi_2=\phi_j(q_1)\phi_j(q_2)\phi_j(q_3)$;

$\Phi_3=\frac{1}{\sqrt{3}}[\phi_i(q_1)\phi_i(q_2)\phi_j(q_3)+\phi_i(q_1)\phi_i(q_3)\phi_j(q_2)+\phi_i(q_2)\phi_i(q_3)\phi_j(q_1)]$;

$\Phi_4=\frac{1}{\sqrt{3}}[\phi_j(q_1)\phi_j(q_2)\phi_i(q_3)+\phi_j(q_1)\phi_j(q_3)\phi_i(q_2)+\phi_j(q_2)\phi_j(q_3)\phi_i(q_1)]$

第 10 章

10.1 略

10.2 $Z=\left(\frac{1}{\hbar\beta\omega}\right)^N,\bar{U}=NkT,S=Nk\left(\ln\frac{kT}{\hbar\omega}+1\right)$

10.3 略

10.4 $E=\frac{5}{2}NkT,C_V=\frac{5}{2}Nk,C_p=\frac{7}{2}Nk$

10.5 $\bar{\varepsilon}=2kT-\frac{b^2}{4a}$

10.6 略

10.7 $\bar{E}=\frac{3}{2}NkT,E_p=\left(\frac{3N}{2}-1\right)kT$

第 11 章

11.1 略

11.2 略

11.3 略

11.4 $\bar{v}=\frac{3}{4}\frac{\sqrt{2mE_0}}{m},p=\frac{1}{4}\frac{N}{V}E_0$

11.5 (1)$n=2\times10^{16}\,\mathrm{m}^{-3}$ (2)$n=5.5\times10^{8}\,\mathrm{m}^{-3}$

11.6 $S=Nk\left(\frac{\hbar\omega}{kT}\right)\frac{1}{e^{\frac{\hbar m}{kT}}-1}-Nk\ln(1-e^{-\frac{\hbar\omega}{kT}})$

11.7 $N(T)=\frac{\pi A}{6c^2\hbar^2}k^2T^2,U(T)=\frac{2.404A}{\pi c^2\hbar^2}k^3T^3,J_u=\frac{c}{2\pi}u=\frac{1.202}{\pi^2c\hbar^2}k^3T^3$

11.8 $P=\frac{N}{V}kT[1+\frac{1}{2^{\frac{5}{2}}}\cdot\frac{1}{g}\frac{N}{V}(\frac{h^2}{2\pi mkT})^{\frac{3}{2}}]$

$S=\frac{3}{2}Nk\ln T\pm Nk\frac{1}{2^{\frac{7}{2}}}\frac{1}{g}n\left(\frac{h^2}{2\pi mkT}\right)^{\frac{3}{2}}+S_0(V)$

11.9 略

附　　录

常用数学公式

1. 一阶常微分方程的通解

$\frac{\mathrm{d}y}{\mathrm{d}x}+p(x)y=q(x),y=y(x)$

通解为：$y(x)=\mathrm{e}^{\int -p(x)\mathrm{d}x}[C+\int q(x)\mathrm{e}^{\int p(x)\mathrm{d}x}\mathrm{d}x]$

2. 二阶线性齐次方程的通解

(1) $\frac{\mathrm{d}^2 y}{\mathrm{d}x^2}+p\frac{\mathrm{d}y}{\mathrm{d}x}+qy=0$，其中 p,q 为常数，$y=y(x)$

特征方程为 $r^2+pr+q=0$，r_1,r_2 为特征方程的根。

若 $r_1\neq r_2$(实根)

通解为 $y(x)=C_1\mathrm{e}^{r_1x}+C_2\mathrm{e}^{r_2x}$

若 $r=r_1=r_2$(实根)

通解为 $y(x)=(C_1+C_2x)\mathrm{e}^{rx}$

若 $r_1=\alpha+\beta\mathrm{i},r_2=\alpha-\beta\mathrm{i}$

通解为 $y(x)=\mathrm{e}^{\alpha x}(C_1\cos\beta x+C_2\sin\beta x)$

或 $y(x)=C_1\mathrm{e}^{(\alpha+\beta\mathrm{i})x}+C_2\mathrm{e}^{(\alpha-\beta\mathrm{i})x}$

(2) 微分方程$\frac{\mathrm{d}^2 y}{\mathrm{d}x^2}+m^2y=0$

通解为 $y(x)=C_1\cos mx+C_2\sin mx$

(3) 微分方程$\frac{\mathrm{d}^2 y}{\mathrm{d}x^2}-m^2y=0$

通解为 $y(x)=C_1\mathrm{e}^{mx}+C_2\mathrm{e}^{-mx}$

(4) 微分方程 $r^2R''+2rR'-l(l+1)R=0$

通解为 $y(x)=C_1r^l+C_2r^{-l-1}$

3. 欧拉公式及其推论

(1) $\cos\alpha x=\frac{(\mathrm{e}^{\mathrm{i}\alpha x}+\mathrm{e}^{-\mathrm{i}\alpha x})}{2}$，$\sin\alpha x=\frac{(\mathrm{e}^{\mathrm{i}\alpha x}-\mathrm{e}^{-\mathrm{i}\alpha x})}{2\mathrm{i}}$

(2) $\mathrm{e}^{\mathrm{i}\alpha x}=\cos\alpha x+\mathrm{i}\sin\alpha x$，$\mathrm{e}^{-\mathrm{i}\alpha x}=\cos\alpha x-\mathrm{i}\sin\alpha x$

4. 级数

(1) 泰勒级数

$$f(x)=f(x_0)+\frac{f'(x_0)}{1!}(x-x_0)+\frac{f''(x_0)}{2!}(x-x_0)^2+\cdots+\frac{f^{(n)}(x_0)}{n!}(x-x_0)^n+\cdots$$

当 $x_0=0$ 时

$$f(x)=f(0)+\frac{f'(0)}{1!}x+\frac{f''(x_0)}{2!}x^2+\cdots+\frac{f^{(n)}(x_0)}{n!}x^n+\cdots$$

(2) 幂级数展开式

$$e^x=1+x+\frac{x^2}{2!}+\frac{x^3}{3!}+\cdots+\frac{x^n}{n!}+\cdots \quad (-\infty<x<\infty)$$

$$\ln(1+x)=x-\frac{x^2}{2}+\frac{x^3}{3}-\frac{x^4}{4}+\cdots+(-1)^{n-1}\frac{x^n}{n}+\cdots \quad (-1\leqslant x\leqslant 1)$$

$$\cos\alpha x=1-\frac{1}{2!}(\alpha x)^2+\frac{1}{4!}(\alpha x)^4+\cdots+(-1)^n\frac{1}{(2n)!}(\alpha x)^{2n}+\cdots$$

$$\sin\alpha x=\alpha x-\frac{1}{3!}(\alpha x)^3+\frac{1}{5!}(\alpha x)^5+\cdots+(-1)^n\frac{1}{(2n+1)}(\alpha x)^{2n+1}+\cdots$$

5. 混合函数求导

$u=u(x,y)$,令 $\eta=\eta(x,y)$,$\xi=\xi(x,y)$

$$\frac{\partial u}{\partial x}=\frac{\partial u}{\partial \eta}\frac{\partial \eta}{\partial x}+\frac{\partial u}{\partial \xi}\frac{\partial \xi}{\partial x},\frac{\partial u}{\partial y}=\frac{\partial u}{\partial \eta}\frac{\partial \eta}{\partial y}+\frac{\partial u}{\partial \xi}\frac{\partial \xi}{\partial y}$$